煤田地震勘探技术应用

MEITIAN DIZHEN KANTAN JISHU YINGYONG

张平松　孟凡彬　吴海波　李圣林　编著

图书在版编目(CIP)数据

煤田地震勘探技术应用/张平松等编著.—武汉:中国地质大学出版社,2024.3

ISBN 978-7-5625-5521-6

Ⅰ.①煤… Ⅱ.①张… Ⅲ.①煤田地质-地质勘探-研究 Ⅳ.①P618.110.8

中国国家版本馆CIP数据核字(2024)第037909号

煤田地震勘探技术应用 张平松 孟凡彬 吴海波 李圣林 **编著**

责任编辑:杨 念 选题策划:李应争 杨 念 责任校对:张咏梅

出版发行:中国地质大学出版社(武汉市洪山区鲁磨路388号) 邮政编码:430074
电 话:(027)67883511 传 真:(027)67883580 E-mail:cbb @ cug.edu.cn
经 销:全国新华书店 http://cugp.cug.edu.cn

开本:787毫米×1 092毫米 1/16 字数:397千字 印张:16.25
版次:2024年3月第1版 印次:2024年3月第1次印刷
印刷:武汉中远印务有限公司

ISBN 978-7-5625-5521-6 定价:69.00元

如有印装质量问题请与印刷厂联系调换

前　言

煤田地震勘探技术具有一定的特殊性，根据目前勘探技术的发展情况和实际教学的需要，在相关学科中（如地球物理学、地质学等）积极开展煤田地震勘探类课程教学尤其重要。现有的课程体系中，煤田地震勘探类课程的课内教学一般为48个学时，如何合理安排学时是非常重要的，笔者认为在满足教学大纲的前提下，引导学生自主学习尤为重要。授课教师不可能把所有知识点讲全讲透，授课教师按照方法的背景知识、原理、仪器设备、工程应用几个方面进行课程的讲授，重点放在数据采集、处理、解释及应用上，若有条件要安排6～10个学时的实验课程，而大量的物探技术应用技巧主要靠学生自学。这就要求有一本合适的教材，既能满足课堂教学需要，又可以供学生自学，本教材初步实现了这一目的。开设普通物探课程教学的目的，是使学生通过课程学习和实验，系统地了解地震勘探方法的基本原理、应用条件和资料解释方法，并能充分运用技术手段，在煤田勘探、水工环工程勘察、矿井勘探等工作中正确地处理地震同地质等工作的关系，有效地为生产服务。

学生必须在具备一定数、理、化知识的基础上学习本课程。全书侧重于地震勘探方法原理及资料的一般解释方法介绍，理论公式的推导、野外具体操作方法以及仪器的介绍等方面的内容尽量从简。为了培养学生分析物探资料的能力，选择了典型的工程实例及各种地震记录、图件，供授课教师讲述方法、应用时使用。本教材包含的讲授内容不少于48学时，课程内容的取舍，理论教学和实践的比例，可根据专业的需要，灵活安排。授课以外的部分可以作为选修内容或阅读、讲座等的参考材料。

全书由张平松、孟凡彬、吴海波、李圣林编著，郭立全、胡泽安、姬广忠等参编。

本教材中的实例、实测记录等大部分是中国煤炭地质总局地球物理勘探研究院等国内相关单位在煤田地震勘探、矿井地震勘探实践中积累的宝贵资料，有少部分引用国内外某些教材资料，在此无法一一列举。为此，特向这些资料的作者表示衷心的感谢。安徽理工大学陈澳、汪勇辰、邱实、焦文杰、程晋全、李启蒙等研究生在书稿资料整理和图件绘制方面做了大量的工作，在此一并表示深深的谢意。

近年来，随着物探技术的迅猛发展，特别是计算数学与电子技术的发展，新的设备与处理方法、技术不断更新，导致技术的总结滞后于工程实践。由于时间紧迫和编著者水平有限，书中疏漏不当之处在所难免，恳请广大读者批评指正。

笔　者

2024年2月于淮南

目 录

第1章　绪　论

煤田地震勘探技术应用涉及煤田地震勘探的基本原理和基本方法应用，主要包括煤田地质特征与地震勘探基础、反射波地震勘探的基本原理、煤田地震勘探野外数据采集的基本原理和方法、煤田地震勘探数据处理的基本流程、煤田地震勘探数据的解释方法和应用以及煤田地震勘探新技术应用介绍。

1.1　煤田地球物理勘探方法

1.1.1　概述

煤炭工业是关系国家经济命脉和能源安全的重要基础产业。随着社会经济的迅速发展，对煤炭资源的需求和兜底作用增大，煤炭开采与勘探技术不断发生变化。煤田地震勘探技术在产生、发展的几十年间，随着社会的发展也在不断地创新，为煤炭资源勘探做出了巨大贡献。煤田勘探主要是研究煤层形成、煤层特点以及煤田所处地质条件的勘探方法。煤田勘探是对具备开采价值的煤矿，在开采之前和开采的过程中对煤田周围环境、采掘技术、煤田自身的价值等方面进行勘察研究，从而保证煤矿具备一定的价值性、开采具备可靠性、技术具备科学性，进而促进社会经济的发展。

利用煤田地球物理勘探方法，我们能够发现深藏于地层内的煤炭，进而对其进行安全开采，获得更多可以利用的煤炭资源，这在工业高速发展的今天十分重要，尤其是对步入高质量快速发展快车道的我国来说，有着更加重要的作用和意义。

1.1.2　煤田地球物理勘探方法的类型

煤田地球物理勘探方法众多，包括重力勘探、磁法勘探、地震勘探、电法勘探、煤田地球物理测井等，其中以地震勘探、电法勘探和煤田地球物理测井的应用最为广泛。

(1)重力勘探主要用于研究深部构造和区域构造，具有施工简便、成本较低的优点，所以在煤田的区域普查阶段应用广泛。其主要作用是了解基底起伏、认识地层结构、划分区域构造，或可以圈定含煤盆地的范围。在有利条件下，还可以用于了解覆盖层下煤系的分布范围，研究小断层，确定岩溶发育带等。

(2)磁法勘探一般与重力勘探配合，主要用来寻找磁性矿产，进行地质填图，研究大地构造等。它具有操作简便、成本低的优点，但是精度较差，在区域普查阶段应用较多。磁法勘探结合重力勘探可以用来研究基底起伏，估计沉积岩的厚度，划分区域构造单元，或者查明岩浆岩的分布范围和厚度，并且可以了解沉积岩中火成岩的侵入、喷发等情况。

(3)地震勘探是煤田地球物理勘探中技术发展最快的一种方法。它已成为煤田地质精查、煤矿开采的主要手段之一。地震、钻探、地质相配合，使勘探周期大大缩短，费用降低，提高了地质成果的精度。它利用地震波传播规律来探查地下地质情况，在勘探及开采阶段可以得到很好的应用。最初用折射法进行地质填图，圈定煤系的分布范围并判别岩性，目前已普遍采用共反射点多次覆盖方法。由于煤层同顶底板岩层的物性有明显的差异，煤层界面的反射系数远大于一般岩层，可达0.3～0.5；因此，具有一定厚度的煤层或煤层组往往形成能量强、层位稳定、连续追踪的标准反射波，这对追踪煤层、反映构造特点均有利。地震勘探具有较高的精度，所以常用于煤田勘探及开采的各个阶段。

地震勘探技术近几年发展很快，数据采集、处理和解释的方法不断取得新的突破。几千亿次每秒计算速度的高性能计算机和几百 TB(1TB＝1000GB)的存储设备，促进了地震勘探技术的发展；同时，三维地震勘探技术也促进了计算机硬件、软件的发展，还催生了层序地层学、地震地层学等新的边缘学科，这些新的勘探理论对复杂煤层的勘探起到了很好的指导作用。由于三维地震勘探获得的信息量丰富，地震剖面分辨率高，地下的煤层、陷落柱、煤层冲刷带、古河流、断层等均可直接或间接被反映出来，地质勘探人员可利用高品质的三维地震资料找煤及煤层气，指导矿井的建设，为煤炭的安全开采提供技术保障。

(4)电法勘探是通过仪器观测人工的、天然的电(磁)场来找矿的一种方法，具有场源多、方法种类多、应用空间和范围广的特点。常用的方法有电阻率法、电测深法、电测剖面法、电磁频率测深法、激发极化法、充电法和自然电场法等。由于煤系同古地层间往往有明显的电性差异，所以常采用电测深法、电磁频率测深法寻找含煤区，圈定煤系的赋存范围，追索煤层或煤组的分布，划分不同岩段，研究断层。充电法可用于探测废矿井的位置、边界。自然电场法可用于追索薄覆盖层下的无烟煤露头和煤层的燃烧带。各种电法还广泛用于解决矿区的水源、水文地质和工程地质问题，如确定古河床位置，寻找和圈定含水层的范围和岩溶发育带，测定地下水流向、流速等。近年来，还研究了应用于钻孔间和矿井内的无线电波透视法，了解两个钻孔间的岩溶发育情况及其空间位置，探测矿井内的小断层、煤层冲刷带、煤层内夹石的变化和陷落柱等。

(5)煤田测井也称煤田地球物理测井(常用的方法有电法测井、声波测井、井径测井、放射性测井等)，属井中物探方法，主要研究对象是剖面。煤田中的每个钻孔都要进行地球物理测井，可以确定煤层和其他岩层的深度、厚度及其结构，确定含水层的深度和厚度，寻找孔隙发育带、断层点、破碎带、地温异常带的位置，了解放射性物质的赋存状况等。采用数字记录和数字处理技术，还可以测定煤层的煤质(主要是碳、灰分、水分的含量)和岩层的物理、力学性质等。由于地球物理测井所取得的地质资料精度不断提高，能够解决的地质问题越来越多，因此，在某些地质条件、物性条件较好的地区广泛采用煤田地球物理测井能够提高工作效率，大幅度降低勘探费用。

总之，在煤田勘探中，各种地球物理方法在不同时期各有侧重，各种地球物理方法配合使用，并结合地质、化探等方法，能取得较好的效果。

1.2 煤田地震勘探技术的特点和发展

煤田地震勘探就是在地表以人工方法激发地震波引起地壳振动，如利用炸药爆炸或各种非炸药震源产生人工地震，地震波向下在不同地层内传播，依据岩石的弹性，研究地震波在地层中传播的规律，从而查明地下地质结构的方法。实际上就是运用物理分析的方法进行煤炭的地下勘探。它主要是基于煤层同上下围岩间的物性差异，用测量物理量的方法研究地质构造、岩层性质、沉积环境以寻找煤炭资源或解决有关地质问题的地球物理勘探方法。

1.2.1 煤田地震勘探技术的特点

煤田地震勘探与常规资源地震勘探的各个技术环节都有所不同。首先是勘探的目的不同，煤田地震勘探不仅仅要了解地下地质构造，如基岩面、覆盖层厚度、煤层深度风化层、断层等，还要了解煤层厚度变化、不连续地质体、破碎带、火成岩侵入、瓦斯富集情况等。从现场需求来说，利用煤田地震勘探可探明落差 5m 以上的断层，在较好的地质条件下甚至可查明落差 3m 以上的断层。

其次布置煤田地震勘探的观测系统往往需要占据目标矿体上方较大的地面区域，但矿区地面通常建筑密集，甚至被高速公路和铁路贯穿，严重制约观测系统布设并降低采集数据的信噪比。井下采矿作业的人工扰动、地面居民的生活设施等也是主要影响因素。此外，地形条件和不均匀浅层地表条件也会影响探测精度。

1.2.2 煤田地震勘探技术的发展

伴随着仪器制造技术、计算机技术和信息技术的发展，我国煤田地震勘探技术在几十年的发展历程中，出现了多次重大的技术进步，目前已经成为煤炭、煤系非常规能源等领域进行构造勘探的首选技术。可以将我国煤田地震勘探技术的发展归纳为 4 个阶段。

1. 起步阶段

1955 年，我国煤炭工业开始采用地震勘探技术，并在华东组建了全国第一支地震勘探队伍。当时，所用仪器为光点地震仪，用照相的方式，获得地震波的折射记录，进行人工解释。当时仪器动态范围小(约 20dB)，资料不能进行数字处理，也不便保存；地震勘探的任务局限在寻找新煤田和新的含煤区。1971 年，煤炭科学研究总院西安分院、渭南煤矿专用设备厂成功研制 MD－1 型半导体磁带记录地震仪，这是我国第一套自行设计制造的煤田地震勘探仪器，并在国内煤田地震队中广泛应用。至此，煤田地震勘探实现了第一次技术飞跃，其主要标志如下。

(1)地震仪器由光点地震仪更新为模拟磁带地震仪。

(2)勘探方法由折射波法地震勘探发展到反射波法地震勘探。

(3)资料处理由单次地震剖面上升到多次叠加剖面。

(4)地震勘探基本能够查明落差大于30m的断层。

限于当时的仪器水平和处理技术，地震勘探技术所获地震剖面的分辨率低、信噪比也不够高、时—深转换精度差、反射面的空间归位不准，远远不能满足煤矿开采的要求，只能作为地面钻探的辅助手段。

2.发展阶段(向数字化阶段的转变)

1979年我国打破了西方国家的技术封锁，成功研制出MDS-1型数字地震仪，对数字地震勘探的发展起到了很大的推动作用。1984—1985年，随着对外改革开放政策的实施，我国煤田地震勘探队伍开始从国外引进21套以DFS-V和SN338为主的数字地震仪，同时引进了以IBM-4381为主机的地震数据处理系统，先后在山东济宁、江苏龙固、安徽刘庄等地区开展二维高分辨率地震勘探技术试验研究，并于1986年首次在安徽刘庄第一个中日合作精查地质勘探项目中查明了落差大于15m的断层，精度高于规范要求1倍以上，取得了重大的技术突破。此后，煤田地震勘探迎来了第一次高潮，实现了第二次技术飞跃，它的主要标志如下。

(1)地震仪器实现了从模拟地震仪器到数字地震仪器的升级换代。

(2)地震数字处理技术水平明显提高。

(3)高分辨率地震勘探技术的研究已经初见成效。

(4)人工合成地震记录确立了煤层反射波的形成机理。

此后，原国家能源投资公司有关文件明确规定：在有条件地区，基建矿必须补作采区二维地震勘探。煤田二维地震勘探首次成为钻探、地震综合勘探中构造勘探的主角，降低了钻探密度，缩短了勘探周期，经济效益和社会效益显著提升。

3.逐渐成熟阶段(常规技术、方法的提升完善与新技术、新方法的发展)

1978年，中国煤田地质总局在伊敏河矿区开展煤田三维地震勘探技术前提性研究；1989年、1993年山东煤田地质局物探测量队与煤炭科学研究总院西安分院利用小型数字地震仪进行三维地震勘探技术的试验研究；1994年，由中国矿业大学和安徽煤田地质局物探测量队联合开展的“煤矿采区分辨率三维地震技术”研究项目在安徽淮南矿务局谢桥煤矿采区地震勘探中首次查明了落差大于5m的断层，取得了重大的技术突破。高分辨率三维地震勘探成果显示了很高的信噪比和分辨率，其解决地质问题的效果和能力是以往常规二维地震勘探无法比拟的，由此掀起了采区地震勘探技术发展的新高潮。三维地震勘探的成熟，标志着煤田地震勘探实现了第三次技术进步。

4. 当今技术阶段及发展前景(高密度技术不断发展)

近年来,高密度三维地震勘探技术在石油系统发展迅速,取得的效果显著。煤炭行业的高密度三维地震勘探也在两淮地区如火如荼地进行,相关技术仍处于不断完善和发展中。从历史上讲,煤田地震技术是在吸收消化国内外石油天然气地震勘探理论和方法技术的基础上,结合煤矿地质条件而逐步发展起来的。石油天然气物探经历了光点、模拟、数字3个阶段,煤田地震勘探也一样经历了这3个阶段。可以预料,今后煤炭物探特别是煤炭地震勘探技术的发展仍然是在继续学习石油地震勘探技术以及基于煤矿生产安全需要的基础上,开发新技术,创新新方法,以提高物探精度和扩大应用范围。笔者认为,在今后一个时期内煤田地震勘探技术应着重于以下9个方面的发展。

(1)提高勘查小断层的精度和能力(落差10m以上,断层符合率100%;落差5～10m,断层符合率90%;落差3～5m,断层符合率80%)。

(2)提取煤层顶、底板岩石物理力学参数。

(3)解释煤层顶、底板岩性。

(4)圈定煤层瓦斯富集带。

(5)勘查岩溶及裂缝发育带。

(6)预测断层导、含水性质。

(7)火成岩侵入体影响范围划分。

(8)精细岩性、构造解释,建设地震地质可视化数字矿井。

(9)地震属性分析、解释技术。

基于以上要求,笔者认为未来主要发展技术如下。

(1)高精度三维地震勘探技术体系。

(2)完善复杂区三维地震勘探技术体系。

(3)高密度三维地震勘探技术。

(4)叠前三维反演技术。

(5)多波多分量三维地震勘探技术体系。

(6)叠前深度偏移技术。

(7)全数字三维地震技术。

(8)三维可视化和虚拟现实技术。

第2章　煤田地质特征与地震勘探基础

煤系地层有其独特的地质特征，而进行地震勘探需要目标地层存在勘探基础。本章将对煤田地质特征以及地震勘探基础进行介绍。

2.1　煤系地层特征

煤层是自然界中由植物遗体转变而来沉积成层的可燃矿产，由有机质和混入的矿物质组成。煤层是含煤岩系的有机组成部分，煤层层数、厚度及其变化和赋存状态等是确定煤田开发规划的重要依据，煤层的研究对煤田勘探和煤矿生产极为重要。而煤的形成、分布又与地史时期植物演化密切相关。早古生代植物演化处于低级阶段，只有水生菌藻类植物，因此只形成高灰分、低热值的石煤。泥盆纪开始，植物在陆地繁衍，才产生具真正意义的腐殖煤。所以，中国主要成煤时代为石炭纪、二叠纪、侏罗纪、白垩纪和第三纪(古近纪+新近纪)。

2.1.1　石炭纪含煤地层

早石炭世含煤地层主要分布于中国南部，在不同地区其层位上下略有差异。以湘粤一带的测水组为代表，位于大广阶中部，贵州南部的旧可组层位比测水组稍低，云南东部万寿山组的层位更低。测水煤系分为上、下两段。下段为含煤段，一般厚度为60～80m，以泥岩和粉砂岩为主，夹菱铁矿结核，常含两层可采煤层，分别称3号煤及5号煤，煤厚一般2m左右。上段不含煤或仅含煤线，一般厚度为70～90m，由石英砂岩、粉砂岩、泥岩及泥灰岩组成，底部以一套厚层状石英砂岩或含砾石英砂岩与下段为界。

2.1.2　石炭纪—二叠纪含煤地层

晚石炭世含煤地层主要分布于中国北部，并且和以上的二叠纪含煤地层形成一套连续的、密不可分的含煤沉积，因此常统称为石炭纪—二叠纪含煤地层。华北北部石炭纪—二叠纪含煤地层以山西太原为代表，自下而上的岩石地层单位为本溪组(或铁铝岩组)、太原组、山西组、下石盒子组、上石盒子组和石千峰组。其中太原组和山西组是主要含煤层位。太原组由砂岩、粉砂岩、泥岩和层数不等的灰岩及煤层组成，厚90～100m。越向北灰岩层数越少,以至缺失,向南灰岩层数逐渐增多。山西组由砂岩、粉砂岩、泥岩及煤层组成,厚50~60m,不含灰岩。

华北南部石炭纪—二叠纪含煤地层以河南平顶山为代表,自下而上的岩石地层单位为铁铝岩组、太原组、山西组、(下)石盒子组、大风口组和石千峰组。此处的大风口组可以与山西太原的上石盒子组相当,但由于其中含可采煤层而且岩层颜色明显不同而另有组名。和华北北部不同,这里的太原组一般只含局部可采的薄煤层,其主要含煤层位为山西组和大风口组。山西组由砂岩、粉砂岩、泥岩和煤层组成,厚约70m。大风口组由砂岩、粉砂岩、紫斑泥岩和煤层组成,厚约500m。

华南中、晚二叠世含煤地层是中国南方最重要的含煤层位,但它的变化很大,不能像华北一样可以用1~2个剖面代表。总体来看,它们在空间上是递进的、渐变的,同时穿插复杂的岩相变化;在时间上是连续的,但又有所迁移。在岩石地层意义上,它们是夹在下部茅口期海相层位(灰岩、硅质岩)和上部长兴期海相层位(灰岩、硅质岩)之间的一套碎屑岩含煤沉积,一部分是海陆交互相的,一部分是陆相的;在年代地层意义上,它们则贯穿了茅口阶(长赞阶)、龙潭阶及长兴阶。我们可以大体按东、中、西的地域并兼及不同时序来描述其地层特征。

东部以闽西南的龙岩、永定为代表,含煤地层称童子岩组,岩性可分为3段。下段为细砂岩、粉砂岩及煤层,厚240m,含可采煤层6层;中段为海相段,由粉砂岩及黑色泥岩组成,厚130m,不含煤;上段由砂岩、粉砂岩及煤层组成,厚400m,含可采煤层6层。和闽西南同期的含煤沉积除福建各地外,还可以包括粤东、粤中、浙西和赣东,它们在东南沿海形成一个沉积区,只是向东陆相成分增多。在含煤性方面也以闽西南为优,其他则均较差。

中部以赣中的乐平、丰城为代表,称龙潭组。在自浙北至赣西的多数范围内,按岩石地层特征可分为4段。下段官山段,由砂岩、粉砂岩、泥岩以及碳质泥岩和薄煤层组成,亦称A煤组,其上部为中粗粒长石石英砂岩。中段老山段是主要含煤段,中段下部以页状泥岩为主,夹粉砂岩,含主要煤层,层数少但有一层稳定可采,称B煤组。其中部和上部为海相碎屑岩,中部以富含菊石化石为特征,上部以富含小个体腕足类化石为特征。龙潭组的中上段为狮子山段,是一个以细砂岩为主的岩段。龙潭组上段称王潘里段,是又一个含煤段,以细砂岩、粉砂岩为主,含煤层数多但煤层薄,称C煤组。

龙潭组的正常厚度约为400m。赣中的地层剖面虽可代表华南中部的一般面貌,但各地的差别仍十分明显,无论是地层厚度、岩性,还是岩相、含煤性等,甚至包括下伏及上覆地层岩性特征均有显著不同。研究和解释这些差别是华南含煤地层工作者关注的焦点。在多数情况下,老山段B煤组的沉积代表了勘探区一个基盘相对稳定的阶段,其上的海相层具有开阔的陆表海沉积面貌,有条件成为区域地层对比的标尺。差别主要反映在老山段以下和以上两个方面:以下(官山段及相应沉积)由于底盘凹凸不平的地形反差,导致地层厚度的巨大差异;以上(狮子山段、王潘里段及相应沉积)则由于稳定期后的相对活动,导致地层缺失或岩相变化。

西部以黔西的六盘水地区为代表,这是华南最重要的含煤区。这里的龙潭组可以分为3段:下段以粉砂岩、泥岩为主,并有生物灰岩夹层,含煤多层,但厚度不大;中段以砂岩、粉砂岩为主，是主要含煤段，含煤几十层，包括1～2层厚煤层，在泥岩及泥灰岩夹层中含小个体海相动物化石；上段由砂岩、粉砂岩和泥岩组成，夹薄层灰岩及黑色泥岩，含煤几十层，薄及中厚煤层均有，一般较稳定。黔西由六盘水向西，沿盐津、宣威、个旧一线西侧，二叠纪含煤地层称宣威组，为陆相含煤地层，由砂岩、粉砂岩、泥岩组成，夹菱铁矿，局部发育有砾岩及砂砾岩，厚度变化大，为10～300m，一般为100m，东厚西薄，含煤1层到数十层不等。由黔中向东，在黔东、川东南、鄂西北一带，晚二叠世地层称吴家坪组，以灰岩为主，仅在底部有厚10m左右的砂泥岩段，含不稳定薄煤层。桂中、桂西晚二叠世地层称合山组，也是以灰岩及硅质岩为主，底部含煤，与前者不同的是上部还增加一个含煤组，均为薄煤层。

2.1.3 三叠纪含煤地层

中国三叠纪含煤地层主要分布在3个地区，即西南区、东南区和西北区。西北区在鄂尔多斯盆地、库车盆地等处均有分布并含可采煤层，但由于这一地区侏罗纪煤炭资源十分丰富，因此三叠纪部分相对便不甚重要。与此相反，另两区由于煤炭资源相对贫乏，三叠纪煤炭资源虽不及二叠纪丰富，但在一些地区仍不失为重要的开发对象。因此，以下着重介绍西南区及东南区的三叠纪含煤地层。

西南区的三叠纪含煤地层主要以两个剖面作为代表。四川盆地中这一含煤地层分布面积最广，主要含煤层位称须家河组，可分为6个岩性段，1、3、5段为砂岩段，2、4、6段为含煤段，共厚500～600m。含煤段为粉砂岩、泥岩、碳质泥岩及煤层，含煤10余层，可采煤2～3层。在四川盆地西北部，须家河组之下还有一个含煤组，称小塘子组，厚150m，由黄灰色砂岩、粉砂岩组成，下部含煤，含煤数十层，可采总厚30～50m。多数情况下小塘子组缺失，须家河组超覆于中三叠统雷口坡组之上。须家河组及小塘子组所含植物化石为叉羽叶-大网羽叶组合，并产诺利期双壳类，时代为晚三叠世中期。此外，在川西的渡口、盐边，以及滇北的永仁一带，含煤地层厚度大，含煤层数多，是最重要的三叠纪含煤区。此间主要含煤层位称大荞地组，由砾岩、含砾砂岩、砂岩、粉砂岩、泥岩和煤组成，具明显的交替韵律，煤层于中部富集。地层总厚在渡口一带可达2260m，含煤近百层，可采37层，总厚30余米。

东南区的三叠纪含煤地层以江西萍乡为代表，称安源组，总厚约700m，可以分为3个岩性段：下段称紫家冲段，为主要含煤段，底部为砾岩或砂砾岩，向上以砂岩、粉砂岩为主，一般含煤7～8层；中段称三家冲段，以黑色泥岩为主，夹粉砂岩，富含海相双壳类化石；上段称三丘田段，以石英砂岩及粉砂岩为主，夹数层砂砾岩，含局部可采煤1～4层。安源组下伏地层各地均不一致，代表印支运动的不整合面，上覆地层一般为中粗粒长石石英砂岩，江西称门口山组。广东的晚三叠世含煤地层和萍乡相似，称艮口组，自下而上可分为红卫坑段、小水段和头木冲段；湘南的相当地层自下而上为出炭垅段和杨梅垅段；闽西南则分别为大坑段和文宾山段。晚三叠世至早侏罗世可能有两次区域性地层超覆。第一次在三丘田段或焦坑段沉积前，造成赣东及闽北等地缺少紫家冲段或大坑段；第二次在三叠纪—侏罗纪间，湘东等地可见门口山组超覆在古生代地层之上。

2.1.4 侏罗纪含煤地层

侏罗纪是中国最主要的成煤时代，其资源量占全国50%以上，且以早、中侏罗世为主，在地域上则主要集中于西北，包括陕甘宁盆地和新疆的4个大型煤盆地，由陆相粉砂岩、砂砾岩、泥岩和煤层组成。

新疆的早、中侏罗世含煤地层可以准噶尔盆地作为代表，称水西沟群，自下而上分为3个组。下部八道湾组，底部为砾岩及砂砾岩，向上为砂、泥岩及煤层，以盆地南缘发育最好，地层厚800m以上，含煤8～55层，煤层总厚在50m以上。向东至吐哈盆地，以北缘含煤最好，可采煤层14层，总厚3～43m。向南至伊宁盆地，也以北缘为优，含煤2～9层，煤层厚4～63m。中部三工河组为一套细碎屑沉积，一般不含煤，盆地南缘的地层厚度为500～700m。上部西山窑组是另一个含煤组，由中粗粒砂岩、粉砂岩、泥岩和煤组成，总体看比八道湾组细且较稳定，地层厚可达800m。准噶尔盆地含煤4～58层，总厚20～130m；吐哈盆地含煤3～13层，总厚17～100m；伊宁盆地含煤3～9层，总厚10～47m。鄂尔多斯盆地的早、中侏罗世含煤地层可分为上、下两部分。下部为富县组，分布范围局限于盆地东部及东北部，仅含薄煤层。上部为延安组，是主要含煤层位，底部以灰白色砂岩为主，向上为具韵律结构的碎屑含煤沉积，煤层在剖面中均匀分布。盆地内各地含煤性差别很大，岩组定名地点延安、富县一带的延安组并不含煤；盆地北部榆林、神木、东胜一带含可采煤6～7层，总厚20m以上；盆地西部和西南部是另一个富煤区段，分属陕西、甘肃、宁夏，煤层总厚亦可近20m。一般认为富县组属早侏罗世。延安组所含植物化石为锥叶蕨-拟刺葵组合，银杏类数量很多，锥叶蕨中以*Coniopteris hymenophylloides*为代表。双壳类为珠蚌-费尔干蚌组合，且上部含假铰蚌，时代以中侏罗世为主，也不排除下部包括早侏罗世晚期的可能。延安组常超覆于晚三叠世延长统之上，其以上则被中侏罗世的直罗组所覆。

除西北区外，北京的侏罗纪含煤地层也很著名，称为门头沟煤系或门头沟群，厚700～1000m，自下而上包括杏石口组、南大岭组、窑坡组和龙门组，其中南大岭组为火山岩系，窑坡组为主要含煤层组。窑坡组一般厚约400m，含可采煤4～9层，总厚可达10m。

2.1.5 白垩纪含煤地层

白垩纪含煤地层主要是指下白垩统，分布范围集中于中国东北部，包括东北三省和内蒙古东部。由于含煤地层发育于各个小型盆地群中，因此各地差别较大，可以以3个比较重要的剖面代表一般情况。

大兴安岭、海拉尔盆地群的含煤地层称扎赉诺尔群，包括下部大磨拐河组及上部伊敏组。大磨拐河组可分为下段粗碎屑岩，中段砂泥岩和煤层，上段厚层泥岩、砂岩夹砂砾岩，在伊敏煤田含13～17个煤层组，煤层总厚达123m。伊敏组由细砂岩、粉砂岩、泥岩和煤层组成，主要在下段含煤，可采者为4～6煤层组，总厚105m。扎赉诺尔群与二连一带的巴彦花群以及哲里木盟一带的霍林河群可以相当。

辽西的下白垩统包括下部沙海组及上部阜新组。沙海组可分为3段：下段为砂砾岩及砾岩；中段为含煤段，由泥岩、砂岩及煤层组成；上段为泥岩。含煤段共含7个煤层组，一般3～4层可采。阜新组由砂砾岩、砂岩、粉砂岩、泥岩和煤层组成，含6个煤层组，总厚为10～80m。除阜新盆地外，铁法、元宝山、平庄等盆地阜新组含煤性也很好。

位于黑龙江东部的含煤地层称鸡西群，自下而上包括滴道组、城子河组和穆棱组。其中滴道组包括火山岩系，属早白垩世；城子河组和穆棱组为含煤岩系，属早白垩世。城子河组厚600～1400m，底部为砾岩，中部为碎屑岩和煤层，上部以细碎屑岩为主，夹凝灰岩，一般含可采煤层20余层，单层厚度一般为1～2m。穆棱组厚300～1000m，以细砂岩、粉砂岩为主，夹多层凝灰岩，含可采煤层1～9层，总厚度为3～8m。城子河组、穆棱组所含植物化石与前述各区完全一致，属早白垩世早期。在三江、穆棱地区一系列煤盆地以东，于虎林、密山、宝清一带发育了海陆交互相的含煤地层，称龙爪沟群。龙爪沟群下部因含北极菊石及海相双壳类而划属为侏罗纪；上部称珠山组，所含化石包括海相及淡水双壳类和植物、孢粉等，时代为早白垩世，当前认为珠山组可与城子河组及穆棱组相当。

2.1.6 第三纪(古近纪+新近纪)含煤地层

我国新生代古近纪、新近纪均有重要含煤地层。古近纪含煤地层主要发育于我国北方地区尤其是东北地区，南岭以南及滇西也有分布。下部老虎台组、栗子沟组以玄武岩、凝灰岩为主，夹砂砾岩、泥岩及不稳定煤层；中部古城子组、计军屯组为含主要煤层及厚层油页岩层位；上部西露天组、耿家街组夹泥灰岩，不含煤。抚顺群主煤层厚达120m，油页岩厚为50～190m，系巨厚矿层。据植物及孢粉化石可知，下部属古新世，中部及上部属始新世。此外，梅河盆地的梅河组、沈北盆地的杨连屯组均可与之相当。

云南新近纪含煤地层分布在上百个小型盆地中，又以滇东更为重要。属于中新世的为小龙潭组，厚500～720m，自下而上为黏土岩段、薄煤段、主煤段、泥灰岩段。煤层巨厚但结构复杂，主煤段厚4.4～223m，平均为139m，含夹矸37～163层。从脊椎动物、植物及孢粉化石分析结果可知，小龙潭组当属中新世晚期。另外，属于上新世的含煤地层为昭通组，厚350～500m，自下而上分为3段。下段砾岩，中段松散黏土夹砂砾石，上段为煤层夹黏土，共含可采煤层3层，总厚一般为40～100m，最厚为194m。据哺乳动物及孢粉化石研究结果可知，昭通组时代主要为上新世晚期，顶部也可能包括一部分更新世地层在内。

2.2 煤田地质构造的影响

2.2.1 煤田地质构造概述

煤田地质构造是指控制煤的聚集与赋存形态的地质构造，前者简称控煤构造，后者简称赋煤构造。在煤聚集前和聚集过程中，地质构造控制着古地理、古气候、古植物群落的分布，影响和控制着古沉积条件，在适于煤聚集的时间和空间形成含煤岩系。

在煤聚集后，地质构造又使聚煤盆地充填的含煤岩系隆起、坳陷、褶皱、断裂、流变、变质以及岩浆侵入等，使已形成的煤层遭受改造。随着后来的剥蚀或掩埋，煤层在地壳表层形成了新的赋存状态。

煤田地质构造可从不同角度进行分类，常用的有以下3种分类方法。

(1)根据煤田地质构造形成的地球动力学可分为：①挤压应力作用下形成的煤田推覆构造、褶皱、逆冲断裂等；②引张应力作用下形成的断陷盆地、伸展构造等；③扭应力作用下形成的走滑断裂、挤隆、拉分盆地等；④复合作用下形成的压扭、张扭、先压后张构造等。

(2)根据煤田地质构造发生的时期可分为：①聚煤期前的基底构造；②聚煤过程中的同沉积构造；③聚煤期后不同形态、不同等级、不同性质、不同序次的改造变形。

(3)根据煤田地质构造控制的地域范围可分为：①区域煤田地质构造；②矿井构造等。

中国煤田地质构造由于构造运动的方式、方向不同，在不同地区、不同地质时期，区域煤田地质构造各具特色。①华北聚煤区，石炭纪—二叠纪煤田煤层相对稳定，褶皱宽缓，断裂以正断层为主。在太行山东麓、鲁西地区，铲式断裂、抬斜断块、断块发育，煤田多保存于宽缓的向斜盆地和断块的下降盘。②华南聚煤区中东部，多紧密线性褶皱，逆冲断层发育，晚古生代煤田煤层多保存于紧密向斜内。③华南聚煤区中西部和西南地区东部，隔档式、隔槽式褶皱属其显著特征，二叠纪煤田多在窄狭的向斜部位或背斜部位保存或出露，第三纪(古近纪+新近纪)煤田构造平缓。④东北聚煤区，北东向雁行排列的中生代煤盆地群十分醒目，且多为单面断陷盆地，同沉积构造发育，相变剧烈，煤层厚度不稳定，富煤带明显受同沉积构造控制。⑤中国西部地区中生代煤盆地(鄂尔多斯煤盆地、准噶尔煤盆地)规模大，地层平缓，断裂稀少，煤层厚、储量大，富煤带与湖盆中心、滨岸线的迁移密切相关。

中国在一些巨型构造带边缘或附近，包括阴山构造带南麓、秦岭构造带东段、南岭构造带北麓、雪峰山东麓以及郯庐断裂带附近，还发育有相当规模的推覆构造。在太子河流域、兴隆、豫西、杨梅山、涟邵以及徐淮地区的推覆体下，往往赋存有煤炭资源。

2.2.2 煤田地质构造对矿井生产的影响

1. 地质构造对煤与瓦斯突出的影响

煤与瓦斯突出前都有一定的预兆特征，但是预兆特征会因为地质构造不同而产生不同的种类，时间也不具有同一性。引起煤与瓦斯突出的因素有很多种，包括褶皱作用、断层作用、火成岩侵入作用等。

1)褶皱作用对煤与瓦斯突出的影响

背斜倾伏端是煤层加深的位置，其中瓦斯含量非常高。在褶皱作用下，背斜倾伏端的岩层会发生强烈的层间移动，有时还会出现沿着背斜倾伏端方向断层的现象，此时煤层的易破碎性增高，煤层中分散现象发育，背斜倾伏端发生煤与瓦斯突出性较高。在向斜轴部，由于围岩具有一定的密度，其中的瓦斯成分呈封闭状态发展，而在褶皱作用影响下，岩层极有可能发生错位，使煤层发生塑性变化，导致软分层面积扩大，极容易发生煤与瓦斯突出。背斜轴部处于煤层上端，其围岩的密封性相对于向斜轴部低很多，进而瓦斯被封闭的能力也相对减小，因此煤层中的瓦斯保护能力也会降低。背斜轴部是围岩张拉性加强的结构层，所以在褶皱作用下，岩层错位现象并不明显，软分层也相对较小，煤与瓦斯突出的概率也会相对小一些。向斜仰伏端属于浅煤层结构位置的上端，围岩封闭瓦斯能力与上面3个结构相比最弱；同时在褶皱作用下，岩层错位现象也是最不明显的，煤层有轻微塑性变化，软分层面积较小，因此，对煤与瓦斯突出的影响并不大。

2)断层作用对煤与瓦斯突出的影响

断层作用主要分为压性断层与张性断层两种，对煤与瓦斯突出的影响各不相同，其中压性断层发生会使围岩结构密度高、封闭性好，能够对瓦斯起到极好的保护作用，瓦斯的运动性会非常低；而压性断层的煤层极容易发生激烈的错动，导致软分层面积增大，分布范围扩张，极容易发生煤与瓦斯突出的情况。张性断层与压性断层完全相反，围岩结构比较酥松，封闭性较差，瓦斯的运动状态增强，可顺延任意围岩方向流动，因此，围岩对瓦斯的保护能力相对较弱；而煤层错动情况不明显，一般只存在轻微层间错动现象，软分层范围相对小很多，所以煤与瓦斯突出的概率也会降低。

3)火成岩侵入作用对煤与瓦斯突出的影响

火成岩是诱发煤变质的关键影响因素，在煤变质的过程中，瓦斯的形成速度会明显增加；煤矿生产过程中，岩浆经过挤压、烘烤，进而煤的裂隙逐渐演变成构造煤的区域，岩浆侵入煤层，并且在不同的挤压与烘烤作用下，岩浆岩体逐渐产生距离，导致煤层结构发生变化，其渗透率则有所增加。火成岩的两侧依次形成天然焦、高变质碎裂煤、构造煤、正常煤，离火成岩越近的位置，煤变质现象越严重。在天然焦位置上，瓦斯的含量非常高，并且具有极高的可移动现象，因此，成为煤与瓦斯突出的潜伏区。

2. 地质构造对煤层自燃的影响

1)裂隙对煤层自燃的影响

裂隙构造主要存在两种裂隙形式，一种是内生裂隙，另一种是外生裂隙。第一种通常在煤层煤化过程中产生裂隙反应。这种裂隙比较平直，单线发展，不干扰其他煤层。第二种是在煤形成后逐渐在煤层中生成的，以多组裂隙同时出现，并沿同一方向发展，裂隙呈平直状发展，具有延伸性，能够延伸到其他煤层中继续发展，可直达顶底板岩层处。裂隙出现使得煤层间的氧分发生变化，煤氧接触面积逐渐加大，低温氧化，进而易发生煤层自燃。

2)孔隙对煤层自燃的影响

孔隙也分为两种，一种是原生孔隙，另一种是次生孔隙。原生孔隙是指煤层沉积过程中，存有于沉积物之间的孔隙或者植物自身存有的细胞组织直接生成孔隙；而次生孔隙属于间接性形成的孔隙，是借助原生矿物结晶溶蚀过程形成的孔隙，矿物经过淋滤或者溶蚀过程进而出现孔隙现象，或者是煤化过程中部分气体排出，因而留下细小孔隙。孔隙是氧气储存之地，孔隙越多其氧含量就越高，煤氧接触面积就会越大，进而使得煤层氧化升温，直至自燃。煤化作用对孔隙的影响较大，煤化越严重孔隙就会越少，通常高等级的正常煤中孔隙相对较少，甚至没有，所以易燃性也降低。因此可以说明：煤变质程度越高，煤的自燃率就会越低；而煤变质程度越低，煤的自燃率就会越高。

3)断层对煤层自燃的影响

煤层没有开采时，断层的面积、分布、性质以及断层发展走向对煤层中的通气供氧有一定的影响，严重时极容易引起煤层自燃。在煤层自燃过程中，自燃程度以及自燃顺延方向可受到断层之间的距离和断层性质影响，断层主导位置煤层发生断裂，可阻止煤层自燃继续向深部顺延，煤层彻底断开时，煤层自燃现象停止。

3. 构造应力对矿区采动损害的影响

矿区采动损害是井工开采对覆岩和地表地质环境造成的损害。从构造地质学的角度来看，矿区采动损害是在地壳构造运动产生的应力作用、岩体本身重力以及地下开采活动联合影响下发生的主采煤层上覆岩、土体的一种特殊的表生构造现象。对于一个具体的煤矿区来说，要么处于挤压构造应力场，要么处于拉张构造应力场，挤压与拉张是煤矿区常见的两种最基本的构造应力状态。构造应力可以改变采动影响下的岩层移动方向和移动量的大小，同时也影响井下巷道的变形破坏模式。如果煤矿区处于挤压构造应力场中，在煤层开采之前，侧向挤压应力早已存在，它使煤层覆岩有向上弯曲的趋势；在煤层被采出后，覆岩重力首先克服侧向力造成的向上的弯矩，剩余的垂向力才引起煤层顶板向下弯曲变形。同时，侧向挤压构造应力使岩体所受围压升高，必将使岩体的力学强度增加，从而减小煤层开采对覆岩的损害。

2.3　煤田地震勘探基础

在地震勘探中，薄层问题很早就引起了人们的注意，因为在实际地层剖面中存在大量这样的薄层。例如，地层厚度沿横向发生明显变化时，一个“厚层”就会渐变为“薄层”，这个层的反射特点也会发生变化。如果我们掌握了这种变化的特点和规律，反过来就可以更准确、细致地解释地震剖面上的各种地质现象。在煤田地震勘探中，煤层是一个典型的低速薄层，地面接收到的煤层反射波几乎都是顶、底板界面反射复合波。

2.3.1　煤田地震勘探的原理

1. 煤层及其地质、地震特性

1)煤层及其围岩的物性特征

煤层在地质上是一个岩性、厚度横向稳定、连续性好的岩层，是煤田地震勘探的主要目的层。煤层由于同顶底板岩层的物性有明显的差异，在地震特性上煤层是一个低速、低密度的夹层(表2-1),为煤田地震勘探提供了物质基础。因此,具有一定厚度的煤层或煤层组往往形成能量强、稳定、连续的标准反射波,对追踪煤层、反映构造特点均有利。

表2-1 煤层及其围岩的物性

煤层及围岩	密度/($g \cdot cm^{-3}$)	纵波速度/($m \cdot s^{-1}$)
第四系	1.8～2.0	1500～1800
煤层的围岩(砂岩、粉砂岩)	2.5～2.6	3100～3500
煤层的围岩(泥岩)	2.4～2.5	2900～3100
煤层	1.3～1.4	1900～2400

2)煤层的顶底板界面都是强反射面

地震波在传播过程中遇到两种介质的分界面时,便会产生波的反射、透射现象(图2-1)。其反射、透射系数分别用R、T表示,则有

$$R=\frac{\rho_2 v_2-\rho_1 v_1}{\rho_2 v_2+\rho_1 v_1} \tag{2-1}$$

$$T=\frac{2\rho_1 v_1}{\rho_2 v_2+\rho_1 v_1}=1-R \tag{2-2}$$

式中:ρ为介质密度;v为介质速度;1为界面上层介质;2为界面下层介质。

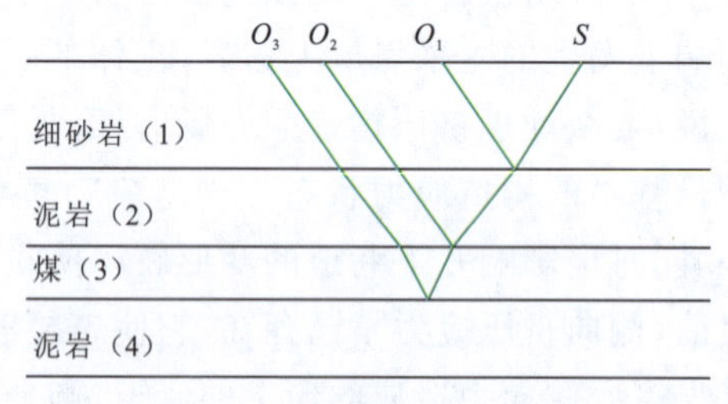

图2-1 地震波的反射与透射

注:O为震源激发点;S为接收点。

如果入射波的振幅为A_0,则反射波与透射波的振幅分别为

$$A_r=A_0\times R \tag{2-3}$$

$$A_t=A_0\times T \tag{2-4}$$

图2-1为某矿区内钻孔常见的地层结构。煤层位于泥岩中间,泥岩之上为一层细砂岩。将表2-1中速度、密度数据分别代入式(2-1)、式(2-2)得到反射系数、透射系数(表2-2)。

表2-2 层界面反射系数、透射系数

反射系数、透射系数	数值
R_1	0.106
T_{12}	0.894
T_{21}	0.931
R_2	0.505
T_{23}	0.495
T_{32}	0.509
R_3	−0.505

设入射波的振幅为 A_0，煤层顶、底板界面反射波的振幅分别为 A_{c1}、A_{c2}，不计层间衰减，则有

$$A_{c1}=T_{12}\times R_2\times T_{21}\times A_0=0.420A_0 \tag{2-5}$$

$$A_{c2}=T_{12}\times T_{23}\times R_3\times T_{32}\times A_0=0.106A_0 \tag{2-6}$$

在不计底板界面反射波在煤层中的吸收衰减时，煤层顶板界面反射波的振幅是底板界面反射波振幅的 4 倍左右。利用雷克子波研究煤层顶、底板界面反射波的干涉效应，获得如图 2-2 所示的结果。

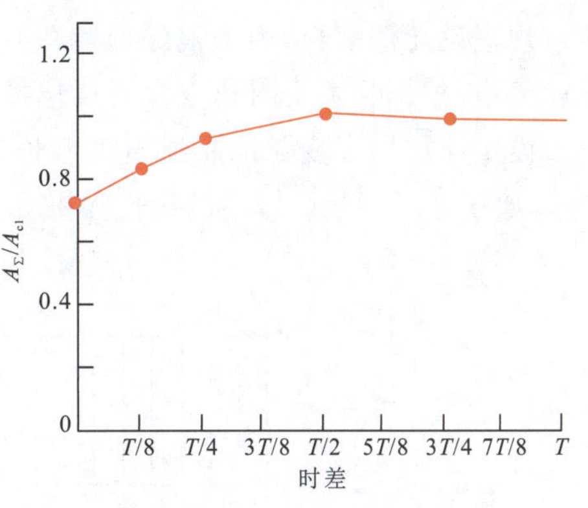

图 2-2　煤层顶、底板界面反射波的干涉

注：A_Σ 为复合波振幅减小的极限值；A_{c1} 为煤层顶板界面反射波的振幅；T 为周期。

从图 2-2 可以看到，煤层顶、底板界面反射波的干涉有如下特征：①当煤层顶、底板界面反射波的时差为 $T/2$ 时，复合波的振幅微弱增强；②当煤层顶、底板界面反射波的时差大于 $T/2$ 时，复合波的振幅与顶板界面反射波的振幅相同；③当煤层顶、底板界面反射波的时差小于 $T/2$ 时，复合波的振幅小于顶板界面反射波的振幅，且随煤层厚度的减小而减小；④当煤层顶、底板界面反射波的时差趋于零时，复合波振幅减小的极限值是顶板界面反射波振幅的 75%。则有

$$A_\Sigma=0.75A_{c1}=0.75\times 0.420A_0=0.315A_0 \tag{2-7}$$

而砂岩、泥岩界面的反射波振幅为

$$A_\Sigma=A_0R_1=0.106A_0 \tag{2-8}$$

即复合波振幅最小的极限值是砂岩、泥岩界面反射波振幅的 3 倍，在时间剖面上是可以连续追踪的。

由于地震波在煤层中的传播速度比在围岩中传播的速度低，假设煤层的波阻抗为 $I_2=\rho_2 v_2$，顶板的波阻抗为 $I_1=\rho_1 v_1$，当地震波由煤层顶板垂直入射到顶板与煤层的界面 1 时（图 2-3），则 $I_2<I_1$。由于反射系数 $\gamma=(I_2-I_1)/(I_2+I_1)<0$，根据褶积模型，地震道 $X=\omega*\gamma$（ω 为地震子波），当地震子波 ω 的极性为正时，地震道的极性应该是负的。因此煤层的顶板为一负相位的强反射层。同理，当地震波由煤层垂直入射到煤层与底板之间的界面 2 时，其反射系数为正，地震道的极性也为正，底板所对应为一正相位的强反射层。

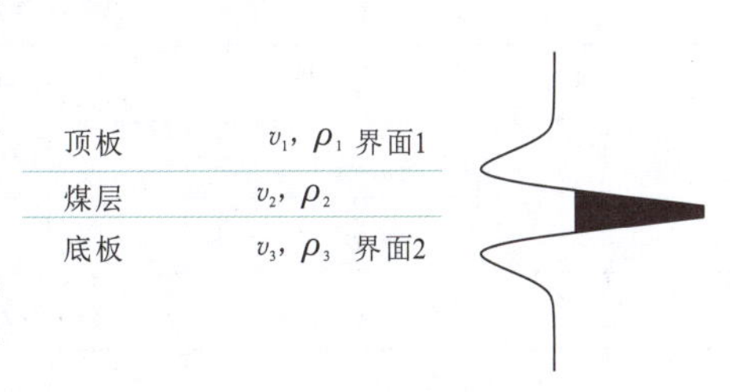

图 2-3　煤层地震理论模型

煤层与围岩波阻抗差异越大，地震信号振幅越大。煤层界面的反射系数远大于一般岩层，可达 0.3～0.5。一般当界面反射系数大于或等于 0.1 时，就认为是强反射面。顶、底板界面反射系数大小差不多，但是极性相反。

3)煤层是“薄层”

煤层的“薄层”“厚层”是相对地震波长而言的，一般认为当煤层厚度小于$\lambda/4$(λ为地震波波长)时，就是“薄层”。我国目前大多数可采煤层的厚度一般都小于$\lambda/4$，当煤层厚度小于$\lambda/4$时，煤层的顶、底板界面极性相反，发生相消干涉，反射波不能分离，形成复合波。当煤层厚度变化很大(剥蚀、变薄)时，地震波在传播时间或振幅上会出现明显的异常，该异常用常规理论无法解释，为了很好地解决这一异常，需进行正演模拟，得出振幅与煤层厚度的统计关系，根据相关资料建立含有煤层厚度的地震地质模型。

设定煤层厚度变化地震地质模型长1000m，深800m，模型形状为楔形，煤层厚度为0～20m，如图2-4所示，模型的物性参数如表2-3所示。

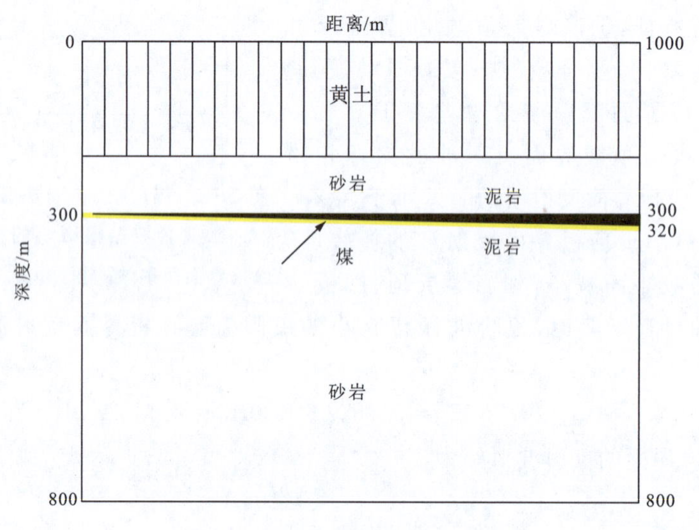

图2-4　煤层厚度变化楔形模型

表2-3　煤层厚度变化地震地质模型物性参数

层序号	岩性	v_p/(m·s^{-1})	v_s/(m·s^{-1})	ρ/(g·cm^{-3})	H/m
1	黄土	1800	1000	2	200
2	砂岩	3600	2100	2.65	98
3	泥岩	3000	1700	2.35	2
4	煤	1700	700	1.3	0～20
5	泥岩	3000	1700	2.35	2
6	砂岩	3600	2100	2.65	478～498

本次正演采用声波波动方程法进行计算，波动方程正演通常采用全程波零炮检距正演模拟，主要分为求反射系数、波场外推和接收正演记录3个步骤。其中反射系数利用常用公式求取；波场外推利用下列二维二阶声波标量方程求取。

$$\frac{1}{v^2}\frac{\partial^2 p}{\partial t^2}=\frac{\partial^2 p}{\partial x^2}+\frac{\partial^2 p}{\partial z^2} \tag{2-9}$$

式中：p 为声学特性标量；v 为速度；t 为时间；x 为笛卡尔坐标系下横坐标值；z 为笛卡尔坐标系下纵坐标值。

该方程求解的差分格式为

$$p^{n+1}=2p^n-p^{n-1}+v^2\Delta t^2\left[L_x(P)+L_z(P)\right]+f \tag{2-10}$$

式中：v 为速度；$L_x(P)$、$L_z(P)$分别为利用差分方程求解的 x、z 方向的二阶空间导数；f 为初始外力。

在地表接收的正演记录方程为

$$s(x,n)=p(x,z_x,n) \tag{2-11}$$

式中：z_x 为检波点处的深度样点值，x 为笛卡尔坐标系下横坐标值；n 为接收点数量。

正演模拟子波选取 50Hz 的 Ricker 子波，采样间隔为 0.5ms，体积元剖分大小为 0.5m×0.5m，计算时间为 400ms，接收道距为 5m，共 201 道。其正演地震剖面如图 2-5 所示。

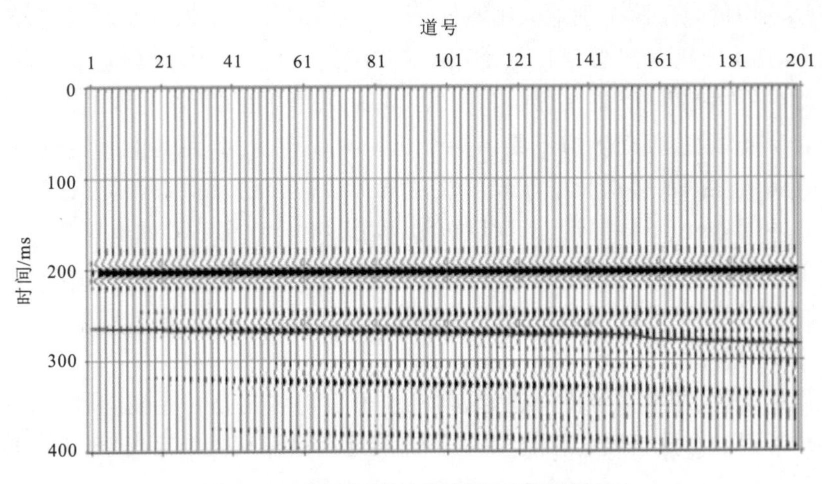

图 2-5　煤层厚度变化模型正演地震剖面

提取煤层反射波振幅信息，研究煤层反射波振幅与煤层厚度的关系，如图 2-6 所示，经研究发现：①当煤层厚度由 0m 增加到 $\lambda/4$ 时，反射波振幅逐渐增大，但增大幅度随着煤层厚度的增大逐渐减小；②当煤层厚度为 $\lambda/4$ 时，此时煤层反射波振幅达到最大值；③当煤层厚度超过 $\lambda/4$ 继续增大时，反射波振幅逐渐减小，减小的幅度逐渐降低；④煤层厚度继续增大，煤层反射波振幅趋于稳定，不随煤层厚度的增加而发生变化；Widess 准则认为在没有噪声的情况下，反射波的最小可分辨厚度为 $\lambda/8$。

2. 煤层反射波

煤层反射波是与主要可采煤层有关的，主要由煤层顶、底板同类反射波叠加，也包括层内多次反射波及有关转换波和邻近煤层的相对弱反射波叠加而成的复合波。

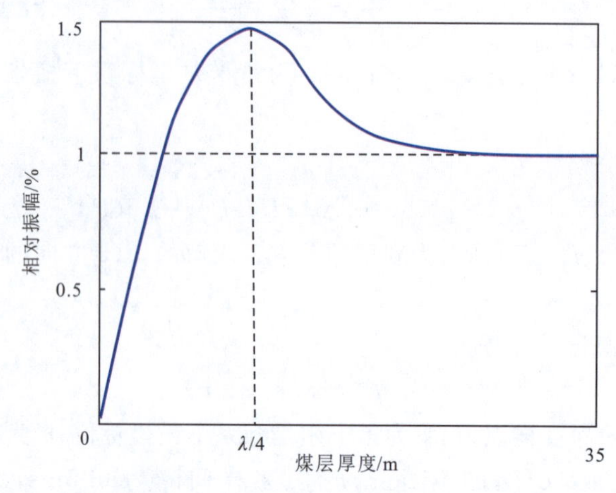

图 2-6　煤层厚度对煤层反射波振幅影响

赋存在煤系中的煤层除个别地区稍厚外，大多数煤层在几厘米至几米之间，最大不超过20m，构成了薄互层或极薄互层的特点。在地震勘探中，几米的煤层只能看作薄层。同时，根据岩石标本物性参数测试，证实煤层和围岩(即顶、底板)之间存在有明显的物性差异。由于薄互层综合影响，地震反射响应不是由某个单一界面产生的，而是由薄层顶、底板界面的一次反射波和薄层之间的多次反射波经多次迭加形成较强的反射振幅，在这里我们称之为煤层反射波。不同岩性、不同厚度、不同层数的薄互层组合就有不同的地震响应。如何正确识别煤层反射波，进而充分利用煤层反射波的多种信息，把波形的细微变化解释为地层学的现象，并以此研究煤层的赋存规律以及煤层的分叉、合并、尖灭、冲刷等现象，将是地震地层学研究的一个重要方面。

由于煤层的岩性、厚度多半横向稳定，则对应的反射波也是一个横向稳定、连续性好的反射波。煤层反射波形成机制的特点，提高了煤炭地震勘探解决地质问题、完成地质任务的能力。在实际应用中，地质层位的标定是煤田地震地质解释的基础。在充分分析区内钻孔资料的基础上，正演出人工合成地震记录(图 2-7)，通过与过井实际地震剖面对比分析，最终确定煤层地震反射波的地质层位。将时间剖面上能量强、信噪比高、连续性好、地震地质层位明确的反射波定为标准反射波(图 2-8)，它是地震地质解释的主要依据。

借助三维地震勘探技术对煤矿采区进行勘探，以煤层和周边围岩之间存在显著的波阻抗差异为基础，通过对反射波的能量强度大小和两介质之间波阻抗差异等问题进行研究，以期获得更为准确的数据。在正常的沉积地层起伏界面上，通常情况下会产生相对连续的、稳定的反射波或反射波组。但当煤层中含有地质构造时，典型的如断层，即会出现诸如反射波无序、反射波错断以及反射能量增强等状况，在极为特殊的情况下，还会产生绕射波，如图 2-9 所示。不仅如此，反射波的形态变化同样能够反映煤层的赋存形态、埋藏深度，如图 2-10 所示。

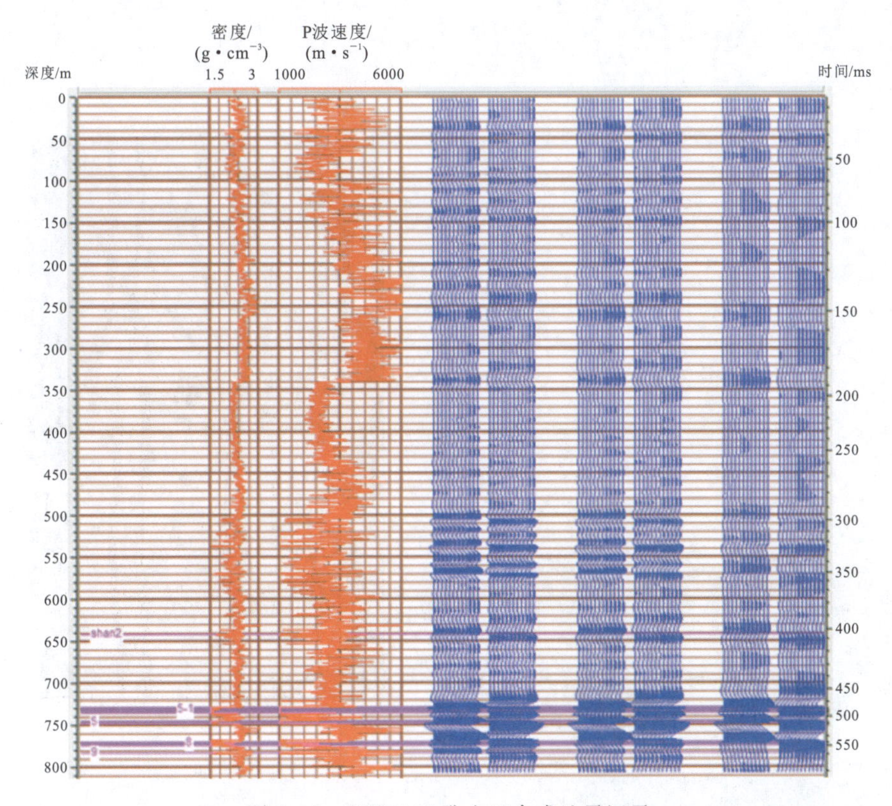

图 2-7　PZK1106 孔人工合成地震记录

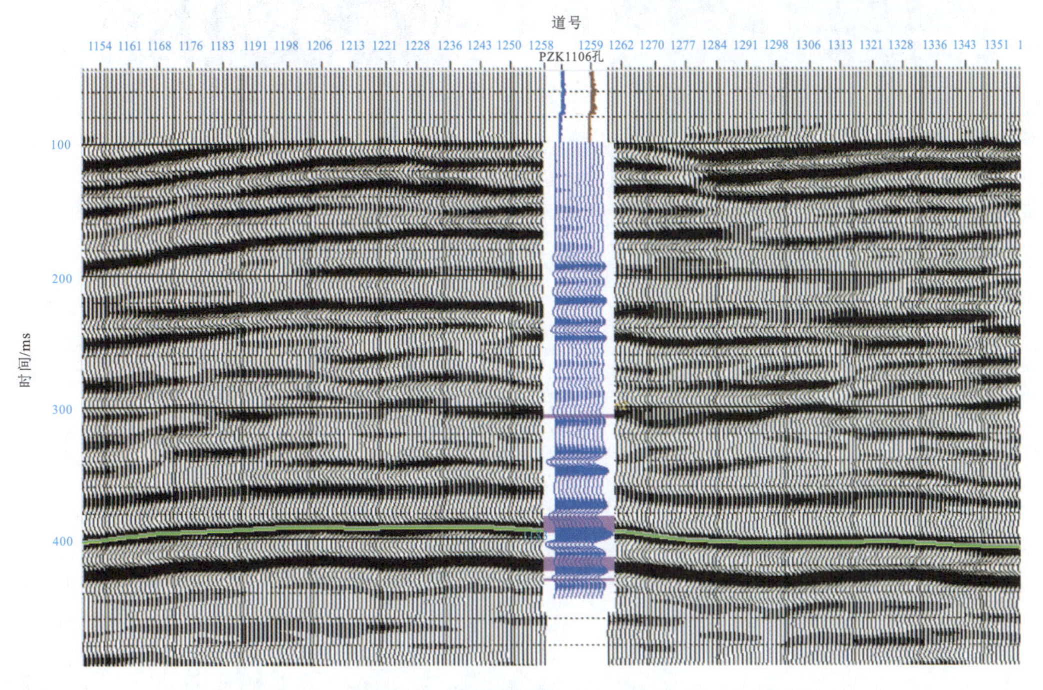

图 2-8　三维地震联井时间剖面 PZK1106 孔合成地震记录

注：图中绿色部分为标准反射波。

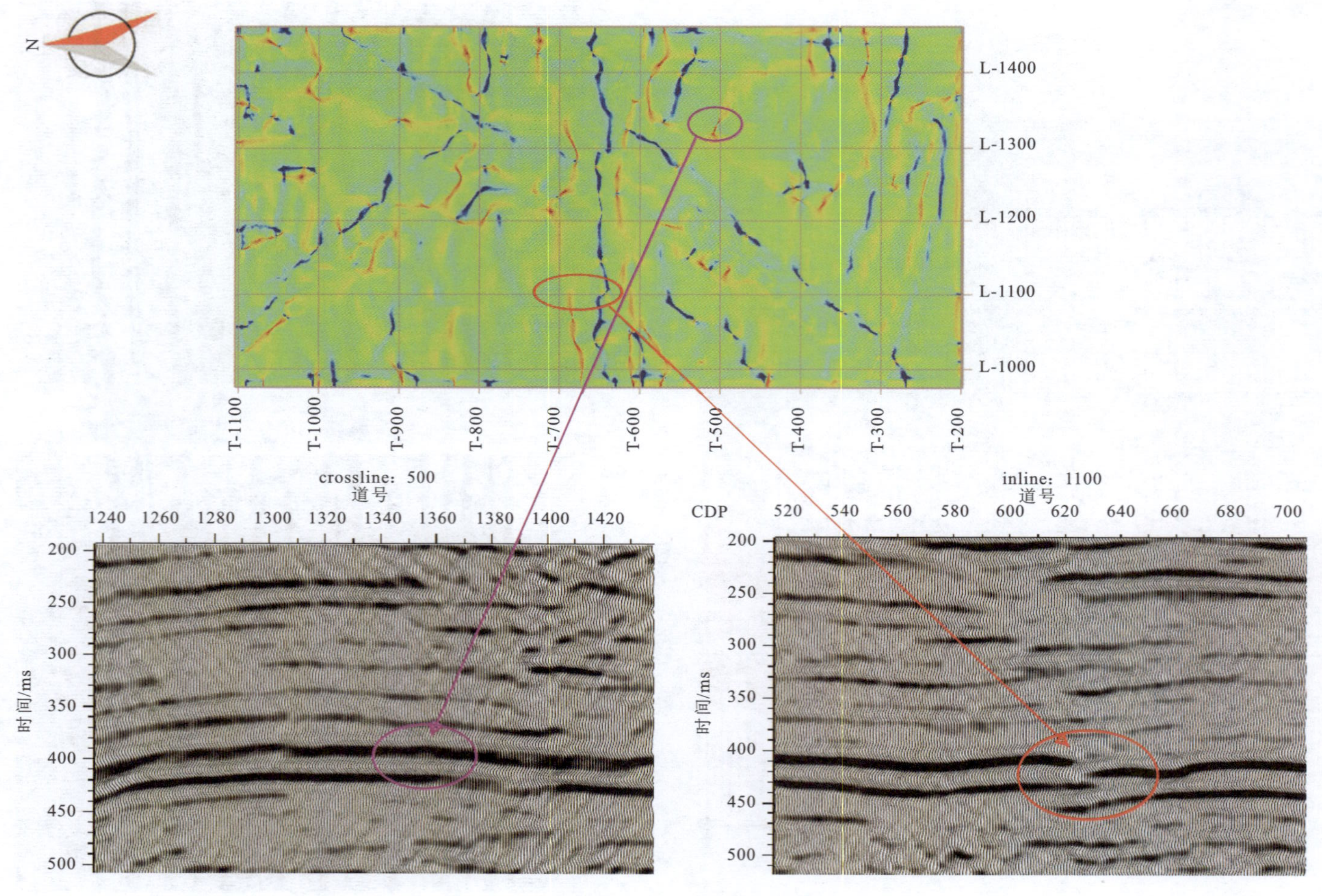

N
L-1400
L-1300
L-1200
L-1100
L-1000
T-1100
T-1000
T-900
T-800
T-700
T-600
T-500
T-400
T-300
T-200
crossline：500
道号
inline：1100
道号
CDP
时间/ms

图 2－9　反射波的错断

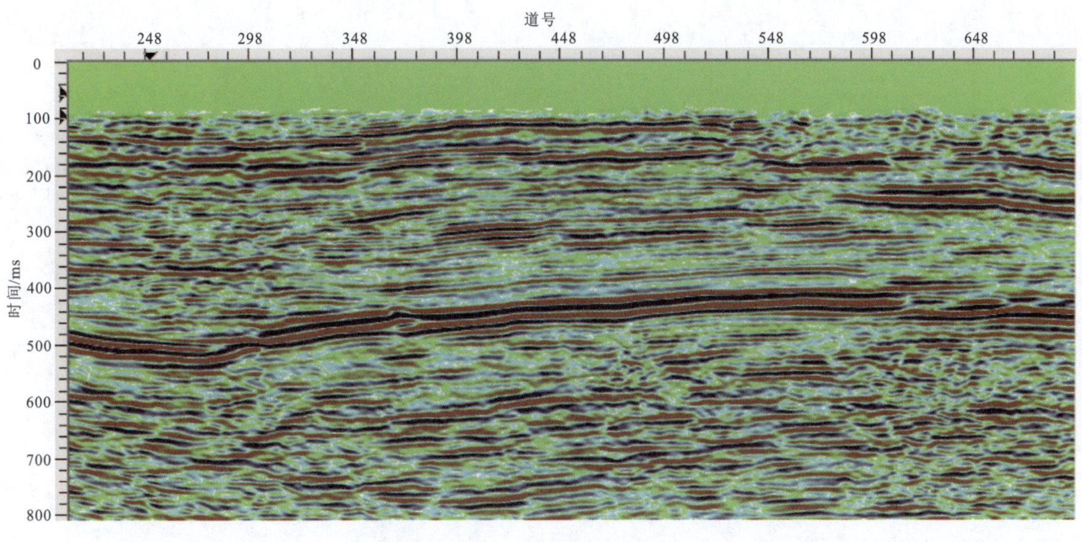

图 2-10　典型煤层反射波

反射波振幅、频率、相位的特征通常与煤层的岩性、结构、构造以及流体性质等存在关联，如图 2-11 和图 2-12 所示。这些均表明地震勘探方法适用于煤田勘探，构成了煤田地震勘探的基础。

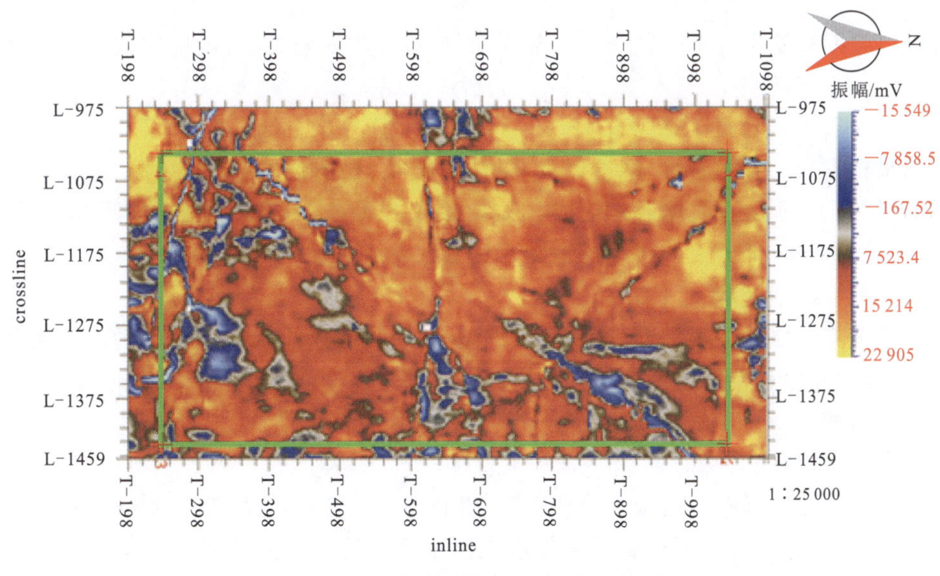

图 2-11　煤层反射波的瞬时振幅属性

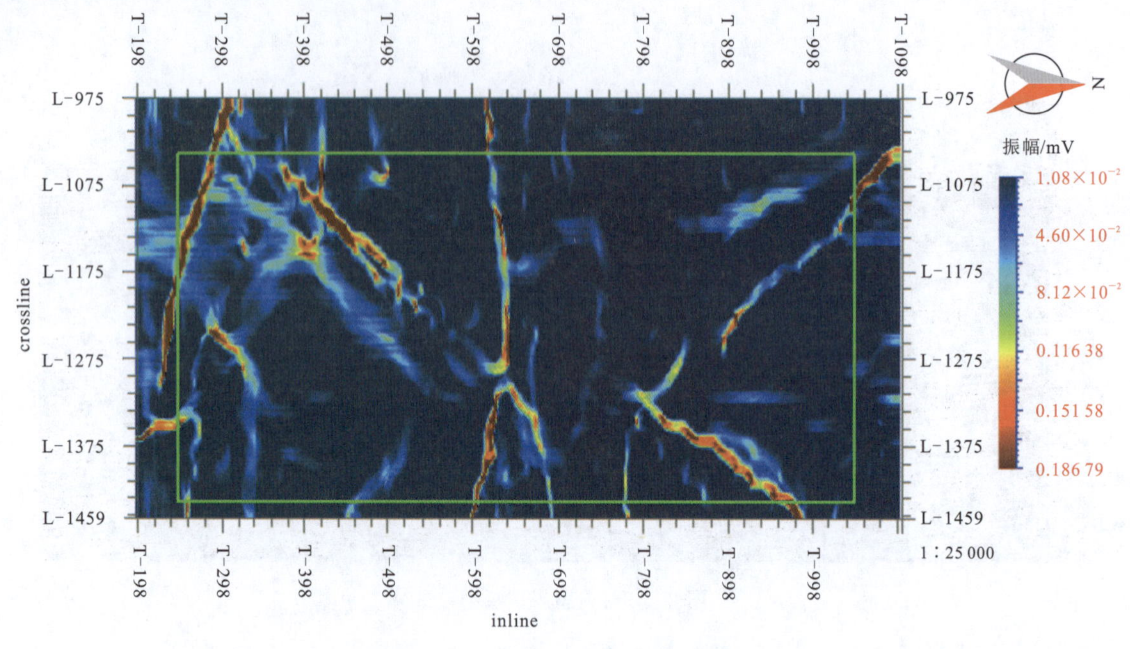

图 2-12 煤层反射波的倾角属性

2.3.2 煤田地震勘探的环节

煤田地震勘探的主要环节包括3个部分:野外地震数据采集、室内地震数据处理以及地震资料解释。

1)野外地震数据采集

按照预先设计的观测系统,炮点激发、检波器接收、仪器记录,得到原始地震资料(按时分道),如图2-13所示。数据通常记成SEG-Y或SEG-D格式,班报有电子格式的和手写格式的。通常这一部分工作由物探地震采集分队完成。

2)室内地震数据处理

将野外采集的原始地震资料(通常为单炮记录)转化为可用于地质解释的地震剖面。包括预处理、常规处理和特殊处理3块主要内容。这部分工作通常由资料处理中心完成,处理后的地震数据如图2-14、图2-15所示。

3)地震资料解释

野外采集的原始资料经过全三维处理后,得到了一个三维数据体,三维数据体中包含着勘探区内丰富的地质信息,资料解释工作就是利用相应的技术方法对数据体内的地质信息进行提炼,将数据信息转换成地质信息。在这个过程中,必须把技术人员对井田构造规律的认识及解释经验与解释软件的智能功能相结合,以三维地震资料为基础,结合地质、测井等资料和数据,进行地震数据的综合解释,对地震资料反复认识,不断深化研究,主要包括构造解释和岩性解释,如图2-16所示,并且通过资料的解释能够输出地质成果图。

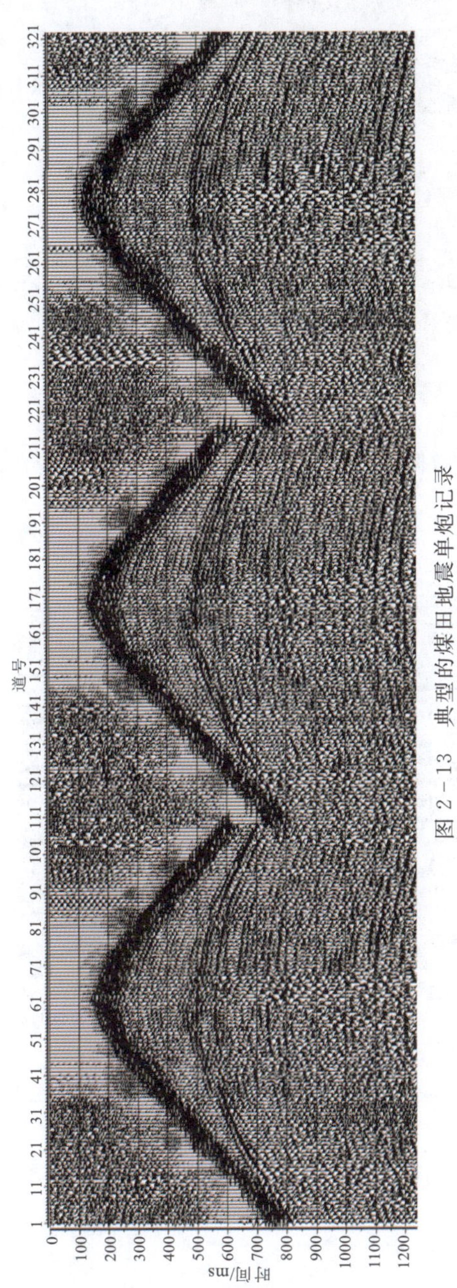

图2-13 典型的煤田地震单炮记录

图2-14 处理后的地震数据时间剖面

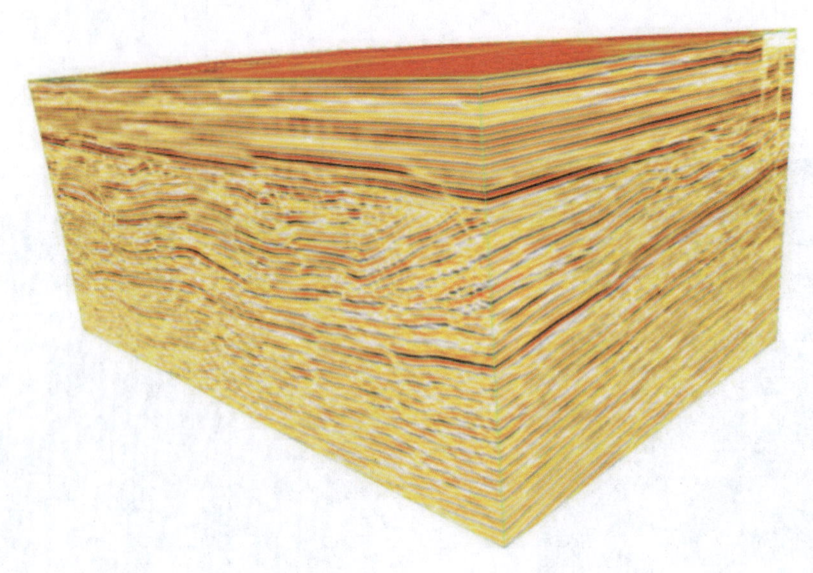

图 2-15 处理后的三维数据体

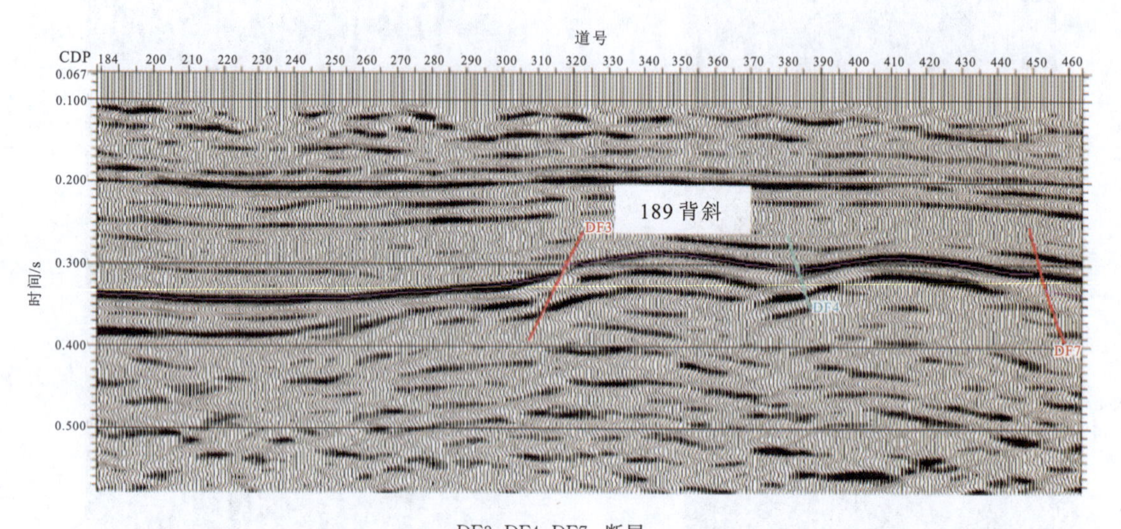

DF3、DF4、DF7. 断层。

图 2-16 构造解释

第 3 章　地震地质条件及地震勘探阶段

3.1　地震地质条件类型

在一个地区开展地震勘探工作能否有效地解决地质问题，达到预期目的，在很大程度上取决于该区的地震地质条件。地震地质条件分为浅表层地震地质条件、深层地震地质条件和综合地震地质条件 3 种。

浅表层地震地质条件、深层地震地质条件类型划分为简单区、一般区、复杂区 3 种；综合地震地质条件类型划分为简单区、一般区、复杂区和特别复杂区 4 种。

3.1.1　浅表层地震地质条件类型

浅表层地震地质条件主要是指地表的各种影响因素及浅部岩土介质的性质和地质特征，具体是指地形、地貌、植被、潜水面、基岩以上现代沉积的岩性和厚度的变化等（图 3 - 1）。它们决定了地震波的激发和接收条件及资料处理中表层静校正的难度。一般来说，地形平坦、潜水面浅、表层现代沉积厚度变化小、岩性稳定等是有利的浅表层地震地质条件。

（1）简单区，为潜水位深度不大于 10m，且浅层无卵砾石发育的平原地区。

（2）一般区，为潜水位深度大于 10m，或浅层局部发育卵砾石的平原地区。

（3）复杂区，为山区、沙漠区、湿地、水陆交互带、村庄、果园、植被和高压线等地物发育区、黄土塬区、浅层发育厚卵砾石的平原区。

3.1.2　深层地震地质条件类型

深层地震地质条件是指地震界面的强弱、稳定性和连续性，地质构造的复杂程度，地震界面与地质界面的对应关系等。地震界面的性质取决于地层的岩性——岩性稳定则地震界面连续性好，可大范围追踪，并且与地质界面一致（此称标准层）。在剖面中有标准层、地质条件不太复杂、岩层产状较平缓、界面反射系数适中等都是有利的深层地震地质条件。

（1）简单区，为地层倾角小于 10°，构造简单，煤层稳定的地区。

（2）一般区，为既不符合简单区，又不符合复杂区条件的地区。

(a) 地形地表

(b) 浅表层地质条件出露

图 3-1　浅表层地震地质条件

(3)复杂区,为符合下列条件之一的地区:①地层倾角大于 30°;②构造复杂程度为复杂到极复杂;③煤层稳定程度为不稳定到极不稳定。

3.1.3　综合地震地质条件类型

1. 基本原则

综合地震地质条件类型一般以整个勘探区为单位进行评价。当勘探区范围大,且地震地质条件变化较大时,也可分区评价。如西部为简单区,东部为复杂区。

①简单区，为浅表层和深层地震地质条件均简单的地区。

②一般区，为浅表层和深层地震地质条件中一个为一般，另一个为一般或简单的地区。

③复杂区，为浅表层和深层地震地质条件中一个为复杂，另一个为简单或一般的地区。

④特别复杂区，为浅表层和深层地震地质条件均为复杂的地区。

2. 好的深层地震地质条件

1)地震层位和地质层位一致

地震界面是波阻抗面和速度面，地质界面一般是岩性界面，两者通常是一致的。不同的地质层位往往具有不同的岩性，但是有时亦不完全一致。例如某一组地质层内具有物性同上覆、下伏地层有很大差异的层位时，则与之相关的那些反射只反映某一组地质层位中的某一具体层。同地质层位一致的地震层位对解释地震剖面中的沉积关系、构造形成的时代以及地质发展历史等都是十分有利的。特别是对于那些在含油气构造中具有重要意义的目的层，如含油层、含气层等，我们总是希望它们就是地震层位。

2)具有较好的标准层

地震标准层和地质标准层一样，是对对比连接测线，控制构造形态，划分地震剖面，研究上、下地层之间的关系(特别是当地震标准层同地质层位一致时，该标准层有地质时代、地层岩性等含意)等具有重要意义的地层，它可以使整个地震剖面在解释时具有丰富的地质内容。地震标准层指的是能量较强，且在比较大的地区范围内能连续稳定追踪的地震波，它具有较明显的运动学和动力学特征。一般来说，在整个地质剖面上，有岩性变化明显的地质层位，且它在横向上岩性变化不大，才能形成比较稳定的标准层。我国多数油区地下构造比较复杂，多数含油气构造被各种走向的断层所切割。实践证明，即使在这样比较复杂的工区，只要工作方法选用得当，仪器参数设置合理，还是可以在比较大的范围内找到具有一定意义的地震标准层的。陆上地震勘探是如此，海上地震勘探更是如此。

3)具有良好的地震波组关系

当深层地质剖面上具有比较明显的几套地层时，若几套地层之间有明显的不整合或超覆等关系，那么地震记录上反映这些关系的波组特征亦会相应地表现为顶超、削蚀、上超、下超等地震波组的接触关系，这些波组关系有利于地震层序的划分。

4)具有明显的地震相特征

在现代高信噪比、高分辨率的地震数字处理剖面中能相应地反映出深层地质剖面上的岩性特征和沉积结构模式不同岩性单元(或地表地层单元)的反射波运动学和动力学特征，这些特征包括反射层的振幅、频率、连续性、丰度、结构、外形等。反射层相同特征的集合体称为地震相，它可以同地质剖面上的岩性特征和沉积结构作一一对应解释。如果能够获得具有明显地震相特征的剖面(目前海上地震勘探的剖面能够做到这一点)，那么通过地震相分析有助于研究岩相古地理，建立各种沉积环境和沉积模式。

5)速度剖面的均匀性

在地震勘探中，高速厚层的存在往往是极不利的条件。特别是对折射波来说，它会造成屏蔽作用，使地面观测不到更多的折射波，折射波法地震勘探会受到很大的局限。此外，高速厚层的存在对反射波法勘探也是不利的，它使得深部地震反射波的能量变得很弱。我国西南地区广泛存在灰岩地层，目前尚难获得深层质量较好的反射波。

3.2 地震勘探阶段及任务

按照地质工作从较大范围概略了解到小范围详细研究的工作程序，以及与煤炭工业基本建设需要相适应的原则，地震勘探工作可划分为概查（找煤）、普查、详查、精查和采区勘探5个阶段，根据资源及地质情况可以简化或合并。

3.2.1 概查

概查一般应在煤田预测与区域地质调查或在重力、磁法、电法工作的基础上进行。它的主要任务是寻找煤炭资源，并对工作地区有无进一步工作价值做出评价。地质任务及工作程度要求如下。①初步了解覆盖层厚度及变化情况。②初步了解工作地区构造轮廓。③初步了解含煤地层的分布范围。④提供参数孔和找煤孔孔位。

3.2.2 普查

普查应在概查的基础上或在已知有勘探价值的地区进行。地质任务及工作程度要求如下。①了解松散层的厚度，当厚度大于或等于200m时，测线上的解释误差不大于9%。②初步查明勘查区内基本构造轮廓，了解构造复杂程度，控制可能影响矿区划分的主要构造。初步查明落差大于或等于100m的断层，并了解其性质、特点及延伸情况，断层在平面上的位置误差不大于200m。③初步查明主要可采煤层的分布范围，在测线上主要目的层深度解释误差不大于9%。④初步控制主要煤层的隐伏露头位置，其平面位置误差不大于200m。⑤初步了解岩浆岩对主要煤层的影响范围。

3.2.3 详查

详查应在普查的基础上，按照规划的需要，选择资源条件较好、开发比较有利的地区进行。地质任务及工作程度要求如下。①查明勘探区的构造形态，控制勘探区边界和区内可能影响井田划分的构造，评价勘探区构造复杂程度。查明落差大于或等于50m的断层性质、产状及其延伸情况，其平面位置误差不大于150m。②基本查明主要煤层的分布范围。当主要煤层底板的深度大于200m时，解释误差不大于5%；当深度大于或等于100m且小于200m时，解释误差不大于10m。③控制主要煤层隐伏露头位置，其平面位置误差不大于150m。④初步查明松散层厚度，覆盖层厚度大于或等于200m时，其解释误差不大于7%；当厚度大于或等于100m且小于200m时，解释误差不大于14m。⑤了解古河床、古隆起、岩浆岩等对主要煤层的影响范围。⑥有条件的地区，结合地质资料，初步了解主要煤层厚度变化趋势。⑦了解勘探区内煤层(成)气的赋存情况。

3.2.4 精查

精查一般以井田为单位进行。精查工作的主要地段是矿井的第一水平(或先期开采地段)和初期采区。地质任务及工作程度要求如下。①查明井田边界构造及与矿井第一水平有关的边界构造。②查明第一水平内落差等于和大于200m的断层，断层平面位置误差不大于100m，基本查明初期采区内落差大于10m的断层(地震地质条件复杂的地区应基本查明落差大于15m的断层)，并对小构造的发育程度、分布范围做出评述。③控制第一水平内主要煤层的底板标高，其深度大于200m时，解释误差不大于3%；小于200m时，解释误差不大于10m。④查明第一水平或初期采区内主要煤层露头位置，其平面位置误差不大于100m。⑤覆盖层厚度大于200m时，其解释误差不大于5%；小于200m时，解释误差不大于10m。⑥圈出第一水平内主要煤层受古河床、古隆起、岩浆岩等的影响范围。⑦研究第一水平范围内主要煤层厚度变化趋势。⑧对区内可能有利用前景的煤层(成)气的赋存情况做出初步评价。

3.2.5 采区勘探

1. 勘探阶段的总体要求

(1)查明井田边界构造及与矿井先期开采地段(第一水平)有关的边界构造。

(2)查明先期开采地段(第一水平)内落差大于或等于30m的断层；查明初期采区内落差大于或等于20m(地层倾角平缓、构造简单、地震地质条件好的地区为10～15m)的断层，断层平面位置误差不大于75m，并对小构造的发育程度、分布范围做出评述。

(3)控制先期开采地段(第一水平)范围内主要煤层的底板等高线，其深度大于或等于200m时，解释误差不大于3%；大于或等于100m且小于200m时，解释误差不大于6m。

(4)控制先期开采地段(第一水平)和初期采区内主要煤层露头位置，其平面位置误差不大于75m。

(5)基本查明松散层厚度，当厚度大于或等于200m时，其解释误差不大于5%；当厚度大于或等于100m且小于200m时，解释误差不大于10m.

(6)了解先期开采地段(第一水平)和初期采区内主要煤层受古河床、古隆起、岩浆岩等的影响范围。

(7)有条件地区，研究先期开采地段(第一水平)和初期采区内主要煤层厚度变化趋势。

(8)先期开采地段(第一水平)和初期采区以外区域，地质任务与工作程度要求根据工程布置情况确定。

2. 先期开采地段(第一水平)和初期采区内开展三维地震勘探工作任务及工作程度要求

(1)查明主要煤层中落差大于或等于5m的断层(复杂地区查明落差大于或等于8m的断层),其平面位置误差应控制在30m以内。

(2)查明主要煤层中直径大于或等于50m的陷落柱,其平面位置误差应控制在30m以内。

(3)进一步控制主要煤层的底板标高,当深度大于或等于200m时,解释误差不大于1.5%;大于或等于100m且小于200m时,解释误差不大于3m。

(4)查明主要煤层隐伏露头位置,其平面位置误差不大于30m。

(5)查明松散层厚度,当厚度大于或等于200m时,解释误差不大于2%;当厚度大于或等于100m且小于200m时,解释误差不大于4m。

(6)解释区内主要煤层受古河床、古隆起、岩浆岩等的影响范围。

(7)有条件的地区,解释区内主要煤层厚度变化趋势。

(8)解释挠曲等其他地质现象。

第 4 章　地震勘探数据采集

煤田地震勘探的野外采集是根据煤田的资源勘探或煤矿开采要求，由相关的地震队实施的，主要工序包括测量、放线、激发和接收。其中，激发主要包括钻井激发、气枪激发和可控震源激发，接收使用的设备主要有检波器、采集站、电缆和数字地震仪等，涉及的主要方法和技术包括观测系统设计、采集参数设计和野外试验及施工。

4.1　野外采集工作简介

4.1.1　煤田地震勘探的目的

煤田地震勘探技术是指专门探查地质构造，为煤矿布设采煤工作面、巷道、井筒及其辅助工程服务的高精度、高分辨率地震勘探技术。概括地讲，这种技术就是在地面通过人工手段激发地震波，研究地震波在地层、煤层中的传播情况，进而查明地下主要煤层地质构造的一种物探方法。它是近年煤炭高分辨率地震技术取得的重大突破，为适应大型煤矿综合机械化采煤技术发展及未来煤矿智能化开采的需求而兴起的一种地球物理勘探技术。

4.1.2　野外工作概述

野外工作是煤田地震勘探中重要的基础工作，它的基本任务是根据具体的地质任务进行野外施工，完整、准确地采集地震数据，为下一阶段的数据处理、资料解释作准备。野外工作可分为地震测线布置、试验工作和生产工作。

1. 地震测线布置

地震测线是指沿煤田采区地面进行地震勘探野外工作的路线。沿测线观测到的数据经数据处理以后的成果，就是地震剖面(时间剖面或深度剖面)，它是地震资料解释的基本依据。

测线的布置与地质测线布置的原则类似：①主测线，应尽量垂直构造走向，目的是能更好地反映构造形态，此时倾角为真倾角；②测线应尽量为直线，此时，垂直切面为一平面，反映的构造形态比较真实；③测线间隔随勘探程度的提高由疏到密。

2. 试验工作

煤田地震勘探的野外工作在方法技术的选择上较为复杂，地震记录质量会受到多种因素的影响。所以在生产工作进行前，需要进行试验来选取本工区内最合适的野外工作方法和技术。具体的试验内容根据勘探任务、工区的地质构造特点、干扰波情况、地震地质条件以及以往的勘探程度来拟定。

试验工作通常有：①地震地质条件的了解，如低速带的特点、潜水面的位置、地震界面的存在与否、地震界面的质量如何（是否存在地震标准层）、速度剖面特点等；②地震波激发最佳条件的选择，如激发岩性、激发药量、激发方式等；③地震波接收和记录最佳条件的选择，包括最合适的观测系统、最合适的采集参数和仪器设备的选择等；④干扰波调查，包括工作区内干扰波类型、特性。

3. 生产工作

当试验完成，取得本工区标准剖面后，可转入正式生产。生产前应对地震仪器进行详细检查，取得各种检查合格的记录以保证仪器工作正常，之后才能正式开始生产。如果采集的原始数据有严重缺陷，则在后续的工作中将很难修补这些问题，或需要付出沉重代价，所以高质量的野外工作是地震勘探成功的基础。

通常，生产工作的基本内容及步骤如下。

1）测量

测量是地球物理勘探工作的基础和先行步骤，主要任务是根据野外施工设计方案，应用测量设备和相应的测量方法，将勘探部署图上的点、线、网放样到实地，为物探的野外施工、资料处理和解释提供符合一定要求的测量成果。地震勘探中的测量工作与工程测量有着非常密切的关系。测区内三角点加密工作需要布设高精度网点，用到各种三角交会法以及精密导线、精密水准导线、静态 GPS 定位等方法。地震观测排列上的激发点和检波点的布设一般采用量距导线、红外测距导线、实时差分 GPS 定位等技术。

2）地震波的激发

目前我国煤田地震勘探大多数使用炸药作为震源，但也有使用可控震源或其他激发方式的。使用炸药震源井中激发时，要在规定的位置钻炮井，把按规定的炸药量装好的药包下至井中指定深度，引爆、激发。爆炸组在做好激发工作的同时，必须严格做好安全工作。

3）地震波的接收

这一工作主要通过检波器、排列和地震仪器来实现，即使用地震检波器、电缆线、野外地震仪等设备，按照确定好的观测系统与具体参数布设排列一系列检波点，在各检波点上准确埋置检波器，连通电缆，确保线路通畅，然后仪器操作员通知爆炸组引爆激发，在发出爆炸信号的同时启动记录系统。在确认获得合格记录后，可转移到下一排列继续工作。每天所获得的地震记录、填写的班报等原始资料必须整理清楚，保证准确无误。通常，对野外记录的原始资料进行现场处理的目的是监控资料质量，指导生产，为地震资料批量处理提供先验参数等。

4.2　观测系统设计

地震勘探设计是地震勘探的首要工作,应该在野外施工之前做好。设计工作需要充分调查和分析资料,反复认识,充分利用前人的经验,提出地质和施工方法存在的问题,明确要解决的地质任务和完成任务的具体措施,从而正确地部署地震测线,合理安排工作量。在煤田系统主要有招标技术设计和野外施工设计。

三维地震勘探在煤田系统大规模开展之后,适合煤田地震勘探的三维观测系统设计便显得尤为重要。一旦工区确定之后,如何根据现有设备完成地质任务,观测系统类型和参数的设计关系整个数据采集的质量以及野外施工效率。因此,在设计时应根据地质任务要求,综合考虑地震地质条件以及设备能力等各种因素。

三维地震野外数据采集是一种面积接收技术,其观测系统的设计及参数的选择都要考虑三维特性。三维数据采集比二维复杂,质量要求也高,正因为其具有面积接收特性,因此其三维观测系统的设计才更具灵活性。设计前,应收集工区内有关的地质资料及有关地球物理参数,如地层构造、目的层反射时间、最大勘探深度、地层倾角、地层速度以及反射波的动力学特征等。在反射波法地震勘探中,所谓的观测系统是指地震波的激发点与接收点的相互位置关系。为了解地下构造形态,必须连续地追踪各界面的反射波。为此,就要沿测线在许多激发点上分别激发,并进行连续的多次观测。每次观测时,激发点和接收点的相对位置应该保持一定的关系,以保证能够连续追踪地震界面。观测系统的选择取决于地震勘探的地质任务、工区的地震地质条件和使用的采集方法。总体原则是施工简便,经济高效,能够连续追踪地下界面,满足地震勘探对资料品质(信噪比、分辨率等)的基本要求。

4.2.1　观测系统设计的基本术语

什么叫观测系统?

为了解地下各界面的情况,必须连续追踪相应的地震波,这样就要求每一次的炮点与检波点必须保持一定的关系。描述地震勘探中激发点和接收点排列之间相对空间位置关系的布置方式就叫观测系统。观测系统可分为 2D(线)、3D(面积)两种。地震观测多沿规则布置的测线或面进行。测线通常垂直于地层的走向或构造线的方向,然后逐炮沿测线逐“段”多点同时观测。同炮点布置检波器同时观测的测线“段”,叫排列。炮点与最近检波器的距离叫偏移距。地震观测系统的基本参数有道距、面元、覆盖次数、偏移距、炮点距,接收线距、炮线距等。图 4-1 为接收点距、接收线距、炮点距及炮线距示意图。

(1)偏移距:是激发点到最近接收点的距离。在三维地震勘探中,inline 方向称为纵向,crossline 方向称为横向,inline 方向的偏移距称为纵向偏移距,crossline 方向的偏移距称为横向偏移距。

(2)接收点距:相邻接收点之间的距离(也称为道间距,也叫道距)。

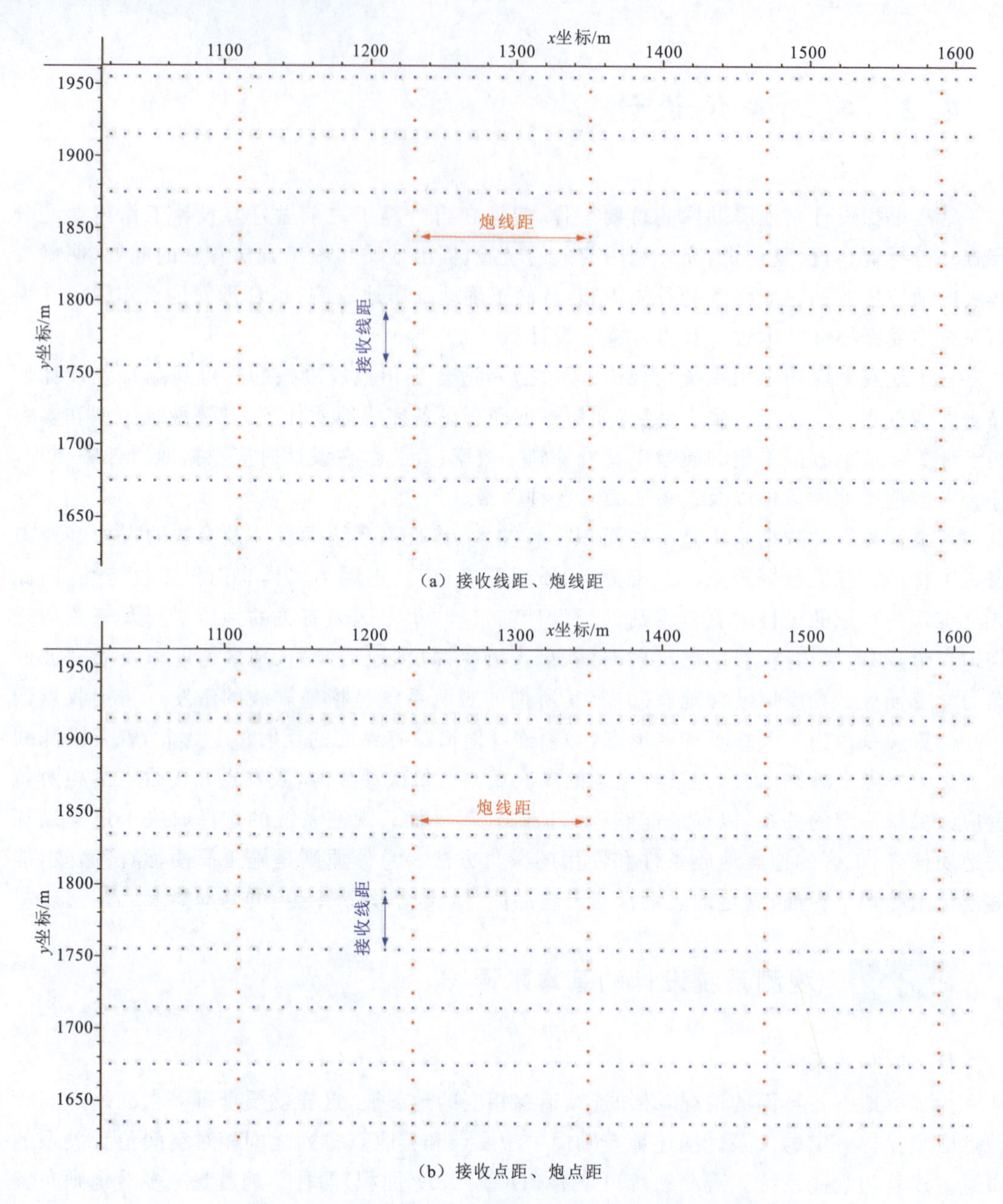

图 4－1　接收点距、接收线距、炮点距及炮线距示意图

(3)接收线距:在三维地震勘探中,相邻接收线间的距离。

(4)激发点距:相邻激发点之间的距离(也称为炮点距)。

(5)激发线距:在三维地震勘探中,相邻激发线间的距离(也称为炮线距)。

(6)炮检距:激发点到接收点(检波点)之间的距离。

(7)最大炮检距:激发点到最远接收点(检波点)之间的距离。决定最大炮检距的因素是反射波的能量、反射系数、动校正的拉伸程度和求速度的要求及对多次波的压制效果等。

(8)最小炮检距:是激发点到最近接收点之间的距离。最小炮检距的选择取决于使浅层目的层反射波能尽量避开近激发点的声波、面波、不规则干扰波等的影响。在能避开干扰波的情况下,要求最小炮检距应尽可能小。

(9)覆盖次数:对界面上某一反射点进行重复观测的次数。覆盖次数的选择应能充分压制干扰(环境噪声和次生干扰)、增加目的层的反射能量,从而提高资料的信噪比,确保成像效果。提高覆盖次数对增加深层反射能量和压制环境噪声、提高目的层反射波的优势频率、改善资料的信噪比具有一定的效果。

(10)面元边长:指叠加道范围的边长。

4.2.2 三维地震观测系统的分类

三维地震观测系统主要分为两大类:面积观测系统和线束型观测系统(图 4-2)。

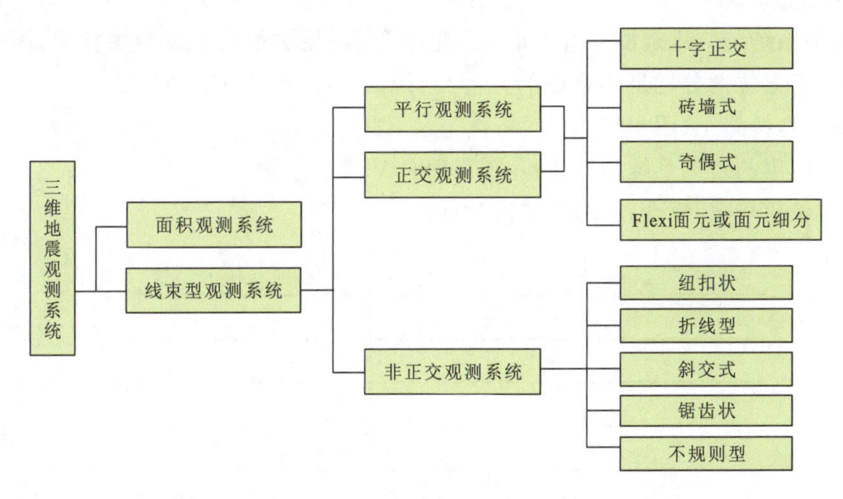

图 4-2　三维地表观测系统分类

面积观测系统(area geometry):接收点以网格形式全区密集采样分布,炮点以较稀疏网格分布,或以相反的形式分布,它是完全满足 3D 对称采样的观测系统,但费用太高,在实际生产中无法实现。

线束型观测系统(line geometry):接收点按一定采样间隔以一条或多条平行线的方式分布,激发点沿炮线分布的观测系统。根据接收线和炮线的分布方向及相互关系,线束型观测系统又可分为平行观测系统(parallel geometry)、正交观测系统(orthoogonal geometry)、非正交观测系统。

(1)平行观测系统的特点是炮点线与接收线平行,炮检距分布好,但形成的方位角范围窄。这种类型的观测系统一直是海洋三维地震采集的主要观测系统。

(2)正交观测系统属性较好,适合方位角观测分析。对称观测有较好的空间连续性,但往往存在明显的采集"足印";多线滚动施工效率较高,但会产生强的空间不连续性。在陆上施工比较合适，也适合于OBC施工。

(3)非正交观测系统，即炮线和接收线非正交布置，需要注意的是炮线和接收线之间的角度，这个角度在很大程度上依赖于纵向覆道次数的要求和排列接收线的数目，这种观测系统经常用于窄方位角勘探中。

4.2.3 常见观测系统

下边将介绍三维观测系统的一些主要类型，总结这些方法的优缺点，但在实际生产中要根据实际情况选择设计合适的三维观测系统。例如在我国的南方，由于河网交错，水田、村庄、工厂、城镇星罗棋布，各种经济植物密布整个地区，使得激发点、接收点只能布置在有限范围的点、线、面上，为了在这种地区进行地震勘探，使用常规三维观测系统是行不通的，必须寻找一种适应性更强，更方便灵活的施工方法，有时必须采用不规则三维采集。

1)平行观测系统

平行观测系统与二维观测系统类似，处理上可以应用类似已经发展的技术，由于横向覆盖次数小，对于方位角分析是不合适的，观测系统属性上不如正交观测系统，它主要适合海洋环境下使用拖缆施工(图4-3)。

优点：最简单的观测系统类型，适用于DFS-V接收系统。

缺点：方位角较窄，耦合较差，覆盖次数高。

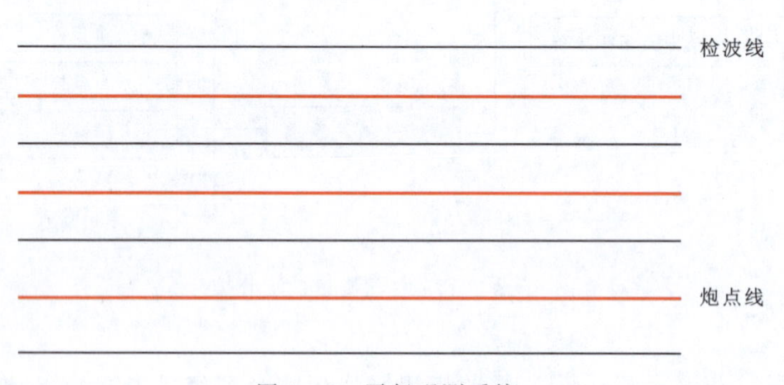

图4-3 平行观测系统

2)十字正交观测系统

炮线和接收线垂直，野外测站编号简单，易于观测和记录，只是产生的最小炮检距 X_{min} 太大。在我国东部地区广泛使用这种观测系统(图4-4)。

优点：简单易于布设。

缺点：投入相对较高，最小炮检距较大，需要激发点和接收点有好的通道。

3)砖墙式观测系统

砖墙式观测系统是为改善十字正交观测系统炮检距的分布而提出的，是一种较为特殊的观测系统，与常规的规则线束型观测系统相比，其相邻炮线之间砖块的首尾炮点重叠在同一条检波线上，它具有使炮检距、方位角等分布更加合理的特点(图4-5)。

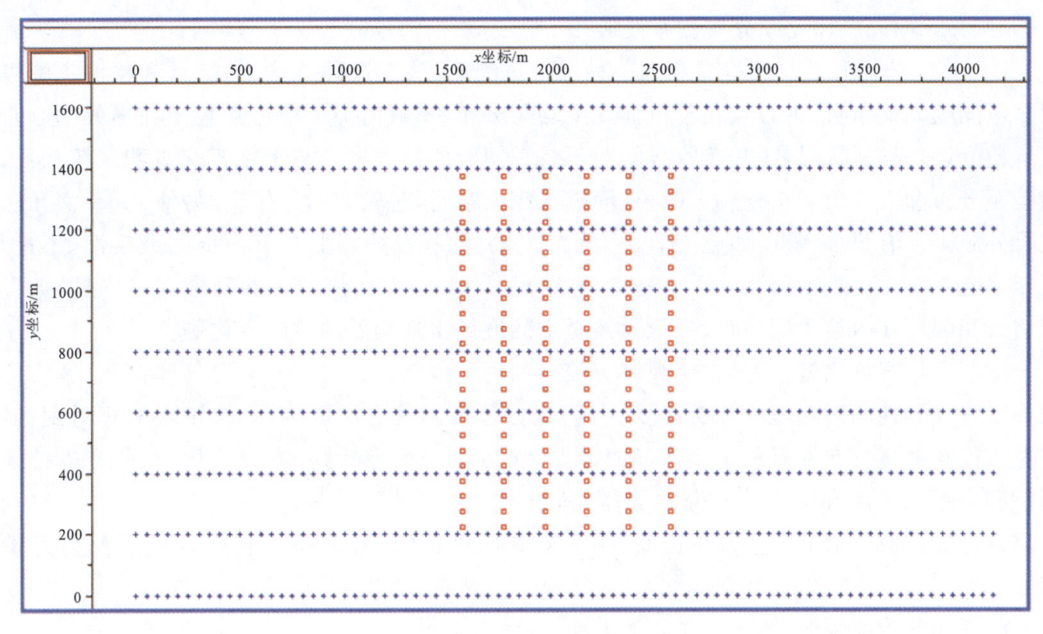

图 4-4　十字正交观测系统

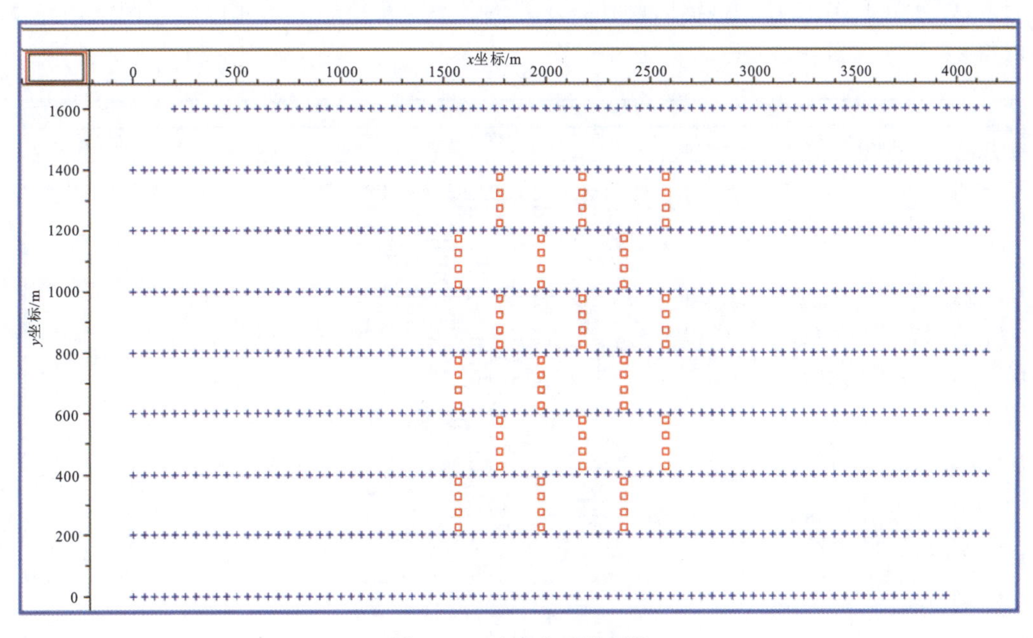

图 4-5　砖墙式观测系统

4)奇偶式观测系统

奇偶式观测系统是通过连接所有砖墙式观测系统中的炮点线形成的,在野外施工中炮点线数目是十字正交观测系统的两倍,但在每一条炮点线上要隔点设一个炮点,相邻炮线上的炮点错开半个间隔,相比十字正交观测系统,炮检距的分布和方位角的分布有所改善。

5)Flexi 面元或面元细分观测系统

GEDCO 公司开发并获得专利的一种三维观测系统,在这种方法中,炮点和检波点能以很多不同的方式布置,中心点在整个面元上均匀分布(一般情况下中心点集中在面元中心),从本质上讲,只需保证炮线和接收线间距不是道间距的整数倍。与十字正交观测系统相比,炮检距分布和方位角分布有较大改善,静校正完全耦合,有较高的分辨率,另外 Flexi 面元法在野外施工上有很多优点,如施工容易,静校正耦合好,在处理上具有一定的灵活性,不过,近年来随着对 Flexi 面元法的深入研究,也发现了 Flexi 面元法的一些问题与局限性,如可能造成相邻面元内最小炮检距、方位角甚至空间波场出现剧烈的跳跃变化等。

宽窄方位观测比较:①窄方位观测有较多的近道资料,动校拉伸小,分辨率高;②宽方位观测受各项异性的影响速度分析难度大;③宽方位观测受表层影响,静校正求解相对困难;④宽方位观测多方向性有利于多次波衰减;⑤宽方位观测炮检距、方位角均匀;⑥宽方位观测有利于不同角度和全方位研究地质体,利于 AVO、裂缝分析等;⑦宽方位非纵距大,有利于避开低速面波干扰;⑧宽方位方形面积接收有利于稳定、全面接收来自地下反射点的能量。

6)纽扣状观测系统(图 4-6)

优点:能充分利用多道系统。

缺点:炮数多,需要计算机辅助设计,CMP 覆盖不能在相邻的面元产生相同的偏移量/方位角。

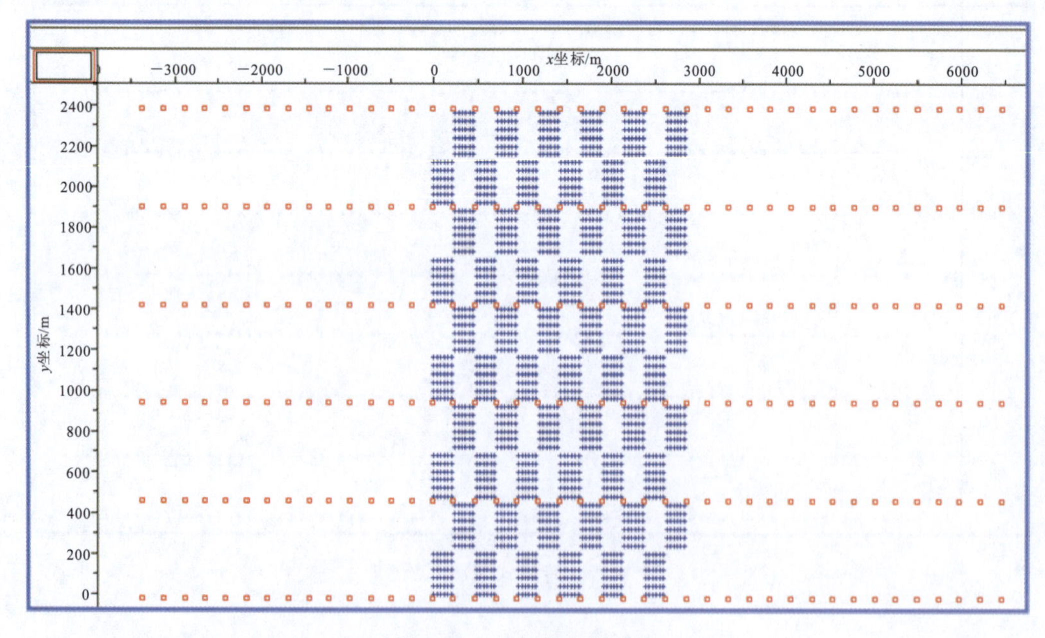

图 4-6 纽扣状观测系统

7)折线型观测系统(图 4-7)

优点:较小的最小炮检距、偏移距和方位角分布均匀。

缺点:只有在较好的地形才能使用,例如沙漠。

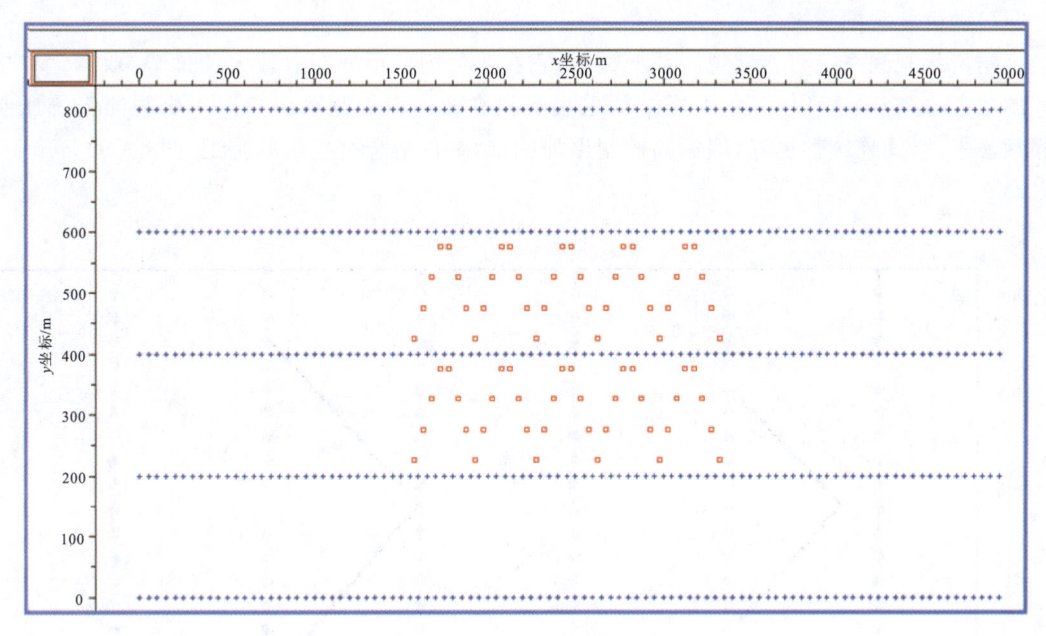

图 4－7　折线型观测系统

6)斜交式观测系统

观测系统属性类似于正交观测系统，对于改善炮检距分布，减小采集“足印”有一定优势，不同倾斜角度压制多次波效果不同，但空间连续性相对较差，浅层覆盖不均匀(图 4－8)。

优点：改善炮检距分布，利于 AVO 分析。

缺点：炮线距较大，测量等不易施工。

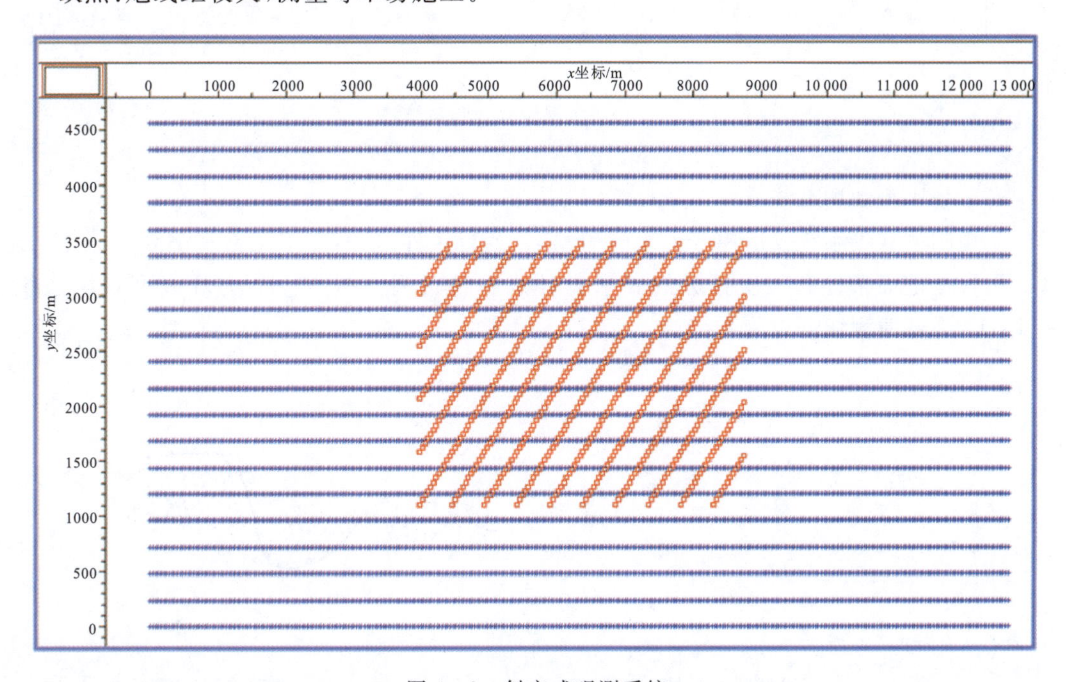

图 4－8　斜交式观测系统

7)锯齿状观测系统

锯齿状观测系统与斜交观测系统类似,它在改善炮检距分布有较大的优势,双锯齿有更好的效果,适合沙漠环境下可控震源的采集。斜交和锯齿观测系统相对正交观测系统压制假频占先,空间连续性更好,但振幅控制更加困难,更加适合可控震源施工(图 4-9)。

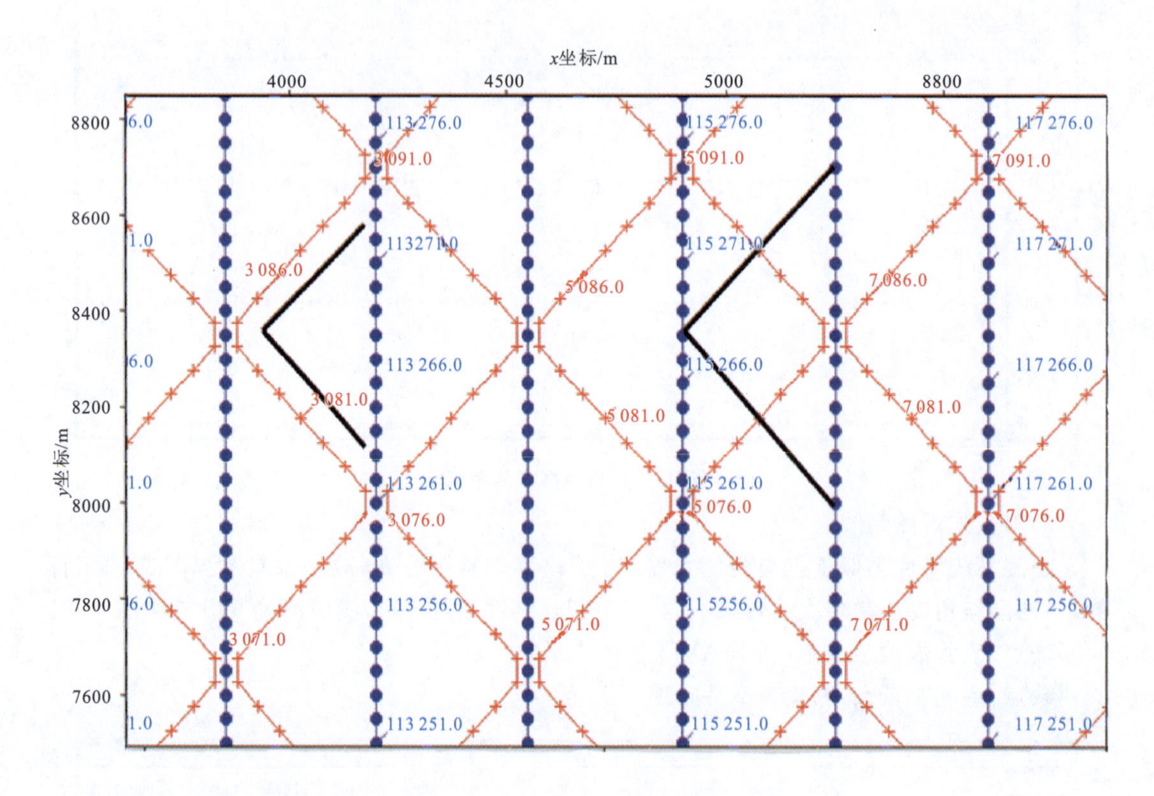

图 4-9　锯齿状观测系统

8)不规则型观测系统

不规则型观测系统仅适用于地表障碍物多、通行条件差、不能按正常观测系统施工的地区。可根据地面条件和地质任务的要求设计成各种类型。图 4-10 为环线型观测系统、图 4-11 为弯曲测线型观测系统。

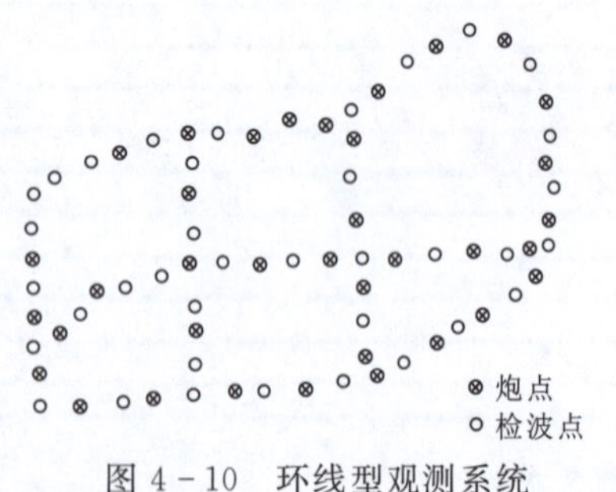

图 4-10　环线型观测系统

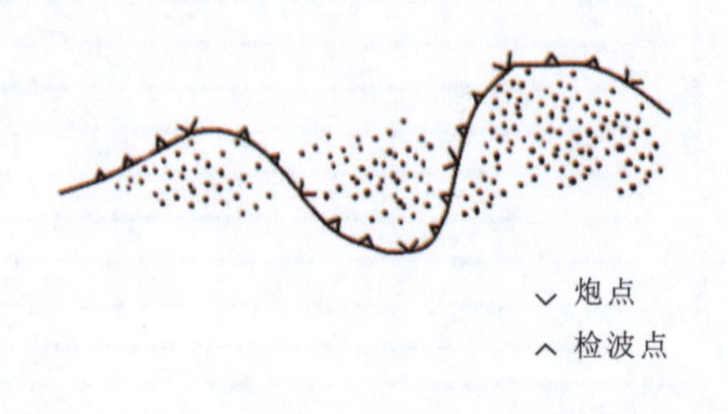

图 4-11　弯曲测线型观测系统

不规则型观测系统的优点是灵活机动，放炮时炮点和检波点位置选择灵活方便，但它们有以下共同的缺点：①叠加次数一般较低、而且不均匀；②炮检距变化范围一般较小，仅在个别点上有从小到大比较完整的炮检距；③资料处理比较复杂。

由于存在上述问题，不规则型观测系统一般只用于通行条件困难的地区，并且仅在信噪比高的地区才能得到较满意的结果。

4.2.4　观测系统的设计原则

（1）三维地震观测系统的设计受限于地面条件，因此在设计前应对工区进行调查，较详细地了解工区情况，并根据地形地貌情况尽量采用规则测网。

（2）在确定观测系统参数时，应当考虑具体的地质任务和地下地质情况以及各种干扰波的特点等因素。

（3）在一个 CMP 面元内，地震道应当分布均匀；炮检距也应当均匀分布，保证大小炮检距都有，这样才能同时勘探不同深度的目标层；同时，观测系统在保证取得各目标层的有效反射信息的基础上，还应考虑数据处理与分析是否方便。

（4）在 CMP 面元内，各炮检距连线的方位应尽可能均匀分布于该面元的 360°方位上，使 CMP 面元叠加能够真实地显示三维反射波。

（5）在勘探区范围内，覆盖次数分布均匀，且各面元上的覆盖次数尽可能接近，以保证反射波振幅、频率成分和记录特征的均匀、稳定。

4.2.5　观测系统的参数计算

1. 面元的选择

在三维地震勘探中，通常将地下界面划分成若干单元，然后再对每一个单元内所有反射点的地震信号进行叠加，得到勘探区域内的一个叠加道。划分的原则是，每个地下可以形成叠加道的区域内，要有均匀的覆盖次数、均匀的炮检距。面元有两个基本参数：一个是边长，是指在什么范围内把各道叠加在一起；另一个是面元间距，是指这些叠加道以多大间距显示。在大多数情况下，这两个参数可以交替使用，二者数值大多相同。

面元边长大小的确定主要考虑以下 3 个因素：由倾角推算的最高无混叠频率、横向分辨率、目标体的大小，通常从中选择最小的结果。

1）满足最高无混叠频率法则

在偏移之前可能存在的最高无混叠频率 f_{max} 存在于每个倾斜同相轴中，并且在同相轴上高于 f_{max} 的频率在偏移之前会出现混叠。要想满足偏移成像时不产生偏移噪声，即满足最高无混叠频率法则：

$$b \leqslant \frac{v_{int}}{4 f_{max} \sin\theta} \tag{4-1}$$

式中：b 为面元边长（m）；v_{int} 为目的层的层速度（m/s）；f_{max} 为目的层最高无混叠频率（Hz）；θ 为地层倾角（°）。

2）满足横向分辨率的要求

在偏移之前，如果两个绕射之间的距离小于第一个菲涅尔带半径，则不能将其分离。在偏移之后，横向分辨率取决于目标层的层反射最高频率。如果两个绕射点之间的距离小于最高频率的空间波长，则它们不能被分离，也就是说最高频率的空间波长被定义为横向分辨率。根据各目的层的最大频率和地震波的层速度，横向分辨率为

$$h_r = v_{int}/f_{max} \tag{4-2}$$

式中：h_r 为横向分辨率（m）。

在实际工作中很难测出最高频率，因此根据目的层的主频和地震波的层速度，横向分辨率为

$$h_r = v_{int}/(2f_{dom}) \tag{4-3}$$

式中：f_{dom} 为目的层主频（Hz）。

3）满足分辨最小地质体目标尺度的要求

沿着地质体的某一个方向，在该地质体上应有一定的地震道数，才能在横向上分辨，即满足公式

$$b = D/n \tag{4-4}$$

式中：D 为最小地质体目标尺寸（m）；n 为某一个方向地质体上的地震道数（根据资料信噪比，n 取值为 3～5）。

2. *覆盖次数的选择*

当信噪比良好时，纵测线方向的覆盖次数 F_x 通常取二维覆盖次数的 1/3～1/2。其中，纵测线方向的覆盖次数：

$$F_x = \mathrm{RLL}/(2 \times \mathrm{SLI}) \tag{4-5}$$

式中：RLL 为记录线长度（m）；SLI 为震源线间隔（m）。

横测线方向的覆盖次数：

$$F_y = \mathrm{NRL}/2 \tag{4-6}$$

式中：NRL 为记录线数。

覆盖次数：

$$\mathrm{Fold} = F_x \times F_y \tag{4-7}$$

3. *最大炮检距的选择*

1）要求的速度分析精度

随着炮检距的增加，速度分析误差随之减小，速度分析精度提高。速度分析误差与排列长度的关系公式为

$$X_{max} \geqslant \sqrt{\frac{v^2 t_0}{f_{max}} \cdot \frac{1}{\frac{1}{(1-k)^2} - 1}} \tag{4-8}$$

式中：k 为速度分析误差；v 为精确速度（m/s）；t_0 为零炮检距双程旅行时（s）；$X_{\max}$ 为最大炮检距（m）。

2）允许的最大动校拉伸

数据处理时，动校正使波形发生畸变，尤其在大偏移距处，因此设计排列长度时要考虑目的层有效波动拉伸的情况，要使有效波畸变限制在一定的范围内。动校拉伸系数与排列长度的关系为

$$D=\sqrt{1+\frac{x^2}{v_n^2t_0^2}}-1 \tag{4-9}$$

式中：D 为动校拉伸系数；x 为炮检距（m）；t_0 为零炮检距双程旅行时（s）；v_n 为叠加速度（m/s）。

3）切除干扰波时保留反射波

当反射界面较浅时，直达波、初至折射波与反射同相轴相交，从而产生初至波干扰，在地震数字处理时，为了保证叠加剖面有足够的信噪比，必须切除直达波、初至折射波等干扰波，从而限制了最大炮检距的大小。

折射波的干扰距离由以下反射波方程与折射波方程得到：

$$\begin{cases} t^2=t_0^2+\dfrac{x^2}{v_n^2} \\ t=\dfrac{x}{v_n}+\dfrac{2h\cos\theta}{v_0} \end{cases} \tag{4-10}$$

式中：t 为双程旅行时（s）；t_0 为零炮检距双程旅行时（s）；x 为炮检距（m）；v_n 为叠加速度（m/s）；v_0 为入射层速度（m/s）；θ 为折射临界角（°）；h 为折射界面深度（m）。

4. 接收线距的选择

1）考虑空间道内插和全三维处理

接收线距应小于垂直入射时的菲涅尔带半径，以便为以后实现空间道内插和全三维处理奠定基础。菲涅尔带半径的计算公式为

$$r_{\mathrm{f}}=\sqrt{\frac{Z}{2}\frac{v_{\mathrm{int}}}{f_{\mathrm{dom}}}+\frac{1}{16}\left(\frac{v_{\mathrm{int}}}{f_{\mathrm{dom}}}\right)^2} \tag{4-11}$$

式中：r_{f} 为菲涅尔带半径（m）；Z 为目的层深度（m）；v_{int} 为目的层处的层速度（m/s）；f_{dom} 为目的层主频（Hz）。

2）考虑折射静校正耦合

在进行折射静校正时，需要纵向和横向两个方向的折射波初至时间，使线与线之间建立联系。浅层折射层需要小炮检距，因此要保证线距足够小，才能保证横向上浅折射层的采样，通常在横向上有3个采样点时，才能准确测量出折射波速度。因此，接收线距 $R_{\mathrm{L}}\leqslant X_1/3$，$X_1$ 为折射波1与折射波2转折点处的炮检距。

5. 最大非纵距的选择

最大非纵距是一个排列片中垂直接收线方向的最大炮检距。为保证三维资料同一面元

内不同非纵距及方位角的炮检对在整个道集内能同相叠加，最大非纵距需满足

$$Y_{\max} \leqslant \frac{\bar{v}}{\sin\varphi}\sqrt{2t_0\delta_t} \tag{4-12}$$

式中：$Y_{\max}$ 为最大非纵距(m)；$\bar{v}$ 为平均速度(m/s)；δ_t 为有效波视周期的 1/4(s)；φ 为地层倾角(°)。

4.2.6 煤田地震勘探观测系统

目前煤田三维地震勘探中，各施工单位不论在什么条件下采用的几乎都为一个排列片内炮点穿过多条接收线的线束型正交型观测系统(如 8 线 10 炮、8 线 12 炮、10 线 12 炮)。该类型的观测系统一般具有接收线距小、炮线距大于接收线距、横向接收线重合少(一般为 1/2 接收线数)等特点。由于具有横向滚动快、施工成本低、效率高以及容易理解、便于实施等优点，该类型的观测系统在煤田三维勘探中广泛使用。图 4－12 为 8 线 10 炮观测系统示意图。

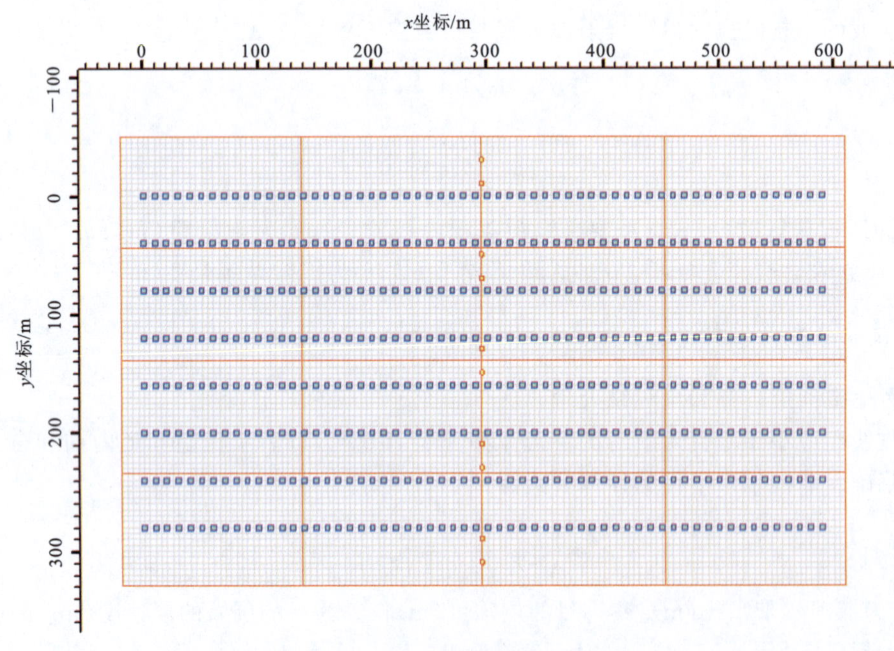

图 4－12　8 线 10 炮观测系统示意图

布设 8 线 10 炮观测系统时以 8 条线为一束共同观测，采用中点激发，炮点排列线与检波点排列线互相垂直正交。炮点向前滚动 5 个道距，即 50m，移动后重复上述方式的接收。某一束观测结束后，转移至下一束，转移时上一束的后 3 条测线不动，作为下一束的前 3 条测线，将前一束的前 5 条测线转移到下一束后 5 条测线位上，炮点也同时转移至下一束的放炮线上。图 4－13 为 8 线 10 炮多次覆盖观测系统图，共布置了 2 束。

三维观测系统的理想情况如下。

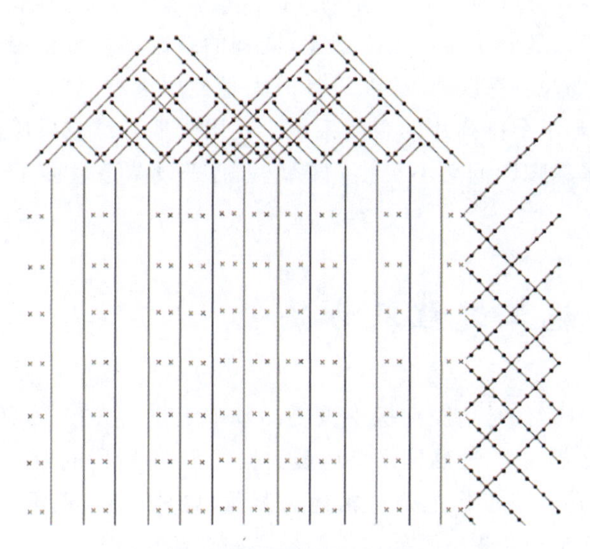

图4-13　8线10炮多次覆盖观测系统图

(1)炮点距＝检波点距、炮线距＝检波线距。

(2)炮线距＝炮点距、检波线距＝检波点距。

(3)炮线搬动距离＝检波线搬动距离。

(4)方形的面元。

(5)接近相同的纵横比。

目前煤田地震勘探具有以下特点。

(1)面积小,地表复杂,煤层埋深小,变化大。

(2)人工成本高,青苗费高。

(3)要求检波器和炮点数量少。

(4)设备移动量少。

(5)技术要求:空间采样连续,实现的方法就是滚动一条或者两条检波器线。

建议采取的对策如下。

(1)大力提倡滚进滚出观测系统,好处有二。其一,占用仪器资源少;其二,检波器埋置量少,成本低。

(2)能用可控震源的尽量使用可控震源激发,好处有成本低、资料质量好、效率高,不能全采用的时候也要尽可能采用井震联合(算经济账)。

(3)设计时要求考虑工区的施工条件,炮点和检波点的设计要考虑质量与工效。在浅层勘探时,一般有效覆盖次数在8次以上就可以了,主要考虑静校正的影响,有些时候单炮质量好的不能叠加出好的剖面,主要原因往往是成像不好,静校正办法不好,炮检距不够大,小炮检距不能做好静校正。

(4)可控震源是一种好的震源,需尽可能采用。在使用可控震源时,主要考虑的是其低成本、高效率,资料的一致性好,尤其是在黄土区其技术经济性更好。

(5)目前人工成本高将成为新常态，排列片的搬动就要求小，这样就产生了如下好处：技术上达到最优化，先班人员处于连续工作状态，同样的线搬动量可以用少量的人员，好的观测系统就是滚进滚出的观测系统，建议在设计时大量使用滚进滚出观测系统。一定要抛弃过去一直在使用的搬动半个排列片的观测系统。我国早期三维成果质量较高的原因是，那个时候设备道数少，采集脚印问题不突出，脚印小，后来设备道数多了，采集脚印问题变得突出。

4.3 野外施工过程及方法

煤田地震勘探野外工作是地震勘探中重要的基础工作，它的基本任务是根据具体的地质任务进行野外施工，要齐全、准确地采集地震数据，为下一阶段的数据处理、资料解释做准备。煤田地震勘探野外施工工作主要包括地震测量、野外试验、地震波的激发与接收。当然，做好野外采集工作前还要进行野外详细踏勘，提交踏勘报告。

4.3.1 踏勘

踏勘工作的主要任务和目的：①掌握区内的地形地貌、交通情况；②初步掌握区内表土的岩土结构及地表岩性出露情况；③选取具有代表性的合适的试验点位；④初步掌握区内的障碍物分布情况及房屋建筑结构的抗震情况；⑤编写踏勘报告(分析施工难点、制定对策，根据工区地表地形条件提出设备用量计划，制订项目运行计划)；⑥根据踏勘情况，对“工程技术设计”进行补充完善，细化试验点位、浅表层结构调查点位安排，针对障碍物分布进行观测系统设计或施工测线的调整。

根据踏勘成果编写野外施工组织设计，再进行试验方案编写，低速带的调查。最后根据试验成果，按照设计方案组织生产，获取野外资料原始数据。

4.3.2 野外试验工作

煤田地震勘探野外工作在方法技术的选择上较为复杂，地震记录质量会受到多种因素的影响。所以在生产工作进行前，需要进行试验来选取最适合本工区的野外工作方法和技术。具体的实验内容根据勘探任务、工区的地质构造特点、干扰波情况、地震地质条件以及以往的勘探程度拟定。

1. 试验参数设计

煤田地震勘探中，由于三维地震是高密度采集，并且要求一次成功。因此，要求三维地震记录系统具有稳定可靠的性能，采用最佳的施工参数。所以在生产工作前，首先应进行严格的试验工作。

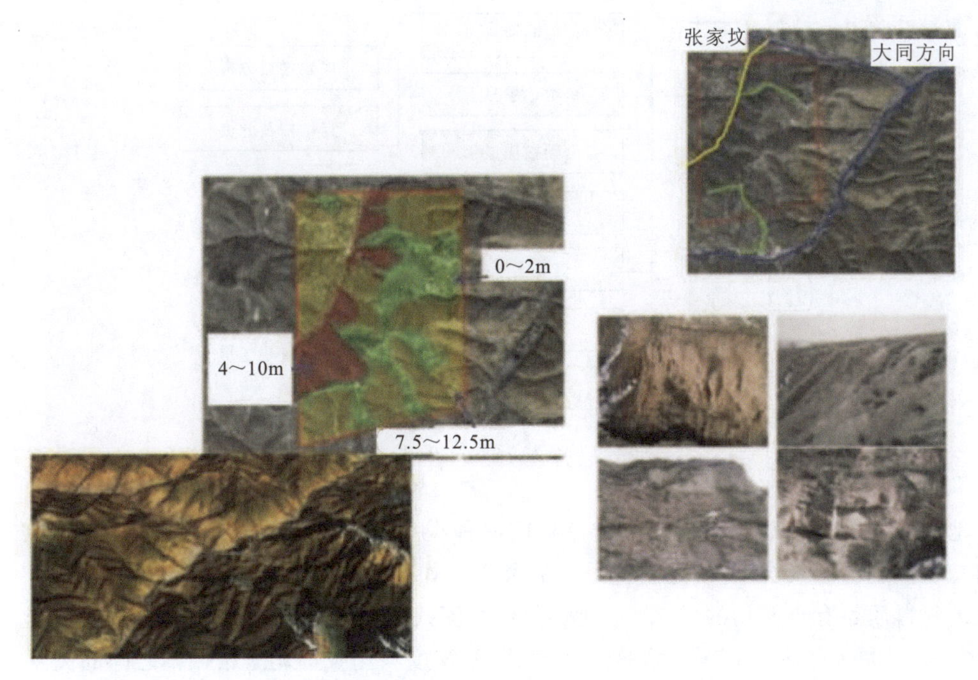

图4-14 踏勘成果的分析(路线、地表条件等)

1)试验目的

(1)干扰波调查——用于指导激发、接收参数设计。

(2)点试验——确定最佳采集参数(技术、经济)。

(3)线试验——选择观测系统、确定完成地质任务的可行性。

2)试验方法、内容

(1)干扰波调查——直线法、直角法、盒子波。

(2)点试验——激发、接收、记录参数的优选试验,不同激发、接收方式子波对比试验。

(3)线试验——一般穿过主要构造部位,最大炮检距、最大覆盖次数通过试验确定。

2. 激发、接收条件试验

试验内容有井深对比、药量对比、最大非纵距对比等。按照单一因素变化及从简单到复杂的原则,争取利用合适的工作量,取得较多的有效参数。试验中每次只改变一个因素,固定其他因素,根据试验结果选取最佳值。

点试验资料处理以分析试验单炮品质,通过对试验资料分频扫描、频谱分析、振幅分析、信噪比估算等手段综合分析,优选激发井深、药量(图4-15)。

激发(stimulate)是产生地震波的震源条件(source condition),在地震勘探中把震源条件叫做激发条件(stimulate condition),它是指选择合适的震源类型(source/focus type)和激发方式(stimulate ways),震源条件如何,将对地震记录的好坏起着重要的作用。激发参数设计主要包括激发方式的选择、激发参数的选取。激发方式的选择:就是根据地表特点、

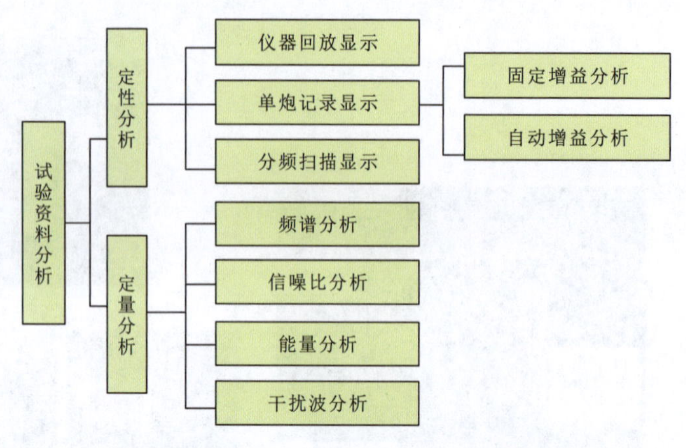

图 4-15 试验资料分析、处理

地震地质条件特点和地质任务要求选择采用何种类型的震源激发。激发参数的选取:就是针对初步拟定的激发类型,确定所应采用的参数。炸药量与激发频谱、人工爆炸激发层位与获取的资料质量有着密切的关系。一般按照“井深找激发层位,药量定主频”的野外施工原则,图 4-16 展示了井深即激发深度与主频、激发深度与药量即均方根振幅之间的关系。

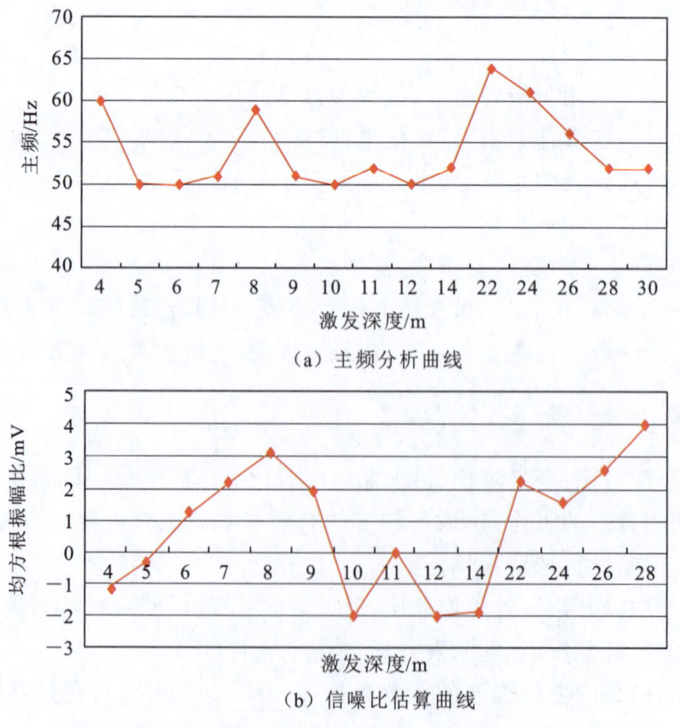

图 4-16 激发深度与主频分析、均方根振幅比关系图

注:分析信号频率范围 40～90Hz。

1)炸药激发参数设计

影响炸药激发效果的主要因素是井深、药量、组合井数(基距)。

(1)井深设计要参考地下岩性、高速层与潜水面埋深,要考虑虚反射影响,以及激发后对地表的破坏等因素。理论与实践都证明在岩性硬度适中、高速层中激发才能产生能量强、频带宽的地震波。在平原地区,一般潜水面以下就是高速区,其激发效果好。虚反射既可以改变激发频谱,又可以激发能量。在地震勘探有效频带范围内,一般认为在强虚反射界面下3～5m 激发效果最为理想。在有潜水面的地区,一般潜水面就是强虚反射界面。因此,设计井深=(地表高程－潜水面高程)+(3～5m)+药柱长度。

(2)药量设计主要与目的层埋深、激发岩性有关。但是设计人员必须明白依靠单井增加药量,其能量增加是有限度的。一般来说,药量小时能量随药量线性增加,而当药量大时能量随药量增加缓慢,而且激发频率会越来越低,因此设计中不要无谓地去增大药量。

(3)组合井设计。一般在单井激发效果不好的地区考虑采用组合激发,但是在设计时必须充分认识到其可能产生的问题。

组合井使用条件:①低降速带巨厚,在现有条件下难以打入高速层;②散射等干扰波发育,可利用组合井提高信噪比;③目的层较深,可通过组合井提高深层能量。

组合井可能产生的问题:①组合井有低通效应,可能只提高视觉信噪比,并没有改变有效频带;②组合井一般会使成本投入明显提高。

2)炸药激发参数实例

山西大同某矿区白垩纪砾岩区如图 4－17 所示(成孔设备:沙陀钻)。

图 4－17　山西大同某矿区白垩纪砾岩区

(1)井深试验。井深 5m、6m、7m、8m(单井,药量 3kg)。

从单炮记录来看,井深 5m 的有效反射波频率较低,面波、声波干扰较大;井深 6m、7m、8m 的有效反射波频率较高,面波、声波干扰较小,6m、7m、8m 三种井深资料相差不大(图 4－18)。

(2)药量试验。井深 8m,药量 0.5kg、1kg、1.5kg、2kg、3kg。

补充试验:井深 6m,药量 2kg、3kg。

从原始资料来看,药量 0.5kg、1kg、1.5kg 单炮能量相对较弱,有效波连续性较差;药量 2kg、3kg 单炮能量较强(图 4－19),有效波连续性较好,药量 2kg、3kg 资料相差不大。

3. 检波器参数试验

1)接收参数设计

接收参数设计主要包括:检波器类型的选择、检波器组合参数设计、检波器埋置方式设计。

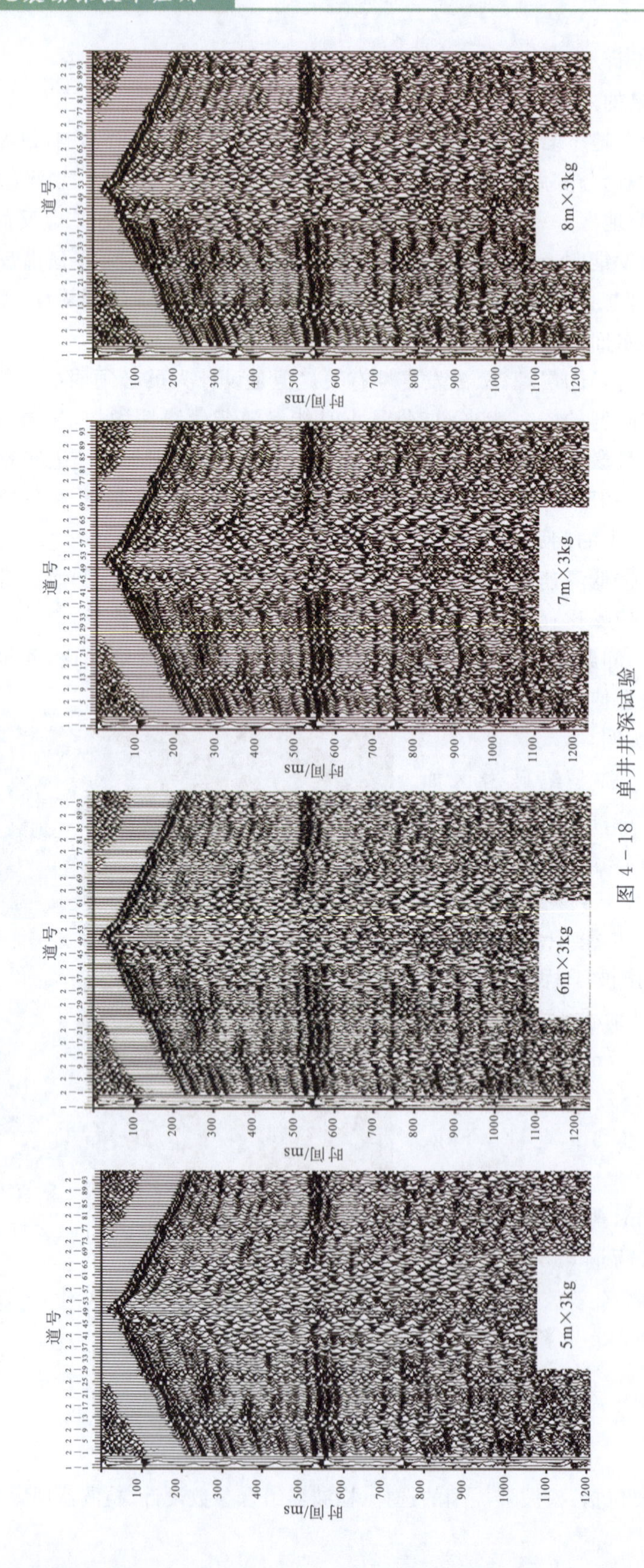

图 4－18　单井井深试验

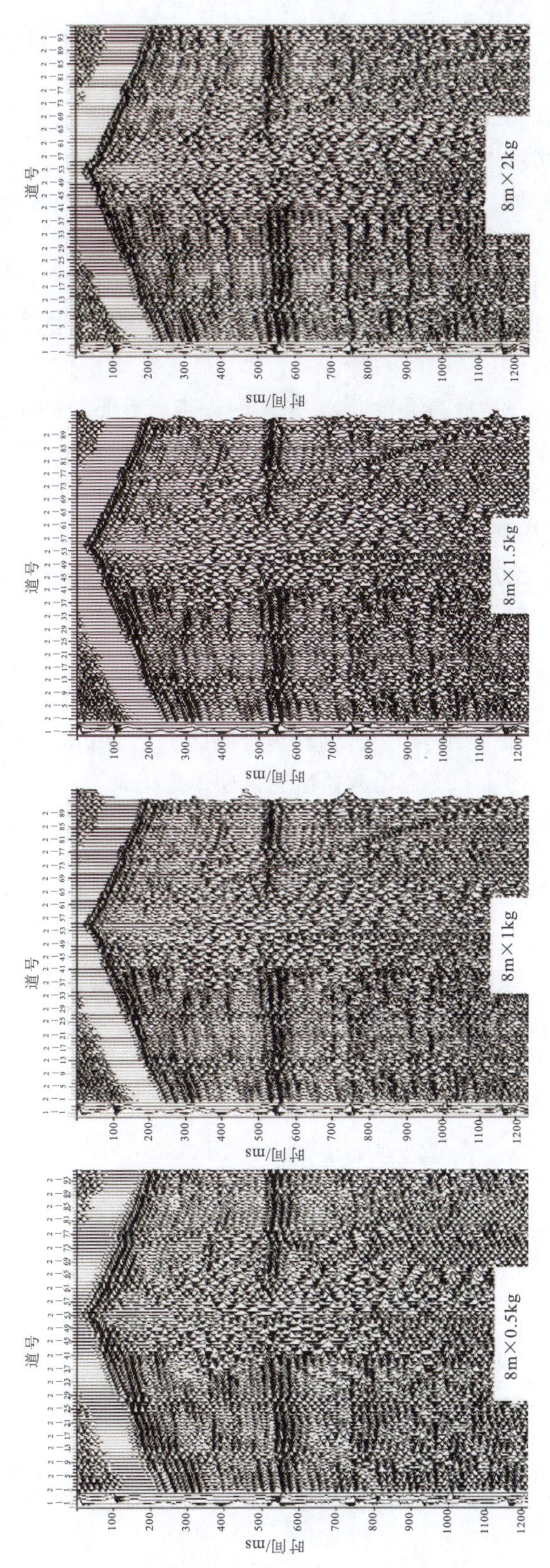

图 4-19 药量试验

检波器类型的选择:陆地——速度检波器;水中——压电检波器。有多种不同自然频率的速度检波器,需要根据地质任务和工区的地震地质条件进行选择。

检波器组合参数设计一般首先要对干扰波进行调查,根据干扰波情况设计组合个数与图形。设计后利用软件模拟压制效果,修改完善,最后确定野外采用的组合参数。

常用的检波器埋置方式有三种:地表埋置、挖坑埋置、打井埋置。要根据实际情况选择合理的埋置方式。

接收参数设计需要考虑的问题如下。

(1)检波器选型时应该考虑地震勘探需要有足够宽的频带,不是只需要高频,因此不能只从视频率上来确定检波器类型。

(2)检波器组合有两个目的:一是提高灵敏度,二是压制噪声。重要的是压制噪声,如果通过分析设计的组合图形不能有效地压制主要噪声,则组合作用不大;如果工区噪声与有效波有明显区别,可以在处理中有效压制,组合作用也不大。因此需要认真地研究噪声情况,合理地设计组合图形,同时还要注意组合可能引起的低通问题。

(3)检波器埋置主要影响三个方面的问题:①检波器与围岩的耦合问题;②耦合谐振问题;③能量吸收问题。

2)检波器参数实例

根据某区块以往地震勘探经验及本区地震地质条件,选择60Hz检波器4只串联接收,于黄土覆盖区试验点S3进行了检波器组合方式试验,组合基距分别为0m组合、1m面积组合以及1m线性组合(图4-20),图4-21为检波器组合试验单炮记录。

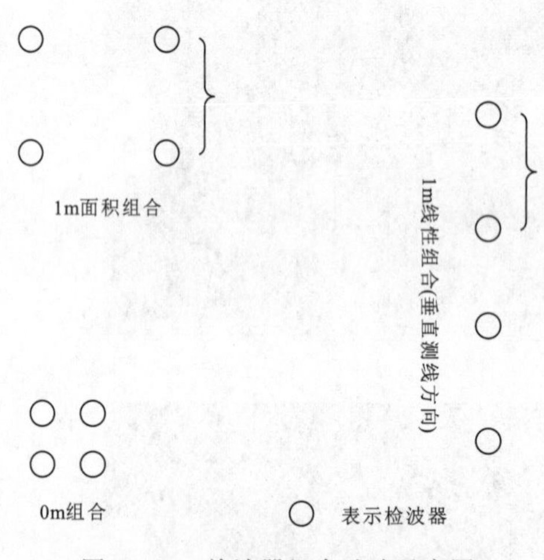

图4-20 检波器组合试验示意图

4. 记录参数设计

信号记录——将检波器输出的电信号值按照一定的格式记录在磁带上。反映仪器记录精度的主要指标是模数转换精度。

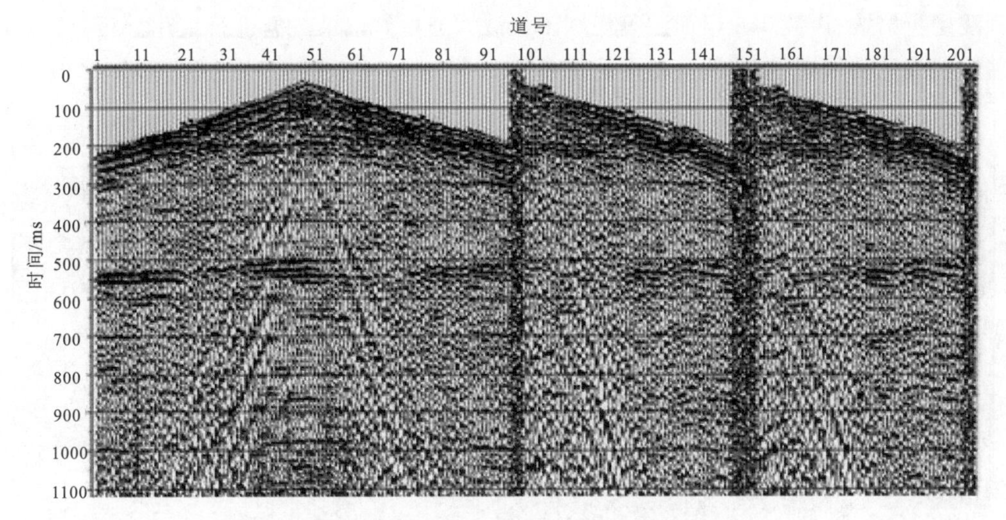

图4-21　试验点S检波器组合试验单炮记录

注：从左到右依次是0m组合、1m线性组合、1m面积组合。

记录参数设计包括：记录长度、采样率、记录格式、滤波方式、前放增益等内容。

记录长度一般选取方法：最深目的层反射时间＋绕射收敛时间＋仪器延迟时间＋动静校正时间。

采样率：$\Delta t \leqslant 1/2f_{max}$。

记录格式：一般为.sgy、sg2等。

滤波方式：①传统的滤波频率及陡度已不考虑；②滤波方式——最小相位滤波或线性滤波。

前放增益选取原则：①不能出现信号超调；②有利于动态范围增大；③有利于仪器输入噪声降低。

不同仪器的前放增益挡位不同，但功能和效果相同。常用的SN388一般只有12dB和24dB两个参数；I/O仪器一般有12dB、24dB、36dB、48dB 4个参数。

考虑前放增益会限制记录精度的降低，新型地震仪器如SN408UL、428XL只设有0dB和12dB两个参数，并建议工区内地震信号动态范围较大时采用0dB参数，地震信号动态范围较小时采用12dB参数。

5. 干扰波调查

干扰波调查是试验工作的重要内容。为了压制干扰波，突出有效波，提高地震资料的质量，必须调查、分析各种干扰波的特点，这是保证各种野外工作方法和技术能使用得当、效果显著的重要条件。

在生产实践中，通常采用以下三种观测方法来了解干扰波的类型、性质及其特点。

(1)小排列。采用3～5m道距、土坑激发的小排列，并选择不混波、不加振幅控制、宽频带等参数进行连续观测，其目的是连续记录、追踪各种规则干扰波，分析、研究干扰波的类型和分布规律。图4-22所示为采用小排列观测方法获得的干扰波调查记录。从该记录上可以看到浅层折射波、声波和几组面波等规则干扰波。通过对记录数据进行量化分析，可以得到这些干扰波的视周期、视速度等基本特征参数。

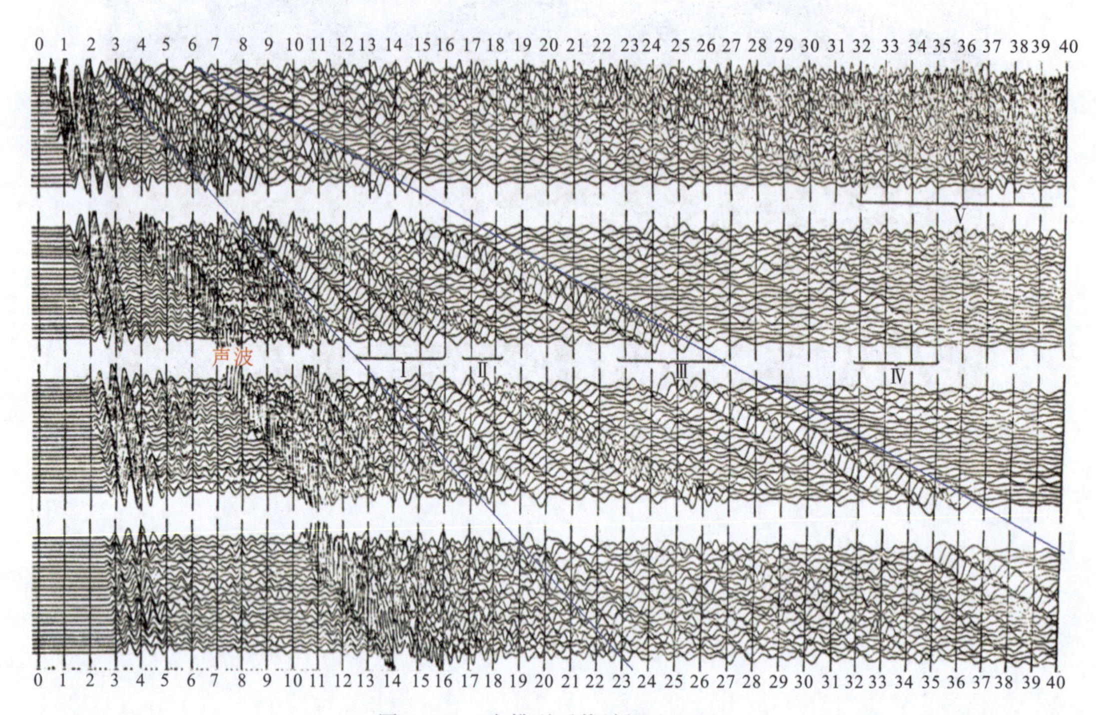

图 4－22　小排列干扰波调查记录

(2)直角排列。直角排列的观测方式如图 4－23 所示，主要适用于不知道干扰波传播方向的情况。可将排列的一半布置在一个方向上[图 4－23(a)中的 AB]，另一半布置在与之垂直的方向上[图 4－23(a)中的 AC]，激发点 O 距 A 点一定距离(如 500m)，从记录上求得两个方向各自的时差 Δt_1 和 Δt_2，然后在图上沿两个方向按一定比例尺标出矢量 Δt_1 和 Δt_2 的大小，其方向指向时间增大方向。求矢量 Δt_1 和 Δt_2 的合矢量 Δt，其方向将近似于干扰被的传播方向。

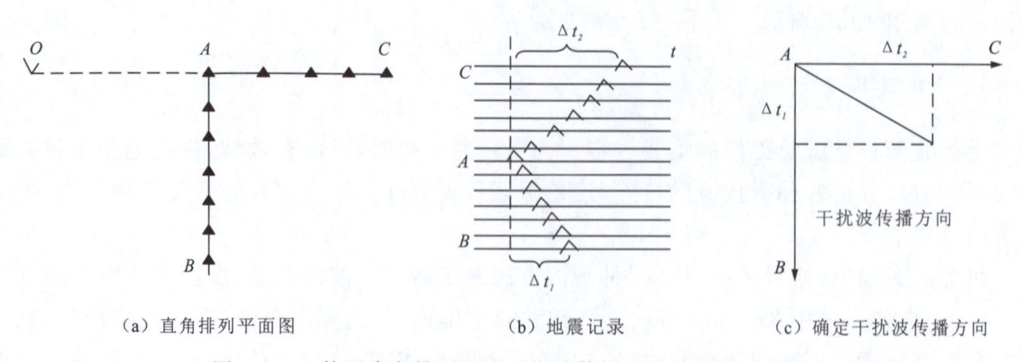

图 4－23　使用直角排列查明干扰波传播方向的原理示意图

(3)环境噪声调查。干扰波调查的一个重要内容是环境噪声调查，因为在高分辨率地震勘探中，环境噪声是主要的噪声。根据调查目的和方法的不同，环境噪声调查大致可分成以下 3 类。①环境噪声基本情况调查。用单个检波器，不滤波、不激发，在不同环境条件下记录噪声，根据工区内情况，例如选择公路、河床、耕地、荒地、树林、居民点、沼泽等地面条件分别记录。分析记录的振幅谱，包括谱的形状、幅度等。②组合对环境噪声作用的调查。在相同的条件下，一些道采用不同组合形式，一些道不组合而是将同样数目的检波器放在一起。不激发、不滤波，对观测结果进行振幅谱分析，比较组合对各种频率成分噪声的衰减情况，选择合适的组合形式。③生产条件下的噪声调查。这主要是室内工作，选择有代表性的记录分析初至波到达前的噪声振幅谱。对目的层附近的时窗内记录同样进行振幅谱分析(它包括信号与噪声)，将这个振幅谱与记录头部的振幅谱进行比较，近似估算不同频率的信噪比。有了信噪比与频率关系的数值概念，就可以确定应采取怎样的措施，比如覆盖次数、组合个数等，也可以帮助确定在经过调整以后能达到的具有优势信噪比的频带范围，对能达到的分解率进行估计。

6. 干扰波的类型和特点

根据干扰波的出现规律，干扰波可分为规则干扰波和无规则干扰(随机干扰)波两大类。

1)规则干扰波

规则干扰波是指有一定主频和一定视速度的干扰波，例如面波、声波、浅层折射波、侧面波等。下面简单介绍各种规则干扰波的主要特点。

(1)面波。地震勘探中遇到的面波(图 4-24)的特点是频率低(图 4-25)，一般低于几赫兹至 30Hz；速度低，一般为 100～1000m/s，以 200～500m/s 最为常见。面波时距曲线是直线，因此在小排列(100～150m)的波形记录上面波同相轴是直的。随着传播距离的增大，面波振动延续时间也增长，形成“扫帚状”，即发生频散(波的传播速度是频率的函数)。面波能量的强弱与激发岩性、激发深度以及表层地震地质条件有关，这是因为在淤泥、厚黄土及沙漠地区，由于对地震波能量的强烈吸收，有效波能量减弱，面波能量相对增强，在疏松的低速岩层中激发或所用炸药量过大，造成激发频率降低，使面波能量增强；爆炸井较深时面波减弱，井较浅时面波能量增强。合理选择激发条件和组合参数是克服面波干扰的有效办法。

(2)声波。在坑、浅井中或干井中爆炸会出现强烈的声波。声波是空气中传播的弹性波，速度为 340m/s 左右，比较稳定，频率较高，延续时间较短，呈窄带出现(图 4-26)。为了避免声波干扰，应尽量不在坑中或浅井中激发，而采用深井中爆炸，并用埋井的方法增强有效波的能量和防止声波干扰。在山区工作时，有时还会遇到多次声波的干扰。

(3)浅层折射波。当表层存在高速层或第四系下面埋藏浅的老地层时，可能观测到同相轴为直线的浅层折射波。

(4)侧面波。在地表条件比较复杂的地区进行地震勘探时，还会出现侧面波(一种来自射线平面以外的反射波干扰)，例如在黄土塬地区，由于水系切割，形成沟谷交错的复杂地形。黄土塬的侧面是沟，塬和沟的相对高差为几百米。塬和沟的交界为陡峭的黄土与空气的接触面，易形成一个较强的波阻抗分界面，因而地震波激发后，传播到黄土边沿被反射回

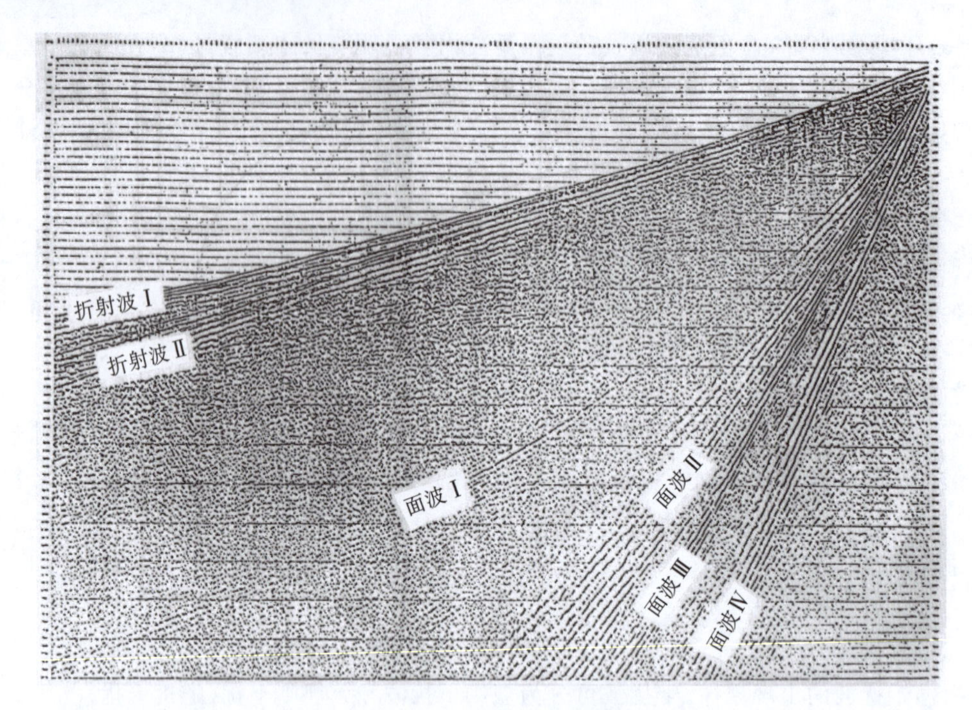

图 4-24　面波记录示意图

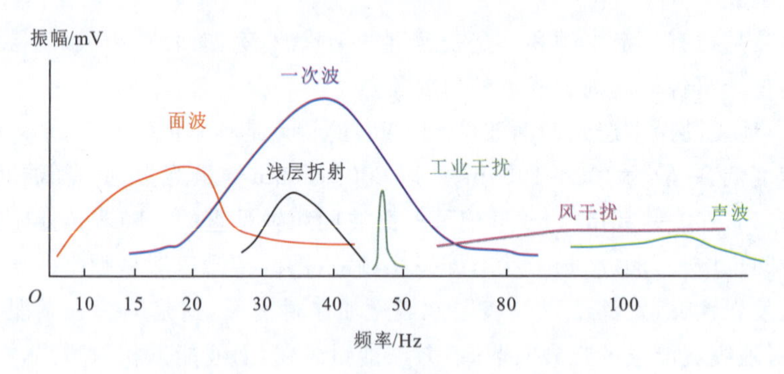

图 4-25　各种波频率范围示意图

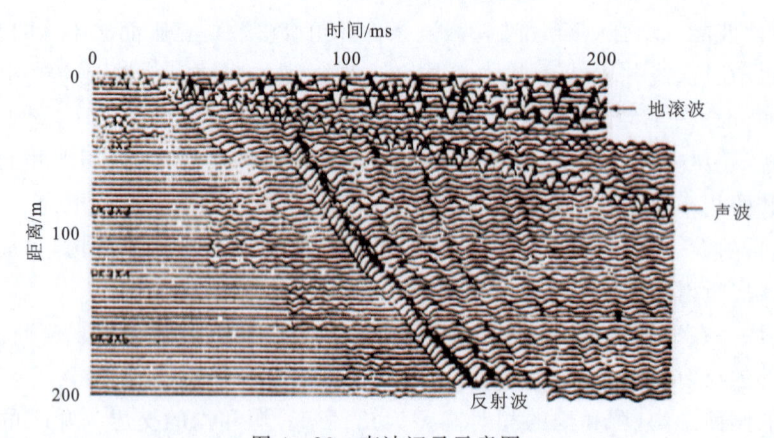

图 4-26　声波记录示意图

来，记录上可能出现来自不同方向的具有不同视速度的干扰波，即侧面波。需要说明的是，以后在讨论地震资料解释时还会讨论到一种由地下一些大倾角界面产生的侧面波，这类侧面波是包含有用信息的，而此处谈到的侧面波只是一种干扰。这两种侧面波的形成如图 4－27 所示。

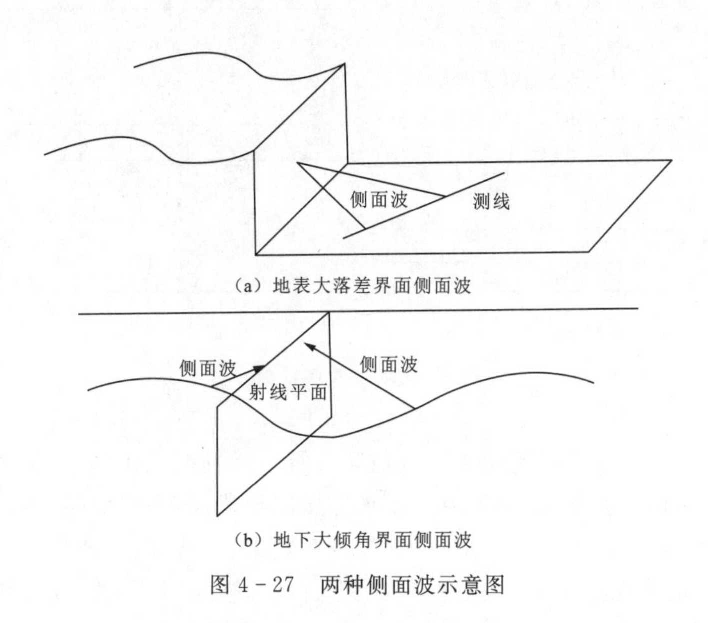

（a）地表大落差界面侧面波

（b）地下大倾角界面侧面波

图 4－27　两种侧面波示意图

(5)工业电干扰波。当地震测线通过高压输电线路时，地震检波器电缆会感应频率为 50Hz 的电压，使整张记录或部分记录道上出现 50Hz 的正弦干扰波。

(6)虚反射波。从震源首先到达地面或潜水面发生反射，然后向下传播，再从地下界面反射的波。

(7)多次反射波。当地下存在强波阻抗界面时能产生多次反射波。它的特点与正常反射波相似，但时距曲线斜率较一次波大。

各种多次波和虚反射如图 4－28 所示。

2)无规则干扰(随机干扰)波

无规则干扰波主要是指没有固定频率，也没有固定传播方向的波。它们在记录上形成杂乱无章的干扰背景。无规则干扰主要有地面微震、低频和高频干扰等。

(1)地面微震。与激发震源无关的地面扰动统称为地面微震。它主要由风吹草动、水流、人畜走动、机器开动等外因随机产生。

(2)低频和高频干扰。在沼泽、流沙、泥潭等松散介质中激发地震波时，这些介质的固有振动构成低频干扰背景(10～30Hz)。在坚硬岩石中激发时，波传到浅层不均匀体(如砾岩、多孔石灰岩等)上产生的散射构成高频干扰背景(80～200Hz)。低频、高频背景的特点是在整张记录上出现，而且显得杂乱无章。

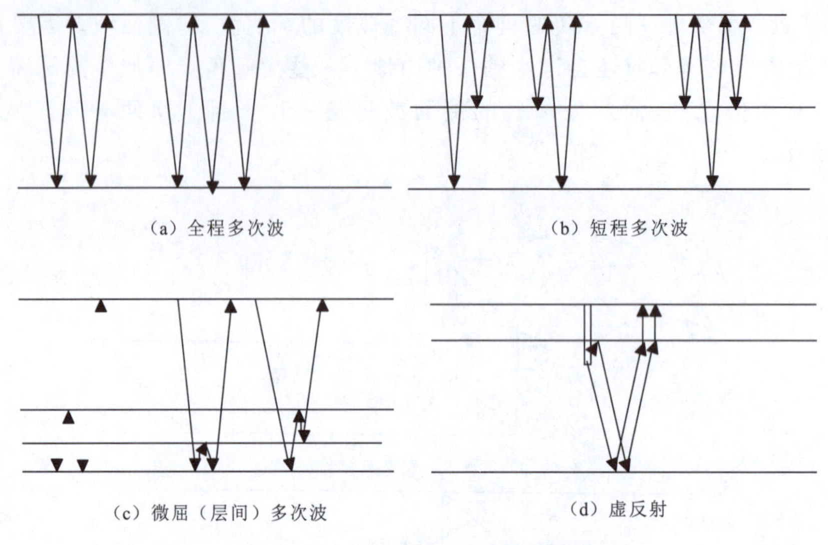

图 4-28 多次波与虚反射示意图

在地震地质条件复杂或环境噪声严重地区进行地震勘探工作时，干扰波成为分辨和追踪有效波的严重阻碍。因此，能否采用有效措施压制干扰波，提高信噪比，往往成为决定方法成效性好坏的关键。实际上，干扰波与有效波在频谱、视速度、视波长等方面存在着一定差异(图 4-29)，根据这些差异，采用适当的抗干扰技术措施，即可削弱或压制这些干扰波。

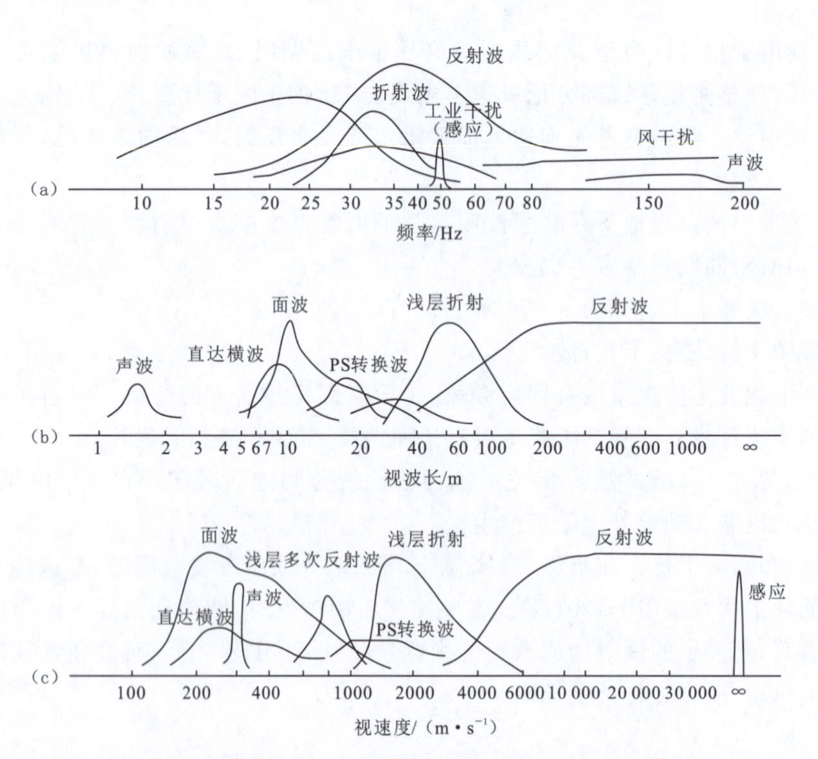

图 4-29 干扰波与有效波在频谱、视速度、视波长等方面的差异示意图

还要指出的是，有些波在某种地震方法中被看成是干扰波（如反射法中的浅层折射波），而在另一种地震方法中可能是有效波。还有一些包含地下地质信息的波，在未被利用时只能看成是干扰波，但随着方法技术的改进，它们可以被利用了，也可能转变成有效波。

4.3.3　低（降）速带测定

低（降）速带测定在地震勘探野外工作中又称为表层调查、低速带调查。在地表附近一定深度范围内，地震波的传播速度往往要比其下面地层的波速低得多，该深度范围的地层称为低速带。某些地区在低速带与相对高速地层之间还有一层速度偏低的过渡区，称为降速带。

1. 表层结构调查参数设计

（1）目的：了解表层低（降）速带情况，包括速度、岩性。

（2）作用：选取参数、静校正。

（3）表层调查方法：常用方法有小折射、微测井、水坑静水面调查。随着地震勘探向复杂区拓展，常用方法已不能满足表层调查的需要，现在又发展了深井微测井、浅层反射表层调查、层析表层结构调查等多种技术。

在复杂区采取点、线、面结合，多种方法结合开展表层结构调查。①点上表层调查主要方法：小折射、大折射；常规微测井、微电阻率微测井；超深微测井。②线上开展表层结构调查的主要方法：浅层地震反射；层析法；非地震调查。③面上开展表层结构调查的主要方法：初至波反演；卫片表层岩性调查；露头速度调查。

（4）表层调查点设计原则。

①表层调查控制点，尽量布设在低洼平坦地段，岩性变化处应有表层调查控制点。工区最边缘的检波点，必须设置小折射点。

②小折射控制点应选择在地形平缓处，排列中心对准桩号，全工区小折射点应均匀分布，在地形突变段适当增加表层控制点的密度。

③小折射的排列长度、微测井深度要根据低（降）速带情况调整。小折射排列长度可以根据估计的低（降）速带计算，微测井一般要在高速层中布设 3～5 个点。

④在速度发生明显反转的地区或季节，如因冬季地表冻层速度高，下面地层速度低时，不适合进行小折射，而应考虑其他的表层结构调查方法。

2. 低（降）速带的存在及其影响

在讨论反射波时距曲线时，实际上是做了一系列假设的。例如，覆盖介质是均匀的、界面是一个平面、激发点和接收点都在同一水平面上等，在实际应用中这些条件常常并不能严格满足。地震勘探的生产实践告诉我们，无论是在地表相对平坦的我国东部地区，还是在地表条件十分复杂（沙漠、戈壁、黄土塬、山前地带等）的西部地区，低（降）速带测定都是野外工作的重要内容之一。准确测定低（降）速带参数[低（降）速带层数、厚度速度等]有助于地震资料的静校正处理，而静校正处理的目的之一就是使校正后的资料尽量满足地震勘探原理的基本假设条件。

受多期构造运动的影响，山地或山前带形成了特殊的表层结构。它具有以下特点：山地地形起伏剧烈，相对高差大，风化剥蚀严重，常见为第四系覆盖，部分地区老地层出露，山地表层结构复杂，速度纵向和横向变化剧烈，变化范围为 1800～4000m/s。根据复杂山前带的表层结构特点，可以把地表大致分为三类：平坦戈壁砾石区、山前巨厚砾石区、岩石出露区。

由于表层结构的复杂性，表层调查存在如下主要问题。

(1)山地地形起伏较大，小折射排列摆放困难，密度难以保证。

(2)山前洪积扇表层砾石较厚，连续追逐激发困难，很难追踪出相对稳定的高速层。

(3)表层砾石堆积巨厚，大部分微测井难以钻到高速层。

(4)工区内表层结构复杂，基于折射波理论的小折射解释精度有所下降。

综上所述，在地面地震勘探中，复杂多变的低(降)速带的存在对地震波能量有强烈的吸收作用，并且产生散射及噪声，还会导致反射波旅行时显著增大。由于低(降)速带的厚度和波速都会沿测线方向变化，因而造成反射波时距曲线形状的畸变，即非标准双曲线型。为了校正低(降)速带的存在对地震波传播时间和其他特点的畸变影响，就要对低(降)速带的厚度、波速进行测定，为进行必要的校正提供处理参数。

3. 低(降)速带测定的基本方法

表层调查方法一般分为地震勘探方法和非地震勘探方法。地震勘探方法常见的有浅层折射法、微地震测井法，近几年又发展了小反射法、面波法、大折射法、深井微地震测井法、基于初至的回折波法和层析反演法等。非地震勘探方法常见的有地面地质调查、地质雷达、大地电磁测深等方法。

浅层折射法(时距曲线法)：低速带底界是一个良好的折射界面，这为我们提供了用折射法勘查低速带的可能性。在两层介质(即只有低速带)的情况下，如图 4-30 所示，通过用折射法观测，可以得到一条直达波时距曲线和一条折射波时距曲线。以它们作为基础资料，可按下列步骤求得低速带参数。

(1)由直达波时距曲线可求出第 1 层(低速带)的速度 v_0：

$$v_0=\left(\frac{\Delta x}{\Delta t}\right)_{\text{直达波}} \tag{4-13}$$

式中：Δx 为距离的变化量；Δt 为时间的变化量。

(2)由折射波时距曲线可求得低速带下的高速层速度 v_1：

$$v_1=\left(\frac{\Delta x}{\Delta t}\right)_{\text{折射波}} \tag{4-14}$$

(3)把折射波的时距曲线延长与 t 轴相交，得交叉时 t_{i1}，因为 $t_{i1}=\dfrac{2h_0\cos\varphi}{v_0}$，又有 $\sin\varphi=\dfrac{v_0}{v_1}$，所以

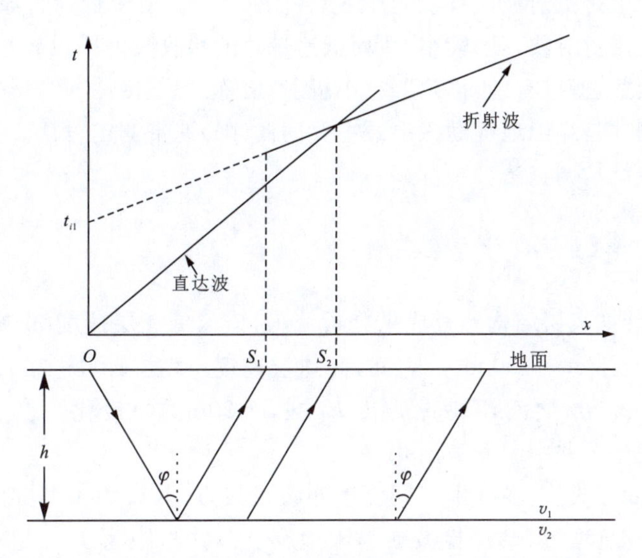

h. 表层厚度；t_{i1}. 延长折射波时距曲线与时间轴相交而得到的交叉时；S_1. 折射波的起点处接收点；S_2. 直达波与折射波的相交处接收点；φ. 入射角；v_1. 降速带波速；v_2. 岩层波速；x. 距离。

图 4－30　表层结构模型

$$h_0=\frac{v_0 t_{i1}}{2\cos\varphi}=\frac{v_0 t_{i1}}{2\sqrt{1-\left(\frac{v_0}{v_1}\right)^2}} \tag{4-15}$$

式中：h_0 为低速带厚度；v_0 为低速带波速。

在求出 v_0、v_1、t_{i1} 后，利用式(4－15)就可求出 h_0。

对于三层介质，即同时存在低速带、降速带的情况，可按下列步骤求得低速带和降速带的参数：①用直达波时距曲线计算低速带波速 v_0；②用折射波Ⅰ的时距曲线计算降速带波速 v_1；③用折射波Ⅱ的时距曲线计算岩层波速 v_2；④用折射波Ⅰ的交叉时 t_{i1} 求得低速带厚度 h_0；⑤延长折射波Ⅱ的时距曲线，得交叉时 t_{i2}，见式(4－16)；⑥求降速带厚度 h_1，见式(4－17)。

交叉时 t_{i2} 为

$$t_{i2}=\frac{2h_0}{v_0}\sqrt{1-\left(\frac{v_0}{v_1}\right)^2}+\frac{2h_1}{v_1}\sqrt{1-\left(\frac{v_1}{v_2}\right)^2} \tag{4-16}$$

整理后得

$$h_1=\frac{v_1 t_{i2}}{2\sqrt{1-\left(\frac{v_1}{v_2}\right)^2}}-\frac{v_1 h_0}{v_0}\frac{\sqrt{1-\left(\frac{v_0}{v_1}\right)^2}}{\sqrt{1-\left(\frac{v_1}{v_2}\right)^2}} \tag{4-17}$$

根据已求出的参数，利用式(4－17)就可求出 h_1。

浅层折射实际上是折射波法在测定低速带中的应用。由于低速带厚度一般不大，所以低速带底界的高速层折射波盲区较小，从而低速带总的接收长度可以较短。也就是说，野外施工时排列可以短些，所以有“小排列”或“小折射”之称。

小折射法微测井是煤田地震勘探中最主要的低(降)速带测定方法。下面主要介绍生产实践中常用的表层结构调查法。

4. 常用的低(降)速带设计方案实例

某一区块，据前期表层结构调查成果分析认为：该区低速层速度 v_0 在 200～500m/s 之间，降速层速度 v_1 在 600～1000m/s 之间，高速层速度 v_2 在 1400～3000m/s 之间不等；低速层厚度 h_0 在 0～5.5m 之间，降速层厚度 h_1 在 0～20m 之间变化。

1)单井微测井——井中激发微测井

井中激发、地面接收法：在井中不同深度布设激发点，井口的 4 个方向各布设 1 个接收点，每一个检波器挖坑埋置(确保检波器与大地耦合)，井检距为 1m。采用 3～6 发雷管激发，雷管数量由浅到深逐渐增加。放炮顺序由深至浅。井中激发点间距为 5m、2m、1m、0.5m、0.3m(图 4-31)。

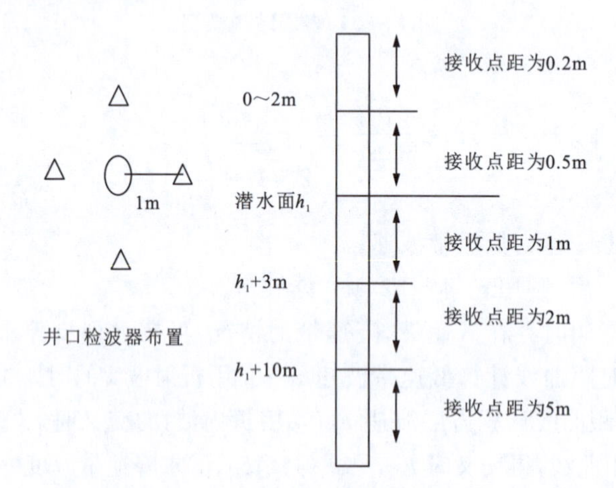

图 4-31　单井微测井示意图

在高速层埋深较浅的区域，微测井井深取高速层下 10m，总井深控制在 30m 以内；在沙丘、高坡地段，潜水面较深，个别地段低降速层很厚，微测井井深根据相应资料确定。

2)单井微测井——地面激发微测井

地面激发井中接收：在不同深度布设接收点，接收点距由浅至深逐渐加大，地面炮井距为 1～2m。检波器与井壁耦合及井下检波器距离见图 4-32。接收点深度对应表见表 4-1。

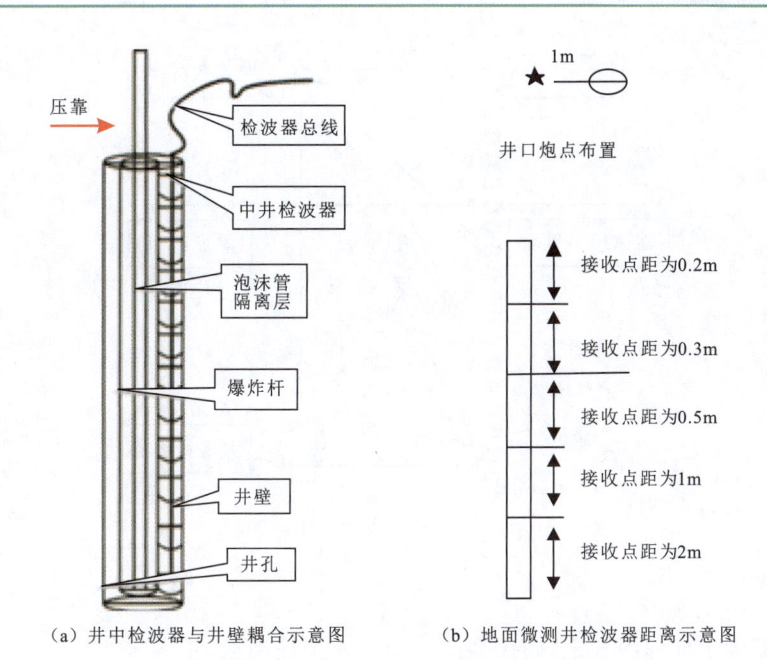

(a) 井中检波器与井壁耦合示意图　(b) 地面微测井检波器距离示意图

图 4-32　地面激发微测井观测方法示意图

表 4-1　接收点深度对应表

接收序号(由下至上)	接收深度/m	接收序号(由下至上)	接收深度/m
1	30	13	6
2	25	14	5
3	23	15	4
4	21	16	3.5
5	19	17	3
6	17	18	2.5
7	15	19	2
8	13	20	1.5
9	11	21	1.2
10	9	22	0.9
11	8	23	0.6
12	7	24	0.3

3)双井微测井

为更好地调查表层结构特性和地表的吸收衰减，确定工区的虚反射界面，在试验点、试验段和工区适当部位布设双井微测井(图 4-33)。

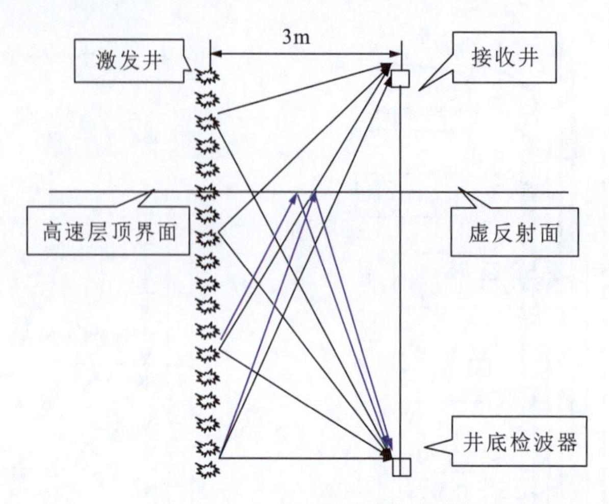

图 4-33　双井微测井示意图

井间距:3m。

井深:根据潜水面埋深确定,确保高速层中有 4 个控制点。

接收:井口、井底各埋置一个检波器;距激发井井口 1m 的 4 个方向各埋置 1 个检波器(与井中微测井相同)。

激发:全部采用 3～6 发雷管激发,激发点间距为 1m,激发间距设计也可以与井中微测井相同。

4)小折射

在地势比较平坦的地段,采用小折射采集进行低速带调查的方法,设计对称不等道距,24 道采集观测系统,道距组合方式和激发炮点偏移距选择原则是确保高速层中的采样点不少于 4 个。采样间隔 0.25ms,记录长度 512ms,接收道数 24 道,记录格式为 SEG2,采用相遇时距曲线观测法,96m 对称不等距观测系统,最小炮检距 1m,排列两端各放一炮,道距:1×3+2×2+3×2+5×2+10×5+5×2+3×2+2×2+1×3=96(m),偏移距 1m(图 4-34)。控制点不足时应加大排列长度,以满足有效控制低(降)速带为准。

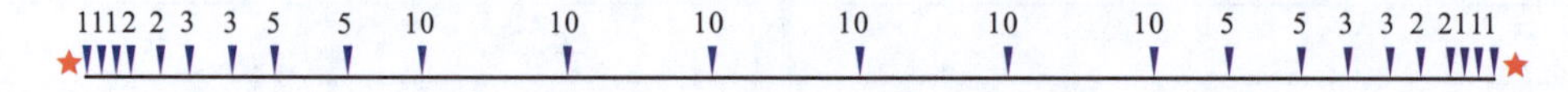

图 4-34　小折射观测系统示意图

4.3.4　测量工作

工程内容:测量是指将勘探部署图上点、线、网按要求运用测量的方法放样到实地,为地震勘探施工、资料处理、资料解释提供符合要求的测量成果及图件等(图 4-35)。

工程目的:为后续工序施工及成果图指明确切位置。

测量分类:分常规测量、实时差分测量两种方法。

计量单位:km。

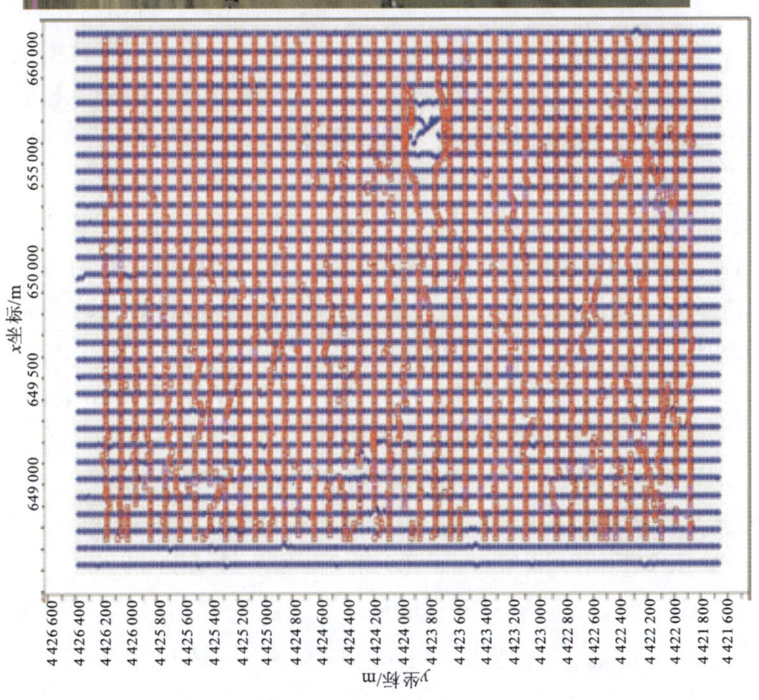

图 4－35　野外测量设计图及在 Google 图展示示意图

1. 工作依据及采用系统

1)作业依据

(1)《全球定位系统(GPS)测量规范》(GB/T 18314—2009),中华人民共和国国家质量监督检验检疫总局和中国标准化管理委员会2009年2月发布。

(2)《煤炭煤层气地震勘探规范》(MT/T 897—2000),国家煤炭工业局2000年12月发布。

(3)工区勘探工程设计书。

(4)工区1∶5000施工设计图。

2)采用系统

(1)平面坐标系统。平面坐标系统采用1954北京坐标系,中央子午线117°,3°带高斯投影。

(2)高程系统。高程系统采用1985国家高程基准。

2. GPS实时相位差分(RTK)作业方法及要求

1)作业方法

定线测量采用GPS实时相位差分(RTK)测量。它是将参考站GPS接收机采集的数据通过数据通信设备实时地传送给流动站GPS数据处理器,从而实时地解算出流动站与参考站之间相对位置的一种测量方法。其中,参考站是指在GPS测量或数据处理中,以该站坐标作为已知参考与其他站进行差分计算的测站;流动站是指在GPS测量或数据处理中,该站数据与参考站数据进行差分计算的测站。在作业过程中,流动站需进行初始化,这是为解算初始整周未知数所必需的数据采集和计算过程。此外,还要对勘探区高程数据进行高程拟合,以得到测线各物理点的高程。高程拟合是通过若干已知点的高程解算其他点的高程的一种数学方法。常用的方法有多项式拟合、样条函数拟合等。

2)作业要求

(1)参考站应满足以下要求:①参考站均设在对天通视良好的开阔地。②设立在控制点上的基准站,可以采用实时相位差分测量方法向外发展参考站,发展的参考站需进行检核(检核方式:复测发展的参考站或由它所测的物理点,快速静态测量对比;检核限差:$\Delta X \leqslant 0.2\text{m}$、$\Delta Y \leqslant 0.2\text{m}$、$\Delta H \leqslant 0.4\text{m}$)。③天线架设精度要求。中误差不大于3mm;天线各方向整平误差不大于2cm;每天开机前,量测天线高3次,3次量测误差不大于3mm,取其平均值作为天线高。④参考站设置。参考站接收机及电台安装完毕,启动GPS接收机,用TSC1控制器设置参考站,输入参考站的坐标、高程及天线高,然后打开电台开关;参考站设置完毕,关闭接收机及电台,重新启动接收机及电台,检查参考站输入数据是否正确,检查无误后,方可进行RTK测量。

(2)流动站应满足以下要求:①实时相位差分的流动站与参考站之间距离不超过15km。②观测的卫星数不少于5颗,卫星高度角大于13°,位置精度因子(PDOP)≤6。

(3)电台频率设置,根据工区内无线电信号的干扰情况,选择建立数据通信链的最佳电台频率。

3. 控制测量

测量方法:控制测量采用 GPS 实时相位差分测量。

作业过程:首先对已知控制点进行检测,具体是以一个控制点为参考站,对其他控制点进行 3 次检测,检测精度是否符合要求。

参考站与最远的测点之间的距离要求小于 15km。

4. 定线测量

测量方法:定线测量采用实时相位差分测量方法。

定线过程:对全区检波点、炮点进行逐点施测,以获取其高程值。当遇到特殊地形(如河流、建筑物、构筑物等)无法正常放样时,可采用偏测的方法进行放样,并把放样点实地坐标与理论坐标差值标注在桩号上。每测完一束线,整理出测量班报,供地震施工参考。

在以下情况时,应复测两个以上点或复测两次单控制点进行检核后才能进行施工:①每日施工前;②搬迁新的基准站;③接收机或控制器内的数据或参数更新后。

复测的目的是检查参考站、流动站设置是否正确,参考站与流动站之间的差分信号是否正常。

复测控制点检核限差:$\Delta X \leqslant 0.2$m、$\Delta Y \leqslant 0.2$m、$\Delta H \leqslant 0.4$m。

物理点的检核限差:$\Delta X \leqslant 0.5$m、$\Delta Y \leqslant 0.5$m、$\Delta H \leqslant 0.5$m。

图 4-36 所示为地震测量工作图。

图 4-36　地震测量工作图

4.3.5 钻井工序

工程内容：钻井是指在地震测量布设的炮点上依据施工设计的井深、井数的要求，使用钻机设备所进行的钻进及为配合该项工作所做的辅助工作等。

工程目的：把炸药放到地下一定深度。

钻机分类：使用的钻机主要有车装风钻、车装水钻和人抬钻等。

计量单位：口。

图 4-37 所示为钻井类型图，图 4-38 所示为现场打钻示意图。

图 4-37 钻井类型图

图 4-38 现场打钻示意图

(1)尽量在理论炮点上布井,使覆盖次数尽量均匀。

(2)利用表层调查资料和试验资料指导激发井深的选取。根据微测井、岩性录井及试验点等资料得出全区表层结构,将具有相同特点的地段划分为一个区域,标出最佳激发井深与低、降速层及岩性的对应关系。

(3)严格按井位标记打井,严格保证钻井深度,保证井筒正直,井壁光滑,避免造成"空穴"激发。

(4)完钻后采用随钻下药办法保证下药深度,做好护井工作。严防下药时药柱脱节,导致爆炸不全。雷管使用前应进行测试,雷管必须放在药柱顶端。

(6)药柱在下到井底后,必须做好回填碎屑和闷井工作,增强下传能量,减少声波等干扰。

(7)若采用组合井激发,应严格控制井间距(井间距要大于 5m),组合中心对准桩号,地表起伏较大的地段,可适当缩小井间距或变换组合方向,以保证组合井底高程一致。

(8)做好岩性录井工作。岩性录井从井口开始,至设计深度止。岩性录井必须真实、可信。

(9)如实填写钻井班报,准确记录岩性,将填写有钻井桩号、井深、钻工姓名、完钻时间等信息的卡片装入塑料袋,埋于井口。

(10)爆炸员在放炮前要逐点检查、核实炮点位置的准确性,放炮时将有关参数报仪器组,并按要求填写爆炸班报。

4.3.6　放线工序

工程内容:排列收放是指放线工把电缆、检波器、采集站、电源站、交叉站、电瓶等按施工设计要求摆放和埋置在检波点位上(图 4-39),还包括配合该项工作所需的排列收集倒运、故障查处、专项工具维修、保养等辅助作业。

工程目的:接收地震波。

分类:采集站分有线遥测与无线遥测;小线分单个与串;检波器分陆上、水上与沼泽等。

计量单位:道。

(1)在施工前必须对采集仪器及其辅助设备进行全面测试,仪器和检波器极性测试要确保极性下跳,所有测试合格经验收后方可生产。

(2)检波器放置严格对准桩号,挖坑埋置检波器,使用水准仪做到"平、稳、正、直、紧"。

(3)检波器电缆直接放在地表,不可悬空,防止抖动产生高频干扰,压实耳线。

(4)设专人检查每道检波器的阻值并按时对检波器进行测试,确保检波器使用完好率符合标准要求。

(5)做好排列警戒工作,尽最大努力降低噪声水平。小队质量监督员坚持每天对检波器埋置情况进行检查,保证复查率不低于 60%。

(6)环境噪声影响目的层时不放炮,资料品质变差必须查原因,制订出整改措施。

(7)仪器操作员每日在放炮前和放炮过程中录制背景干扰,并逐炮核实排列桩号和炮点

检波器尾椎要求完全插入地下，做到平、稳、正、直、紧

图 4 - 39　检波器埋置

桩号。质量监督员坚持每天对检波器的埋置情况进行检查，随时抽查检波器的完好情况，及时检修或更换坏的检波器。

4.3.7 激发工序

工程内容：炸药激发是指使用炸药在地震测量布设的爆炸点上，按施工设计要求产生地震波的工作过程(图 4－40)。

工程目的:产生地震波。

计量单位:炮。

图 4－40　现场施工

(1)施工前对爆炸机进行各项数据测试,测试合格后投入施工。

(2)所有涉爆岗位,爆炸人员做到持证上岗。

(3)放炮前,核对钻井信息卡中的信息是否有误,核对无误后按照钻井信息卡的内容向仪器操作员报告炮点桩号、井深、井数、药量、雷管数、激发岩性等信息。若发现钻井信息卡填写内容有误,应及时报告仪器操作员或与有关人员进行核实。班报填写真实、可信,字迹清楚,不事先填写或事后追记。

(4)严格遵守爆炸物品的各项安全操作规定。

(5)组合井激发时,雷管串联连接。

(6)放炮时认真做好炮点周围的警戒工作,严禁违章操作。

(7)放炮时遇哑炮井,要将信息反馈给解释组和健康、安全与环境管理体系(HSE)。做好清线工作,不留任何安全隐患。

(8)做好对钻井工序的互检工作,并及时将钻井质量信息反馈给解释组。

4.3.8 仪器记录

工程内容:仪器记录是指按设计要求监视外线排列质量,控制激发,将地震信号记录在地震勘探专用磁盘上,以及为配合该项工作所需的专用工具检验、维修和其他辅助作业等。

工程目的:记录地震波。

分类:有线遥测仪器与无线遥测仪器。

计量单位:炮。

(1)开工前及施工过程中对地震仪器、采集链、采集站及检波器均按要求进行检测,施工期间录制仪器及年检、月检、日检,保证施工中所有采集设备都能正常工作(图4-41)。

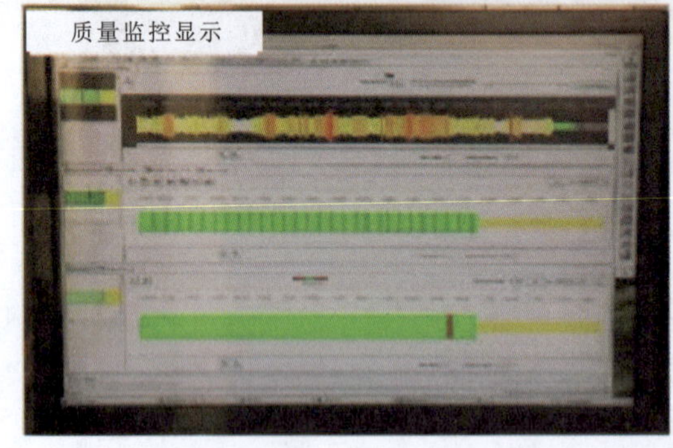

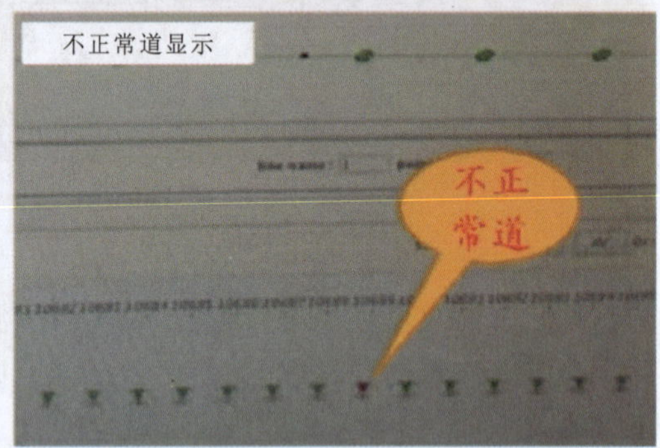

图4-41 仪器车工作环境

(2)施工前对所有检波器及采集外设做极性对比工作,保证所有检波器及采集外设极性一致。

(3)放线工每人配备水准仪,采用水准仪检测检波器的水平情况,保证检波器的平稳、正直。

(4)在农田和荒地的地表条件下,采用挖坑(坑深不小于25cm)埋置检波器,有杂草的区域铲除杂草后埋置检波器。

(5)岩石出露区及硬水泥地面,采用堆土堆(夯实)的办法确保检波器耦合良好,岩石有裂缝的直接插进裂缝,保证检波器与地面耦合良好(图4-42)。

(6)检波器电缆直接放在地表,避免悬空,防止抖动产生高频干扰。

图 4-42　检波器埋置图

(7)专人检查每道小线阻值并按时对检波器进行测试,每天对检波器埋置情况进行检查,随时抽查检波器的完好情况,及时检修或更换坏的检波器,确保排列上使用的检波器完好。质量监督员每天对检波器插置情况进行检查。

(8)做好排列警戒工作,尽最大努力降低噪声水平。配备测风仪检测风力大小,超过 4 级风不放炮。

(9)每日生产前,除对仪器进行日检外,同时对采集站及检波器进行测试,并有测试记录。仪器操作员每天在放炮前和放炮过程中录制背景干扰,并逐炮核实排列桩号和炮点桩号。

(10)操作员按要求正确录入电子班报。特殊地形、地物要在班报上注明。当天班报由操作员负责签名并交施工员验收。监视记录要能回放,以能够监视到浅、中、深层的质量情况为目的,并且同一条测线要保持一致。

4.3.9　现场处理

所谓地震资料现场处理,就是利用数字计算机对野外地震勘探所获得的原始资料进行加工、改造,以期得到高质量、可靠的地震信息,为下一步资料解释提供直观、可靠的依据和有关的地质信息。

为确保现场处理能够满足野外生产需要,需配备具有丰富处理经验的处理员。

(1)严格执行行业标准《煤田地震勘探规范》(DZ/T 0300—2017);《煤矿采区三维地震勘探规范》(T/CGS 012—2022)。

(2)现场处理人员要熟悉野外采集情况,具有复杂区域的资料处理经验,能熟练运用所有模块、软件,能解决复杂的地质问题。

(3)对试验资料要实时处理,按要求绘制全部分析图件,为科学选择最佳采集参数和方法提供依据。

(4)现场处理员对每炮进行质量监控,发现问题及时反馈,并及时完成当天所得资料的现场剖面。

(5)利用分频扫描和共偏移距剖面监测原始单炮的能量、频宽和炮点位置,并及时反馈处理质量信息和资料品质变化情况。

(6)及时完成特殊地段分析处理工作,为施工方法的决策提供科学依据。

(7)各类图件要分类进行整理。

4.3.10 资料评价工序

(1)每日生产前必须进行环境噪声监测,并录制环境噪声,对单炮进行质量分析,对典型单炮做定量分析,做好资料分析。

(2)为保证野外采集资料质量,每天对野外施工情况和现场资料进行检查、分析,发现问题及时采取措施。

(3)当资料连续变差时,应及时进行原因分析,在必要情况下停止生产转入试验,并提出有针对性的改进措施。

(4)室内主要通过处理机对单炮进行显示分析和评价,资料评价需结合不同地质层系的不同岩性,以及由于安全距离而采取的减小药量激发等情况。

(5)单条线施工结束,对剖面质量进行现场验收。

(6)每天检查测量成果、仪器班报、SPS、单炮资料、磁带等基础资料,保证资料准确、齐全,严禁人为丢失。

4.4 质量评价与措施

随着煤田勘探目标的日益复杂和隐蔽,与之相应的是许多新的地震技术、方法和工艺不断涌现并日趋完善。三维地震勘探中野外采集资料的质量监控技术也随着物探技术的进步而不断完善和规范,逐步从被动式的事后评价转向严格科学的主动式实时工序管理监督控制。地震勘探技术的发展和技术监督的进步充分体现了煤田勘探目标、勘探程度的发展历程。

目前,煤田勘探程度越来越高、越来越精,勘探目标的地质条件(地表与地下)也越来越复杂。面对复杂多变的地震地质条件,必须科学细致地制订野外地震资料采集质量监控措施,确保复杂地质条件下地震勘探采集数据的质量。

4.4.1 地震资料品质的分析评价方法

对地震资料品质进行分析就是评估地震数据采集质量。主要涉及两个方面的内容,即施工前的试验阶段分析和施工过程中的分析。

在试验阶段开展不同因素的试验,通过对试验资料进行品质分析,确定最佳的施工参数。试验对比的因素有:激发井深度、井组合、激发药量、炸药类型等激发参数;检波器埋置条件、检波器类型、组合参数、各种组合形式等接收参数;仪器型号、增益参数、滤波参数等仪器参数。试验的内容繁多,其中的差别细微,仅靠经验或个人的主观评价有较大的困难。

在施工过程中需要对每个激发点的地震记录进行检查,以便及时了解资料的品质,及时对施工参数进行调整。

由此可见,有效、定量的分析方法对地震数据采集质量的评价是何等重要。对地震资料品质的定量分析包括频率特征分析、相对分辨率分析、信噪比分析等。

1. 频率特征分析

为了掌握工区内采集资料的频率特征随时间和空间的变化规律,选定工区内典型资料点的单炮道集记录,选定时窗长度,划分时窗段数,分别计算各单炮记录的不同时窗的频谱,统计整理振幅或能量曲线,并绘制在同一图上。还可以绘制主频、带宽随时间或空间的变化曲线,用于分析比较不同频率、带宽信号随时间或空间的变化规律,以及不同频率、带宽信号随时间的能量或振幅衰减规律(图 4-43)。

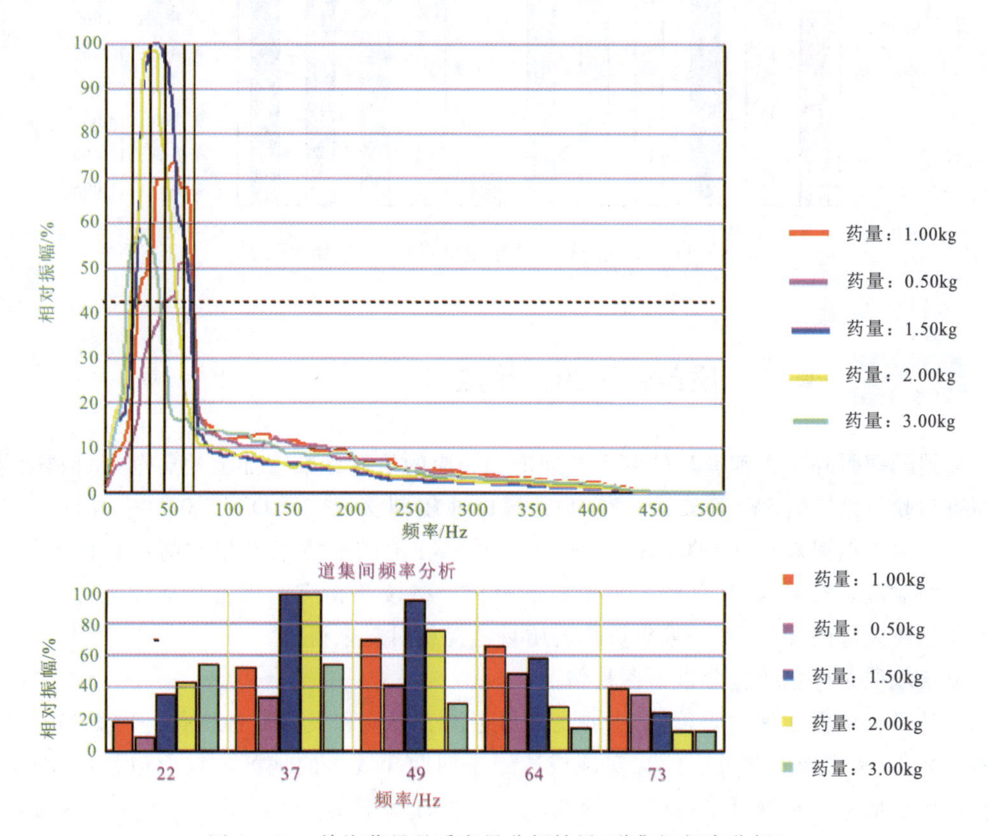

图 4-43　单炮药量品质定量分析结果(道集间频率分析)

2. 相对分辨率分析

在对单炮记录不同时窗内数据进行自相关分析的基础上,计算相应的相对分辨率参数,绘制相应的图件,可用于采集资料相对分辨率随时间、空间的变化特点。

3. 信噪比分析

计算一系列单炮记录中不同时窗内数据的信噪比参数，绘制相应的图件，可用于分析与评价采集资料信噪比随时间、空间的变化特点。

在单炮记录上选择不同的分析时窗，包括浅、中、深层反射，初至前的环境噪声等，计算各时窗内数据的振幅谱，分析它们的频率变化规律，确定主频率、频带范围。比较各时窗间不同频率的能量强弱变化，计算有效信号与噪声的能量比等(图 4 - 44)。

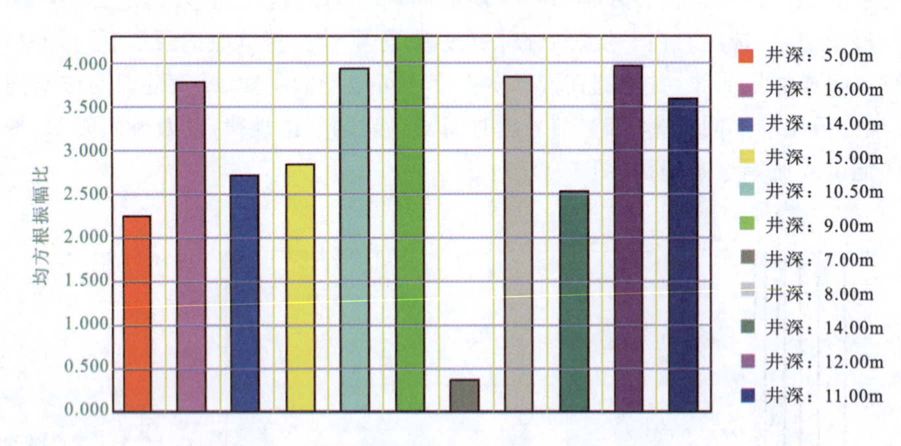

图 4 - 44　单炮药量品质定量分析结果(信噪比估算)

4.4.2　复杂地质条件下的质量监督

地震勘探野外工作都有具体的生产规范和相应的执行标准[《陆上地震勘探资料采集质量检查与验收细则》(SY/T 5314—2004)；《煤田地震勘探规范》(DZ/T 0300—2017)；《煤矿采区三维地震勘探规范》(T/CGS 012—2022)等]，在地震地质条件相对简单和稳定的探区实施野外地震资料采集，其资料的采集质量监控严格按照相应的规范与标准进行。而在复杂地震地质条件的探区，野外采集资料的质量监控相对复杂得多。

复杂地质条件主要包含以下两种情况。

一是复杂地表地震地质条件，主要是指由于地表环境和表层岩性变化等的影响，采用常规地震装备、常规技术和方法无法实施或达到预期勘探效果的地区。它们包括：①城镇、村庄和厂矿等地面建筑群落密集区；②河流、水库、湖泊、沼泽地、生长芦苇的大面积水覆盖区；③树林及经济作物发达区；④高压线密布以及大型机电干扰源等地区；⑤西部碎石砾岩山地、戈壁和沙漠等恶劣地表地区；⑥南方碳酸盐岩出露的侵蚀灰岩区和热带丛林的大山地等。

二是地质构造变化剧烈的复杂勘探区，常规的地震采集方法无法得到地下沉积地层的有效反射。资料信噪比、分辨率非常低劣的地区，主要是指地层倾角较大(超过 60°)和表层速度很大的灰岩出露区、沉积岩巨厚的砾石区、大型断裂构造带、山前逆冲推覆带、碳酸盐岩裂隙孔洞发育区等。

复杂地质条件下地震勘探野外采集质量监控的关键在于科学、准确地把握三大主要施工环节，即震源激发、地震波接收以及科学合理的地震观测系统设计。

1. 震源与激发技术的质量监控

随着地震勘探逐渐向山地、砾石戈壁、沙漠、沼泽、黄土塬、潮间带等激发条件较差的地区以及大型建筑群落障碍物、水利设施、养殖水域等震源设置困难地区转移，激发问题越来越成为一个影响地震采集数据质量的重要因素。因此，针对不同的复杂地质条件区进行地震勘探的震源类型设计、激发工艺技术攻关以及严格的质量技术监控显得尤为重要。

地震勘探的实践表明炸药震源在潜水面之下激发能获得较好的地震记录，在烂泥、沼泽、流沙等疏松表层中激发很容易出现振幅很强的低频背景。由此可见，资料质量监控时获得最佳激发条件的基本原则如下。

(1)调查研究原则。根据探区内地表结构模式的调查结果，总结归纳可供选择的井深、药量激发点的介质耦合参数。通过试验得到不同方位角观测的地震子波集，据此选取合适的激发井深、药量以及激发介质。

(2)理论分析验证原则。根据复杂地表地质条件的不同特点，在研究现有激发技术的基础上进一步科学地认识炸药类型、炸药量、激发深度与地面建筑物抗震能力的关系；进一步加强对震源激发后的能量转化研究，切实做好复杂地表地质条件下弹性波有效下传能量的定量分析工作；有条件时可研制新型炸药震源，最大限度地降低干扰波能量，增大有效信号的下传能量。

(3)激发井位优选原则。由复杂地表区地震勘探工作经验可知，激发井位必须遵循“避高就低、避陡就缓、避碎就整、避土就岩、避干就湿”的5项基本原则。

震源设置工艺质量监控的主要目的是确保地震子波的有效下传能量。要提高反射波的能量和地震采集资料的信噪比，必须解决地震资料采集过程中激发、接收耦合条件的问题。

炸药震源激发的地震波能量主要取决于炸药与围岩之间的耦合程度，包括几何耦合度和阻抗耦合度两部分。

$$\text{几何耦合度}=\frac{\varphi_1}{\varphi_2}\times 100\% \tag{4-18}$$

$$\text{阻抗耦合度}=\frac{\text{炸药特性阻抗}}{\text{介质特性阻抗}}\times 100\%=\frac{v_1\rho_1}{v_2\rho_2}\times 100\% \tag{4-19}$$

式中：φ_1 为炸药包直径；φ_2 为激发炮井直径；ρ_1 为炸药密度；v_1 为炸药起爆速度；ρ_2 为激发介质密度；v_2 为激发介质纵波速度。

几何耦合度是爆炸能量传导能力的量度；阻抗耦合度表征通过不同介质接触面传导能量的效率。当这两种耦合度趋近于100%时，可以认为这时的激发是最佳耦合激发。

在复杂地质条件区的实际工作中，为最大限度地提高激发耦合程度，增强反射波的下传能量，提高采集资料的信噪比，可从钻机类型、炸药性能、药量控制、炮井填埋等方面考虑。

例如，在水库、沼泽、盐池、养殖池等静水覆盖的复杂地区施工，可采用人工墩钻打井作业工艺技术；在城镇、密林、农田、丘陵等复杂地表区施工，可采用轻便型钻机钻井工艺等技术。上述情况主要监督检查炸药直径与钻孔直径是否匹配，确定激发的耦合条件是否最佳。在流沙层、浮沙层和部分成岩程度较低的松散砾石区施工，可采用套管钻井工艺技术，此时主要检查炸药是否通过套管下到井底，是否与周围介质耦合完好，是否能够真正提高下传能量和资料的信噪比。在平原、丘陵、沼泽区施工，可采用针对质地较硬、黏性较大的胶泥或岩石的钻井设备和工艺技术，此时主要监督检查是否真正解决了符合当地地表特点的介质耦合方面的工艺技术问题。

对于复杂地表区的高精度地震勘探，技术监督的关键在于是否能够充分利用延时爆炸震源技术。通过调节延时爆炸参数，采用多级炸药由上至下依次爆炸，使逐级产生的地震波波前在炸药底部得到叠加，使其达到降低地表振动能量、增大下传地震波能量、极大提高有效地震波转化率、减少面波等干扰波能量的目的。

在砾石戈壁区、南方灰岩出露区或表层岩石层速度极大的地区施工，如果地表交通条件允许，在震源车到位的地段可使用大吨位可控震源作为激发震源，主要监控的震源参数包括线性（升频和降频）频率扫描，非线性（对数、指数、变相位等）频率扫描，可控震源台数、震次，扫描长度，驱动幅度，震源步长及震源组合等。

2. 接收因素的质量监控

接收因素包括检波器、采集站和记录仪器。由于采集站和记录仪器的有关参数相对稳定，因此主要讨论检波器的质量监控问题。在不同地区进行野外地震勘探施工时，接收方法和形式的设置是影响采集质量的关键，通常可根据地质任务的要求选取与探区地层频率响应特性相符、与探区介质耦合相匹配的检波器类型。根据相应的试验和理论分析结果，选用探区地震采集的小线检波器个数及组合串数；根据探区的干扰波特点和地质目标，确定检波器的组合方向、组合形式、组合基距、组内距等，并进行相应的定量分析，确保检波器组合的频率响应特性能够起到压制干扰的作用。

在实际的野外地震勘探生产中，应当及时监督检查是否开展了检波器固有属性的改造研究以及耦合技术的深入攻关方法是否能够解决地震信号有效接收的根本问题。如对于浅水、淤泥或浮土地区、沙丘地区、砾石区，可以围绕检波器尾椎的改造开展必要的量化分析与理论研究，达到提高地震记录信噪比的目的。

3. 观测系统设计的质量监控

地震地质条件的差别、探区内干扰波类型的不同以及地质目标的不一样，决定了野外地震勘探观测系统会存在差异。生产实践中应针对不同的勘探目标（如特殊的二维和三维、宽线、多波多分量、超多道以及三维高分辨率地震勘探等）使用相应的观测技术，此时的资料质量监控应有针对性、实时性。

在复杂地表地质条件区进行高精度地震勘探的难度相当大，在地震资料采集过程中主要是解决空炮、空道和低信噪比问题，尽可能保证激发和接收条件的一致性，而且观测系统设计要保证每个面元的方位角、炮检距、覆盖次数分布均匀，以满足小构造、煤层储量等精细描述技术的需要。

4. 深层复杂构造区的质量监控

对于深层地震勘探以及复杂地质构造区的地震资料采集，亟待解决的问题是提高原始资料的分辨率。在深层地震采集过程中，及时监督检查表层结构的调查方法是否合理、科学、全面，并通过表层结构的分析查清探区虚反射界面的深度，充分认识虚反射界面对深层地震勘探数据采集的影响。质量监控主要通过对实际观测资料中地震子波频谱的分析研究，确保激发因素选取的合理性和有效性。

深层勘探观测系统设计的关键是采集面元大小和覆盖次数多少，必须以工区的深层地质条件为基础，结合“小面元”采集、“超面元”处理方法，选择合适的“处理面元”和有效的覆盖次数，从而确定最佳的采集面元。严格的施工质量监控是获得良好深层资料的保证，可最大限度地降低施工过程中的人为干扰和环境干扰，保证深层弱反射信号具有较好的采集效果，从而提高深层资料的信噪比。

对于复杂构造带，通常地表的地震地质条件比较复杂，在灰岩出露区或火成岩风化剥蚀的山地裸露区，其地表特征表现为水源缺乏，岩石脆性大、硬度大、密度大、速度高，激发与接收的介质耦合条件差。在山区的低洼峡谷地段多为灰岩地层，上部覆盖大片低速的、近代河流冲积的流沙和砾石层，一般表现为地表潜水面较浅，松散堆积，几乎无胶结结构，速度很低，介质耦合条件较差，表现出较强的能量损失和散射特点。在喀斯特发育地区，地表地形切割十分严重，水蚀、风蚀、裂隙、溶洞极为常见，造成该类地区的震源激发与地表数据采集的接收条件极为局限。

针对复杂多样的地震地质条件，必须开展非常精细的地震生产试验，同时进行探区的干扰波调查和表层结构的调查研究。针对探区地表出露地层和岩性的变化，选取干扰波调查的点或段，详细了解工区干扰波的类型和发育特点，从而科学合理地确定有效压制干扰的采集参数。了解表层结构既可为初步静校正提供资料，又可用来分析激发、接收因素与介质的耦合关系。根据地下地质构造的变化特点，在干扰波调查、采集试验、理论分析的基础上，确定合理的地震勘探施工方案。总之，要根据工区实际的地表和地下地质情况，监督检查适应不同勘探目标的地震勘探观测方法的使用效果以及相应的资料质量。

4.4.3 质量保证措施

(1)建立强有力的生产指挥小组，协调野外施工。每条测线设立一个专业技术人员指挥生产，解决疑难技术问题，保证野外作业有条不紊地进行。

(2)生产前要录制合格日检记录，施工期间必须保证仪器系统的日、月、年检符合有关规程要求，确保仪器设备的正常运转。

(3)测量工作必须达到规程的精度要求。按照设计的三维观测系统图，要求每个炮点和检波点都有自己唯一的编号和位置，以利于野外施工及资料处理。

(4)施工前进行详细的踏勘和调查，并由测量组提供详细的地物平面图，标明可施工的炮点、检波点位置。在野外施工中确因地物等因素造成炮点或检波点到达不了设计位置的，应及时与项目负责人联系，将改变后的炮点或检波点实际位置经测量后标定在平面图的相应位置上。

(5)按设计和试验结果，正确选择仪器因素。

(6)操作员应认真分析监视记录，及时发现和排除人为缺陷；记录质量变差时应采取有效措施保证记录质量达到设计要求。

(7)认真填写仪器班报。填写内容要准确、齐全，字迹要工整，特殊情况要注记。

(8)每一天收工后，应及时将原始资料交施工员或现场解释员验收。

(9)确保良好的激发、接收条件，激发井深必须达到设计要求，检波器必须做到插直、插紧、插准，必要时应使用加长尾锥。加强排列线的警戒，尽量杜绝人为和机械干扰。

(10)检波器组合时应严格按组合图埋置，且中心点对准桩号。同一道内的检波器应埋置在同一高程上，特殊埋置条件应在班报中注记。

(11)采用恢复性放炮方法，并严格保证安全生产，尽可能减少由于地物影响导致的空炮，并及时、准确记录实际炮点坐标。

(12)搞好野外施工的“三边”工作，野外记录由操作员和解释员及时做出评价，发现不合格的记录及时补炮，确保第一手资料的质量。

(13)加强室内资料整理，做好记录评级工作，并及时将每天的炮点、检波点位置输入计算机。做好数据光盘、仪器班报、观测系统等基础资料的检查验收。

(14)施工员(或现场解释员)应定期将野外所有原始资料(包括仪器班报、观测系统图、测量班报、爆炸班报、钻井班报、监视记录、原始数据盘)整理好，送解释员登记复评，解释组应将复评结果和意见及时反馈给分队及施工员。

(15)每天晚上召开各班组协调会，总结当天工作，安排第二天任务，及时反馈信息，尽可能地将施工中存在的问题消灭在萌芽状态。

4.4.4 主要质量指标

严格按照规范、合同、技术设计，精心组织、精心施工，优质、安全、按期完成项目任务，例如山西大同某项目达到如下质量指标。

1)测量精度

测量成果一级品率≥90%，导线Ⅰ+Ⅱ级品率100%。

2)地震原始资料

试验物理点全部合格；生产物理点甲级率≥60%，全区合格率≥98%，单束测线合格率≥95%；全区丢炮率≤1%。

3)时间剖面

全区Ⅰ+Ⅱ类时间剖面≥80%。

4.4.5 安全保障措施

(1)设立安全组织机构,在安全生产委员会的统一领导下,各生产部门设安监员一名,各班组设兼职安全员一名,树立全员安全意识,把安全工作落到实处。

(2)认真执行安全检查制度,施工期间安全生产委员会成员要经常深入生产一线检查指导工作,发现问题及时解决,把一切不安全隐患消灭在萌芽状态。

(3)工作中认真贯彻执行原《煤田地质勘探安全规程》《地震勘探爆炸安全规程》和国家其他有关安全规定,杜绝各类重大事故和人身伤亡事故的发生。

(4)加强职工安全教育,搞好安全培训,定期组织职工学习有关安全工作的法律法规和操作规程,强化安全意识,确保安全生产。

第5章　地震勘探数据处理

地震勘探数据处理是指使用计算机处理和分析野外采集的原始资料，为解释人员提供真实地反映地下地质构造变化或其他地质目标的剖面或数据体。地震勘探数据处理是地震勘探三大基本生产环节（采集、处理、解释）的中间环节，它既要适应野外数据采集条件多变的情况，又要满足资料解释的各种需求。为此，除了需要专门的硬件设备外，还需要专门的数字处理系统。衡量一个处理系统的性能，既要考虑各种处理功能是否齐全，又要考虑处理结果是否完美可靠，效率是否较高。

5.1　地震数据处理目标与流程

在地震资料数字处理工作中，经常要用到“处理流程”这个词。什么是处理流程？处理流程就像汽车制造厂生产汽车一样，需要有一套生产程序，并在生产程序中规定了详细的工作内容和质量标准，把复杂的生产工作规范成科学、有条不紊、一环扣一环的生产过程。地震资料数字处理工作也是一种生产过程，而且是一个非常复杂、运用到多门学科知识的生产过程。为了保证处理工作秩序和质量，根据野外采集工作特点和地质任务的要求，制定了相应的生产程序，专业上把这个生产程序叫做处理流程。为了控制每一步的处理质量，还在处理流程中的一些关键工序上强行设置了质量检查点，即上一道工序经检验合格后，才能进入下一道工序，这样就能有效地保证每一步的生产质量。地震资料处理流程不是一成不变的。为适应野外采集特点，制定有二维地震资料处理流程、三维地震资料处理流程；根据地质任务的不同，制定有常规处理流程、特殊处理流程。在处理流程中，可考虑工区的地形条件、干扰波的特点，采用针对性更强的处理方法和处理手段。另外，随着处理技术的发展，为了不断地提高处理质量，为解释工作提供更多、更准确的信息，在处理流程中也要不断地补充新的处理技术、新的处理方法。由此可见，地震资料数字处理工作是一项复杂的工作。

为什么要进行地震资料处理？

野外地震资料中包含着有关地下构造和岩性的信息，但这些信息是叠加在干扰背景上且被一些外界因素所扭曲的，信息之间往往是互相交织的，不宜直接用于地质解释（图5-1）。因此，需要对野外采集的地震资料进行室内处理。

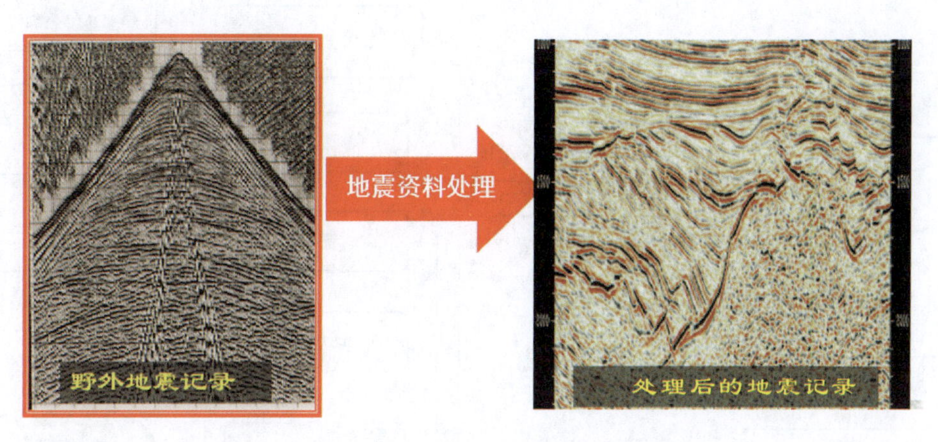

图 5-1　地震资料原始记录与处理后的地震记录

5.1.1　地震数据处理目标

地震数据处理的基本目标可归纳为“三高一准”，即高信噪比、高分辨率、高保真度和准确成像。

提高信噪比——提高地震资料的信噪比其实质就是想方设法压制或剔除各种干扰信息，突出有效信息，主要采用各种滤波方法，如频率域滤波、相干滤波、中值滤波等。此外，还可采用各种变换方法。

提高分辨率——就地震资料数字处理而言，经多年的努力，已有多种提高地震资料分辨率的处理方法，例如，展宽有效波频带的方法：谱白化、蓝色滤波等；压缩地震子波延续时间的方法：反褶积、反 Q 滤波等；测井约束反演等。

提高保真度——保真度是指经数字处理后的地震剖面或数据体与地下实际地质情况的吻合程度，提高保真度就是提高吻合程度。

准确成像——地震成像主要包括两方面内容：①确定反射点的空间位置；②恢复反射波的波形和振幅特征。地震成像的具体实现方法是地震偏移。就地震偏移而言，准确成像是使经过偏移处理后的地震剖面或数据体与地下实际情况最佳吻合。

5.1.2　处理流程

从野外数据磁带的输入到提供给解释人员使用的最终处理结果，地震资料处理是通过执行一个或多个处理流程来实现的。一个处理流程包括许多处理步骤，而每一个处理步骤又涉及许多处理模块。因此，处理模块是处理流程中的最小组成单元，是完成某种处理或分析功能的独立程序。一个处理流程通常由三部分组成，即预处理、叠前处理和叠后处理。目前常用的处理流程是输入→预处理→反褶积→滤波→速度分析→动、静校正→叠加→偏移→输出。图 5-2 所示为地震数据处理流程。

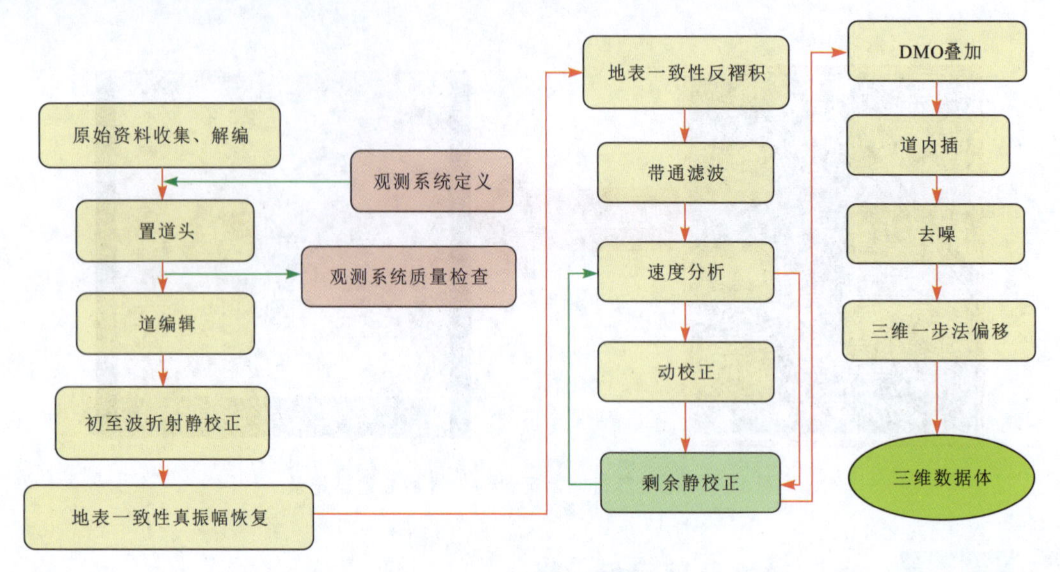

图 5－2　地震数据处理流程

5.2　预处理

预处理是数据处理前的准备工作，也是数据处理的基础工作。一般来说，预处理可定义为把野外采集的数据磁带转换成处理系统所能接受的共中心点(CMP)道集带所涉及的全部处理过程。所有的野外资料只有经过预处理之后才能进行实质性的处理，这个过程包括地震数据输入—解编、道编辑、振幅恢复、抽道集、野外静校正等工作。

5.2.1　地震数据输入—解编

数据输入是将野外磁带数据转换成处理系统格式，加载到磁盘上，主要是指解编或格式转换。输入数据质量检查包括检查炮号、道号、波形、道长、采样间隔等。

解编是指将多路编排方式记录的数据(时序)变为道序记录方式，并对数据进行增益恢复等处理的过程。如果野外采集的数据是道序数据，则只需进行格式转换，即转成处理系统可接受的格式。

野外数字地震仪记录的地震数据多是以地震道为顺序排列的记录，一般以地震道(trace)为单位进行组织，采用 SEG－D 或 SEG－Y 格式存储。SEG－Y 格式是由地球物理学者协会(Society of Exploration Geophysicists，SEG)提出的标准磁带数据格式之一，它是地震勘探行业最普遍的数据格式之一。

5.2.2　道编辑

1)观测系统建立

对数据采集提供的仪器班报、测量班报进行初步检查，并与电子班报对照核查，建立初步的空间属性文件，生成观测系统图，分析形成的这些图件，进一步确认原始班报数据的准确性。除采用常规的观测系统检查方法[如绘制炮检分布图、共深度点(CDP)面元分布图、覆盖次数图及进行线性动校正等]外，还利用交互初至波逐炮检查初至时间，同时利用软件自动检查并与单炮逐一对比，对于检查出的炮位置和检波点位置不准的进行位置校正，使其归于真正的炮点和检波点位置，从而消除野外施工带来的误差。

2)置道头

观测系统定义完成后，处理软件中置道头模块，可以根据定义的观测系统，计算出各个需要的道头字的值并放入地震数据的道头中。当道头置入了内容后，我们任取一道都可以从道头中了解到这一道属于哪一炮，CMP 号是多少，炮检距是多少，炮点静校正量、检波点静校正量是多少，等等。后续处理的各个模块都是从道头中获取信息进行相应的处理，如抽 CMP 道集，只要将数据道头中 CMP 号相同的道排在一起即可。因此，道头如果有错误，后续工作也会是错误的。

3)单炮记录检查

将加道头的单炮数据线性动校逐炮检查，核对单炮图形与仪器班报和测量班报的一致性，对于不一致的单炮，通过仔细检查班报记录，予以改正。这一步骤是对空间属性关系正确性的进一步核查。为保证可靠性，采取人工百分之百逐炮检查，有些线束还进行了复查，以检查出隐蔽性错误，使基础工作更细致、更牢靠。

通过上述工作，准确地确定了炮点及检波点位置，图 5-3 为三维地震勘探测线分布显示图，图 5-4 为 CDP 覆盖次数分布图。

4)单炮编辑

逐炮逐道检查单炮记录，剔除不正常的炮和不正常的工作道，对野值和脉冲干扰等异常通过小时窗切除进行编辑。

5.2.3　振幅恢复

地表地震记录的振幅不仅反映了地层界面的反射系数，而且还与地震波的激发、传播和接收等因素有关。这些因素包括地震波的激发条件、接收条件、波前扩散、吸收、散射、透射损失、微曲多次波、入射角的变化、波的干涉和噪声等。振幅恢复的目的是尽量对地震波能量的衰减和畸变进行补偿和校正，主要包括几何扩散补偿、地表一致性振幅补偿(SCAC)和剩余振幅补偿(RAAC)。一般采用相对振幅保持技术，保持地震波组的反射特征和振幅的相对关系，为后续岩性反演及预测奠定良好的基础。

(1)几何扩散补偿。地震波在地层中传播时，能量严重损耗，其中主要因素是球面波前发散，对于层状介质模型和连续介质模型的球面发散补偿，其发散因子可表述为

$$M_d = \frac{v_{min}}{v_{rms}^2 t} \tag{5-1}$$

式中：M_d 为发散因子；v_{min} 为第一层介质的速度；t 为垂直入射的反射波旅行时；v_{rms} 为对应于反射波旅行时 t 的均方根速度。

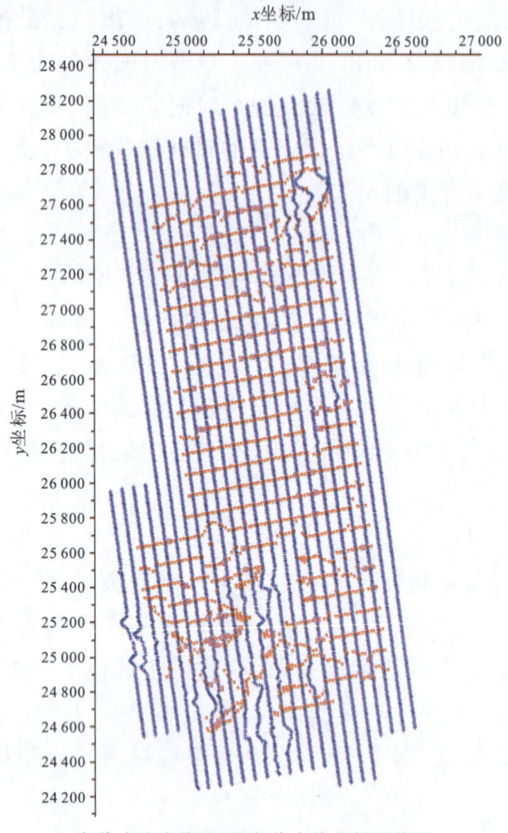

红色代表炮点位置；蓝色代表接收排列位置。

图 5-3 三维地震勘探测线分布显示图

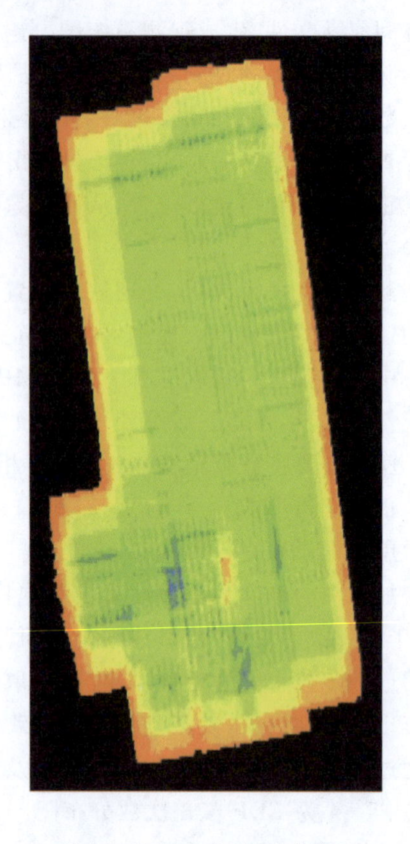

从冷色到暖色代表覆盖次数减少。

图 5-4 CDP 覆盖次数分布图

补偿因子为

$$G(t)=1/M_{\mathrm{d}} \tag{5-2}$$

具体做法为：首先对道集进行区域速度分析，找出最小速度以及本区均方根速度的大体分布特点；然后对速度进行插值，利用式(5-2)计算每一时间的补偿因子；最后按照动校时距曲线对地震数据进行几何扩散补偿。

(2)地表一致性振幅补偿。SCAC 主要补偿炮域、接收点域和共偏移距域的振幅变化。经过 SCAC 处理后的地震道振幅与相邻炮的振幅是一致的，并且不改变资料原有的信噪比。假设第 i 炮的接收点 j 处某一时窗的均方根振幅为 A_{ij}，A_{ij} 可分解成：与地表一致性的相关项，即炮点项、接收点项和偏移距项；与地下一致性的相关项，即 CMP 项；与道集一致性的相关项，即与道集内道号的相关项；模型相关项。于是 A_{ij} 可表示为

$$A_{ij}=S_i * R_j * G_k * M_l * T_m * U_n \tag{5-3}$$

式中：S_i 为与第 i 炮相关的振幅分量；R_j 为与第 j 个检波器相关的振幅项分量；G_k 为与第 k 个 CMP 相关的振幅分量，$k=(i+j)/2$；M_l 为与偏移距 l 相关的振幅分量，$l=i-j$；T_m 为与道号 m 相关的振幅分量；U_n 为用户自己定义的与模型相关的振幅分量。

对式(5-3)取对数后利用 Gauss-Siedel 迭代求取每个分量的值，然后应用到相应时窗的地震记录中(图 5-5)。

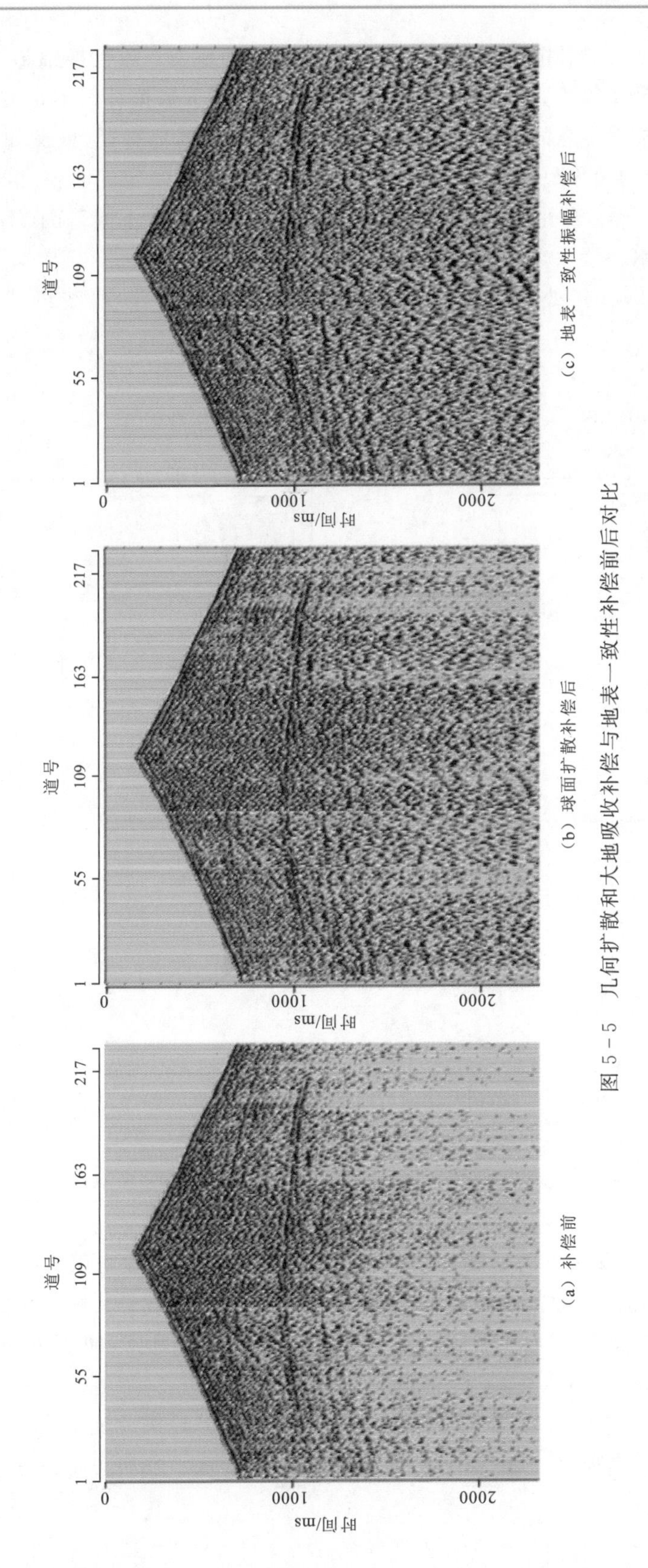

(a) 补偿前

(b) 球面扩散补偿后

(c) 地表一致性振幅补偿后

图5-5 几何扩散和大地吸收补偿与地表一致性补偿前后对比

(3)剩余振幅补偿。尽管对叠前数据进行了几何扩散补偿和地表一致性振幅补偿,但是由于采用的速度、使用的模型等不完全准确,振幅补偿可能造成部分数据补偿不足或补偿过头,有必要进行剩余振幅补偿。它的基本原理是:对于一定范围内的地震资料(例如 n 个站号之内的炮记录),在一定的偏移距范围之间(例如 d_1 与 d_2 之间)和一定的时窗之间(如 t_1 与 t_2 之间)振幅特性是一致的,利用这一原理在整个工区对地震数据在不同范围、不同偏移距、不同时窗进行剩余振幅补偿。

以上处理过程均是保幅的,处理后的地震资料纵横向能量均匀合理,波组特征明显(图 5-6、图 5-7)。

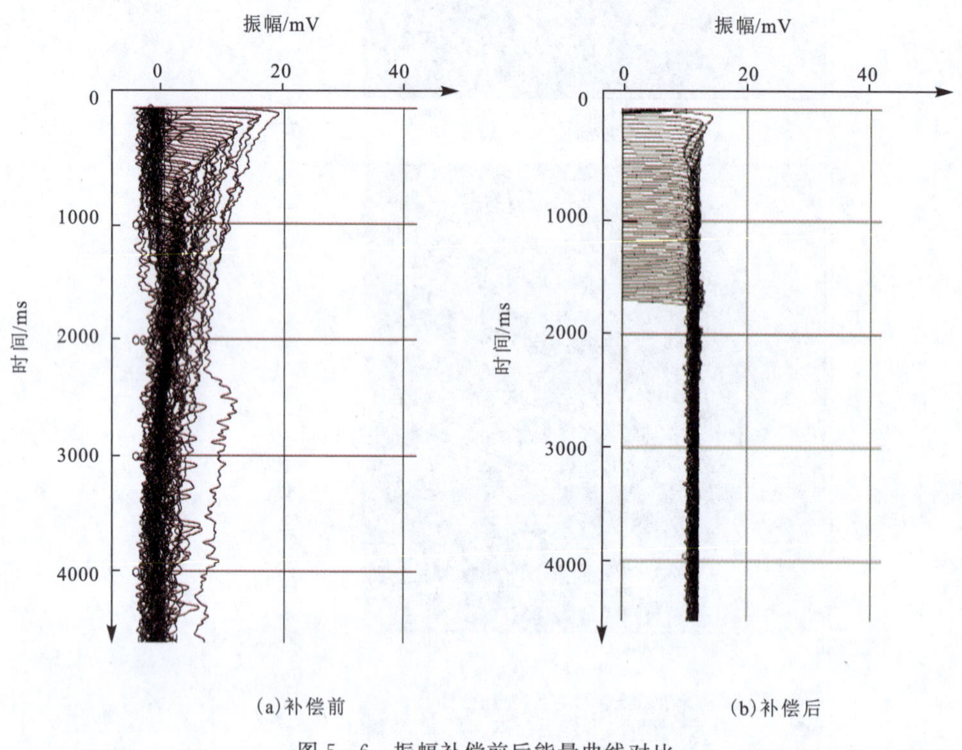

(a)补偿前　　(b)补偿后

图 5-6　振幅补偿前后能量曲线对比

5.2.4　抽道集

抽道集是将来自同一个反射点的地震道排列到一起。当地震数据置完道头以后,每个地震道的 CMP 号、线号、炮检距等各种信息就已经存在了,因此,分选就是利用道头信息,按要求将地震道排列到一起(图 5-8)。CMP 分选一般按 CMP 号从小到大,使用两级分选或三级分选:CMP、炮检距(站号);CMP、线号、炮检距(站号)。

图 5-9 是一个 24 次覆盖的道集,按 CMP、炮检距分选。CMP 道集经过动校正后,就可以将道集内各道求和,形成叠加道。每个 CMP 都进行求和,就形成了叠加剖面。

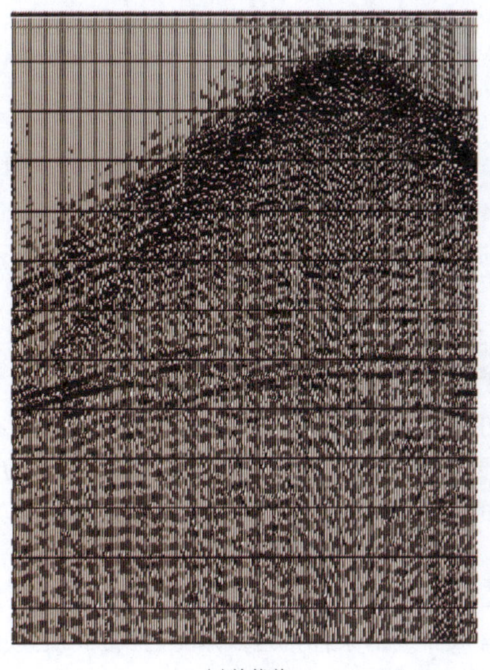

(a)补偿前

(b)补偿后

图5-7 振幅补偿前后单炮对比

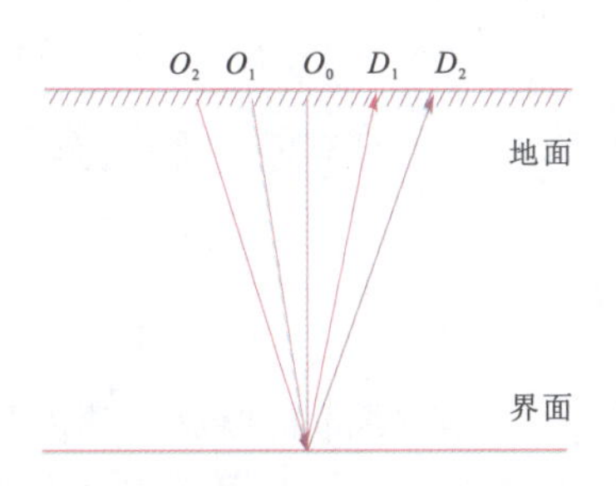

O_0. 中心点;O_1、O_2. 炮点;D_1、D_2. 检波点。

图5-8 共中心点道集(CMP)示意图(3次覆盖)

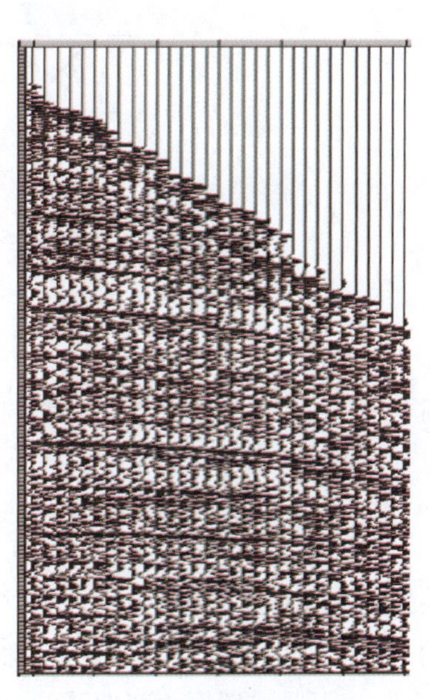

图5-9 道集示意图

5.3 静校正

静校正是地震勘探中一个非常重要的环节，是数据采集、资料处理和资料解释的基础，静校正精度的高低直接影响资料的最终成像效果。静校正如何做到既解决长波长静校正问题，又能保证幅度构造和层间小断层的真实性是处理的难点之一，也是构造解释可靠与否的关键。

著名地球物理学家迪克斯曾说过，解决了静校正问题就等于解决了地震勘探中几乎一半的问题，静校正的难度可见一斑。在观测面是水平的，地下传播介质是均匀的假设条件下，推导了地震反射波的时距曲线方程。实际上，沿着测线的方向，地表高程、地表低降速带的厚度和速度的变化，也就是介质的不均匀，导致地震波到达时间的误差，所得到地震反射波的时距曲线，是一条畸变了的双曲线。地表的变化越大，导致地震波到达时间的误差就越大，也就是静校正问题越突出。

地震资料处理的一些重要步骤是在反射波时距曲线为双曲线[式(5-4)]的前提下进行的(速度分析、动校正等)，但反射波时距曲线与双曲线的条件是地表水平、上覆介质速度为常数。地表水平、上覆介质速度为常数时，地震波传播路径如图5-10所示。

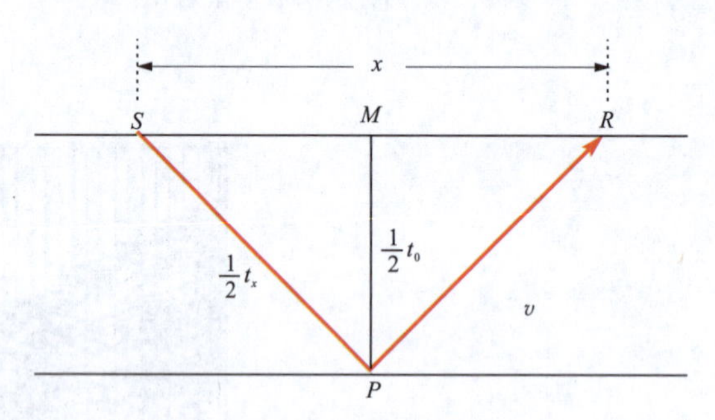

图5-10 地震波传播路径图

图5-10中，S为激发点，R为接收点，M为激发点与接收点的中点，P为反射点，x为激发点到接收点的距离。

$$t^2=t_0^2+\frac{x^2}{v^2} \qquad \text{(双曲线方程)} \tag{5-4}$$

在地震勘探中，由于受地形起伏、爆炸井深不一、低(降)速带的厚度和速度变化等因素的影响，地震波反射时距曲线已不是理论上的双曲线分布。如何对记录的反射时间进行校正，使反射时距曲线还原为双曲线，这就是静校正要解决的主要问题。静校正通常包括3个方面：①野外高程变化引起的时差校正(图5-11)；②低(降)速带引起的时差校正；③以上两种校正留下的残余和其他因素引起的剩余时差校正。

进行野外静校正处理时，首先对共深度点道进行选排，找出每一道的炮点和检波点的位

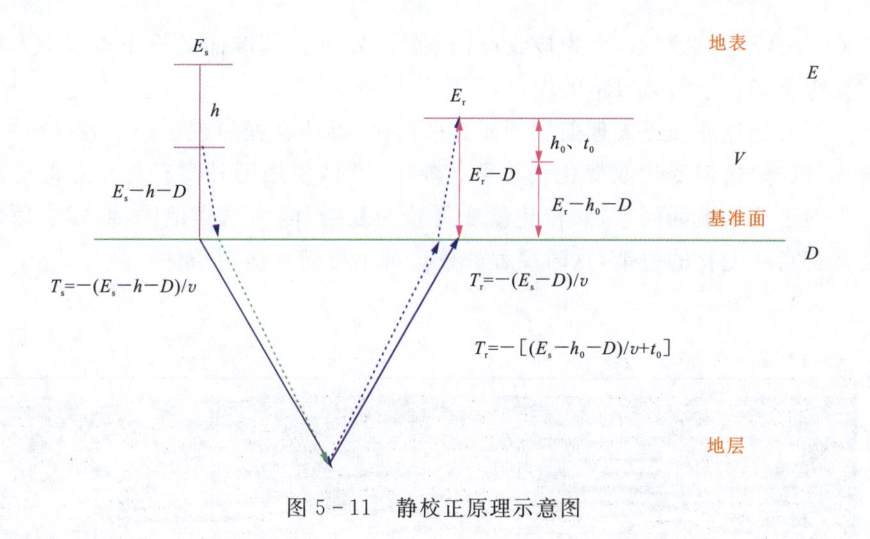

图 5－11　静校正原理示意图

置，求出相应炮点和检波点的静校正值，可以从井口记录道上直接读出，称为井口值。因波从 O 向下传播少用了时间 t，校正时要把此值加到波的旅行时间中。

目前我们常用的静校正方法有高程静校正、折射静校正和层析静校正等。在静校正处理时，应对高程静校正、折射静校正和层析静校正方法进行对比，选出最优静校正方法对全区进行静校正处理，只有选用适当的静校正方法，才能有效消除地表高程、低(降)速带速度、厚度对地震资料的影响，使地震波实现同相叠加。

5.3.1　高程静校正

高程静校正解决地形起伏、爆炸井深不一引起的静校正问题。在计算静校正值时要任意选定一个海拔高程作为基准线(面)，将所有的炮点和接收点校正到这个基准面上，用基岩速度替代低(降)速带的速度，把由于低(降)速带引起的时间延迟校正掉。该方法利用野外测量成果和预定的基准面高程及其上覆层速度来计算校正量(图 5－12)。这种计算校正量的方法有时误差太大，误差来源于把三角形中一个边的长度看作另外两个边的长度之和，其误差随基准面离地面的距离和炮检距的增加而变大。

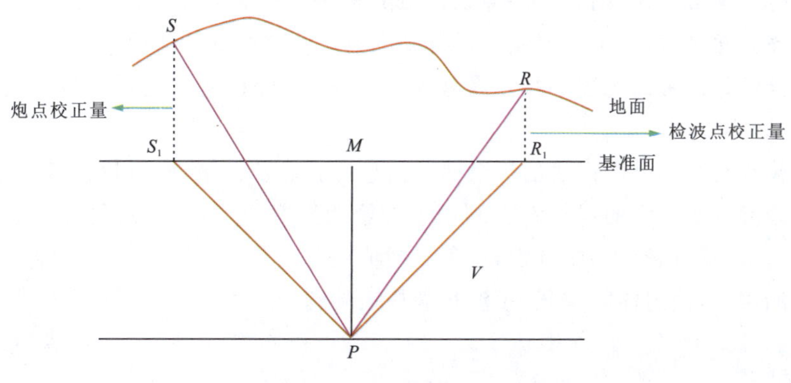

图 5－12　高程静校正示意图

图 5-12 中，S 为激发点，R 为接收点，S_1 为激发点在基准面的投影点，R_1 为接收点在基准面的投影点，M 为 S_1 与 R_1 的中点，P 为反射点。

图 5-13 为野外静校正处理前后剖面效果对比，野外高程静校正中的替换速度为常数，当探区内无低(降)速带变化或变化很小可忽略不计时，使用野外高程静校正即可解决静校正问题。但对于复杂地区而言，静校正就变得较为复杂，因为这类地区，低(降)速带的厚度和速度通常都存在变化的可能，这时高程静校正就不再满足适用条件。

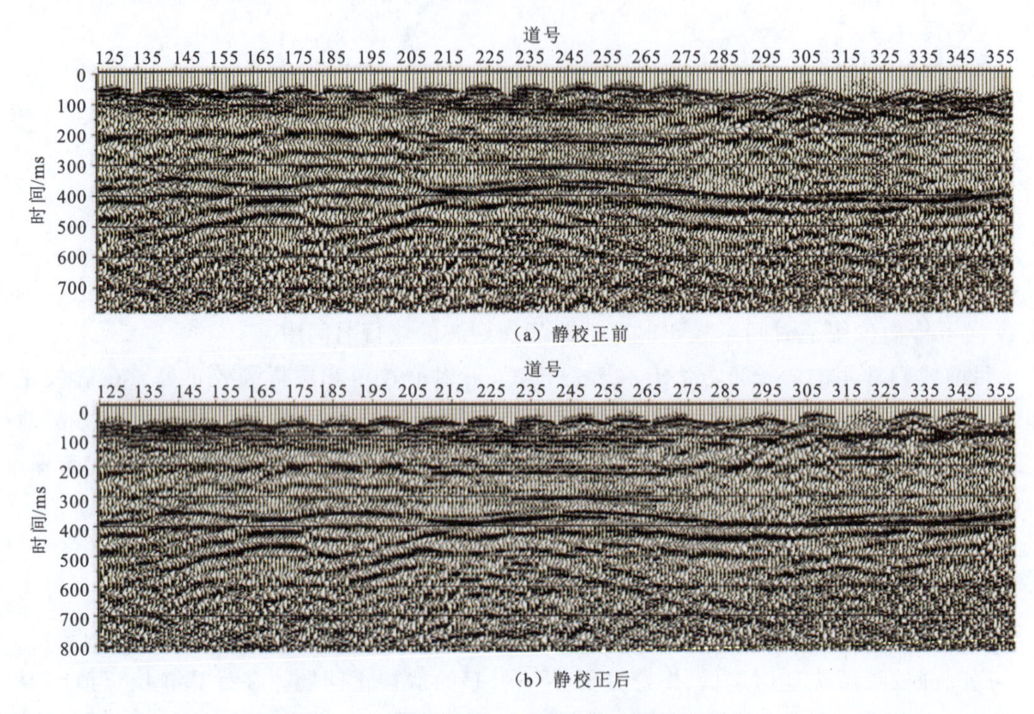

图 5-13　野外静校正处理前后剖面效果对比

5.3.2　折射静校正

如果低(降)速带存在，则它与高速层的分界面是一个很好的反射界面。当入射波以临界角入射到该界面时，将产生折射波。折射波传到地面被检波器所接收，根据折射波的初至时间可估算低(降)速带的速度和炮点及检波点的延迟时间，这就是折射静校正的基本思路(图 5-14)。

折射静校正是利用生产记录的折射初至信息计算静校正量，既可以计算基准面校正，也可以计算剩余静校正。它的优点在于利用了大量的折射初至信息，对每一个炮点或检波点进行了多次覆盖，具有较好的统计性，避免了插值引起的误差(图 5-15)。这种方法不受静校正量大小的限制，同时能解决长、短波长静校正问题。

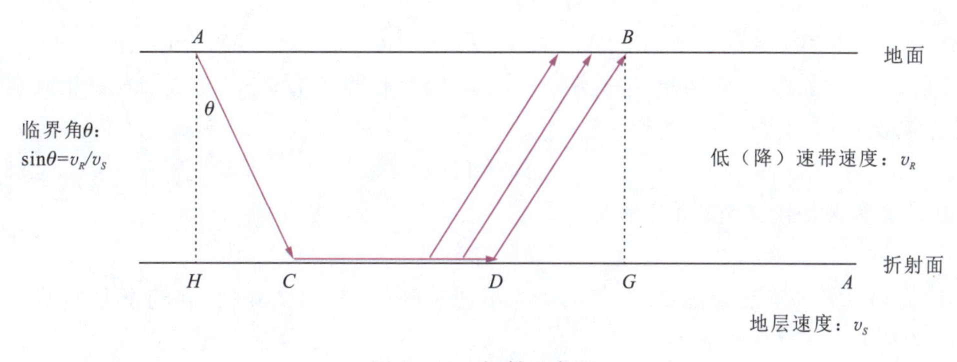

图 5-14　折射示意图

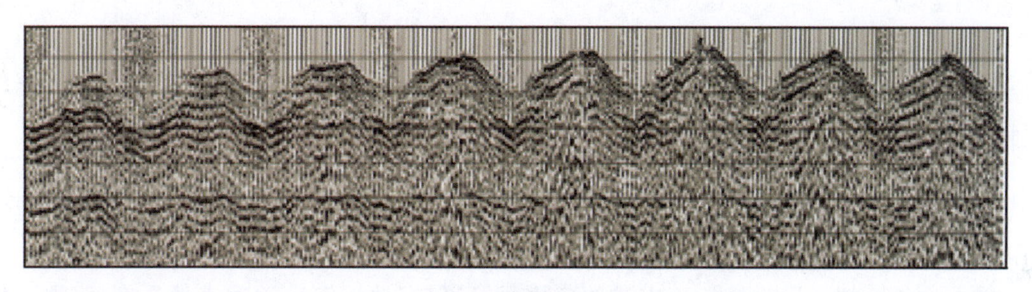

(a) 校正前

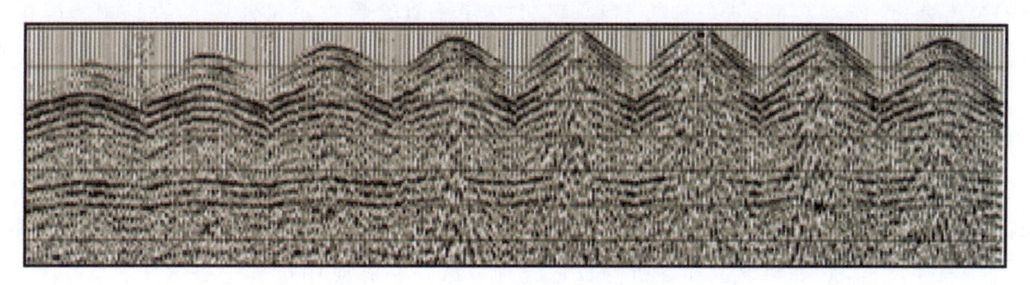

(b) 校正后

图 5-15　折射静校正前后的单炮对比

5.3.3 层析静校正

层析静校正是一种基准面校正方法，其原理是对地质模型进行网格化，并假设网格内速度稳定不变，利用网络法进行射线反演，获取表层速度模型。当微元很小时，认为其能够真实地描述表层结构。假设表层模型是由各向同性介质和高速折射界面组成，初至波旅行时 t_i 与模型参数 $P(x,y,z,v)$ 有关，二者的关系可写成函数形式：

$$t_i = f_i(p) \quad i = 1, 2, \cdots, m \tag{5-5}$$

式中：$f_i(p)$ 为非线性函数。将给定的初始模型 p_0 线性化可得：

$$t = \boldsymbol{f}_0 + \boldsymbol{J}_1 \Delta \boldsymbol{p} \tag{5-6}$$

式(5-6)是初至波层析成像公式。其中,$\boldsymbol{f}_0 = \boldsymbol{f}(p_0)$是旅行时向量;$\boldsymbol{J}_1$ 是 $m \times n$ 维 Jacobi 矩阵;$\Delta \boldsymbol{p}$ 为模型扰动向量。将实际观测值 t_0 与模型旅行时 t_c 之差 Δt 展开成泰勒级数,忽略高次项,可有:

$$\Delta t = \boldsymbol{J} \Delta \boldsymbol{p} \tag{5-7}$$

矩阵 $\boldsymbol{J}$ 为灵敏度矩阵,可分解为

$$\boldsymbol{J} = \boldsymbol{U}\boldsymbol{D}\boldsymbol{V}^{\mathrm{T}} \tag{5-8}$$

式中:$\boldsymbol{U}$ 为 $m \times n$ 的正交矩阵;$\boldsymbol{V}$ 为 $n \times m$ 的正交矩阵;$\boldsymbol{D}$ 为对角矩阵,由奇异值构成。设矩阵的广义逆为

$$\boldsymbol{A}^{+} = \boldsymbol{V}\boldsymbol{D}^{+} \boldsymbol{U}^{\mathrm{T}} \tag{5-9}$$

则 $\Delta \boldsymbol{p}$ 为

$$\Delta \boldsymbol{p} = \boldsymbol{A}^{+} \Delta t \tag{5-10}$$

为了准确获得近地表模型,需要进行多次迭代运算,并在此基础上计算炮点和检波点的静校正量。

层析静校正是通过初至波的到达时反演表层低速带模型,进而求取静校正量的方法,层析反演不受地形起伏、横向速度变化和地下界面倾斜等的影响,可以更好地拟合原始初至时间,更加充分地挖掘初至时间所包含的地球物理信息,能够精细地反映横向变化,纵向上分层也更加精细。通过层析静校正方法的应用,可以较好地反演出近地表地质模型,得到低(降)速带速度、厚度数据,结合地表高程,可以较好地消除静校正量对资料的影响。层析静校正方法通过 5 个步骤来实现:①观测系统定义,拾取原始单炮初至时间;②建立初始表层速度模型并划分模型网格;③根据初始模型和初至时间,反演近地表速度结构;④分析反演结果;⑤求取炮点和检波点的基准面静校正量。

图 5-16 为层析反演计算出的 JS201302 勘探测线近地表模型;图 5-17 为 JS201302 勘探测线的静校正量;图 5-18 为层析反演静校正前后的单炮对比。

高程静校正、折射静校正和层析静校正三种方法在实际应用过程中各有千秋,所以在实际工作中,要根据地震资料的特点合理地选择静校正方法。

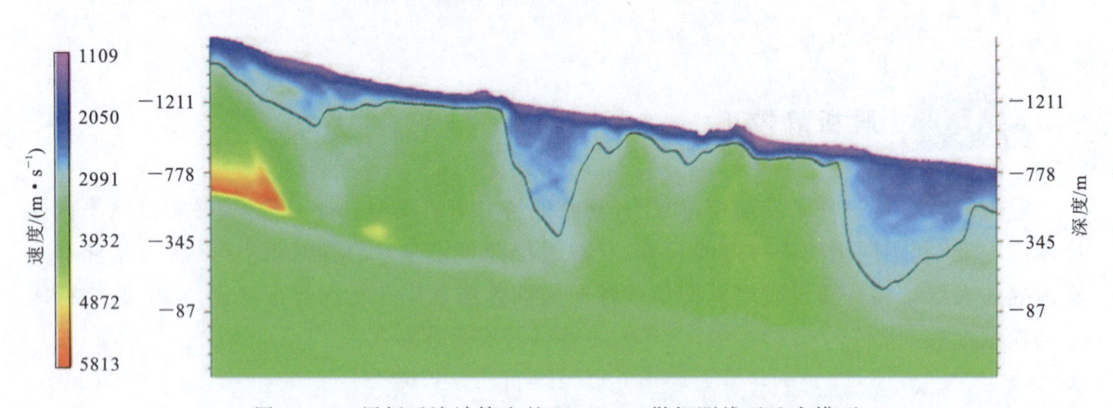

图 5-16　层析反演计算出的 JS201302 勘探测线近地表模型

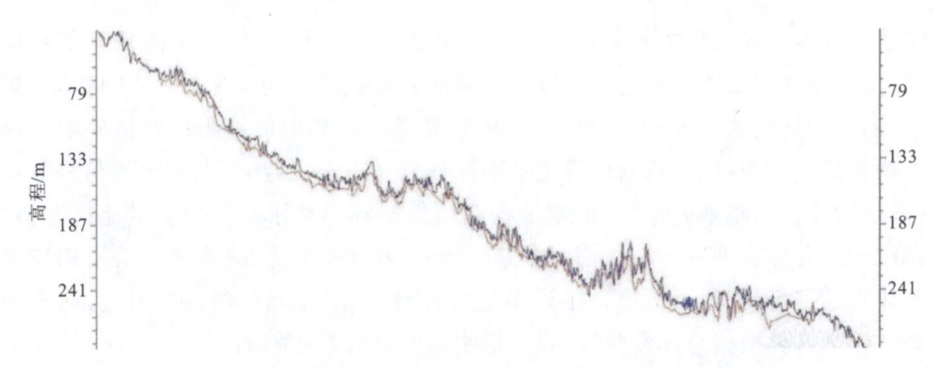

图 5－17　层析反演计算出的 JS201302 勘探测线静校正量

注：蓝色为炮点校正量，红色为检波点校正量。

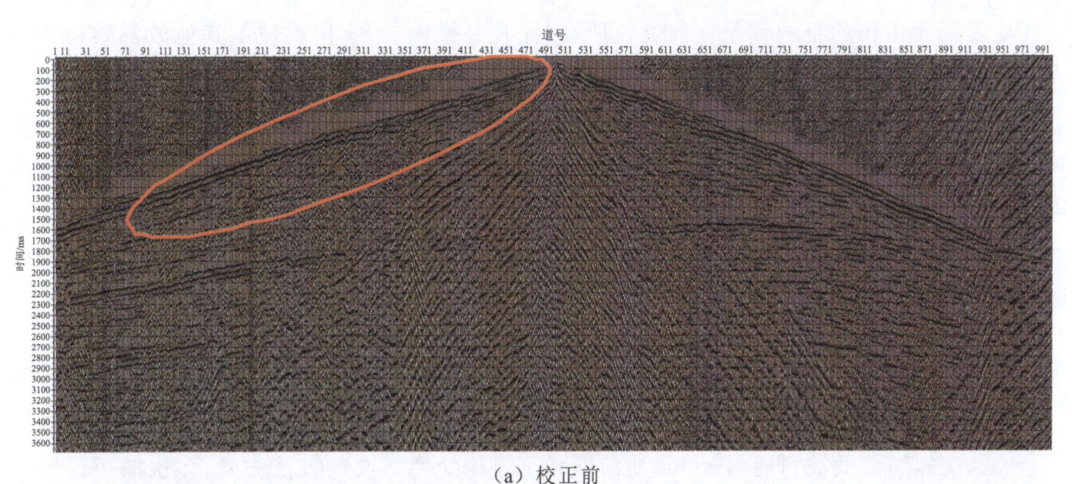

(a) 校正前

(b) 校正后

图 5－18　层析反演静校正前后的单炮对比

5.4　叠前去噪

地震资料叠前去噪是地震资料数据处理的重要任务。不同的勘探地质环境、施工环境、信号接收设备等因素会在生成的地震记录上产生各种复杂的干扰，从而降低其信噪比和分辨率，增加了后期解释工作的难度。随着近年来地震勘探工作的不断深入，工区地质条件越来越复杂，激发和接收的条件差，表层吸收、新生界强放射界面的屏蔽以及野外施工过程中的人为干扰和工业干扰，使得原始地震记录中存在强噪声干扰，从而造成地震信号信噪比降低，无法满足勘探目标越来越精细、低幅度构造精细解释的要求。为了满足地震资料"高信噪比、高分辨率、高保真度"的要求，面对地震记录上的多种干扰，只能针对信号和噪声的各种特性差异对其进行压制，因此设计了许多地震资料去噪、提高信噪比的方法，而现在地震数据解释已经进入叠前信息解释阶段，噪声压制主要是针对数据而言的。

1. 地震噪声的类型和特点

地震勘探工作的目的就是获取有效波，因此凡是模糊、干扰反射波的其他波都被视为噪声，称为干扰波，根据干扰波的特性可以分类为无规则干扰波和规则干扰波两大类。

无规则干扰波也叫做随机干扰波，它是无一定视速度和频率、在地震记录上造成杂乱干扰背景的一类干扰波。它产生的原因大致为：地面微震，风吹草动，仪器噪声，介质不均匀造成的散射以及任意方向来的、相位变化的无规律波的叠加等。

规则干扰波则是具有一定频率和视速度的干扰波，比如声波、面波、浅层折射波、多次波、绕射波和次生干扰等。

2. 常用的叠前去噪方法

根据噪声干扰的特征也会有相应的去噪方法，比如面波具有简单的空间特征，可以通过 $f-k$ 滤波去除；侧面波可通过 $f-k$ 滤波或者 K－L 变换滤波的方法去除；多次波可以通过 Radon 变换的方法切除。不规则噪声在时间域里很难被直接去除，但是它们在频率域具有较为明显的特征，例如低频噪声、高频噪声或者工业干扰就可以很方便、很容易地由频率域滤波的方法将它们去除。利用有效波与干扰波频谱特征的不同来压制干扰波、突出有效波的数据处理方法称为数字滤波。数字滤波采用数学运算的方式通过计算机来实现。数字滤波的种类很多，包括一维滤波（如褶积滤波、递归滤波、低通滤波、高通滤波、带通滤波等）和二维滤波（如扇形滤波、时空域滤波、频率-波数域滤波等）。

5.4.1 一维滤波

在地震勘探的野外采集和资料处理过程中，很重要的工作是对地震信息的接收、传输和加工处理。这一过程的许多环节可视为信号通过一个系统，经系统加工、处理后再输出到另一个系统，如图 5－19 所示。

这样的系统是物理可实现的，它从物理上实现了某种数学变换关系。地震勘探中所涉及的是一种比较简单的系统，即线性时不变系统。它是指具有如下特点的系统。

（1）设输入 $x_1(t)$ 产生的输出为 $y_1(t)$，输入 $x_2(t)$ 产生的输出为 $y_2(t)$，a 和 b 为任意常数，则对于输入 $ax_1(t)+by_1(t)$，该系统是线性的。

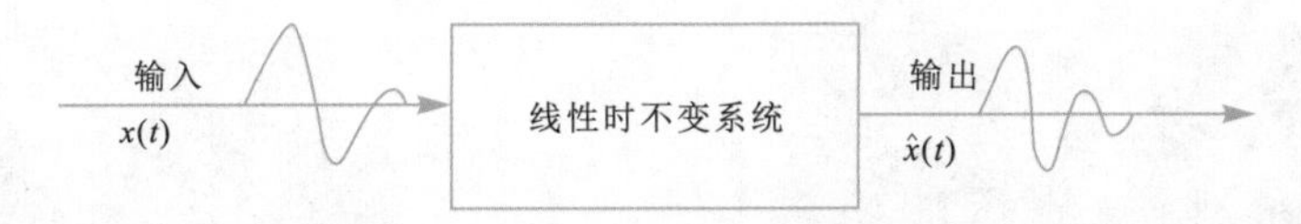

图 5-19　线性时不变系统示意图

(2)设输入 $x(t)$ 产生的输出为 $y(t)$，如果对于任意 τ 值，输入 $x(t+\tau)$ 所产生的输出为 $y(t+\tau)$，则该系统是时不变的。

数字滤波就是这样的一个线性时不变系统，它通常由三部分组成，即输入、输出和系统特性。一维滤波在时间域实现的方程式为

$$\begin{cases} y(t)=\int_{-\infty}^{\infty} x(\tau)h(t-\tau)\mathrm{d}\tau \\ \omega_{ij}(t)=s_i(t)r_i(t)g_{\frac{i+j}{2}}(t)m_{ij}(t) \\ W(\omega)_{ij}=R(\omega)_{ij}S(\omega)_{ij}G(\omega)_{ij}M(\omega)_{ij} \end{cases} \tag{5-11}$$

或表示为

$$y(t)=\int_{-\infty}^{\infty} h(\tau)x(t-\tau)\mathrm{d}\tau \tag{5-12}$$

一维滤波在频率域实现的方程式为

$$|Y(\omega)|=|X(\omega)|\cdot|H(\omega)| \tag{5-13}$$

$$\theta_y(\omega)=\theta_{\mathrm{h}}(\omega)+\theta_x(\omega) \tag{5-14}$$

式(5-13)—式(5-14)中，$x(t)$、$X(\omega)$、$\theta_x(\omega)$ 分别为输入信号的时间序列、振幅谱和相位谱；$y(t)$，$Y(\omega)$，$\theta_y(\omega)$ 分别为输出信号的时间序列、振幅谱和相位谱；$h(t)$，$H(\omega)$，$\theta_{\mathrm{h}}(\omega)$ 分别为系统的时间特性、振幅频率特性和相位频率特性；$h(\tau)$ 为系统某一 τ 值时的时间特性值；$x(\tau)$ 为输入信号 τ 值时的信号值。

根据上述线性时不变系统的滤波方程，只要知道其中任意 2 个量，便可求出第 3 个量。

需要说明的是，数值计算的离散性和有限性会导致各种滤波器的频率响应产生畸变，与预先设计的理想滤波器的频率响应会存在偏差。这种偏差产生的后果表现为有限性引起的吉普斯现象和离散性引起的伪门现象。

图 5-20 为高通滤波前后效果对比图。

5.4.2　二维 $f-k$ 滤波

一维滤波是针对干扰波与有效波在频谱上的差异来实现滤波的，使用了时间变量 t。当然也可将空间坐标 x 看成 t 进行一维滤波，对应的频率就成为波数 k，即利用干扰波与有效波在波数域的差异进行滤波。若同时考虑两个变量，则成为二维滤波。二维滤波可在时间与空间域实现，也可在相应的二维傅里叶变换域实现，本节主要介绍 $f-k$ 域滤波的编程实现。

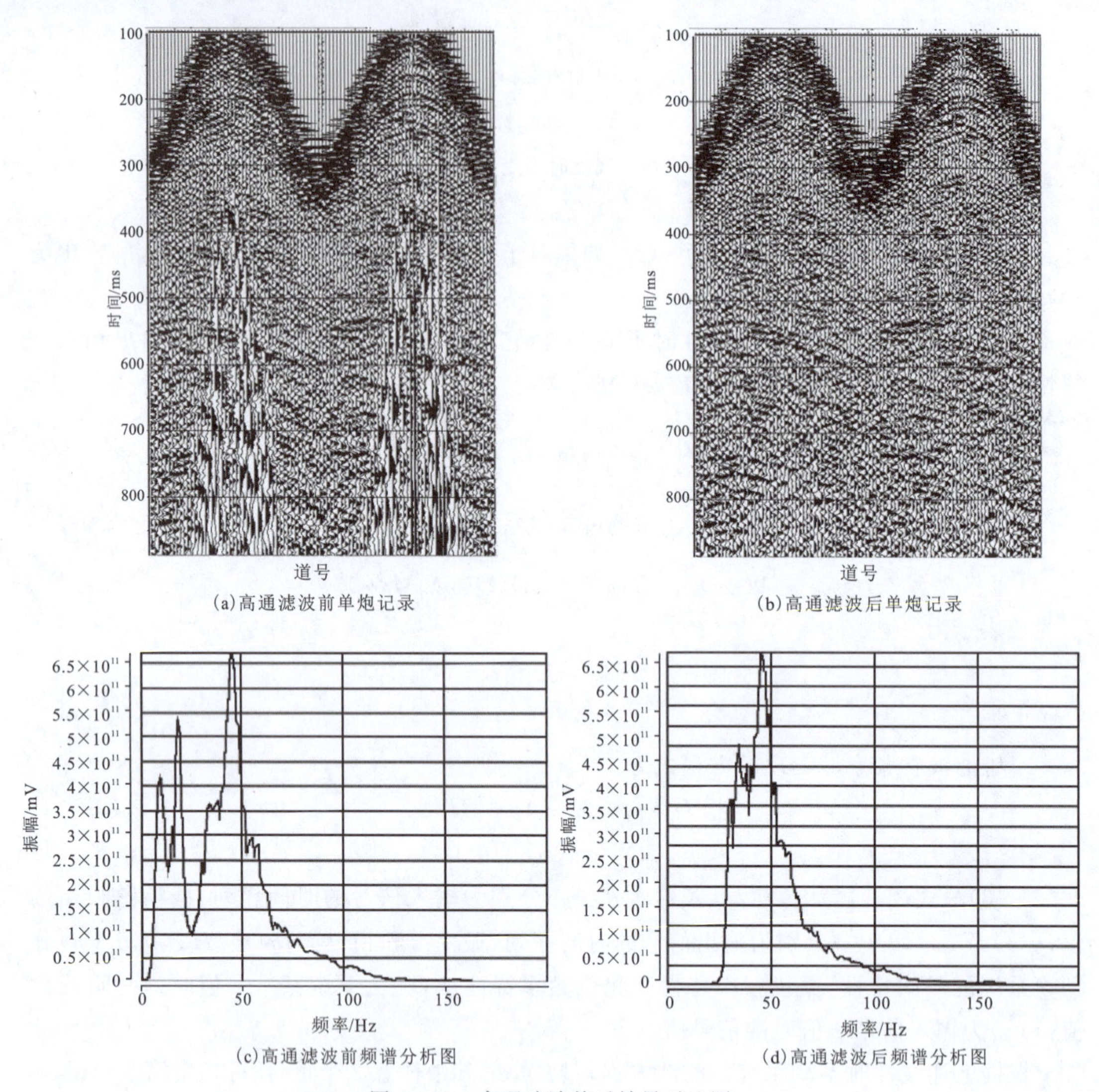

(a)高通滤波前单炮记录

(b)高通滤波后单炮记录

(c)高通滤波前频谱分析图

(d)高通滤波后频谱分析图

图 5-20 高通滤波前后效果对比图

1. 二维傅里叶变换

$f-k$ 滤波中最重要的就是二维傅里叶变换。设地震信号为 $y(t,x)$，t 为时间变量，x 为空间变量。注意：$y(t)$表示一道地震记录；$y(t,x)$表示多道地震记录，或是一张剖面。

定义 $y(t,x)$的二维正反傅里叶变换分别为

$$Y(f,k)=\int_{-\infty}^{\infty}\int_{-\infty}^{\infty}y(t,x)\mathrm{e}^{-i2\pi(ft+kx)}\,\mathrm{d}t\,\mathrm{d}x \tag{5-15}$$

$$y(t,x)=\int_{-\infty}^{\infty}\int_{-\infty}^{\infty}Y(f,k)\mathrm{e}^{i2\pi(ft+kx)}\,\mathrm{d}f\,\mathrm{d}k \tag{5-16}$$

频谱 $Y(f,k)$也是一个二维信号，称为 $y(t,x)$的频率——波数谱，简称频波谱，相应的变换也可叫做 $f-k$ 变换。二维傅里叶变换可以借助一维傅里叶变换来计算，即先沿时间方

向做一维傅里叶变换到 $Y(f,x)$ 域，再沿空间方向做傅里叶变换到 $Y(f,k)$ 域。又因为 $k^*=1/\lambda^*=1/V^*T=f/V^*$，得到 $V^*=f/k^*$，所以 $f-k$ 滤波又可看作视速度滤波(倾角滤波)。

5.4.2.2　二维傅里叶变换的性质

1)二维抽样定理

时间采样间隔 Δt 和空间采样间隔 Δx 应满足：

$$\begin{cases}\Delta t \leqslant \dfrac{1}{2f_c} \\ \Delta x \leqslant \dfrac{1}{2k_c}\end{cases} \tag{5-17}$$

式中：f_c 为最高截止频率；k_c 为最高截止波数。

2)二维 $f-k$ 谱的共轭性和周期性

二维信号为非负实偶函数，满足以下共轭关系：

$$\overline{U(f,k)}=U(-f,-k) \tag{5-18}$$

式中：$U(f,k)$ 为二维连续信号 $u(t,x)$ 的频率-波数谱。

在 $f-k$ 平面上，当转换到主周期时，频谱图以原点为中心，相对象限Ⅰ和Ⅲ、象限Ⅱ和Ⅳ呈对称关系。

二维信号与一维信号类似，对信号进行离散处理时会以伪门的形式产生一个以主周期为间隔的周期延拓，以原点为中心按方形环形式向四周扩散(图 5-21)。

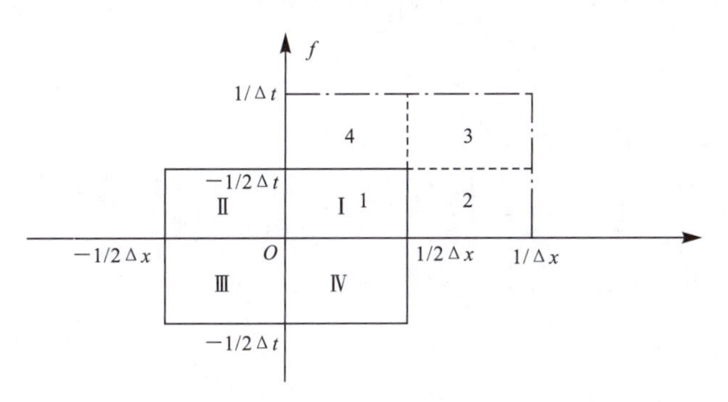

图 5-21　二维 $f-k$ 谱的正周期和主周期

注：图中实线代表主周期；虚线代表正周期；1～4 分别为正周期的 4 个象限；Ⅰ～Ⅳ分别为主周期的 4 个象限。

在实际计算中，通常取($0\leqslant k\leqslant\dfrac{1}{\Delta x}$，$0\leqslant f\leqslant\dfrac{1}{\Delta t}$)这个象限Ⅰ内的矩形(即为正周期)区域讨论谱的变化情况。

$f-k$ 域的二维滤波方程表示为

$$\hat{Y}(f,k)=H(f,k)\cdot Y(f,k) \tag{5-19}$$

式中：$Y(f,k)$ 可由二维傅里叶变换得到；$H(f,k)$ 就是所设计的滤波器。根据有效波和干扰

波在 $f-k$ 平面上的分布特征，令

$$H(f,k)=\begin{cases}0 & (f,k)\in \text{干扰区}\\ 1 & (f,k)\in \text{有效区}\end{cases} \tag{5-20}$$

即可实现二维 $f-k$ 滤波(图 5-22)。

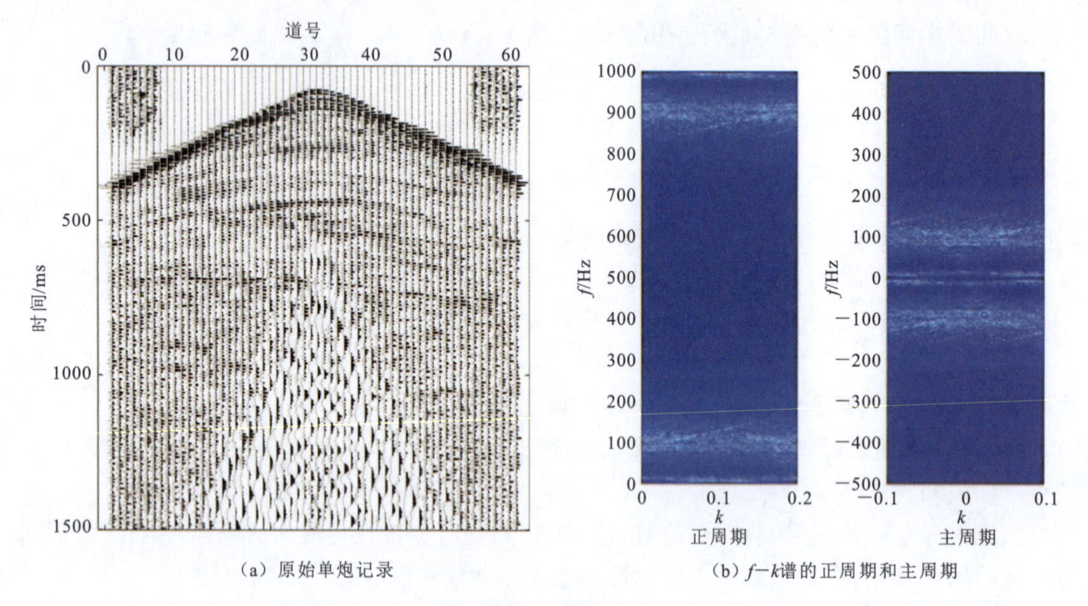

(a) 原始单炮记录　　(b) $f—k$谱的正周期和主周期

图 5-22　原始地震单炮记录及其 $f-k$ 谱

3)扇形滤波器

扇形滤波器的频波响应为

$$H(f,k)=\begin{cases}1, & |f|\geqslant V|k|,|f|\leqslant f_N\\ 0, & \text{其他}\end{cases} \tag{5-21}$$

扇形滤波器如图 5-23 所示。该滤波器对称的两半，其形状像扇子，所以叫扇形滤波器。

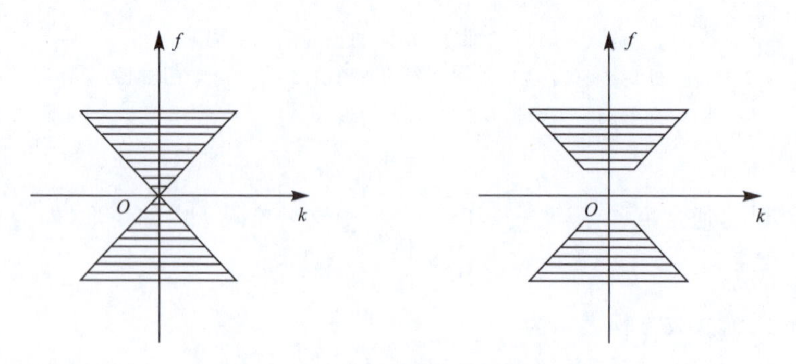

图 5-23　扇形滤波器和带通扇形滤波器

滤波器设计如图5-24所示，滤波后的 $f-k$ 谱如图5-25所示，滤波后的单炮记录如图5-26所示。

在实际工作中，要获得优质的地震剖面，必须对各种干扰波进行有效的压制，增强有效信号的能量，常见的干扰波是面波、线性干扰、野值、工业干扰及随机噪声。叠前去噪时本着先低频后高频、先规则后随机的原则逐步、多域联合去噪，见图5-27—图5-31。

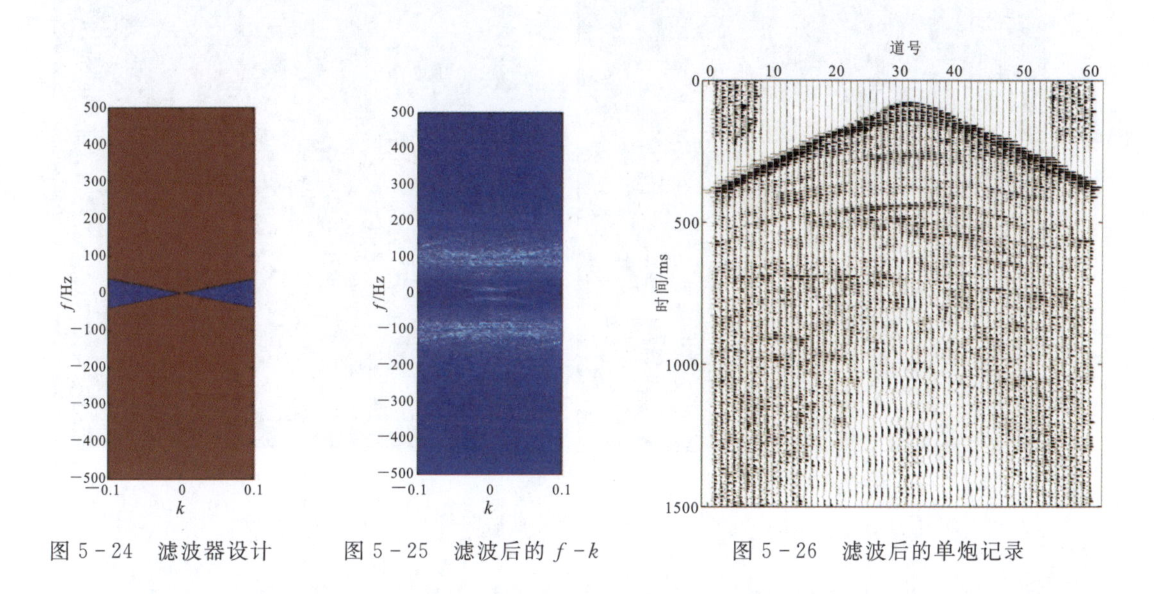

图5-24　滤波器设计　　图5-25　滤波后的 $f-k$　　图5-26　滤波后的单炮记录

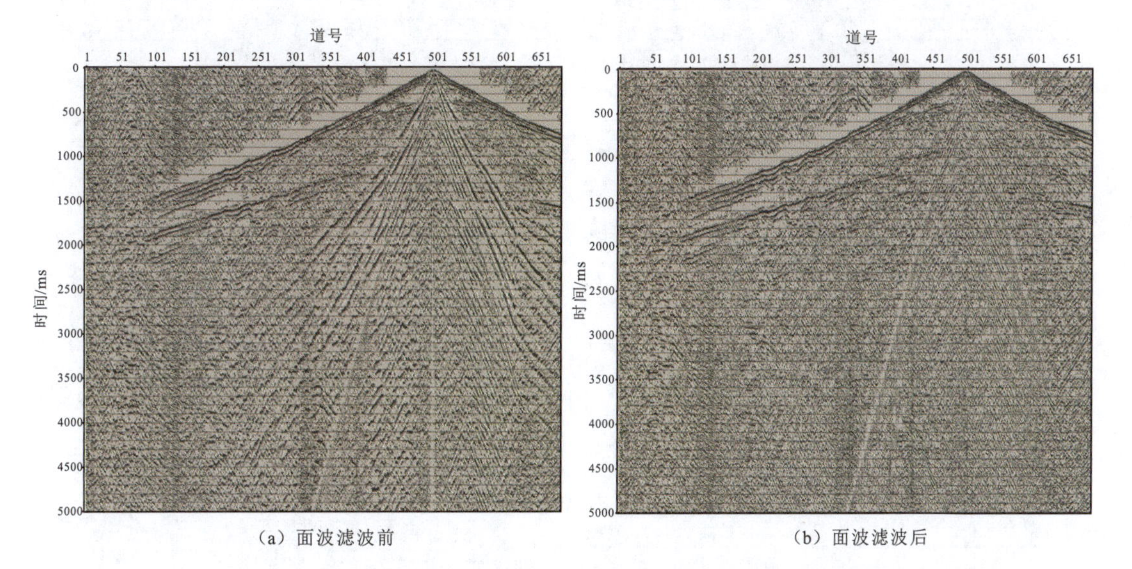

(a) 面波滤波前　　(b) 面波滤波后

图5-27　面波滤波前后的单炮对比

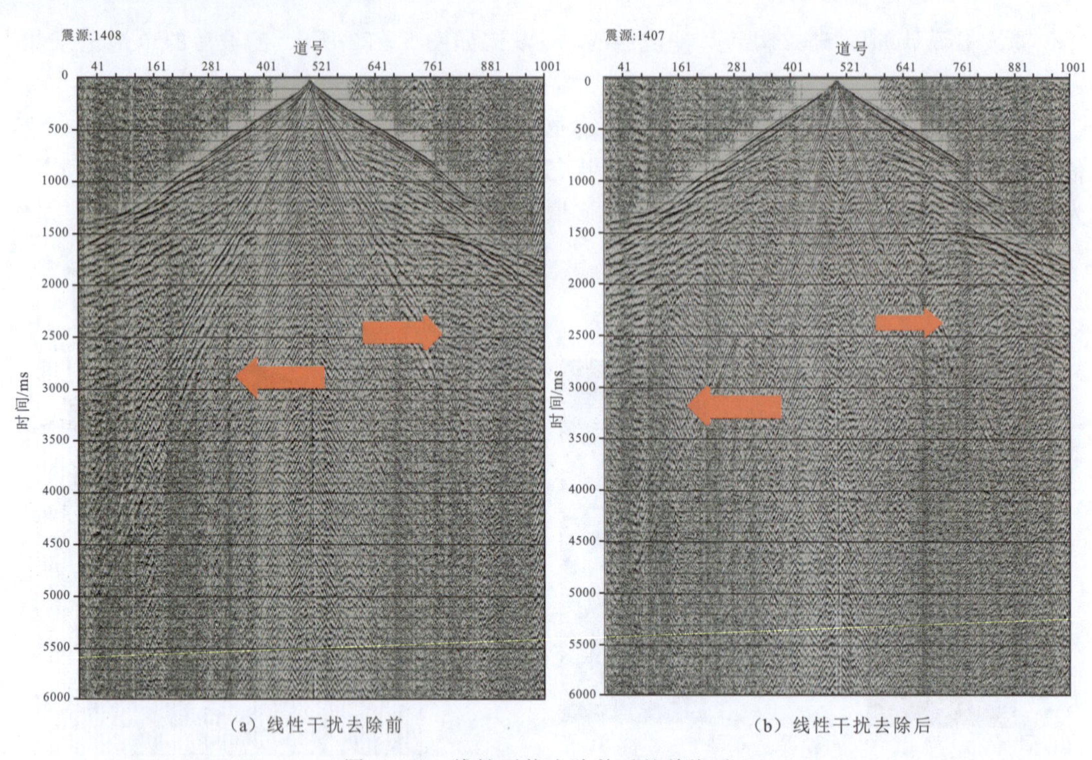

（a）线性干扰去除前　　（b）线性干扰去除后

图 5－28　线性干扰去除前后的单炮对比

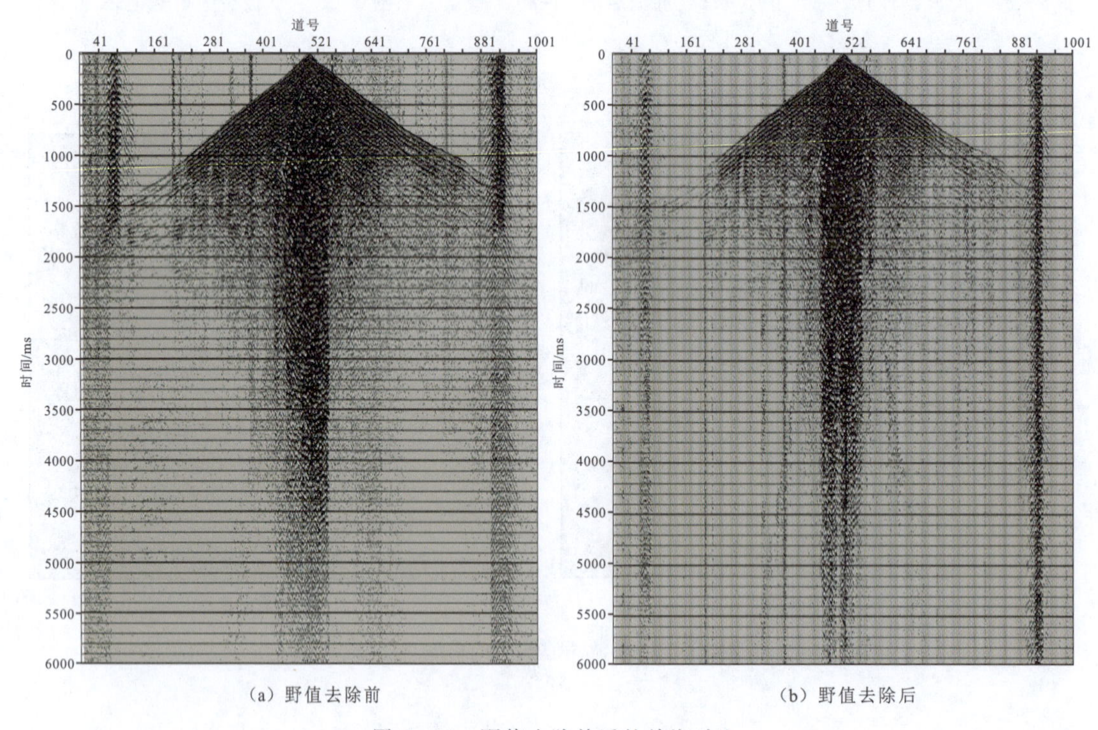

（a）野值去除前　　（b）野值去除后

图 5－29　野值去除前后的单炮对比

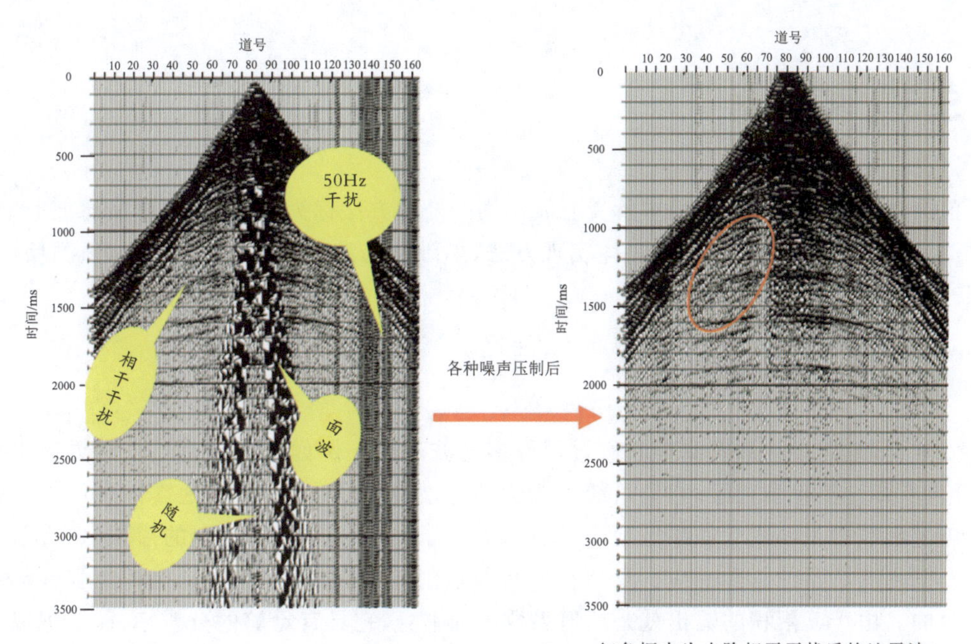

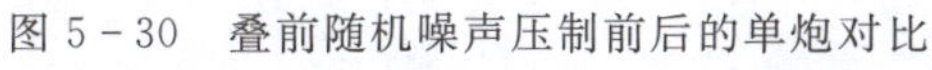
图 5－30　叠前随机噪声压制前后的单炮对比

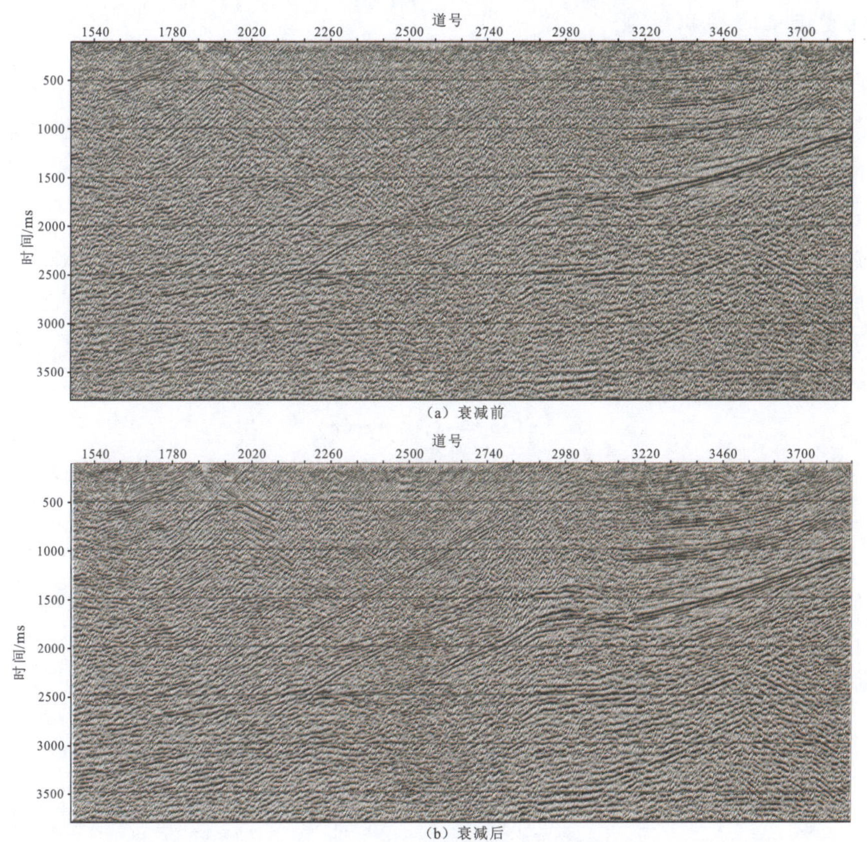

图 5－31　叠前随机噪声衰减前后的剖面对比

5.5 反褶积

消除激发信号在传播过程中所受滤波作用的处理方法称为反褶积(也称反滤波)。它是某种滤波过程的逆过程,有很多具体实现方法,如维纳滤波、最小平方反褶积、预测反褶积、地表一致性反褶积、同态反褶积等。

5.5.1 反褶积的概念

实际上,地震波从激发到接收经过了许多滤波过程。例如,波前扩散、中间界面投射损失、介质非弹性吸收衰减等,它们可统称为大地滤波作用。由此看来,地震记录可视为由一系列响应函数褶积而成。如果把地震记录只看作子波与反射系数序列的褶积,那么子波相当于一系列滤波器的总体响应。反褶积就是通过消除子波的影响,达到提高地震资料分辨率的目的。由于反褶积的输出就是反射系数序列本身,它具有足够的分辨率,因此把以提高分辨率为主的各种反褶积方法统称为“子波处理”。

1. 地震记录的褶积模型

1)理想模型

设震源脉冲为$b\delta(t)$,无吸收、透射和多次反射等因素,无随机干扰,则理想的输出:

$$x(t)=b\delta(t)*\xi(t)=b\xi(t) \tag{5-22}$$

式中:$x(t)$为地震记录;$\xi(t)$为反射系数。

这时得到的输出实际上就是反射系数序列,同实际地震记录相比,它有很高的分辨率,高频十分丰富。

2)实际模型

实际地震记录$x(t)$由有效波$s(t)$和干扰波$n(t)$组成。

$$x(t)=s(t)+n(t) \tag{5-23}$$

我们说的有效波是指一次反射波,对反射波地震勘探而言,除一次反射波以外的一切波都是干扰波,一次反射波可用以下褶积模型表示。

$$s(t)=b(t)*\xi(t) \tag{5-24}$$

式中:$b(t)$为地震子波;$\xi(t)$为反射系数。

严格意义上讲,地震子波$b(t)$同震源子波概念还是有区别的,它实际上与许多因素有关。根据地震波传播过程中影响因素的不同,我们采用式(5-25)来描述地震子波。

$$\begin{aligned}b(t)&=o(t)\times g(t)\times\tau(t)\times d(t)\times i(t)\\&=o(t)\times f_g(t)\times f_d(t)\end{aligned} \tag{5-25}$$

式中:$o(t)$为震源子波;$g(t)$为地层响应;$\tau(t)$为透射响应;$d(t)$为地面接收响应;$i(t)$为仪器响应;$f_g(t)=g(t)*\tau(t)$,为大地滤波器;$f_d(t)=d(t)*i(t)$,为接收滤波器。

式(5-23)中的干扰波也不单单是随机干扰,它由非激发干扰$n_0(t)$、背景噪声$n_1(t)$及规则(相干)干扰 $N(t)$ 叠加而成。

$$n(t) = n_0(t) + n_1(t) + N(t) \tag{5-26}$$

图 5 - 32 为反褶积前后效果对比图。

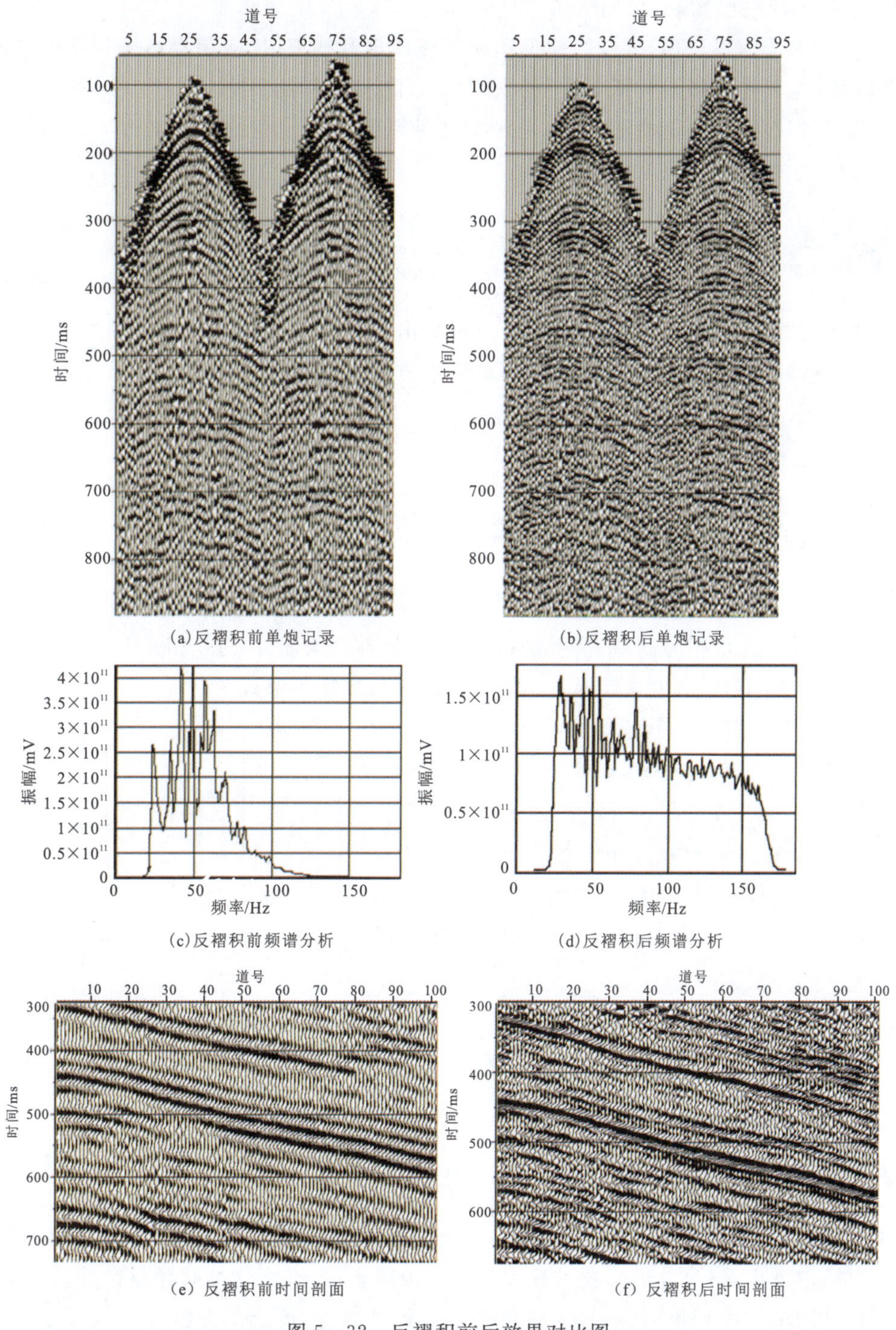

(a)反褶积前单炮记录　(b)反褶积后单炮记录

(c)反褶积前频谱分析　(d)反褶积后频谱分析

(e) 反褶积前时间剖面　(f) 反褶积后时间剖面

图 5 - 32　反褶积前后效果对比图

2. 反褶积问题的特点

(1)反褶积结果存在多解性:反褶积方程 $\xi(t)=a(t)*x(t)$ 中(其中,$a(t)$ 为反子波)只有地震记录 $x(t)$ 是已知的,另两个函数是未知的。

(2)分辨率与信噪比相互制约,使反褶积不能实现其初衷:反褶积提高分辨率的同时,也把有些频段(主要是高频段和低频段)的噪声放大了,使信噪比下降。

(3)反褶积被反演理论所超越:从超定的线性矛盾方程组解的形式来看,一些反演法要优于反褶积,如井资料约束反演。

5.5.2 维纳滤波

维纳滤波即最小平方滤波,是由维纳最先提出的。这种方法以一种最佳准则来设计滤波器,使滤波器的实际输出与期望输出的差的平方和最小。因维纳滤波器是一种最佳滤波器,维纳滤波又经常被称为最佳维纳滤波。

1. 维纳滤波方程

维纳滤波的方程组可写成:

$$\sum_{\tau=0}^{m} r_{xx}(\tau-s)h(\tau)=r_{dx}(s),s=0,1,\cdots,m \tag{5-27}$$

式中:r_{xx} 为 $x(t)$ 的自相关;$h(\tau)$ 为滤波因子;r_{dx} 为 $d(t)$ 与 $x(t)$ 的互相关。

考虑自相关函数 r_{xx} 为一偶函数,式(5-26)可写成矩阵形式:

$$\begin{bmatrix} r_{xx}(0) & r_{xx}(1) & \cdots & r_{xx}(m) \\ r_{xx}(1) & r_{xx}(0) & \cdots & r_{xx}(m-1) \\ \vdots & \vdots & \ddots & \vdots \\ r_{xx}(m) & r_{xx}(m-1) & \cdots & r_{xx}(0) \end{bmatrix} \begin{bmatrix} h(0) \\ h(1) \\ \vdots \\ h(m) \end{bmatrix} = \begin{bmatrix} r_{dx}(0) \\ r_{dx}(1) \\ \vdots \\ r_{dx}(m) \end{bmatrix} \tag{5-28}$$

式(5-28)中左端自相关矩阵为一托布里兹(Toeplitz)矩阵,特点是各元素为实型值,对角线元素相等,其他元素对称于对角线。这类方程可用莱文森(Levinson)递推算法快速求解。

可以得到最小的误差能量为

$$Q=\sum_{t}(y(t)-d(t))^2=\sum_{t}d^2(t)-\sum_{t}y^2(t) \tag{5-29}$$

式中:$y(t)$ 为实际输出;$d(t)$ 为期望输出。

2. 维纳滤波与各种反褶积的关系

维纳滤波适合很多信号分析与处理的问题。在地震资料中,如果输入信号是反射系数,期望输出是地震记录(过井道),要求滤波算子是地震子波,那么这类问题就是滤波(褶积)问题。如果已知输入信号是地震记录,期望输出是各种脉冲,要求的滤波算子是反子波,那么这类问题就被称为反滤波(反褶积)问题。期望输出不同,有不同的反褶积方法(图 5-33)。

若期望输出是零延迟尖脉冲，则为脉冲反褶积；若期望输出是时间提前了的输入序列，则为预测反褶积，且当预测距（步长）为 1 时，这种预测反褶积成了脉冲反褶积；若期望输出是任一延迟尖脉冲或波形，则为子波整形反褶积。

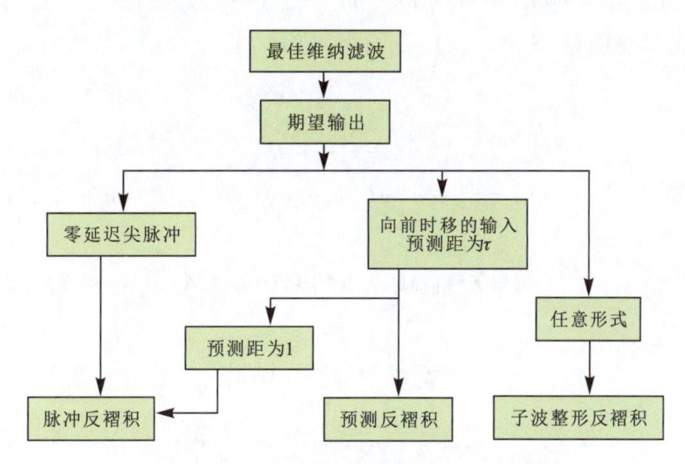

图 5－33　维纳滤波与反褶积方法关系图

5.5.3 最小平方反褶积

最小平方反褶积（反滤波）是最小平方滤波的一个变形。最小平方反褶积的目的是把地震子波压缩成尖脉冲，从而使地震记录能够直接反映地下反射系数序列。

1．无干扰时地震记录的最小平方反褶积

1）问题的提出

无干扰时地震记录的褶积模型为

$$x(t)=b(t)*\xi(t) \tag{5-30}$$

这时，子波与反子波间存在着理想关系：

$$a(t)*b(t)=\delta(t) \tag{5-31}$$

式中：$\delta(t)$为单位脉冲函数。

反褶积得到理想的结果，即直接得到反射系数：

$$\xi(t)=a(t)*x(t) \tag{5-32}$$

2）求解关系与基本方程

对于式（5－31），我们假定地震子波已知，要求的是反子波算子 $a(t)$。从理论上来说，反褶积算子 $a(t)$应为无限长，但实际处理不可能取无限长，只能是有限长。当我们设计有限长度的 $a(t)$时，最小平方反褶积是一种常用的设计方法，能得到很好的且与反射系数近似的结果。

输入信号：

$$b(t)=[b(0),b(1),\cdots,b(n)] \tag{5-33}$$

反滤波因子：

$$a(t)=[a(0),a(1),\cdots,a(m)] \tag{5-34}$$

子波为最小相位。

一般反子波为无穷序列$[a(-m_0),a(-m_0+1),\cdots,a(-m_0+m)]$。假定最小相位后，反子波 $t>0$，可取主要能量$[a(0),a(1),\cdots,a(m)]$。

实际输出：

$$\begin{aligned} y(t)&=a(t)*b(t)=\sum_{\tau}a(\tau)b(t-\tau)\\ &=[y(0),y(1),\cdots,y(M)],M=m+n \end{aligned} \tag{5-35}$$

期望输出：

$$d(t)=[d(0),d(1),\cdots,d(M)] \tag{5-36}$$

输出误差：

$$e(t)=d(t)-y(t) \tag{5-37}$$

误差能量：

$$Q=\sum_{t}e_t^2=\sum_{t}[y(t)-d(t)]^2 \tag{5-38}$$

以上反褶积问题归结为极值问题：

$$Q=\sum_{t=0}^{M}[d(t)-y(t)]^2=\sum_{t=0}^{M}[\sum_{\tau=0}^{m}a(\tau)b(t-\tau)-d(t)]^2\Rightarrow\min \tag{5-39}$$

将 Q 对滤波因子 $a(t)$ 求偏导，并令其为零：

$$\begin{aligned} \frac{\partial Q}{\partial a(s)}&=\frac{\partial}{\partial a(s)}\sum_{t=0}^{M}[\sum_{\tau=0}^{m}a(\tau)b(t-\tau)-d(t)]^2\\ &=\sum_{t=0}^{M}\frac{\partial}{\partial a(s)}[\sum_{\tau=0}^{m}a(\tau)b(t-\tau)-d(t)]^2\\ &=2\sum_{t=0}^{M}[\sum_{\tau=0}^{m}a(\tau)b(t-\tau)-d(t)]b(t-s)=0 \end{aligned} \tag{5-40}$$

由此得出：

$$\sum_{\tau=0}^{m}a(\tau)\sum_{t=0}^{M}b(t-\tau)b(t-s)=\sum_{t=0}^{M}d(t)b(t-s) \tag{5-41}$$

令 $r_{bb}(\tau-s)=\sum_{t=0}^{M}b(t-\tau)b(t-s)$、$r_{db}(s)=\sum_{t=0}^{M}d(t)b(t-s)$，则式(5-41)可写成：

$$\sum_{\tau=0}^{m}r_{bb}(\tau-s)a(\tau)=r_{db}(s),s=0,1,\cdots,m \tag{5-42}$$

也可写成矩阵形式：

$$\begin{bmatrix} r_{bb}(0) & r_{bb}(1) & \cdots & r_{bb}(m)\\ r_{bb}(1) & r_{bb}(0) & \cdots & r_{bb}(m-1)\\ \vdots & \vdots & \ddots & \vdots\\ r_{bb}(m) & r_{bb}(m-1) & \cdots & r_{bb}(0) \end{bmatrix}\begin{bmatrix} a(0)\\ a(1)\\ \vdots\\ a(m) \end{bmatrix}=\begin{bmatrix} r_{db}(0)\\ r_{db}(1)\\ \vdots\\ r_{db}(m) \end{bmatrix} \tag{5-43}$$

这就是期望输出为 $d(t)$ 时求取反子波的矩阵方程，求解该方程，必须知道：①地震子波的自相关，它构组了托布里兹矩阵；②r_{db} 期望输出与地震子波的互相关。

有一种特殊情况，当 $d(t)=\delta(t)$ 时：$r_{db}(s)=\sum_{t=0}^{m+n} d(t)b(t-s)=\sum_{t=0}^{m+n}\delta(t)b(t-s)=\begin{cases}b(0), & s=0\\ 0, & s\neq 0\end{cases}$。

式(5-43)可简化为

$$\begin{bmatrix} r_{bb}(0) & r_{bb}(1) & \cdots & r_{bb}(m) \\ r_{bb}(1) & r_{bb}(0) & \cdots & r_{bb}(m-1) \\ \vdots & \vdots & \ddots & \vdots \\ r_{bb}(m) & r_{bb}(m-1) & \cdots & r_{bb}(0) \end{bmatrix} \begin{bmatrix} a(0) \\ a(1) \\ \vdots \\ a(m) \end{bmatrix} = \begin{bmatrix} b(0) \\ 0 \\ \vdots \\ 0 \end{bmatrix} \tag{5-44}$$

式(5-44)中 $b(0)$ 只是一个系数，这样求出的反子波来做反褶积处理，相当于输出统一乘了一个比例系数。因此，式(5-43)还可以简化为

$$\begin{bmatrix} r_{bb}(0) & r_{bb}(1) & \cdots & r_{bb}(m) \\ r_{bb}(1) & r_{bb}(0) & \cdots & r_{bb}(m-1) \\ \vdots & \vdots & \ddots & \vdots \\ r_{bb}(m) & r_{bb}(m-1) & \cdots & r_{bb}(0) \end{bmatrix} \begin{bmatrix} a(0) \\ a(1) \\ \vdots \\ a(m) \end{bmatrix} = \begin{bmatrix} 1 \\ 0 \\ \vdots \\ 0 \end{bmatrix} \tag{5-45}$$

因此，只需知道地震子波的自相关，即可求出反子波。由于此时期望输出是 δ 脉冲，所以，这种反褶积方法叫做最小平方脉冲反褶积。此外，这里假定地震子波已知，这样所做的反褶积叫确定性反褶积。

3)利用地震记录求子波的自相关

在地震记录已知，反射系数和子波均未知的情况下，要求子波的自相关，必须要做假设。现设反射系数是白噪序列：

$$\begin{cases} E[\xi(t)]=0 \\ E[\xi(s)\xi(t)]=\begin{cases}1, & 当\ t=s \\ 0, & 当\ t\neq s\end{cases} \end{cases} \tag{5-46}$$

式中：E 为数学期望。

写成自相关函数形式：

$$\begin{aligned} r_{\xi\xi}(\tau) &= E[\xi(t)\xi(t-\tau)]=\sum_{t}\xi(t)\xi(t-\tau) \\ &= \begin{cases}1, & \tau=0 \\ 0, & \tau\neq 0\end{cases} \end{aligned} \tag{5-47}$$

有了式(5-47)的结果，下面对地震记录自相关进行变换：

$$\begin{aligned} r_{xx}(\tau) &= \sum_{t} x(t)x(t-\tau) \\ &= \sum_{t}[\sum_{\lambda} b(\lambda)\xi(t-\lambda)][\sum_{s} b(s)\xi(t-\tau-s)] \\ &= \sum_{\lambda}\sum_{s} b(\lambda)b(s)[\sum_{t}\xi(t-\lambda)\xi(t-\tau-s)] \\ &= \sum_{\lambda}\sum_{s} b(\lambda)b(s)\delta(s+\tau-\lambda) \end{aligned}$$

$$
\begin{aligned}
&=\sum_{\lambda} b(\lambda) b(\lambda-\tau) \\
&=r_{bb}(\tau)
\end{aligned}
\tag{5-48}
$$

由式(5－48)得到重要结论：在反射系数为白噪的假设条件下，地震记录的自相关就是地震子波的自相关。

因而无须知道地震子波，就可以解出式(5－45)所示的方程，得到反子波。

2. 有干扰时地震记录的最小平方反褶积

1)问题的提出

实际地震勘探数据中总有噪声存在，因此，无干扰最小平方反褶积无法解决实际工程问题。

地震记录含噪后，褶积模型变为

$$x(t)=b(t)*\xi(t)+n(t) \tag{5-49}$$

2)求解关系和基本方程

输入信号：

$$x(t)=|x(0),x(1),\cdots,x(n)| \tag{5-50}$$

反滤波因子：

$$a(t)=[a(0),a(1),\cdots,a(m)] \tag{5-51}$$

假定为最小相位。

实际输出：

$$
\begin{aligned}
y(t)=a(t)*x(t)&=\sum_{\tau} a(\tau) x(t-\tau) \\
&=[y(0),y(1),\cdots,y(M)],M=m+n
\end{aligned}
\tag{5-52}
$$

期望输出：

$$z(t)=d(t)*\xi(t)=\sum_{k=0}^{m} d(k)\xi(t-k) \tag{5-53}$$

其中，$d(t)=[d(0),d(1),\cdots,d(m)]$为给定的窄脉冲(期望的子波)，当$d(t)=\delta(t)$时，反褶积的期望输出就完全成了反射系数。

输出误差：

$$e(t)=z(t)-y(t) \tag{5-54}$$

误差能量：

$$Q=\sum_{t} e_{t}^{2}=\sum_{t}[y(t)-z(t)]^{2} \tag{5-55}$$

反褶积问题归结为最小值问题：

$$Q=\sum_{t=0}^{M}[y(t)-z(t)]^{2}=\sum_{t=0}^{M}\Big[\sum_{\tau=0}^{m} a(\tau) x(t-\tau)-z(t)\Big]^{2} \Rightarrow \min \tag{5-56}$$

将Q对滤波因子$a(t)$求偏导，并令其为零：

$$\frac{\partial Q}{\partial a(s)}=\frac{\partial}{\partial a(s)} \sum_{t=0}^{M}\Big[\sum_{\tau=0}^{m} a(\tau) x(t-\tau)-z(t)\Big]^{2}$$

$$=\sum_{t=0}^{M}\frac{\partial}{\partial a(s)}\left[\sum_{\tau=0}^{m}a(\tau)x(t-\tau)-z(t)\right]^2$$

$$=2\sum_{t=0}^{M}\left[\sum_{\tau=0}^{m}a(\tau)x(t-\tau)-z(t)\right]x(t-s)=0 \tag{5-57}$$

由此得出：

$$\sum_{\tau=0}^{m}a(\tau)\sum_{t=0}^{M}x(t-\tau)x(t-s)=\sum_{t=0}^{M}z(t)x(t-s) \tag{5-58}$$

令 $r_{xx}(\tau-s)=\sum_{t=0}^{M}x(t-\tau)x(t-s)$，则式(5-58)可写成：

$$\sum_{\tau=0}^{m}r_{xx}(\tau-s)a(\tau)=r_{zx}(s),s=0,1,\cdots,m \tag{5-59}$$

3. 最小平方反褶积中的预白化处理

1)问题的提出

对于反滤波方程：

$$a(t)*x(t)=y(t) \tag{5-60}$$

可以得到反子波的频谱为

$$A(\omega)=\frac{Y(\omega)}{X(\omega)} \tag{5-61}$$

式中：$A(\omega)$为反子波的频谱；$X(\omega)$为输入信号的振幅谱；$Y(\omega)$为输出信号的振幅谱。

一般说来 $X(\omega)$是带限信号，即存在 ω_0，$X(\omega_0)=0$，使 $A(\omega_0)\to\infty$，使得对应的 $a(t)$收敛很慢，甚至不存在，从而导致 $a(t)$不存在。

2)预白化处理

式(5-57)描述的是频谱形式，为此我们对其进行改造：

$$A(\omega)=\frac{Y(\omega)}{X(\omega)}=\frac{Y(\omega)\overline{X(\omega)}}{|X(\omega)|^2}=\frac{R_{yx}(\omega)}{R_{xx}(\omega)} \tag{5-62}$$

为了解决带限问题，在地震信号的功率谱 $P(\omega)$中，从低频到高频统一加一白噪声(图 5-34)。

$$P(\omega)=|X(\omega)|^2+\lambda r_{xx}(0)=R_{xx}(\omega)+\lambda r_{xx}(0) \tag{5-63}$$

式中：λ 为白噪系数。

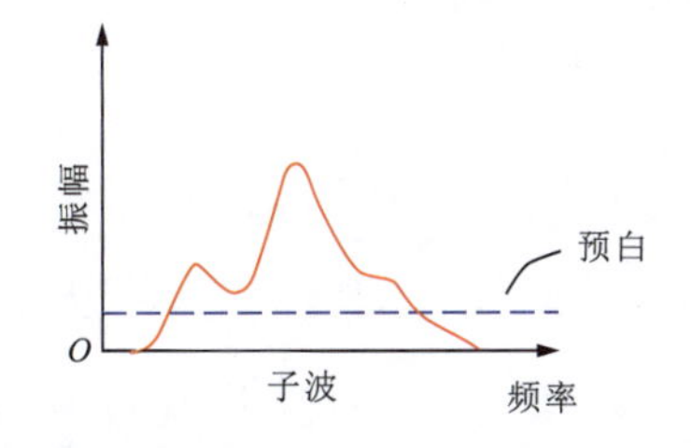

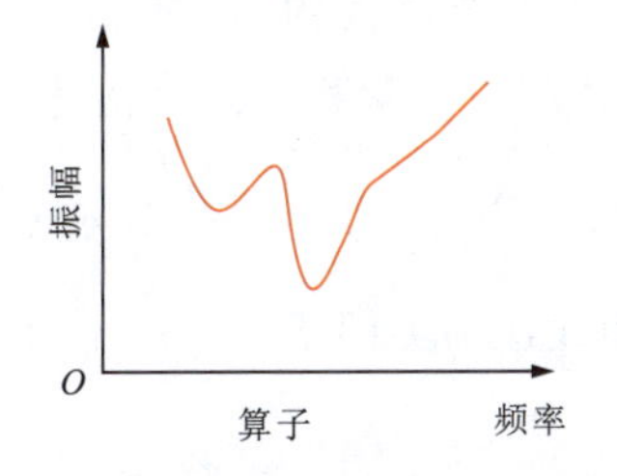

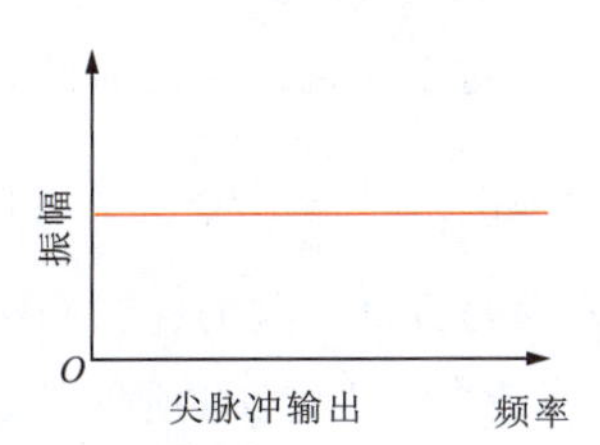

图 5-34　地震信号的预白化处理

由式(5-62)及式(5-63)及序列傅里叶变换的性质,可得:

$$[r_{xx}(s)+\lambda r_{xx}(0)\delta(s)]*a(s)=r_{yx}(s) \tag{5-64}$$

即:

$$\begin{bmatrix}(1+\lambda)r_{xx}(0) & r_{xx}(1) & \cdots & r_{xx}(m)\\ r_{xx}(1) & (1+\lambda)r_{xx}(0) & \cdots & r_{xx}(m-1)\\ \vdots & \vdots & \ddots & \vdots\\ r_{xx}(m) & r_{xx}(m-1) & \cdots & (1+\lambda)r_{xx}(0)\end{bmatrix}\begin{bmatrix}a(0)\\ a(1)\\ \vdots\\ a(m)\end{bmatrix}=\begin{bmatrix}r_{db}(0)\\ r_{db}(1)\\ \vdots\\ r_{db}(m)\end{bmatrix} \tag{5-65}$$

当 $d(t)=\delta(t)$,并省去 $b(0)$时,式(5-61)可简化为

$$\begin{bmatrix}(1+\lambda)r_{xx}(0) & r_{xx}(1) & \cdots & r_{xx}(m)\\ r_{xx}(1) & (1+\lambda)r_{xx}(0) & \cdots & r_{xx}(m-1)\\ \vdots & \vdots & \ddots & \vdots\\ r_{xx}(m) & r_{xx}(m-1) & \cdots & (1+\lambda)r_{xx}(0)\end{bmatrix}\begin{bmatrix}a(0)\\ a(1)\\ \vdots\\ a(m)\end{bmatrix}=\begin{bmatrix}1\\ 0\\ \vdots\\ 0\end{bmatrix} \tag{5-66}$$

从式(5-66)可以看出,λ 太小,对求取稳定解帮助不大;λ 太大,反褶积的作用变小。特殊情况下,当 $\lambda\to\infty$时,$[r_{xx}]\to[e](1+\lambda)r_{xx}(0)$,反褶积输出等于输入。实际处理中,白噪系数取值一般在0.5%~5%之间,最大不超过10%。

5.5.4 预测反褶积

预测反褶积在某种意义上可以说是一种更广义的最小平方反褶积,它既包括脉冲反褶积,又能用于研究一般的反褶积问题。在地震资料数字处理中,预测反褶积主要用来压制多次波、海上鸣震等规则干扰波。

1. 预测滤波、预测反滤波的概念

预测问题是已知某个物理量的过去值和现在值,通过对已知信息的加工处理来获得未来某个时刻的预测值。例如高射炮打飞机、天气预报、股市分析。

诸如上面的问题,可以进行如下数学描述。

设 $x(t)$为现在值,$x(t-i)(i=1,2,\cdots)$为过去值,若预测步长为 l,则可用现在值和过去值预测出将来值 $\hat{x}(t+l)$,即:

$$\hat{x}(t+l)=T[\cdots,x(t-1),x(t)] \tag{5-67}$$

式中:T 为变换或滤波过程。如果 T 是线性的,则该变换称为线性预测滤波。

对于线性时不变系统,预测过程可用褶积公式来描述,即:

$$\hat{x}(t+l)=\sum_{\tau=0}^{\infty}c(\tau)x(t-\tau)=c(t)*x(t) \tag{5-68}$$

式中:$c(t)=\{c(0),c(1),\cdots\}$,为线性预测因子。

在 $t+l$ 时刻,预测误差为

$$e(t+l)=x(t+l)-\hat{x}(t+l) \tag{5-69}$$

式中:$x(t+l)$为 $t+l$ 时刻的实际值。

在地震勘探中，上述描述可以找到具体的例子。拿一次反射波和多次反射波来说，一次反射波对应实际的地层，对于同一地点不同的时间，一次反射波基本是不同的，也就是说它在时间上没有可预测性；而地震资料除一次反射波外，还有鸣震等多次波干扰，它们在地震剖面上出现的时间很有规律，知道了前面出现的波形，往往能找出后面多次出现的波形，也就是说后面多次出现的波可以被预测出来。

如果把多次波看成 $\hat{x}(t+l)$，从地震记录 $x(t+l)$ 中减去这些干扰，就能得到一次反射信号，即预测误差 $e(t+l)$。进一步，将式(5-68)代入式(5-69)，并对其进行 z 变换，可得：

$$z^l e(z)=z^l x(z)-c(z)x(z) \tag{5-70}$$

对式(5-70)进行整理，得：

$$e(z)=[1-c(z)z^{-l}]x(z) \tag{5-71}$$

这时，定义一个新滤波器：

$$a(z)=1-c(z)z^{-l} \tag{5-72}$$

式(5-71)变为

$$e(z)=a(z)x(z) \tag{5-73}$$

相应的时间域形式为

$$e(t)=a(t)*x(t) \tag{5-74}$$

2. 预测反褶积原理

1)预测反褶积与子波的关系

设地震子波 $b(t)$ 满足最小相位条件，反射系数为白噪声，褶积模型为

$$x(t)=b(t)*\xi(t)=\sum_{\tau=0}^{\infty}b(\tau)\xi(t-\tau) \tag{5-75}$$

则 $t+l$ 时刻的输出值为

$$\begin{aligned} x(t+l)&=\sum_{t=0}^{\infty}b(\tau)\xi(t+l-\tau) \\ &=\underbrace{\sum_{\tau=0}^{l-1}b(\tau)\xi(t+l-\tau)}_{\text{I}}+\underbrace{\sum_{\tau=l}^{\infty}b(\tau)\xi(t+l-\tau)}_{\text{II}} \end{aligned} \tag{5-76}$$

令 $s=\tau-l$，式(5-76)右边第二项可写成 $\sum_{s=0}^{\infty}b(s+l)\xi(t-s)$。

讨论：

(1)部分Ⅰ，它包含了将来时刻($t+1,t+2,\cdots,t+l$)的信息。

(2)部分Ⅱ，它包含了现在和过去时刻($t,t-1,\cdots$)的信息。

(3)从预测的角度看，部分Ⅱ为预测值(多次波)，部分Ⅰ为预测误差(一次波)。

(4)现有一子波，长度为 l，即 $b'(t)=\begin{cases}b(t) & t=0,1,\cdots,l-1 \\ 0, & t\geqslant l\end{cases}$。

对应的地震记录为

$$x'(t)=\sum_{\tau=0}^{\infty}b'(\tau)\xi(t-\tau)=\sum_{\tau=0}^{l-1}b'(\tau)\xi(t-\tau)+\sum_{\tau=l}^{\infty}b'(\tau)\xi(t-\tau)$$
$$=\sum_{\tau=0}^{l-1}b(\tau)\xi(t-\tau)=e(t)=\text{部分 I} \tag{5-77}$$

即通过预测反褶积，子波从 $b(t)$ 变成 $b'(t)$，子波长度得到了压缩，故预测反褶积为一种子波波形切除反褶积。

尤其是当 $l=1$ 时，子波被切成了单位脉冲，此时成了脉冲反褶积。

2)用维纳滤波方法来计算预测因子

为了理解地震记录中预测值与预测误差的物理意义，下面我们从另一角度，把待预测步长的地震记录作为反褶积期望输出，用维纳滤波方法来推导和计算这些值。

假设条件：$b(t)$ 为最小相位子波，$\xi(t)$ 为白噪。

设预测因子：

$$c(t)=[c(0),c(1),\cdots,c(m)] \tag{5-78}$$

使 $\hat{x}(t+l)=c(t)*x(t)\rightarrow x(t+l)$。

这一问题显然符合维纳滤波的原理，此时，

输入信号：$x(t)$。

预测因子：

$$c(t)=[c(0),c(1),\cdots,c(m)] \tag{5-79}$$

实际输出：

$$y(t)=\hat{x}(t+l)=c(t)*x(t) \tag{5-80}$$

期望输出：$x(t+l)$。

输出误差：

$$e(t+l)=x(t+l)-y(t) \tag{5-81}$$

误差能量：

$$Q=\sum_t e_t^2=\sum_t[y(t)-x(t+l)]^2 \tag{5-82}$$

应用维纳滤波原理，有：

$$\begin{bmatrix} r_{xx}(0) & r_{xx}(1) & \cdots & r_{xx}(m) \\ r_{xx}(1) & r_{xx}(0) & \cdots & r_{xx}(m-1) \\ \vdots & \vdots & \ddots & \vdots \\ r_{xx}(m) & r_{xx}(m-1) & \cdots & r_{xx}(0) \end{bmatrix}\begin{bmatrix} c(0) \\ c(1) \\ \vdots \\ c(m) \end{bmatrix}=\begin{bmatrix} r_{xx}(l) \\ r_{xx}(l+1) \\ \vdots \\ r_{xx}(l+m) \end{bmatrix} \tag{5-83}$$

同以前一样，方程组中左边 r_{xx} 为地震记录的自相关，右边是期望输出 $x(t+l)$——一个带时移的地震记录与原记录的自相关：

$$r_{xx}(s+l)=\sum_t x(t+l)x(t-s),s=0,1,\cdots,m \tag{5-84}$$

5.5.5 地表一致性反褶积

地表一致性反褶积的目的是消除近地表条件的变化对地震子波波形的影响。近地表的异常不仅造成了反射时差和振幅的畸变，而且也造成了更复杂的与频率有关的时变滤波作用，这种作用不仅给浅层造成影响，同时也会影响深层，降低了道集内相邻道反射波行的一致性。地表一致性反褶积首先将“地表一致性谱分解”模型作为出发点，通过空间平滑的方法，把近地表的异常消除掉，然后用维纳滤波的算法求反褶积算子，最后对地震道作反褶积。

地表一致性反褶积是一种多道计算的反褶积，这种反褶积方法是基于地震子波可以被分解为共炮点、共接收点、共偏移距等多种成分的思想，消除炮点、检波点、CDP 点和炮检距几个方向上滤波器的混合效应，求出的反褶积因子比较平稳，褶积效果使得地震记录的振幅、频率、相位的一致性好，能更好地压缩地震子波，更利于提高叠加效果。以下介绍地表一致性反褶积的原理。

设地震记录的褶积模型用式(5-85)表示。

$$x(t)=w(t)y(t)+n(t) \tag{5-85}$$

式中：$x(t)$为地表记录；$w(t)$为地震子波；$y(t)$为反射系数；$n(t)$为随机噪声。

根据地表一致性假设条件，对于炮点 j、接收点 i 的道记录的地震子波 $w_{ij}(t)$可表示为

$$\omega_{ij}(t)=s_i(t)r_i(t)g_{\frac{i+j}{2}}(t)m_{ij}(t) \tag{5-86}$$

式中：$s_i(t)$为与炮点位置 j 有关的子波分量，称为炮点项；$r_i(t)$为与接收点位置 i 有关的子波分量，称为接收点项；$g_{\frac{i+j}{2}}(t)$为共中心点位置有关的子波分量；$m_{ij}(t)$为与共炮检距有关的子波分量。

式(5-86)中的四个项可称为地表一致性反褶积的四个分量。对式(5-86)做傅里叶变换，可得：

$$W(\omega)_{ij}=R(\omega)_{ij}S(\omega)_{ij}G(\omega)_{ij}M(\omega)_{ij} \tag{5-87}$$

式中：$W(\omega)_{ij}$、$R(\omega)_{ij}$、$S(\omega)_{ij}$、$G(\omega)_{ij}$、$M(\omega)_{ij}$ 分别为 $\omega_{ij}(t)$、$s_i(t)$、$r_i(t)$、$g_{\frac{i+j}{2}}(t)$、$m_{ij}(t)$的傅里叶谱。将各项傅里叶谱分解为振幅谱 A 和相位谱 φ，则由式(5-87)可得：

$$A_{ij}=A_{sij}\cdot A_{rij}\cdot A_{gij}\cdot A_{mij} \tag{5-88}$$

$$\varphi_{ij}=\varphi_{sij}\cdot\varphi_{rij}\cdot\varphi_{gij}\cdot\varphi_{mij} \tag{5-89}$$

式中：A_{ij} 为子波的振幅谱；φ_{ij} 为子波的相位谱。

假设子波为最小相位，只考虑振幅谱。为了便于分解，对振幅部分两边取对数，使乘积变为和的形式：

$$\ln A_{ij}=\ln A_{sij}+\ln A_{rij}+\ln A_{gij}+\ln A_{mij} \tag{5-90}$$

如果用 A_{ij} 代表地震道数据的振幅谱，由式(5-90)计算 A_{ij}，根据最小平方法则，误差能量为

$$E=\sum(\ln A_{ij}-A_{ij})^2 \tag{5-91}$$

为了求出各能量的对数谱，令 $\frac{\partial E}{\partial \ln A_s}=\frac{\partial E}{\partial \ln A_r}=\frac{\partial E}{\partial \ln A_g}=\frac{\partial E}{\partial \ln A_m}=0$。

应用高斯—赛德尔(Gauss - Siedel)迭代法可得子波四个分量的对数振幅谱,再应用反对数变换,可得四个分量的振幅谱,再根据子波最小相位的假设,则可对某一分量求反褶积因子,对每个地震道记录分别用各项反褶积因子进行褶积就得到了地表一致性反褶积的结果。

5.5.6 同态反褶积

同态反褶积与前面提到的最小平方反褶积或者预测反褶积不同,它不需要假定地震子波为最小相位,也不用假设反射系数的白噪声性质,它可以对任意相位延迟性质的地震子波进行反褶积。它主要通过对地震记录频谱取对数,将地震子波和反射系数分离开来,原则上可以同时求取地震子波和确定反射系数,从而达到反褶积的目的,因此,该方法又叫对数分解法。

反射地震记录 $x(t)$是地震子波 $\omega(t)$和反射系数 $r(t)$的褶积,如式(5 - 92):

$$x(t)=\omega(t)*r(t) \tag{5-92}$$

由于褶积使地震子波和反射系数混合在一起,所以在地震记录上,不能明显看到反射系数和地震记录的位置。

通过傅里叶变换将式(5 - 92)转换到频率域,如式(5 - 93)所示:

$$X(\omega)=W(\omega)R(\omega) \tag{5-93}$$

然后两边取对数,可得:

$$\ln X(\omega)=\ln W(\omega)+\ln R(\omega) \tag{5-94}$$

$\ln X(\omega)$、$\ln W(\omega)$、$\ln R(\omega)$分别表示地震记录、地震子波和反射系数的频谱的对数,称为各自对应的对数谱,并用 $\hat{X}(\omega)$、$\hat{W}(\omega)$、$\hat{R}(\omega)$表示,则式(5 - 94)转化为

$$\hat{X}(\omega)=\hat{W}(\omega)+\hat{R}(\omega) \tag{5-95}$$

同时,由于

$$X(\omega)=|X(\omega)|e^{i\varphi(\omega)} \tag{5-96}$$

$\hat{X}(\omega)$为频率 ω 的函数,通过傅里叶反变换将其从频率域转换到时间域,其响应的时间序列为

$$\hat{X}(t)=\frac{1}{2\pi}\int_{-\pi}^{\pi}\hat{X}(\omega)e^{i\omega y}d\omega \tag{5-97}$$

式中:$\hat{X}(t)$是 $X(t)$的对数谱序列。

进行反傅里叶变换得到:

$$\hat{X}(t)=\hat{\omega}(t)+\hat{r}(t) \tag{5-98}$$

从式(5 - 97)可以看到,地震对数谱序列是地震子波对数谱序列和反射系数对数谱序列之和,但是,地震子波和反射系数的对数谱两者分布是不同的。地震子波对数谱序列集中在原点附近,而反射系数的对数谱分布在离原点较远的一系列尖脉冲中,因而可以通过滤波将二者分离,从而提高其分辨率。同态反褶积的使用范围比较大,可以应用于任何相位的子波。

5.5.7 反褶积提高地震分辨率的局限

反褶积方法是地震高分辨率处理的常用手段，但也存在着比较明显的缺陷。简单介绍如下。

(1)最小平方反褶积、预测反褶积等经典反褶积的正常步骤是：①提取地震子波；②再求其对应反褶积因子；③最后用反褶积因子与原始记录相褶积，得到地层反射系数的同时提高地震信号分辨率。

缺陷：地震子波往往未知，精确提取地震子波目前仍很困难，近似提取地震子波不可避免地会带来误差。因此，对地震模型往往做出人为假设：地震子波是最小相位信号，非时空变；地层反射系数为白噪谱；噪声干扰为零或很小；假设条件大多数情况下得不到满足，限制了经典反褶积算法的处理效果。

(2)同态反褶积等方法避开了先求子波，不需上述人为假设，在一定程度上缓解了矛盾。

缺陷：同态反褶积中子波对数谱和反射系数对数谱大部分重叠，并不完全分离，所以在反演子波和反射系数时带来误差。

(3)地表一致性反褶积，可以消除地表条件对资料的影响，改善资料的信噪比，较好地解决共炮点域和共检波点域内的耦合响应差异问题，有效地压缩地震子波，提高叠前资料的时间分辨率。在共炮点域和共检波点域进行时变步长地表一致性反褶积，既保证了浅中层资料的分辨率，又保持了深层连续性和整体信噪比。

缺陷：地表一致性反褶积并不着重展宽频谱，所以，分辨率并没有较明显的提高。

总之，反褶积方法作为常规处理手段在一定程度上能压缩子波，提高地震资料分辨率，但是同时又受到各种约束条件的限制，效果受到不同程度的影响。因此在实际应用中，应针对不同的原始资料特点选用适当的反褶积方法和参数，灵活使用各种处理方法。

5.6 动校正、剩余静校正、速度分析和叠加

叠加是地震处理三大技术之一，其目的是压制随机干扰、提高地震信噪比。速度分析能够为叠加提供最佳叠加速度。动校正能够消除炮检距对反射波旅行时的影响。静校正能够消除地表起伏和低(降)速带的变化对反射波旅行时的影响。高质量的动、静校正是获取最佳叠加剖面的基础。

5.6.1 动校正

动校正也称为“正常时差校正”，是对地震勘探资料处理时所进行的与记录时间有关的一种校正。地下界面反射波的时距曲线一般为双曲线形状，其中只有在激发点接收的反射波时间，才代表反射波沿界面法线反射的时间。

动校正的目的：消除正常时差的影响，使同一点反射信息的反射同相轴拉平，为共中心点叠加提供基础数据。

动校拉伸畸变产生的原因：动校正前，远道信息较近道少，浅层的远道只有几个采样点，甚至没有。但动校正后，远、近道的采样点数是相同的，多出来的样点只能靠波形拉伸产生。实际处理中解决拉伸畸变的直接办法就是切除。

1. 单个水平地层的动校正

图 5-10 显示了一个单一水平地层的简单情况。在给定的中心点 M，沿着射线由炮点 S 到深度点 P，然后返回接收点 R 的旅行时为 $t(x)$。

共中心点道集地震波旅行时方程为

$$t^2(x)=t^2(0)+\frac{x^2}{v^2} \tag{5-99}$$

式中：x 为震源与接收点之间的距离（偏移距）；v 为反射界面以上介质的速度；$t(0)$ 为沿垂直路径 MD 的双程旅行时。注意深度点对地面的投影，沿着反射层正交线，与中心点 M 重合，这只有当反射层是水平的情况才如此。

式(5-99)描述了在双程旅行时对偏移距平面的双曲线。图 5-35 是在一个共中心点(CMP)道集中各个道的例子，也代表一个共深度点道集(CDP)(在这个 CMP 道集中的所有道包含来自同一深度点的反射)。图 5-35 中偏移距范围为 0～3150m，道距为 50m，反射层以上的介质速度为 2264m/s。

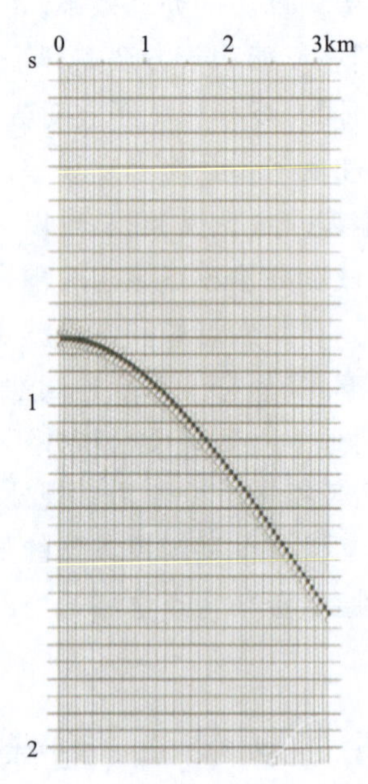

图 5-35　与图 5-10 中排列有关的 CMP 道集合成记录

在给定偏移距的双程旅行时 $t(x)$ 与零偏双程时之间的差称为动态时差 NMO。由式(5-99)可知，当偏移距 x 及双程旅行时 $t(x)$ 及 $t(0)$ 已知时可以计算出速度。

NMO 速度一旦估算出来，如图 5-36 所示，炮检距对波至时间的影响就能通过校正加以消除。把经过动校正之后的道集中所有地震道加在一起，就能获得特定的 CMP 位置叠加道。

双曲线时移校正的数值方法如图 5-37 所示，根据原始 CMP 道集中 A 的振幅值找出动校后道集上的振幅值。

给定 $t(0)$、x 和 v 值，根据方程(5-99)算出 $t(x)$。假定是 1003ms，如果采样间隔为 4ms，那么该时间就等于第 250.75 个采样点。因此，必须采取相邻的整数序样点上的振幅值通过内插或抽样定理来计算该时刻的振幅。

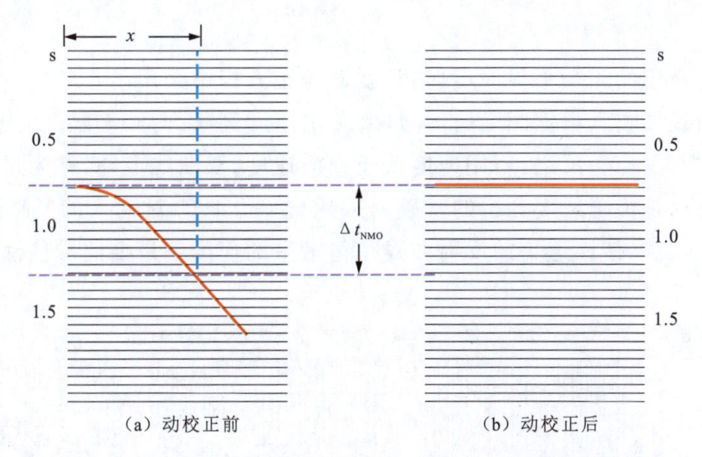

图 5-36　动校正将非零偏移旅行时校正到零偏移旅行时

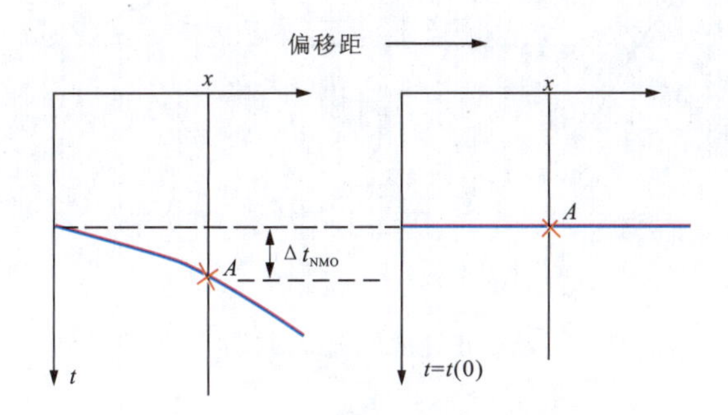

图 5-37　利用计算机实现动校正的过程

NMO 动校正量的计算：

$$\Delta t_{NMO}=t(x)-t(0)=t(0)\left\{\left[1+\left(\frac{x}{v_{NMO}t(0)}\right)^2\right]^{\frac{1}{2}}-1\right\} \quad (5-100)$$

采用一个随反射深度递增的实际速度函数算出两个不同炮检距上的动校正量，如表 5-1 所示。

表 5-1　不同炮检距 x 的 NMO 值和已知速度的零炮检距双程时间

$t(0)$/s	v_{NMO}/(m·s^{-1})	Δt_{NMO}/s	
		x=1000m	x=2000m
0.25	2000	0.309	0.780
0.5	2500	0.140	0.443
1	3000	0.054	0.201
2	3500	0.020	0.080
4	4000	0.008	0.031

对上覆均匀介质的一个平界面反射，只要动校正方程中采用了正确的速度，就能校正不同炮检距的双曲线影响。根据图 5－38，如果所用速度高于介质速度（2264m/s），双曲线不能完全拉平，称为欠校正；反之，所用速度低于介质速度，双曲线上翘，称为过校正。

图 5－39 所示是传统速度分析的基础。采用式（5－100）对输入的 CMP 通过一系列常速度进行动校正试验，使该道集的反射曲线拉得最平的速度就是叠前最佳动校正速度。

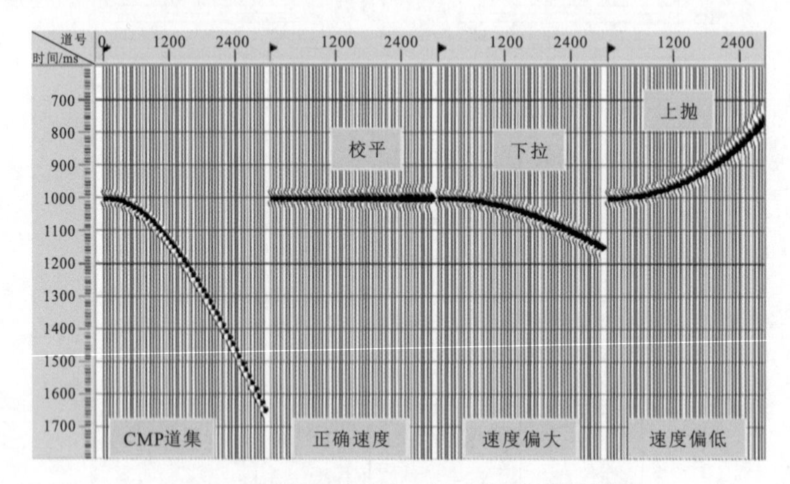

图 5－38　动校正速度的选择对校正效果的影响

2. 水平层状介质的动校正

对于常速层状介质（图 5－39），地震射线从震源 S 至深度点 D 然后返回接收点 R，地面中点在 M，炮检距为 x。旅行时方程可表示为

$$t^2(x)=C_0+C_1x^2+C_2x^4+C_3x^6+\cdots \tag{5-101}$$

式中：$C_0=t^2(0)$；$C_1=1/v_{\mathrm{RMS}}^2$；C_2，$C_3\cdots$为地层厚度和层速度的复杂函数。深度点 D 的均方根速度定义为

$$v_{\mathrm{RMS}}^2=\frac{1}{t(0)}\sum_{i=1}^{N}v_i^2\Delta t_i(0) \tag{5-102}$$

此处 Δt_i 为第 i 层的双程旅行时间：$t(0)=\sum\limits_{k=1}^{i}\Delta t_k$。

若排列近似为小排列（炮检距小于深度），则式（5－101）中的级数可省略为

$$t^2(x)=t^2(0)+\frac{x^2}{v_{\mathrm{RMS}}^2} \tag{5-103}$$

比较式（5－99）和式（5－103），可见对于水平层状介质，若小排列近似关系成立，则 NMO 动校速度等于均方根速度。

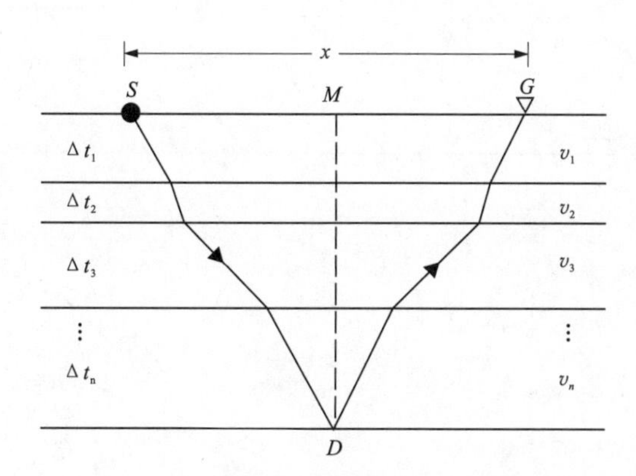

图 5-39　水平层状模型的 NMO 几何关系

3. 单一倾斜地层的动校正

图 5-40 表示单一倾斜地层。对于倾斜层，中点 M 不再是深度点 D 在地表的投影。CDP 道集和 CMP 道集只有在水平层状地层时才等价，在地下界面倾斜或速度横向变化时，这两种道集不相同。对于道集中的炮-检对来说，不论界面是否倾斜，中点 M 总是共中心点，但所记录的倾斜反射层 CMP 道集中的每一炮-检对，它所反映的地下深度点 D 则不相同。

由图 5-40 的几何关系导出具有 φ 倾角地层的时间方程如下：

$$t^2(x)=t^2(0)+\frac{x^2\cos^2\varphi}{v^2} \tag{5-104}$$

该方程也是双曲线方程，但 NMO 速度是介质速度除以倾角的余弦：

$$v_{\text{NMO}}=\frac{v}{\cos\varphi} \tag{5-105}$$

若对倾斜层同相轴做正确叠加，则要求的动校正速度比其上覆介质速度大。该结论被推广到三维空间倾斜界面，它的几何关系如图 5-41 所示。这时，NMO 速度不仅依赖界面倾角，而且依赖炮-检布排方位：

$$v_{\text{NMO}}=\frac{v}{(1-\sin^2\varphi\cos^2\theta)^{\frac{1}{2}}} \tag{5-106}$$

方位角是实际剖面方向与构造倾向的夹角(图 5-42)，视倾角的定义为

$$\sin\varphi'=\sin\varphi\cos\theta \tag{5-107}$$

由此定义重写式(5-105)的 NMO 速度：

$$v_{\text{NMO}}=\frac{v}{\cos\varphi'} \tag{5-108}$$

式(5-108)与适用二维界面几何关系的式(5-105)形式相同，但式(5-105)中所用的是真倾角，而式(5-108)中所用的是视倾角。

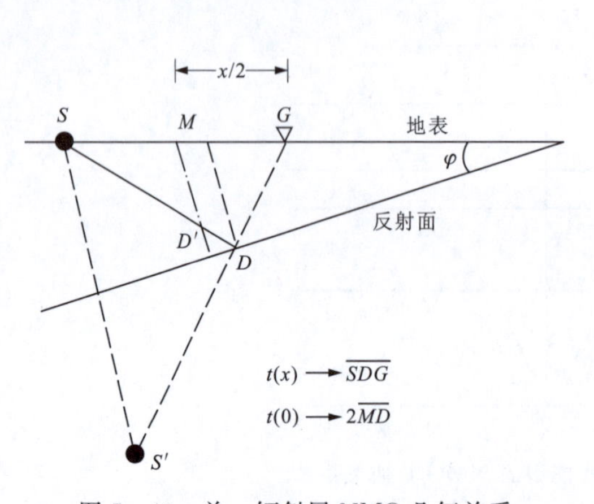

图 5-40　单一倾斜层 NMO 几何关系

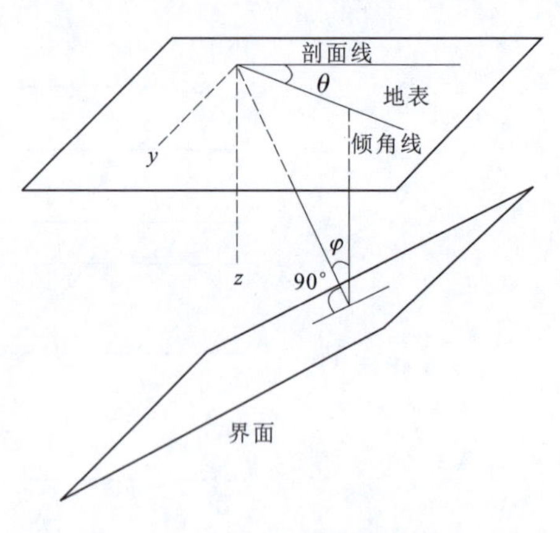

图 5-41　用于求三维空间倾斜界面动校正速度的几何关系

有学者绘出了 v_{NMO}/v[式(5-106)]比率值，它是倾角和方位角的函数，结果显示在图 5-42 中。图中横坐标为方位角，当测线为倾向线时，方位角为零；当测线为走向线时，方位角为 90°；当测线沿构造倾向或接近这个倾向布置时，v_{NMO}/v 最大。

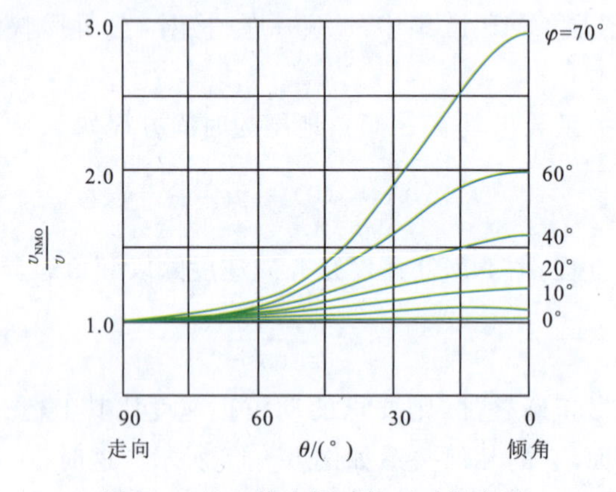

图 5-42　三维空间动校正时间方程

归纳以上分析，不论是二维还是三维，倾斜层的 NMO 速度都与倾角有关。

5.6.2　剩余静校正

1. 剩余静校正的目的

低速带的速度和厚度在横向上的变化使野外表层参数测量不准确或无法测量，故在野外静校正后，爆炸点和接收点的静校正量还残存着或正或负的误差，这个误差称为“剩余静校正量”。

剩余静校正量是由表层因素局部变化及观测误差引起的时差。这种时差在一个排列内或一个共 CMP 道集内随机出现，其和趋近于零。它影响多次叠加的结果，使水平叠加剖面的质量降低。一般在野外静校正的基础上做 NMO，再做剩余静校正，然后重做速度分析，更新速度提取。剩余静校正量同样会影响记录的对比解释、叠加质量及参数的提取，故必须设法把它从反射波的到达时间中消除。

2. 工作方法

从剩余静校正的求取过程可以看出，求取剩余静校正量须用叠加道作为模型道。但是，剩余静校正的存在使得速度分析的精度受到影响，导致动校正精度降低，并且模型道的形成也受剩余静校正量的影响，因此，第一次求取的剩余静校正量不一定十分准确。目前剩余静校正常规做法是一个从速度分析到剩余静校正的反复迭代的过程。图 5-43 为剩余静校正处理流程图。事实上，流程中还经常会加入一些质量控制步骤。

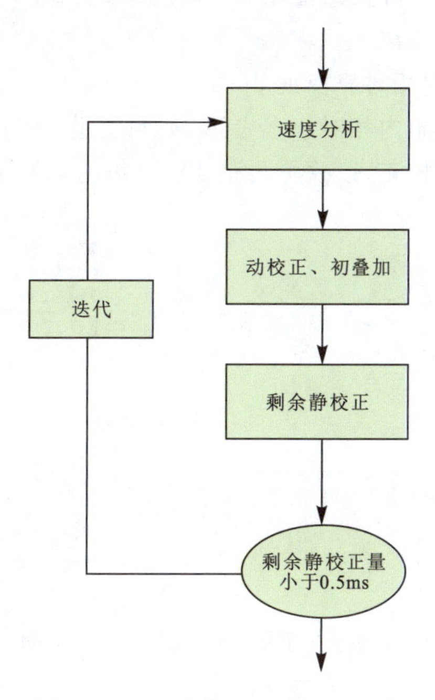

图 5-43　剩余静校正处理流程图

3. 自动统计剩余静校正

1)假设条件和特点

(1)假设条件。

①同一炮点在低速带中入射的时间与入射角无关，即可认为在低速带中都是垂直入射的。

②炮点(或接收点)由于地形起伏及低速带变化所引起的静校正量时差是随机的，其均

值为零(图 5-44)。

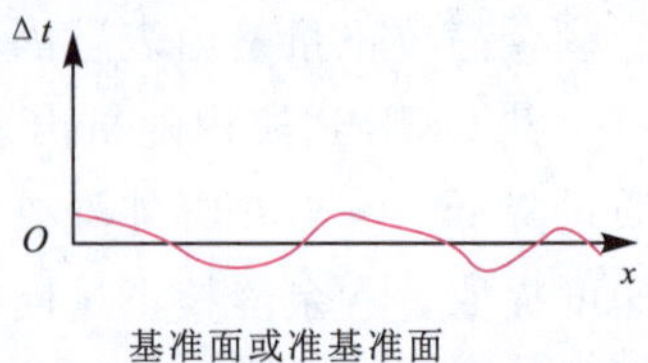

图 5-44　剩余静校正量是随机的

(2)特点。

①某个记录道的静校正量包括激发点静校正量和接收点静校正量。设某道的静校正量是 τ,激发点和接收点静校正量分别是 τ_S 和 τ_R,则有

$$\tau = \tau_S + \tau_R \tag{5-109}$$

如果提取静校正量时是求绝对静校正量,则要分别求出 τ_S 和 τ_R。如果仅提取相对静校正量,则只要求出 τ 即可。

②同一点放炮,多道接收,各道炮点静校正量相同,接收点的静校正量不同。

将同一炮各道的静校正量相加平均后得到某炮点 S 的绝对静校正量。

③同一接收点接收多个炮点的记录,这些记录的炮点静校正量不相同,但接收点静校正量相同。

将属于同一接收点各道的静校正量相加平均后得到该地面点 R 的绝对静校正量。

2)自动统计剩余静校正方法

(1)共深度点道集内求取相对静校正量。

该方法是在共深度点道集内相对于参考道(或叫主道)用互相关法求取相对静校正量,并将各道相对参考道进行静校正,以改善共深度点道集的叠加效果(图 5-45、图 5-46)。

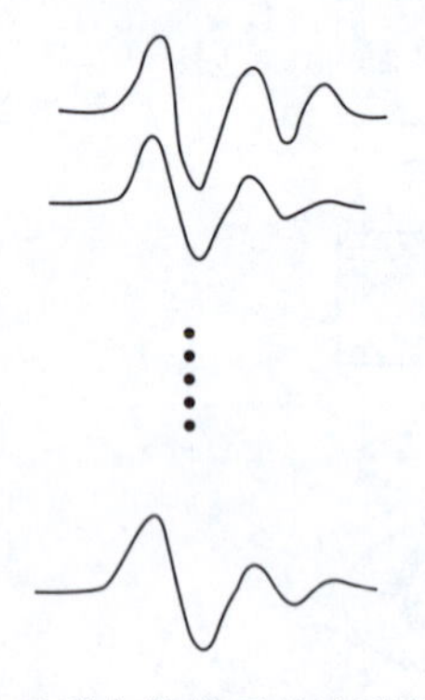
图 5-45　无剩余静校正的波形相对位置图

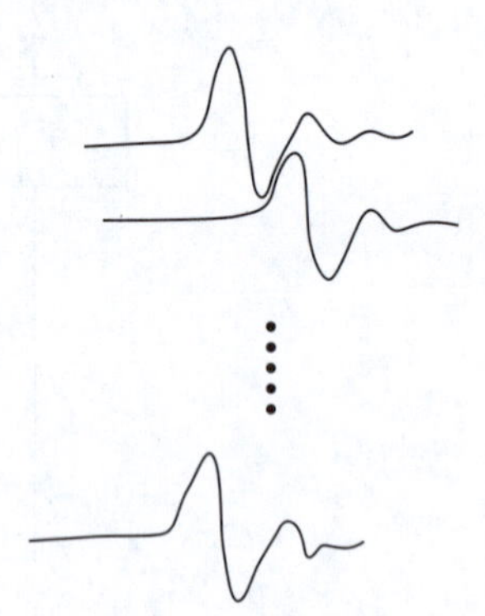
图 5-46　有剩余静校正的波形相对位置图

具体步骤如下。

①形成参考道:目的是把共深度点道集的各记录道对齐。

设 $x_j(t)$ 表示每个地震道的振幅,j 表示共深度点道集内各道的序号,叠加结果用 $y(t)$ 表示,则有:

$$y(t) = \frac{1}{N}\sum_{j=1}^{N} x_j(t) \tag{5-110}$$

此处 N 是覆盖次数,设 k 是振幅抽样序号,K 是振幅抽样个数。

$$y(k) = \frac{1}{N}\sum_{j=1}^{N} x_j(k), k = 1,2,\cdots,K \tag{5-111}$$

式中：$y(k)$为参考道。

这里 N 道地震记录涉及 $2N$ 个地面位置点，其静校正量有正有负，满足假设条件②，叠加后初步消除了一部分静校正量，可作为参考道。

②互相关方法求取共深度点道集内各道的相对静校正量。

在选定时窗内，计算共深度点道集中各道和参考道的互相关，求出静校正量。互相关公式为

$$r_{xy}(\tau)=\sum_{i=T_1}^{T_2}x_i y_{i+\tau}, \tau=0,\pm 1,\pm 2,\cdots,\pm M \tag{5-112}$$

式中：M 为最大静校正量；T_1、T_2 为时窗起始和终了时间，T_2-T_1 为时窗长度。

用式(5－112)编制程序可求取相关函数曲线。相关函数曲线的极大值对应的 τ 值(τ_k)便是此道的相对静校正量。对共深度点道集内的各道均用上述互相关方法求取 τ_k 值，各道用对应的 τ_k 值做静校正。

这时求出的静校正量是炮点和接收点相对静校正量相加的结果，不是单个的炮点或接收点的静校正量的绝对值。

③参考道加工。

用以上方法将共深度点道集内各记录道调齐以后，叠加效果得到提高。但是，由于各深度点道集的参考道不一样，在各深度点之间同相轴对不齐。为了解决这一矛盾，用参考道加工的方法使各参考道一致，主要方法有组合、混波、三道相位均匀化或者扇形滤波等。

(2)用互相关方法求炮点和接收点的绝对剩余校正量。

炮点静校正量的求取：求出炮集中各道的相对静校正量，再用来求取此炮点的绝对静校正量。以 24 道记录为例，用 x_j 表示某炮 S 的各道记录($j=1,2,\cdots,24$)，对应 24 个共深度点，用 $x_{\sum j}$ 表示该炮第 j 道所在共深度点道集各道叠加的结果。对六次覆盖有：

$$x_{\sum j}=\sum_{n=1}^{6}x_{jn}, j=1,2,3,\cdots,24 \tag{5-113}$$

式中：n 为覆盖次数序号($n=1,2,\cdots,6$)。将每个共深度点道集六道中与 S 炮无关的其余五道叠加起来，再与 S 炮有关的道做互相关，互相关公式如下：

$$r_j=x_j \bar{*} (x_{\sum j}-x_j), j=1,2,3,\cdots,24 \tag{5-114}$$

式中：r_j 为相关值，$\bar{*}$ 为相关符号。由此可得 24 个相关值 $r_1,r_2,\cdots r_{24}$。令 $y_j=x_{\sum j}-x_j$，式(5－113)可写成：

$$r_j=x_j \bar{*} y_j, j=1,2,3,\cdots,24 \tag{5-115}$$

显然 $y_j=x_{\sum j}-x_j$ 相当于前述的参考道。

相关函数 $r_j(\tau)$具体表示为

$$r_j(\tau)=\sum_{k=0}^{T}x_{j,k}y_{j,k+\tau} \tag{5-116}$$

式中：T 为相关时窗长度；k 为时窗中抽样序号。再将 24 个相关函数相加得到总的相关函数 $R(\tau)$：

$$R(\tau)=\sum_{j=1}^{24}r_j(\tau)=\sum_{j=1}^{24}\sum_{k=0}^{T}x_{j,k}y_{j,k+\tau} \tag{5-117}$$

其中，$\tau=0,\pm2,\cdots,\pm16$ 或 $\tau=0,\pm4,\cdots,\pm32$。

用式(5-117)编制程序算出 $R(\tau)$ 值以后，以 τ 为横坐标，$R(\tau)$ 为纵坐标作图，得到一条 $R(\tau)$ 的相关函数曲线(图 5-47)。相关函数曲线极大值对应的 τ 时间就是第 S 炮的炮点静校正量 τ_S。

接收点剩余静校正量，首先求取某接收点 R 所记录各道的相对静校正量，再求取此接收点的绝对静校正量。

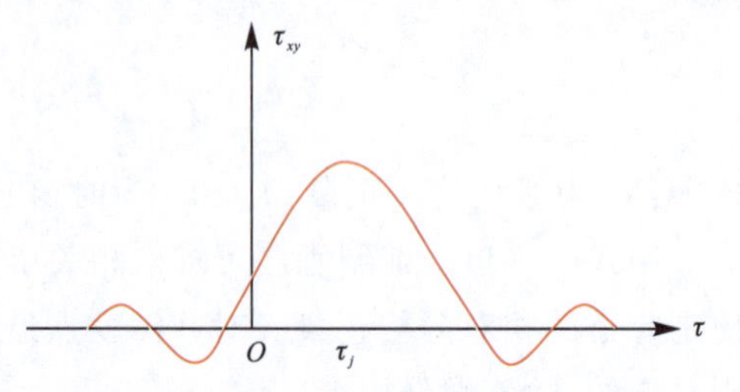

τ. 某道的相对静校正量；τ_j. 第 j 道的相对静校正量；τ_{xy}. 互相关曲线。

图 5-47 互相关函数曲线

4. 地表一致性剩余静校正

图 5-48 表示一个跟正常双曲线旅行时间轨迹有静态偏移的道集，这种波形排列不整齐的道集通过 NMO 校正会得出一个品质差的地震道，需要求出它对正常排列时间的偏离值，然后自动改正它。为此，需要做一个从震源位置到反射层的深度点，然后反射到接收点的偏移时间校正模型——地表一致性模型。即静态时移只跟震源和接受点的地表位置有关，而跟地下射线无关，这个假设在不考虑炮检距的情况下，对所有的射线，在近地表是垂直的情况下有效。

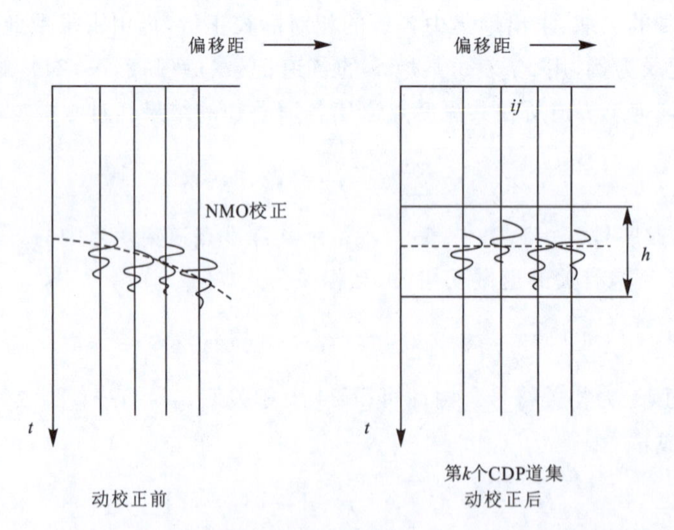

图 5-48 从 NMO 校正后的道集中提取波至时间偏差

由于风化层通常速度相当低，通过底层的折射，它会使射线路程垂直，所以地表一致性的假设一般都满足(图 5-49)，只有在高速的永久性冻土层，这个假设可能不成立，因为这时的射线从垂直状态弯折偏离。

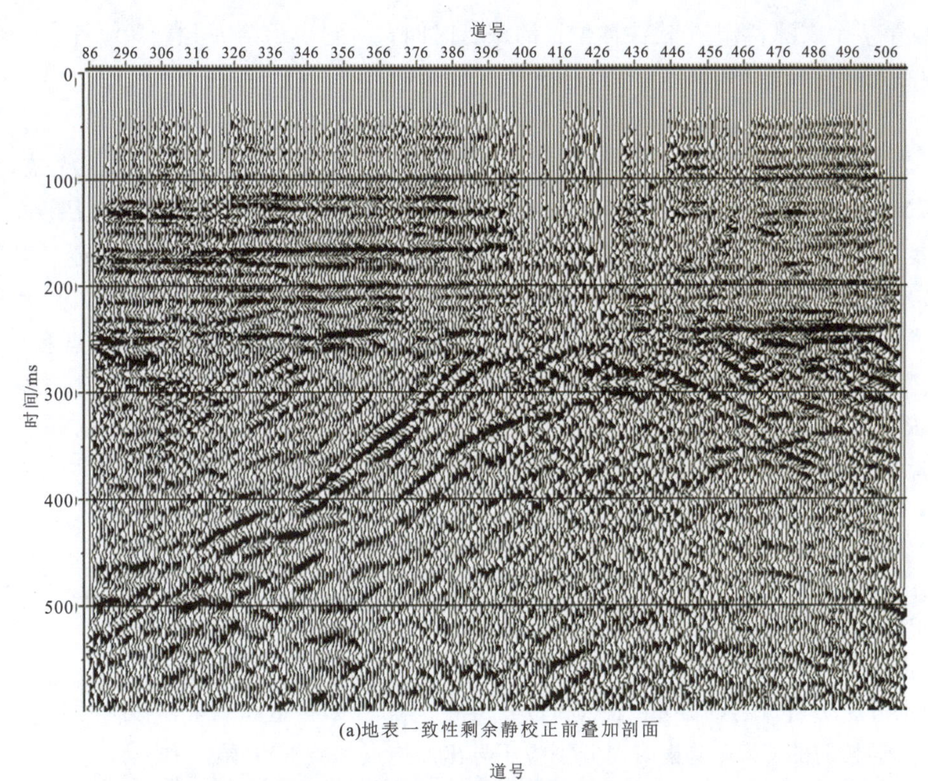

(a)地表一致性剩余静校正前叠加剖面

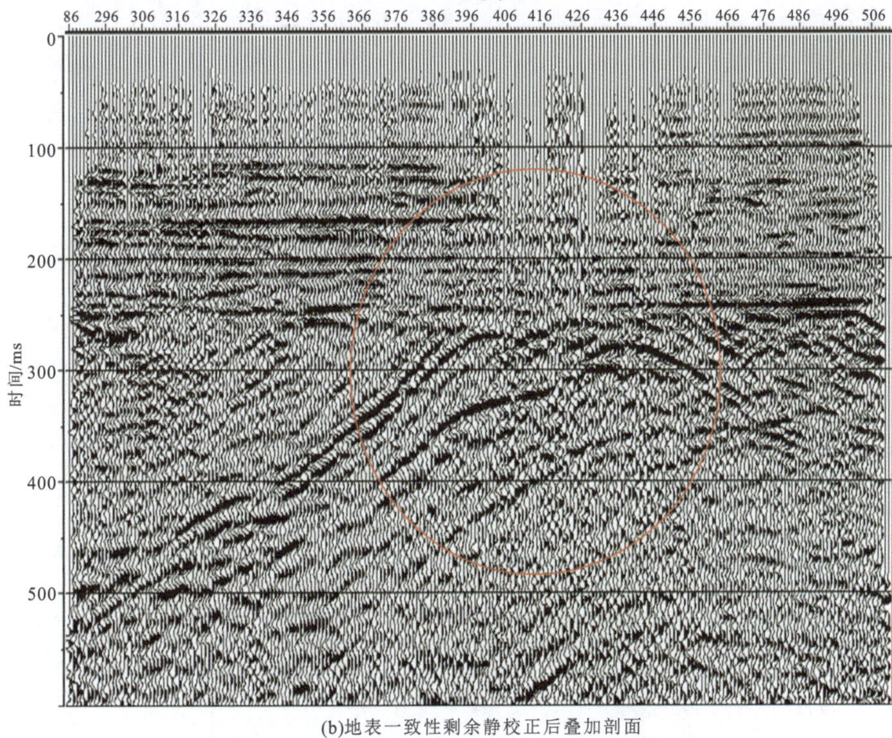

(b)地表一致性剩余静校正后叠加剖面

图 5-49　地表一致性剩余静校正效果对比图

对应第 j 个震源，第 i 个检波器位置的旅行时间 t_{ijh}，它表示第 h 层上第 k 个$[k=(i+j)/2]$中心点，它的近似模型为

$$t_{ijh}=s_j+r_i+G_{kh}+M_{kh}x_{ij}^2 \tag{5-118}$$

式中：s_j 为对应第 j 个震源位置的剩余静态时移；r_j 为对应第 i 个检波器位置的静态时移；G_{kh} 为 CMP 参照点（通常为 CMP1）上 h 层的双层反射时间和第 k 个 CMP 点 h 层反射旅行时间之差，反映沿着这一层的构造变化，称为构造项；M_{kh} 为剩余偏移距时差，用于计算 h 层的不正常动校量；x_{ij} 为炮-检距，其中 i 为接收点指数，j 为炮点指数。

为了具体说明式(5-118)隐含的方程体系统，设有 NS 个炮点、NR 个接收点和 NG 个 CMP 点位置，叠加次数为 NF，所提取的时间数目（或单个方程）等于 $NG\times NF$，未知数为 $NS+NR+NG+NG$。

通常，方程数比未知数多，故这是一个最小平方问题。使所取观测时间和模型时间之间的误差平方和最小：

$$E=\sum_{ijh}(t_{ijh}-t'_{ijh})^2 \tag{5-119}$$

剩余静校正包含以下 3 个步骤。

(1)提取层位时间值。

(2)把 t'_{ijh} 分解成它的分量：炮点和检波点的静态时移，构造和剩余偏移距时差。

(3)对动校前的 CMP 道集时间分别应用导出的炮点和检波点项 s_j 和 r_i。

不同剩余静校正量对叠加数据及频谱的影响是不同的，如图 5-50 中(a)、(b)、(c)、(d)分别表示剩余静校正量为 0ms、1ms、2ms、3ms，从图上可知静校正量严重影响地震信号的频宽，而地震信号的频宽决定了其分辨率高低。

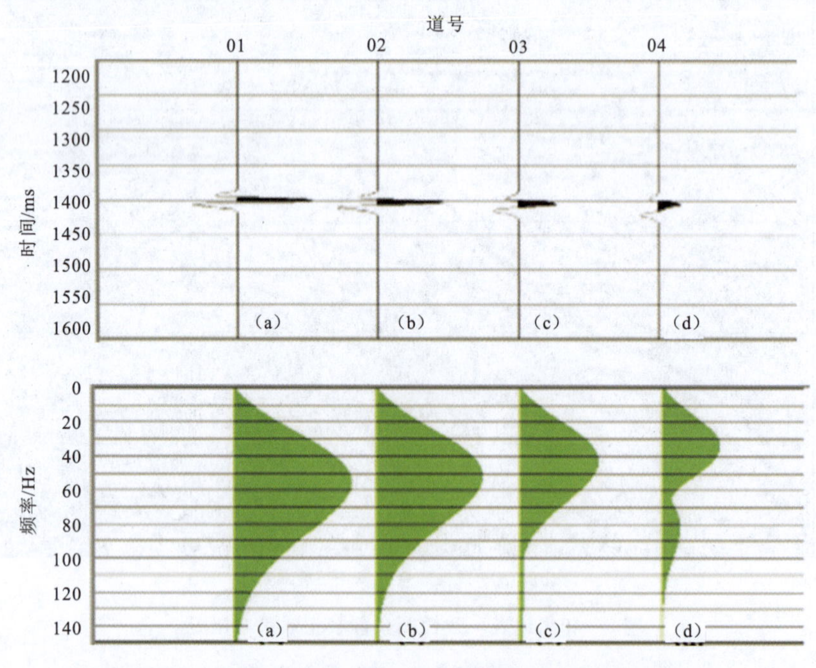

图 5-50 剩余静校正量对叠加数据及频谱的影响分析

因此，剩余静校正是高保真、高分辨率地震资料的基础，也是做好保真去噪的前提。不同剩余静校正的改善都基于原始的输入剖面，校正值较大时，原始输入保持不变，既不改变反射波同相轴的倾角，也不会改变反射波连续性的真实面貌。

5.6.3 速度分析

1. t^2—x^2 法

动校时间差是由地震数据确定速度的基础。用所得速度做动校正，使 CMP 道集在叠前对齐。方程 $t_{st}^2(x)=t_{st}^2(0)+x^2/v_{st}^2$ 在 $t^2(x)-x^2$ 平面上描述出一条直线，直线的斜率为 $1/v_{st}^2$，截距为 $t(0)$。图 5-51 的最右侧图反映了 (t^2-x^2) 平面中的 4 个同相轴时间与炮检距的关系。为了找出每一条同相轴的叠加速度，将每条同相轴的有关点连成一条直线，该直线斜率的倒数就是叠加速度的平方。表 5-2 列出了实际均方根速度和由此算出的叠加速度，以进行比较。

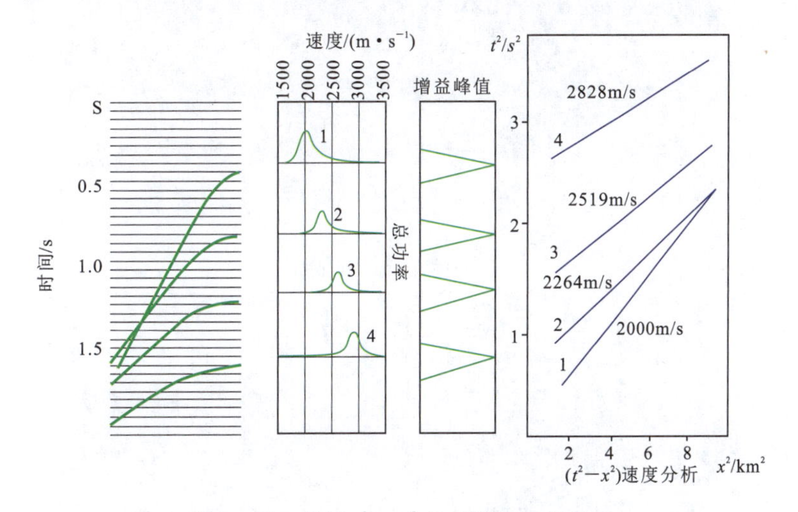

图 5-51 采用 t^2-x^2 法对道集进行分析

t^2-x^2 速度分析是一种估计叠加速度的可靠方法。方法的精度取决于数据的信噪比，该比值将影响信号的提取质量。

表 5-2 由图 5-51 合成模型所估算的叠加速度与实测均方根速度

$t(0)$/s	叠加速度(t^2-x^2)/(m·s^{-1})	实测均方根速度/(m·s^{-1})
0.4	2000	2000
0.8	2264	2264
1.2	2519	2533
1.6	2828	2806

2. 速度扫描

对 CMP 道集用常速扫描是另一种速度分析技术。图 5－52 有一个 CMP 道集，用一系列常速度，从 5000ft/s 到 13 600ft/s（1ft≈0.3048m），重复对道集做 NMO 校正，每校正一次得一张图像，并把它们并置在一起。现在来考察同相轴 A 的 NMO，发现采用小速度时它获得过校正，采用大速度时则获得欠校正，在采用 8300ft/s 时，NMO 校正使同相轴为水平，因此 8300ft/s 为同相轴 A 的叠加速度。同相轴 B 在相应 8900ft/s 的速度时校正到水平。通过这种方法，我们可求出适合于该道集的 NMO 动校速度函数。

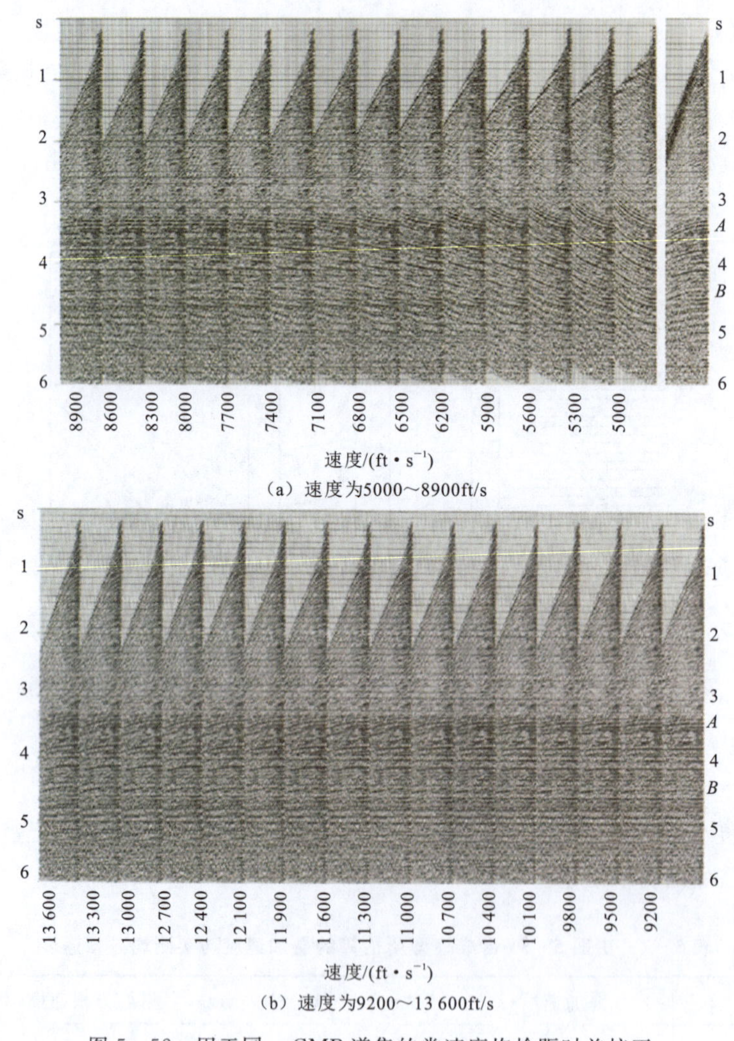

（a）速度为5000～8900ft/s

（b）速度为9200～13 600ft/s

图 5－52　用于同一 CMP 道集的常速度炮检距时差校正

3. 常速叠加法

拾取正确速度最重要的目的是获得最好的信号叠加。为此，根据一系列常速度形成的叠加数据中叠加同相轴的振幅和连续性来估测叠加速度，用图 5－53 对这种方法加以描述。

选择 24 个 CMP 道集（典型的范围是 24～48CMP，但也有整条测线的），给定某一叠加速度，得到 24 个经 NMO 校正后的叠加道，形成一段常速叠加剖面。改变速度得到一系列叠加段，排列起来形成常速叠加图像。按时间对所研究同相轴产生最佳叠加响应的原则选择速度。

深部同相轴速度估计分辨率有所降低，原因是 NMO 时差随深度迅速减小。

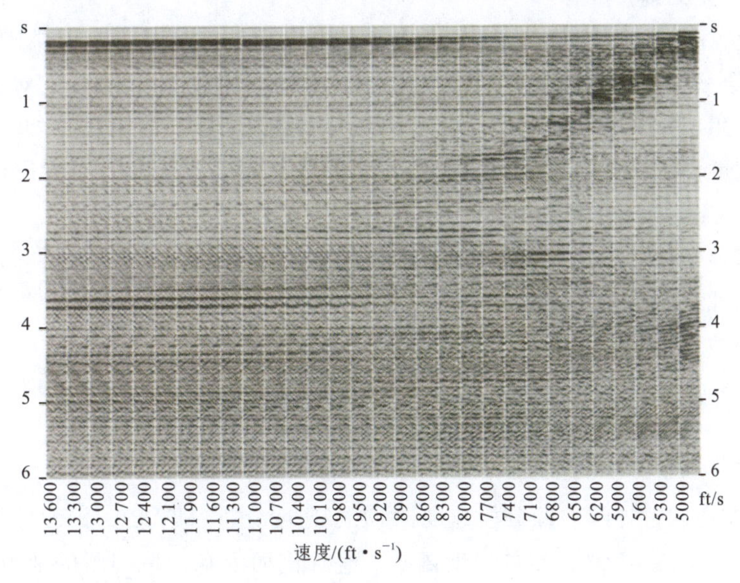

图 5－53　24 个 CMP 道集的常速叠加（5000～13 600ft/s）

4. 速度谱

图 5－54(a)输入的 CMP 道集含有一个平界面的反射双曲线，反射界面以上介质的速度为 3000m/s。从某一速度（例如 2000m/s）到某一速度（例如 4300m/s）的各种速度反复对 CMP 道集进行 NMO 校正和叠加，把每一种速度所得的叠加结果并排显示在速度-双程零炮检距时间平面中，称为速度谱，如图 5－54(b)所示。

在速度为 3000m/s 时获得了最大叠加振幅，该速度应是输入 CMP 道集中该同相轴的叠加速度。速度谱上的那些低振幅水平轨迹是小炮检距分量的叠加，高振幅区域是全部炮检距分量的叠加结果，因此必须保留长炮检距数据以保证分辨率。

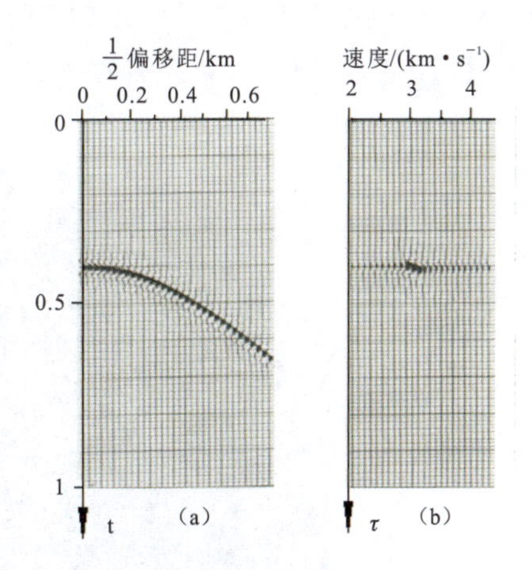

图 5－54　偏移距轴换成速度轴的图像转换

5. 影响速度估算的因素

下述因素会限制地震资料速度估算的精度和分辨率。

(1)排列长度:缺乏大炮检距信息意味着缺乏辨别速度所需要的重要时差;但大炮检距区域的资料有拉伸问题。

(2)叠加次数:叠加32次甚至16次对速度谱没有影响,但当速度降至8次叠加时,谱线的峰值就发生了较大偏移。

(3)信噪比:存在高幅随机噪声时也可识别有效信号,但信噪比不高时精度会受限制。

(4)切除:会减少浅层叠加次数,导致切除带位置的同相轴振幅减弱,它对速度谱有副作用;校正方法是用切除带中有效叠加次数比例乘叠加振幅来实现的。

(5)时窗宽度:太小,工作量大;太大,缺乏时间分辨率。一般为信号主周期的一半到一倍之间,为20ms到40ms。注意浅层周期短,深层周期长。

(6)速度采样密度:扫描范围应包含一次反射波速度;速度间隔太大会降低分辨率。

(7)相干属性量的选择。

(8)对双曲性正常时差的偏离度。

(9)数据的频谱宽度。

6. 层速度分析

沿着某个有用层位连续追踪分析速度,称为层速度分析(HVA)。沿双曲线分布的时窗算出相干值,表示出各CMP位置的速度函数。叠加剖面上有构造间断的地方,则按断层分开的区段来做HVA。HVA是沿着所选定的关键层逐个提取CMP位置上速度信息的有效方法,能改善叠加剖面的质量,以备做叠后深度偏移。HVA建立在双曲线动校原理之上,而需做深度偏移的资料往往具有复杂的动校形态,因而HVA受到影响。但无论如何,实际中HVA确实能提供出标志层详细的速度横向变化情况。

图5-55和图5-56分别为叠加剖面和其中5个反射层的HVA。

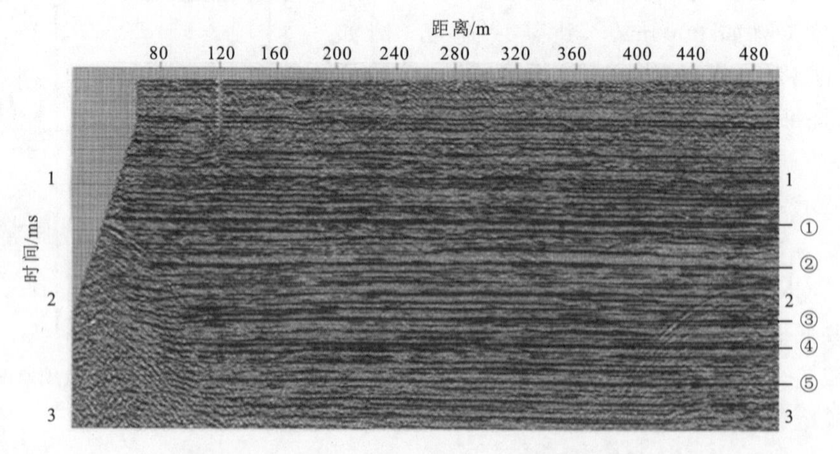

图5-55 有5个标志层(①~⑤)的叠加剖面

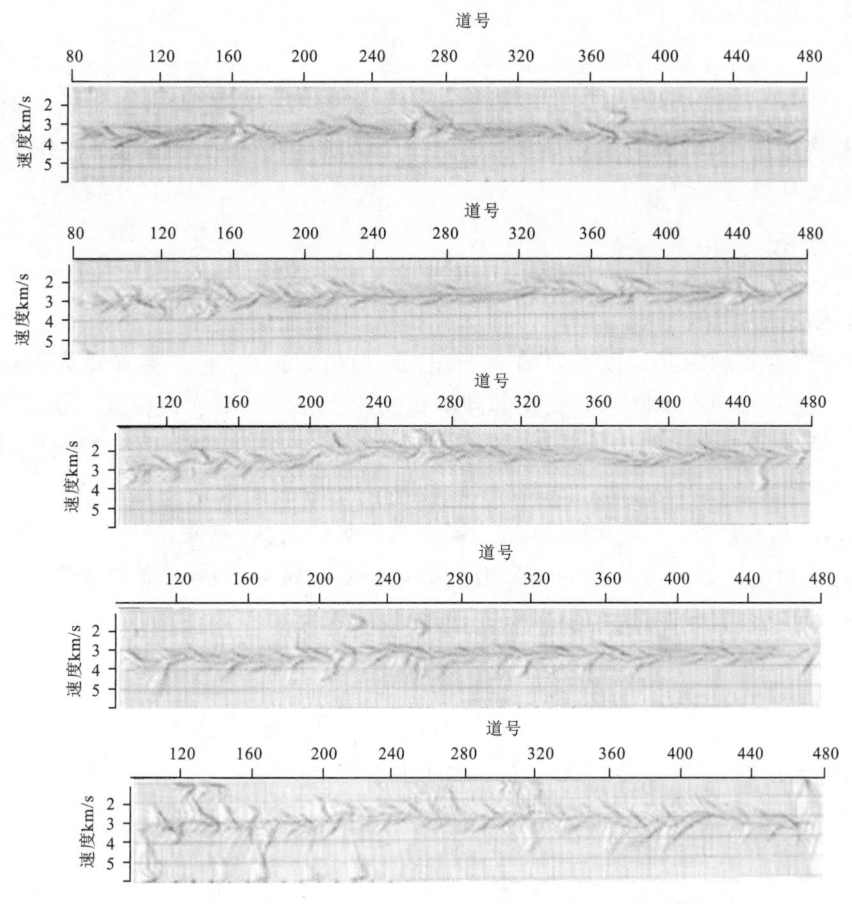

图 5－56　沿图 5－55 中标出的 5 个标志层所做的层速度分析

5.6.4　水平叠加

水平叠加就是对地下同一点的反射信息进行累加，得到地震剖面。

1. 一般水平叠加

1）多次叠加的原理

设有 n 个属于同一共深度点的地震记录道，经过一定的处理后得到一个标准道，并使标准道与各记录道之间的差别最小。根据最小二乘法原理得到：

$$X_{\sum}(n)=\frac{1}{n}\sum_{j=1}^{N}X_{j}(n) \tag{5-120}$$

所以，标准道就是 n 道叠加的平均，这正是多次叠加的理论基础。一般水平叠加就是将共中心点反射记录经动校正以后叠加起来。

2）水平叠加

由以上原理可得叠加公式：

$$X_{\sum i}=\frac{1}{N}\sum_{j=1}^{N}X_{ij} \tag{5-121}$$

式中：i 表示抽样序号；j 为共深度点道集内记录道的序号；X_{ij} 为动校正以后的第 j 道第 i 个地震振幅离散值；N 为共深度点道集内的记录。经抽道集处理以后，只要将共深度点的道逐道调入叠加区叠加即可。

3)浅层加权

由于切除(初至切除和动校正切除)往往造成深、浅层叠加次数不相同，叠加时要进行浅层加权，使浅层能量均衡。

(1)固定系数加权。共深度点内的 N 道记录，炮检距由小到大，炮检距大的切除多，炮检距小的切除少，形成一个随时间变化的倾斜直线(图 5-57)，对六次覆盖记录，加权系数为 t_1～t_2 段内乘 6/1；t_2～t_3 段内乘 6/2…t_6 以后乘 6/6。各段乘系数后，浅层能量达到均衡。

(2)可变参数加权方法。叠加前的切除会使切除后的记录道不连续而增加高频成分(图 5-58)，故切除后乘上一个斜坡函数以减弱这种影响，这叫斜坡处理(图 5-59)。例如，在每一道切除后的起始部分开始的某段时间间隔(如 100ms)内乘一个斜坡值，叠加后的输出道要乘一个与叠加次数有关的加权函数，此加权函数为

$$w(p)=\frac{1}{\sqrt{p}\ \dfrac{n}{100}+p\ \dfrac{100-n}{100}} \tag{5-122}$$

式中：p 为叠加次数；n 值为 0～100 之间的任意值。

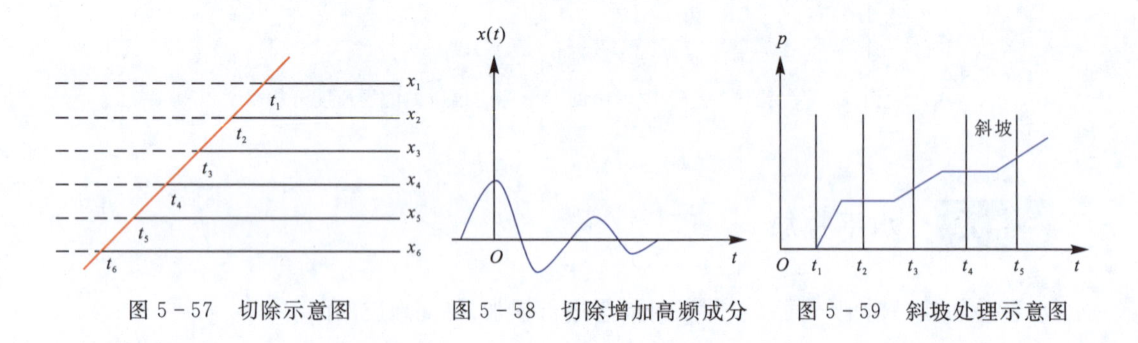

图 5-57 切除示意图　　图 5-58 切除增加高频成分　　图 5-59 斜坡处理示意图

2. 自适应水平叠加

根据地震道记录在时间和空间上质量的差异来控制它们参与叠加的成分，通过每个记录乘以不同的加权系数来实现，加权系数由最小二乘法求取。

(1)标准道的形成：选信噪比较高的地震道。

(2)求加权系数。

已知 $X_j(t)$和标准道 $X_{\Sigma}(t)$，求加权系数 $w_j(t)$，使 $X_j(t)w_j(t)$最接近标准道。

对于叠加道某一中心时间 t，时窗长度为 T，$X_j(t)$为第 j 道，$w_j(t)$为第 j 道的加权系数，根据最小二乘法原理，均方差为

$$D=\sum_{t=0}^{T}[X_j(t)w_j(t)-X_{\sum}(t)]^2 \tag{5-123}$$

要使 D 最小，必须使$\partial D/\partial w_j(t)=0$，解出：

$$w_j(t)=\frac{\sum_{t=0}^{T}X_{\sum}(t)X_j(t)}{\sum_{t=0}^{T}X_j(t)X_j(t)} \tag{5-124}$$

令 $\sum_{t=0}^{T}X_{\sum}(t)X_j(t)=\sum_{t=0}^{T}X_{\sum}(t+\tau)X_j(t)|_{\tau=0}=R_{j\sum}(0,t)$，$R_{j\Sigma}(0,t)$为互相关函数（此时 $\tau=0$），令 $\sum_{t=0}^{T}X_j(t)X_j(t)=\sum_{t=0}^{T}X_j(t+\tau)X_j(t)|_{\tau=0}=R_{jj}(0,t)$，$R_{jj}(0,t)$为自相关函数（此时 $\tau=0$），则式(5-124)为

$$w_j(t)=\frac{R_{j\sum}(0,t)}{R_{jj}(0,t)} \tag{5-125}$$

式(5-125)是求加权系数的公式，其分子是记录道与标准道的互相关，分母是记录道本身的自相关。

5.6.5 DMO叠加

DMO也称为倾角时差校正，DMO叠加就是把动校正后的数据先偏移到零炮检距道位置上，然后叠加。

为什么要做DMO？主要是因为反射界面倾斜时如图5-60所示，道集中同层反射信号并不是精确地来自同一个点，而是反射点发生了沿反射界面向上方向的离散。另外，当不同倾角的倾斜界面同时存在时，在地震记录中，反射界面相互交叉。由速度分析知识可知，叠加速度与倾角有关。此时两个反射同相轴的交点处的叠加速度是不同的，而实际提取速度时，同一点同一个反射时间只能使用一个速度，因此，只能舍弃其中的一个速度。速度被舍弃的反射同相轴叠加后能量被削弱，另一个反射同相轴能量被加强。

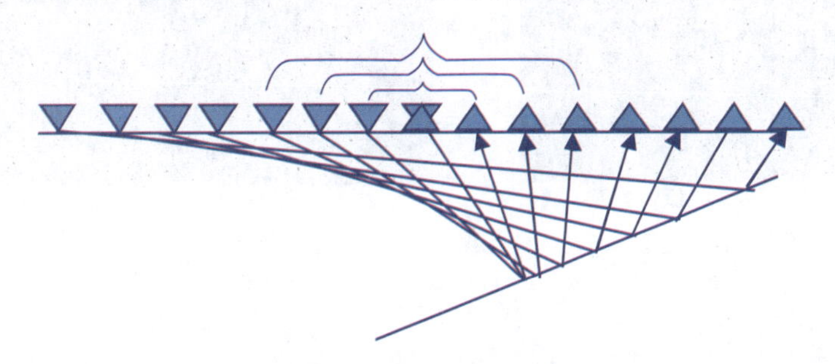

图5-60 倾斜界面示意图

图5-61所示为一个构造复杂、断层发育、倾角较大的剖面，采用水平叠加，对倾角较大的反射层成像不利，采用DMO叠加，剖面信噪比明显提高，大倾角成像质量明显提高。

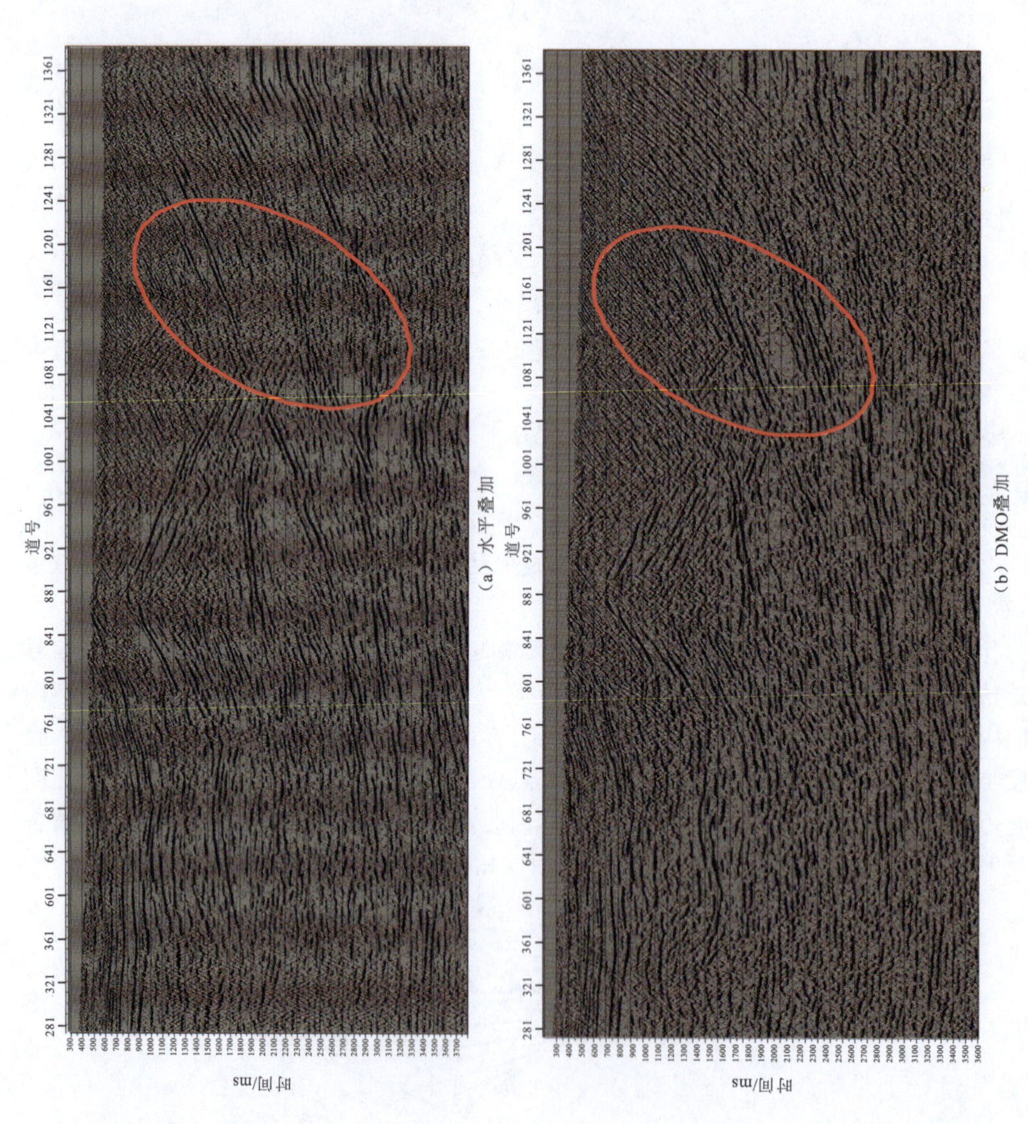

图 5-61　水平叠加与DMO叠加剖面对比

5.7　叠前时间偏移处理

地震勘探的终极目标是落实地下目标体成像，所以偏移归位是最终落实地下煤层形态及断裂系统这一目标的关键环节。当地层倾角较大时，共中心点叠加导致反射点模糊，叠前偏移能够实现真正的共反射点成像。

5.7.1　叠前时间偏移流程

高密度空间采样地震数据面元小，在偏移处理过程中不易产生空间假频，更有利于提高偏移成像精度。叠前时间偏移方法取消了输入数据为零炮检距的假设，避免了 NMO 校正叠加所产生的畸变，会得到比叠后时间偏移更为理想的效果。图 5 - 62 为叠前时间偏移流程。

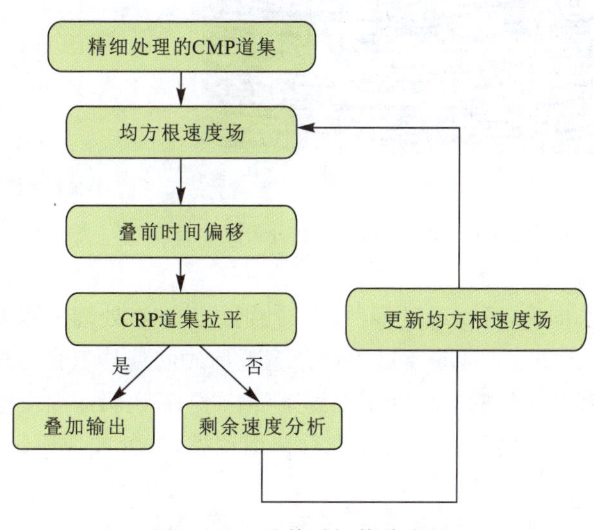

图 5 - 62　叠前时间偏移流程

5.7.2　速度场建立与偏移孔径

在叠前时间偏移中，最关键的是求取准确的速度场。考虑目的层埋藏较浅，尤其是煤层起伏大，建立高精度速度场是提高偏移成像质量、精细刻画断裂的关键。因此，在叠前偏移处理过程中，我们采用了以下迭代策略：将叠加速度作为叠前时间偏移的初始速度，建立 200m×200m 网格的偏移速度场，再经过二次 200m×200m 网格的速度场迭代偏移，得到了基本合理的偏移速度场后，加密建立 100m×100m 网格的偏移速度场，进行进一步的叠前偏移迭代处理，根据控制线偏移结果对速度场做必要的调整。图 5-63 是速度分析点分布图，如图所示，最终偏移速度密度可以有效地控制构造的变化，确保最终偏移速度模型的可靠性。

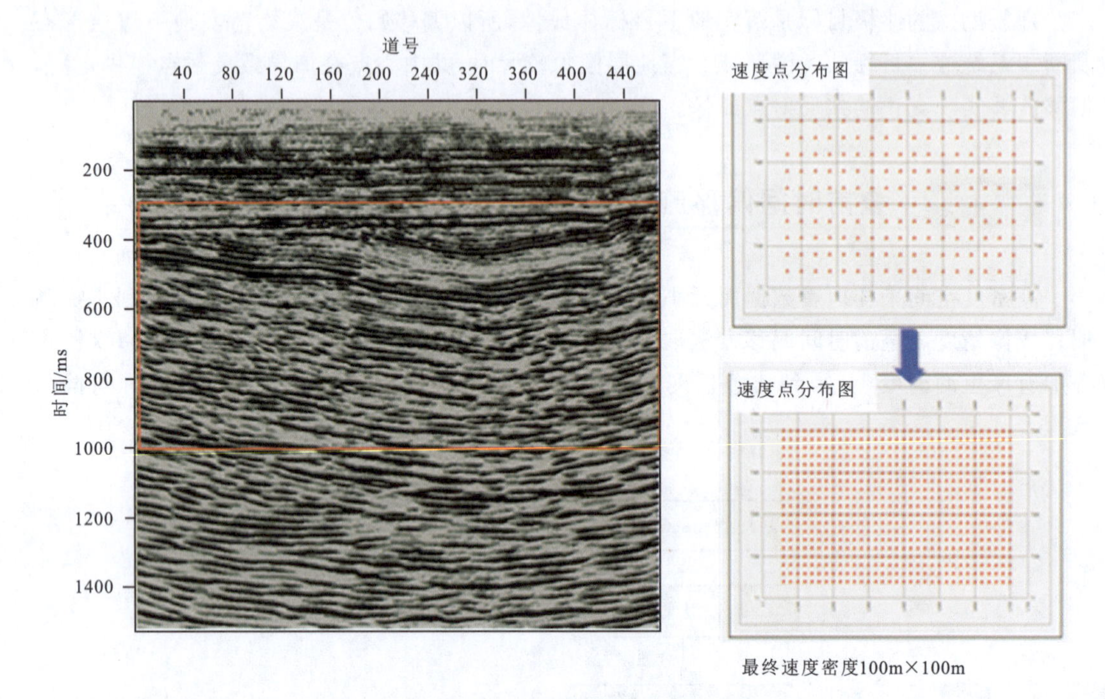

图 5-63 速度分析点分布图

速度场是否合理、准确，可以通过多种途径判别。其中在处理中重要的一条是看叠前时间偏移道集是否拉平。图 5-64 是工区不同位置叠前时间偏移道集、速度谱和偏移剖面，从图中我们可以看到 CRP 道集的同相轴从上到下都拉平了，说明速度模型是准确的。

采用变速扫描的方法，对偏移速度场进行精细调整，改善成像质量，确定最终叠前时间偏移速度场(图 5-65)。

根据以往经验，偏移使反射界面变陡、变短和向上倾方向移动归位，这个过程包括反射界面的水平位移和垂直位移。克希霍夫积分法时间偏移中，用于求和的孔径宽度是非常重要的参数，对于偏移前任意指定同相轴位置的时间 t，最佳孔径宽度为输入剖面中心的最陡同相轴在偏移中的最大水平位移的两倍。

偏移孔径的确定：根据绕射双曲线求和曲线可知，偏移孔径越小，其收敛绕射双曲线的能力越差，偏移孔径过大，会增加计算量并带来其他偏移噪声。确定最佳偏移孔径的具体做法是，结合不同偏移孔径的脉冲响应理论模型分析，试验了 300m、600m、900m、1200m、1600m、2000m 等偏移孔径(图 5-66)。

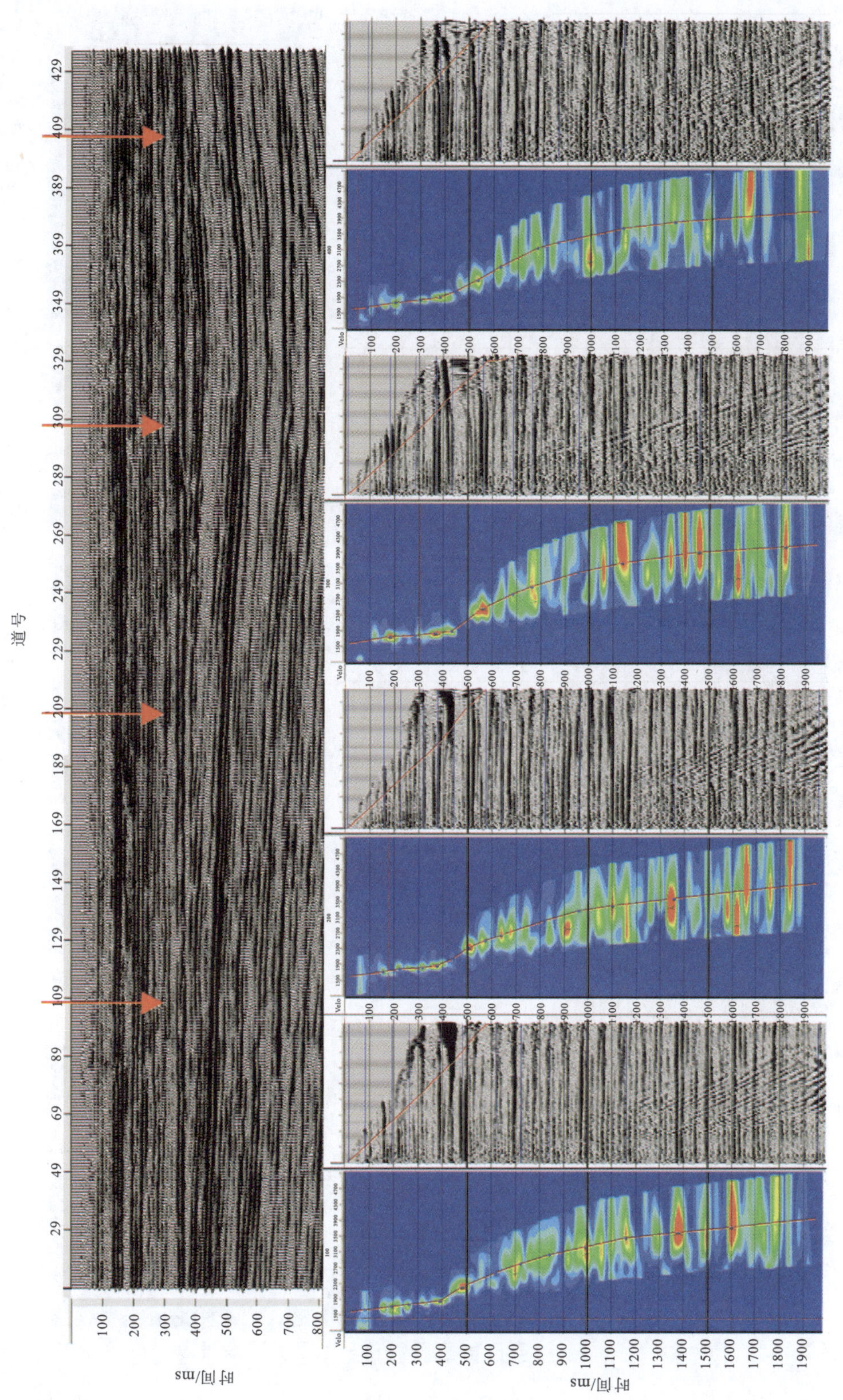

图 5-64　速度谱及 CRP 道集（勘探测线号 INL300）

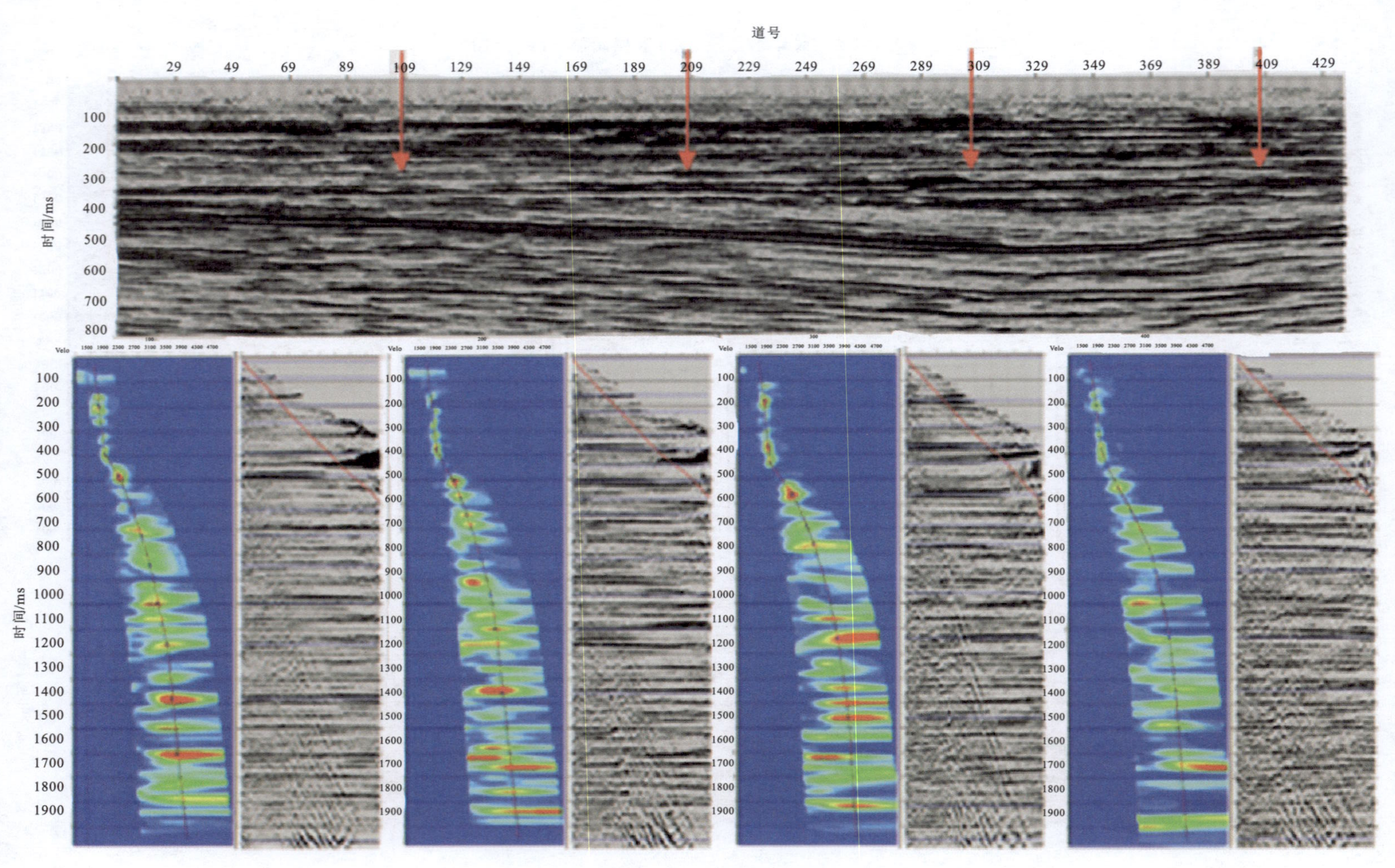

图 5-65 偏移速度场扫描(横测线 200)

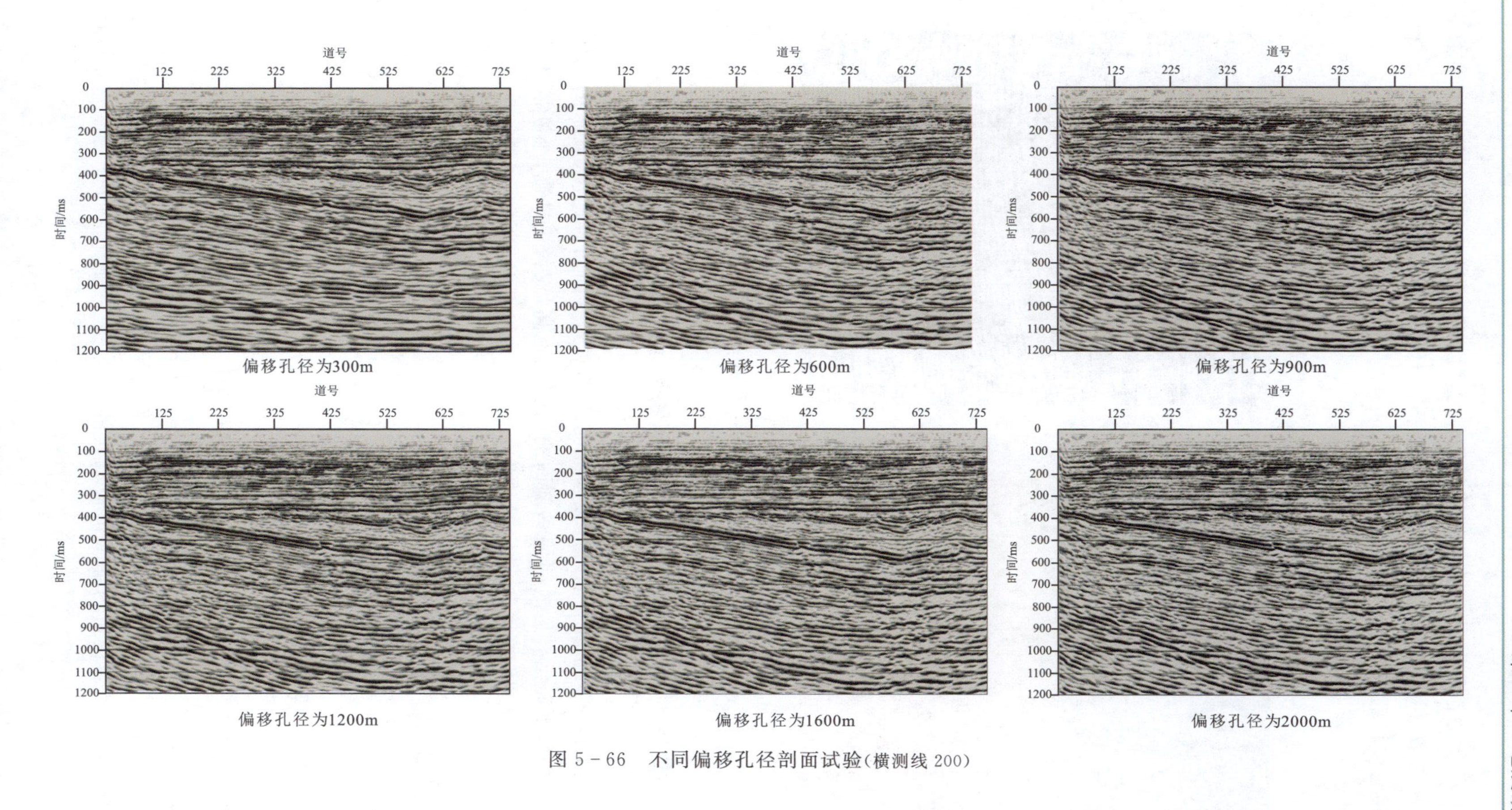

图 5－66　不同偏移孔径剖面试验(横测线 200)

经过多轮偏移迭代之后，求出了叠前偏移所需要的速度场，通过偏移孔径等偏移参数的试验，确定了偏移参数，可以进行全数据体的偏移。图 5－67 为某煤矿某采区不同位置最终偏移速度场与相应偏移剖面显示。

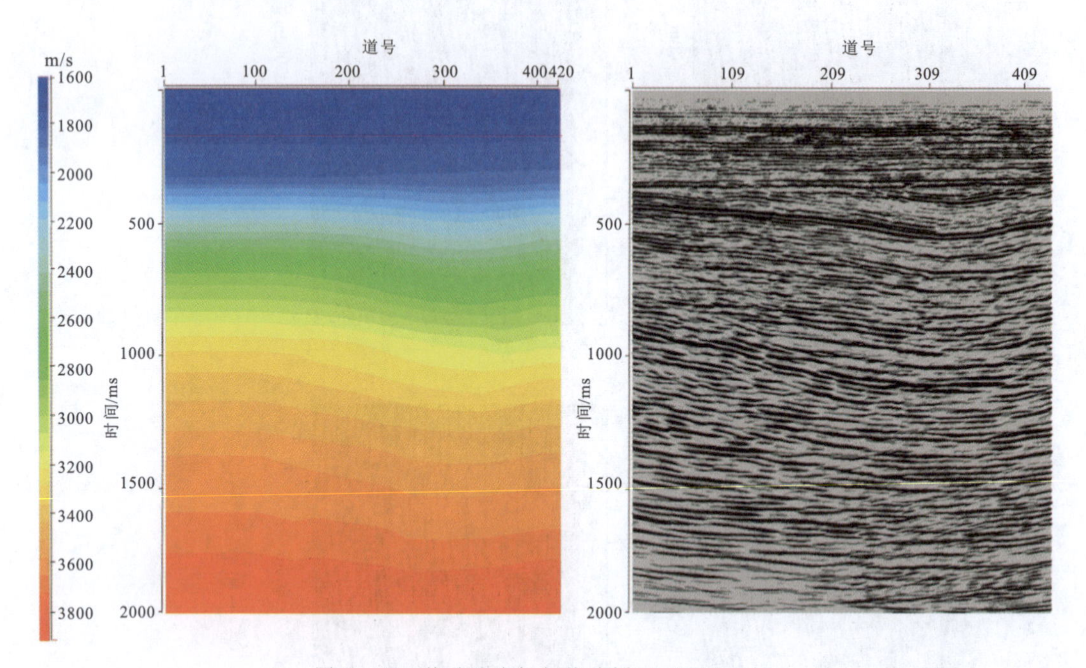

图 5－67　偏移速度场与偏移剖面(横测线 300)

5.7.3　叠后时间偏移和叠前时间偏移对比

图 5－68 为叠后时间偏移和叠前时间偏移纵测线与横测线剖面对比，从显示的剖面可以看到，叠前时间偏移剖面比叠后时间偏移剖面的信噪比更高，成像更准确，小断层和不整合面的刻画更精细，地质现象更清晰。

5.8　叠前深度偏移处理

5.8.1　叠前深度偏移概述

叠前深度偏移是实现地质构造空间归位的一项处理技术。叠前深度偏移能够实现共反射点的叠加和绕射点的归位，使复杂构造或速度横向变化较大的地震资料正确成像，可以修正陡倾地层和速度变化产生的地下图像畸变。在已知精确速度模型的情况下，叠前深度偏移被认为是精确地获得复杂构造内部映像最有效的手段，是一种真正的全三维叠前成像技术。

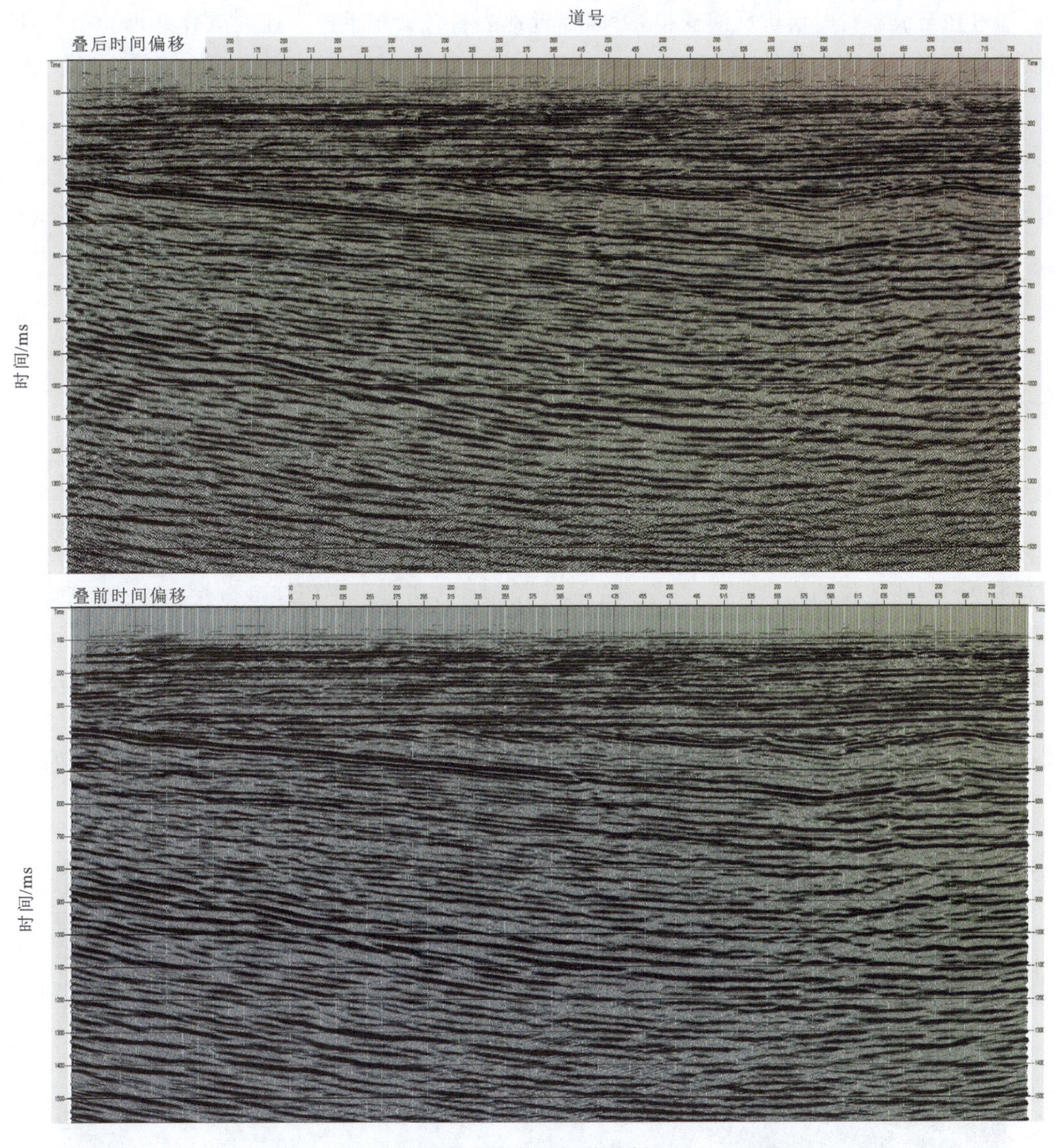

图 5-68　叠后时间偏移和叠前时间偏移剖面对比(横测线 200)

叠前深度偏移理论符合斯奈尔定律,遵守波的绕射、反射和折射定律,适用于任意介质的成像问题。它有以下优点:①成像准确,适用于复杂介质;②消除了叠加引起的弥散现象,使得大倾角地层信噪比和分辨率有所提高;③能够综合利用地质、钻井和测井等资料来约束处理结果,还可以直接利用得到的深度剖面进行构造解释,方便与实际的钻井数据进行对比。所以综合起来考虑,只有叠前深度偏移才是复杂地质体成像的一种理想方法,特别是对于逆掩推覆、高陡构造、地下高速火成岩体等,可以取得较满意的成像效果。

叠前深度偏移常用关键技术如下。

(1)地震速度建模技术。通过计算层析静校正量，我们可以获得近地表速度场，该速度场通过初至波旅行时层析反演获得，可以在近地表替代常规手段。速度融合处理为后期速度迭代打下了坚实的基础(图 5-69)。

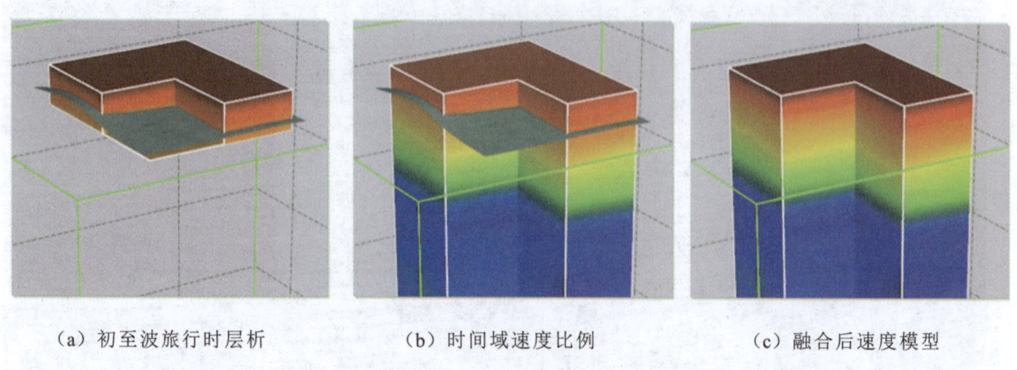

(a) 初至波旅行时层析　　(b) 时间域速度比例　　(c) 融合后速度模型

图 5-69　初至波旅行时层析、时间域速度比例和融合后速度模型

(2)新的基于模型的层析成像技术。新的基于模型的层析成像是原来基于层位和基于实体模型层析成像的换代产品，是全局的速度模型修改方案。采用深度域建立构造模型，直接修改背景速度体、各向异性数据体和构造层位并通过新的网格数据库存储方式进行构造模型的存储和转换，增加了井分层数据闭合差分析和校正层析成像，修改各向异性层速度体和各向异性数据体，达到与井深度的吻合和准确的偏移成像。基于模型层析成像的速度及各向异性参数体的修改在平面上是沿着构造层位的规则网格，垂向上是受模型所约束的不规则网格，深度网格点是反演出来的参数(图 7-71)。

图 5-70　基于模型层析成像初始模型三维可视化显示

(3)三维基于网格层析成像。基于模型的层析成像技术主要考虑大套层位的平均层速度，对层间的层速度具有平均效应，对层内大部分同相轴是合适的，对于某些复杂构造，无论是基于层位建模还是基于实体建模，总有地方与实际有偏差，这些偏差或存在于插值的地方，或存在于信噪比很低的地方，或层位本身就有偏差。

基于网格层析成像技术是基于模型的层析成像技术的有力补充，是全局速度修改方案，输入考虑每个地下反射点，不是单个的站点，因此能得到很高精度的速度模型。新的基于数据驱动的三维网格层析成像可以很随意地在目标线或一定网格偏移的目标数据道集上进行，同时根据目标需求做到时空变化，以此兼顾网格层析成像效率与效果(图5-71)。

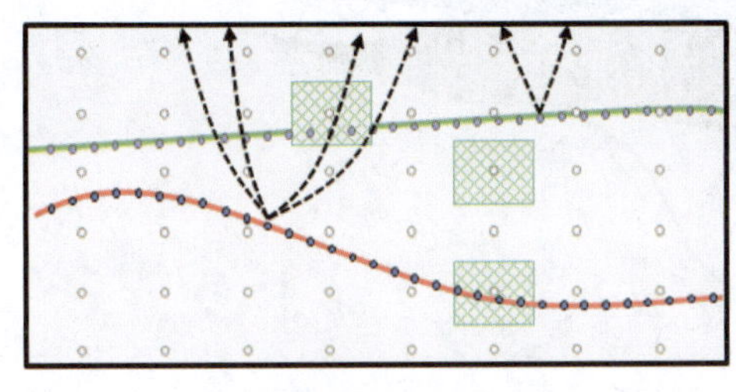

(a) 基于网格的层析反演原理

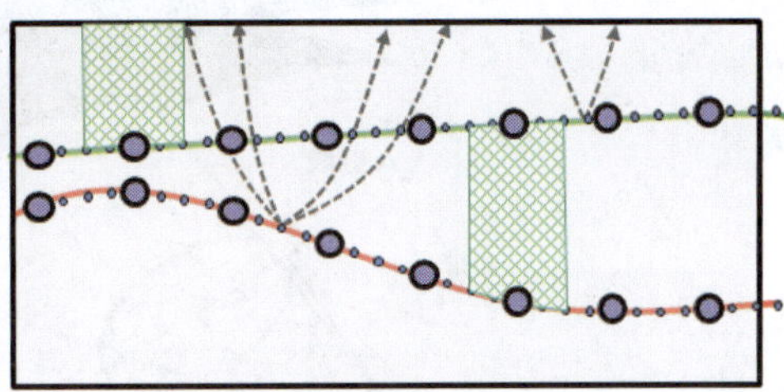

(b) 基于模型的层析反演原理

图5-71　基于网格的层析反演原理与基于模型的层析反演原理

(4)三维各向异性速度建模。各向异性层析成像处理包括井震结合闭合差校正、旅行时层析成像和长偏移距各向异性层析处理流程(Epsilon迭代)，横向各向同性(VTI)介质和倾斜横向各向同性(TTI)介质均适用。一般采用射线追踪的方法，充分考虑了横向速度变化，并不是简单的垂向近似。

针对各向异性介质——TTI介质偏移需要建立五个各向异性参数(δ，r，ε，dip，azimuth)，即Delta、各向异性层速度、Epsilon、倾角和方位角。获得五个各向异性参数的关键是要有准确的测井曲线建立的地质分层数据。

(5)全方位地震资料处理成像技术。常规基于射线偏移成像技术是在xyz坐标系，从地表向地下进行偏移成像。全方位地震资料偏移成像，是通过射线追踪技术，将地面的地震信息影射到地下局部角度域，每个成像点有四个极坐标分量(半开角、半开角方位角、地层倾角、地层倾角方位角)，然后在地下局部角度域进行成像(图5-72)。

全方位地震资料处理成像不同于常规的成像技术，它能够为地震资料处理人员和解释人员提供一套全方位真三维偏移道集。利用该全方位数据可以得到：高精度地下速度模型、几何属性、介质性质及储层特征。所用的原始地震数据为现在采集或者以前采集的资料，特别是宽方位及远偏移距资料。

克希霍夫偏移成像是从地面向地下进行射线追踪，将CMP道集分选成共偏移距域，每一个偏移距数据相互是独立的，而在同一个偏移距域的道集数据其射线路径是不同的。克希霍夫偏移成像不能解决“多初至”问题，它只能利用最快到达标准或者最大能量标准来选择到达射线进行成像(图5-73)。

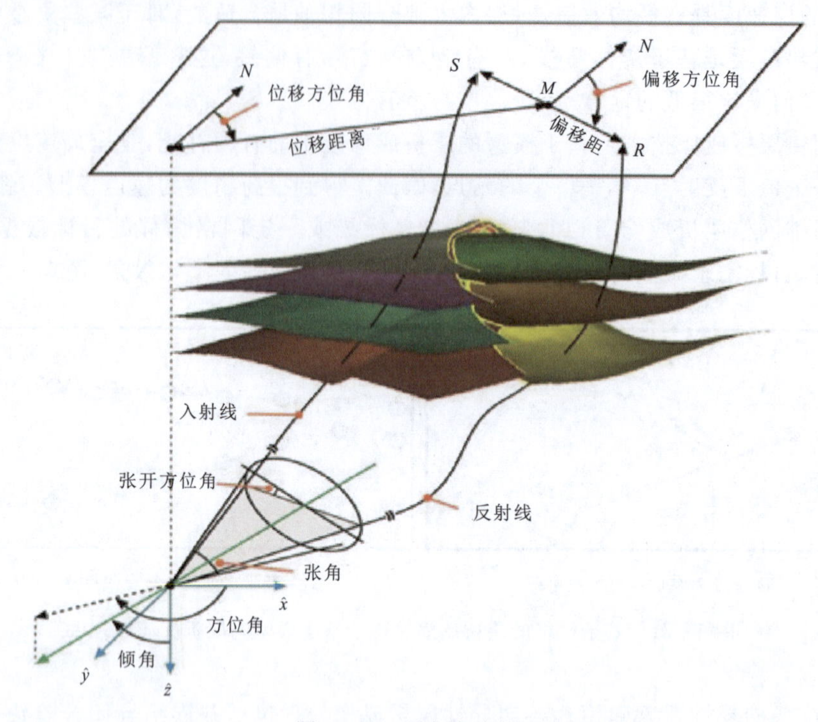

图 5-72　局部角度域

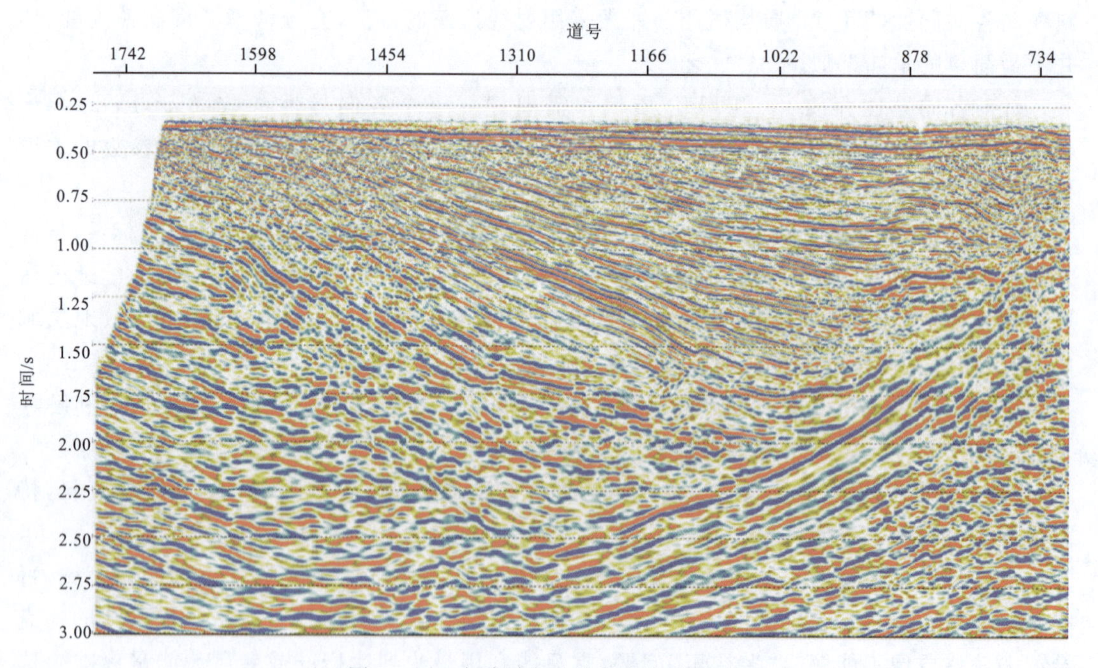

图 5-73　克希霍夫叠前深度偏移剖面

全方位地震资料处理偏移成像是在地下角度域，从成像点向地面进行射线追踪成像（图 5－74）。所有的射线都参与成像，能够保证真振幅成像。由于地下成像点（M）的极坐标参数共有 4 个分量，因此分别对其中 2 个分量进行积分，得到全方位共反射角道集、全方位方向角道集。

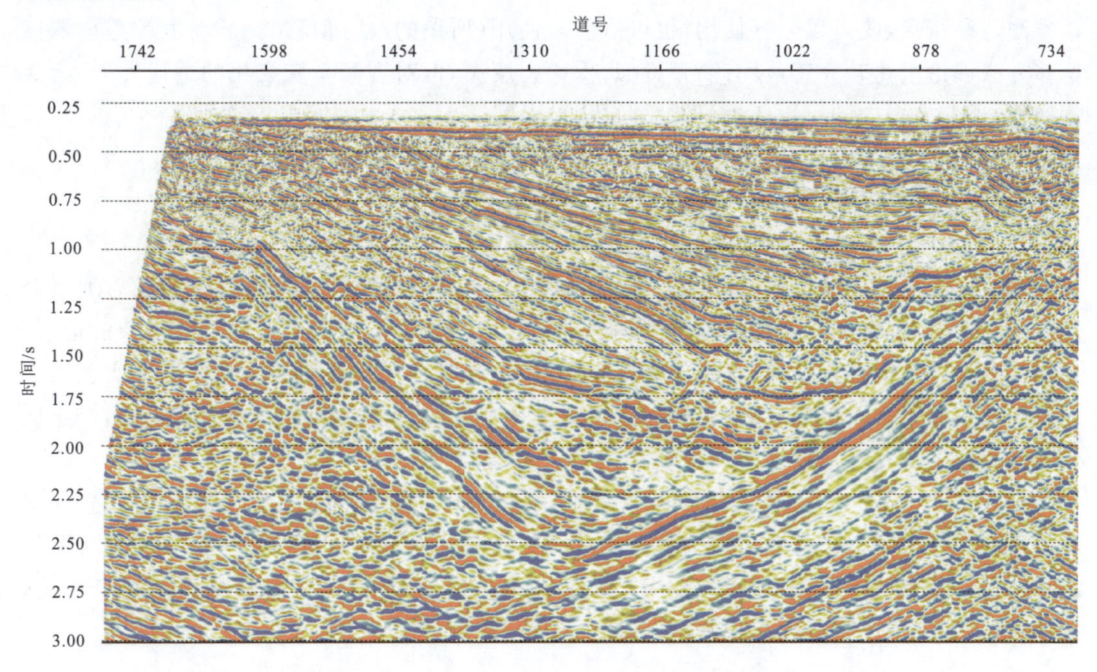

图 5－74　全方位偏移成像剖面（镜像加权叠加）

总之，通过层析反演浅层速度与叠前时间偏移速度场的融合来获取初始速度场，再基于模型和基于网格层析成像技术以及各向异性处理技术逐步反演迭代出最终速度场与各向异性参数，最终偏移成像拟采用克希霍夫偏移成像的同时，采用全方位局部角度域偏移成像技术中的镜像加权和散射加权成像进行全数据的叠前深度偏移。

5.8.2　我国叠前深度偏移技术应用特点

国内叠前深度偏移技术的探索应用始于 1995 年胜利油田的古潜山勘探，至今已有二十余年的发展历程。从当前技术发展的状况来看，目前国内应用的叠前深度偏移技术基本上可以概括为两类：基于波动方程积分解的克希霍夫积分法叠前深度偏移和基于波动方程微分解的叠前深度偏移技术。

20 世纪 90 年代以前，叠前深度偏移技术研究基本上是针对克希霍夫积分法的。随着多年来持续不断的改进和完善，克希霍夫积分法叠前深度偏移已成为一种高效实用的叠前深度偏移法，具有高角度成像、无频散、占用资源少和实现效率高的特点，能适应不均匀的空间采样和起伏地表，比较适合复杂构造的成像。积分法叠前深度偏移是当前实际生产中使用的主要叠前深度偏移方法。但是波动方程的积分解难以描述复杂的地震波场成像过程，射线理论偏移成像存在焦散和不适应多路径等问题，在地下介质速度横向变化剧烈的情况下，成像效果不好。为弥补射线理论偏移成像不足而发展的基于波动方程微分解的波场外推偏移成像方法，通常被简称为波动方程叠前深度偏移。根据波场外推算子估算方法不同，偏移计算方法主要分为两类：一类为有限差分偏移方法；另一类为频率—波数偏移方法。两类偏移方法各有特点，既可以分开使用，也可以联合使用(所谓的混合偏移)。波动方程叠前深度偏移方法理论上比较完善，没有高频近似，保幅程度高，但对观测系统变化的适应性差、运算效率低，目前在国内的应用还处于试验阶段。

5.8.3 与叠前时间偏移地震剖面对比

目前广泛使用的叠前时间偏移只能解决共反射点叠加问题，不能解决成像点与地下绕射点位置不重合的问题，因此叠前时间偏移主要应用于地下横向速度变化不太复杂的地区。当速度存在剧烈的横向变化、速度分界面不是水平层状时，只有叠前深度偏移能够实现共反射点的叠加和绕射点的归位，使复杂构造或速度横向变化较大的地震资料正确成像，修正陡倾地层和速度变化产生的地下图像畸变。

图 5－75 为淮北某矿叠前时间偏移和叠前深度偏移的剖面对比。图 5－75 中的叠前深度偏移煤层反射波、反射波组清楚，各波组之间的对应关系清晰。蓝色框内叠前深度偏移 10 煤层成像，而叠前时间偏移成像较弱；红色框内，叠前深度偏移 3、7、10 煤层断层断点干脆、成像较好，叠前时间偏移断点不清晰，断点不干脆，留有“尾巴”。

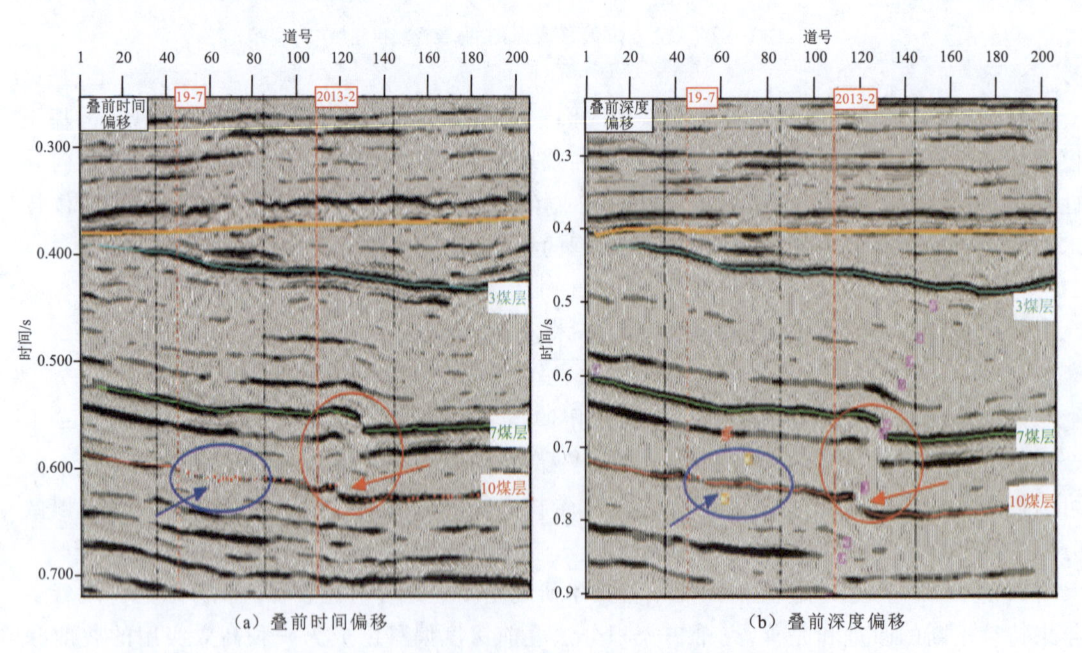

(a) 叠前时间偏移　　(b) 叠前深度偏移

图 5－75　叠前时间偏移和叠前深度偏移的剖面对比

5.8.4 与常规地震勘探成果对比

图5－76(a)为淮北某矿常规地震勘探精细处理的成果剖面，图5－76(b)为同一位置叠前深度偏移地震勘探的成果，图5－76(b)中的红色箭头从上到下分别对应本区的3、7、8、10煤层反射波，反射波组清楚，各波组之间的对应关系清晰。左边红色框中断层成像较好；右边红色框中的断层断点干脆、成像较好。对比两次处理成果剖面可以看出，相对于常规地震处理剖面，叠前深度偏移剖面反射波组清楚，深层反射波组的成像质量明显提高，断层附近成像精度较好。

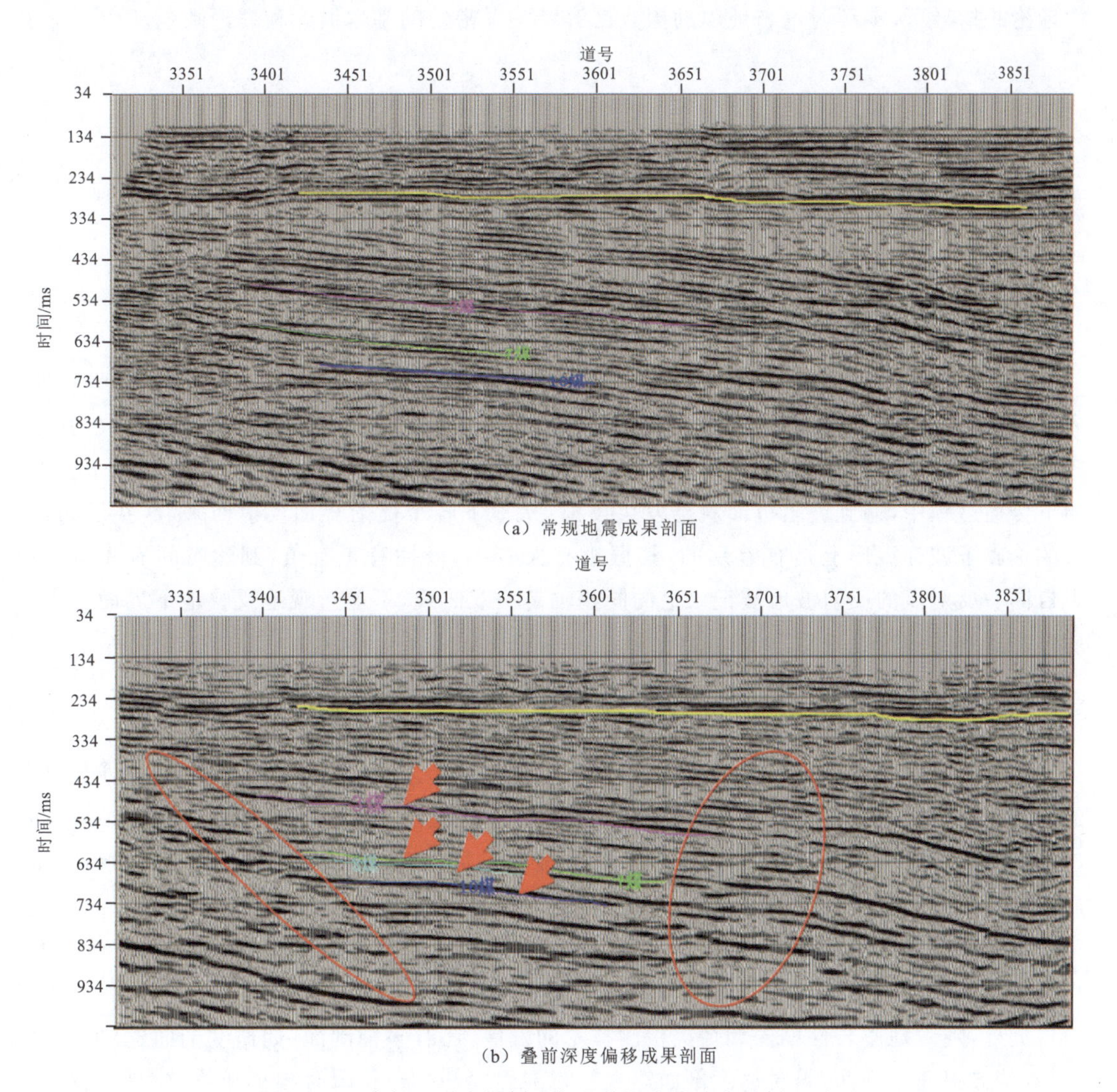

(a) 常规地震成果剖面

(b) 叠前深度偏移成果剖面

图5－76　常规地震成果剖面与叠前深度偏移成果剖面对比

第6章　地震勘探数据解释

煤田地震勘探主要包括三大环节，即地震资料的野外采集、数字处理和资料解释。在了解地震资料的采集方法和技术以及地震资料的处理过程之后，在有关地震波运动学与动力学理论的指导下，本章讨论与地震勘探数据解释关系密切的基本概念和理论问题。

6.1　地震勘探数据解释基础

6.1.1　煤田地震剖面

震源激发时产生尖脉冲，在激发点附近的介质中以冲击波的形式传播，当传播到一定距离时，波形逐渐稳定，称该时刻的地震波为地震子波。地震子波在继续传播的过程中，其振幅会因各种原因而衰减，但波形的变化是很小的，在一定条件下可以看成不变。地震子波在向下传播过程中，遇到波阻抗面就会发生反射，从地下各个反射界面反射回来，这些反射回来的地震子波在波形上是有差别的，其振幅有大有小，极性有正有负，到达时间有先有后。来自同一反射点的反射波地震记录上的同相轴是一双曲线，不能直观地反映地下界面形态，通过一系列的校正处理后形成地震记录。

1. 地震剖面的种类

野外地震资料经过数字处理后，可以得到多种地震信息，这些地震信息主要以时间剖面的形式显示。目前使用最广泛的时间剖面有两种，一种是水平叠加时间剖面，简称水平剖面（图 6-1）；另一种是叠加偏移时间剖面，简称偏移剖面。这两种剖面是地震地质解释的基础。一般情况下，在进行构造解释时，偏移剖面识别的地下构造形态比较直观清晰，但在速度资料较差的地区，水平剖面可能比偏移剖面质量更好一些。在复杂构造地区要有效地利用这两种剖面。层序地层和岩性解释中使用较多的是偏移剖面。

此外，随着地震岩性勘探和烃类检测技术的发展，还有多种剖面，如速度剖面（叠加速度剖面、均方根速度剖面、瞬时速度剖面等）、三瞬剖面（瞬时振幅、瞬时频率和瞬时相位剖面）、保持相对振幅剖面（亮点剖面）、反射系数剖面、波阻抗剖面和合成速度剖面等。这些资料主要用于岩性预测和烃类解释。

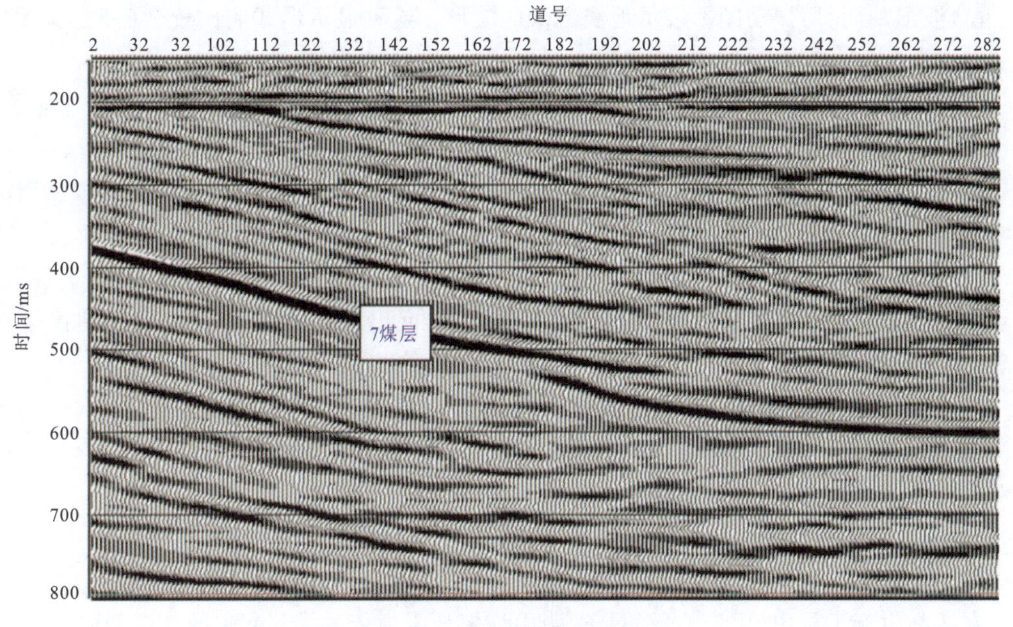

图6-1　典型煤层地震剖面

2. 时间剖面的显示

时间剖面目前主要有三种基本显示形式:波形显示、变面积显示和变密度显示(图6-2)。

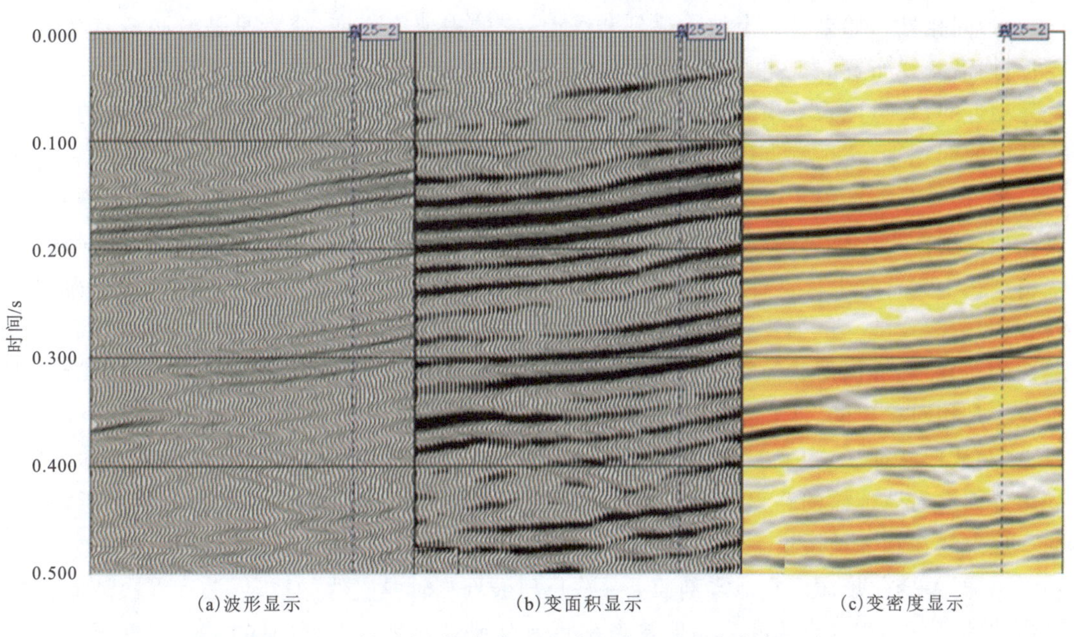

图6-2　时间剖面的波形显示、变面积显示和变密度显示

(1)波形剖面:用振动图形表示地震记录的波形。这种显示形式能比较全面地反映地震波的动力学特征、细节(如振幅、频率和波形等),但是反映界面起伏的直观性较差。

(2)变面积剖面:用梯形面积的大小和边缘的陡缓表示地震波能量的强弱。这种显示能够反映界面的形态,直观性强,外形与地质剖面接近,但是波的动力学特征细节不清。

(3)变密度剖面:用密度值大小表示地震波能量的强弱。振幅强则光线密度大,色调深;振幅弱则光线密度稀,色调变灰。变密度显示不如变面积显示的剖面反射层次清晰。

(4)波形加变面积剖面:一种最常用的剖面显示形式,结合了两者的优点,克服了各自的缺点。波形加变面积剖面将地震波的波峰部分填黑,突出反射层次;在波谷部分留出空白,便于波形分析和对比。

(5)彩色显示剖面:时间剖面也可以用彩色显示。彩色时间剖面色彩鲜艳,层次分明,特征突出,表示地震信息的动态范围更大,利于对比。现有工作站解释系统多采用彩色显示,或双极性显示,更利于对比解释。

3. 地震剖面上各种波的标志

在实际生产工作中,用于解释的是一张由许多地震道依次排列起来的地震剖面。

可以想到,各种不同类型和传播特点的波的同相轴,在地震剖面上会表现出不同的特点,这些特点就是进行解释时,在地震剖面上识别各种波的依据之一(在地震资料解释中,地震剖面上识别出各种波的工作称作“波的对比”)。所以在了解一道地震记录面貌形成的机理后,再小结一下各种波在地震剖面上的特点是十分必要的。

为了在地震剖面上识别出一个波,可以考虑下述四个特征。

(1)同相性。如果有一个波传播到测线上,它的视速度不变,或者只是沿测线有缓慢的变化,而沿测线布置的观测点是相距不远的,因此同一个反射波在相邻地震道上的到达时间也是相近的,每道记录下来的振动图是相似的,并且会一个个套起来,形成一条平滑的、有一定长度的同相轴,这个特点称为同相性,也称相干性。

(2)振幅显著增强。由于在野外采集和室内处理中已采取了许多增强信噪比的措施,所以在地震剖面上,反射有效波的能量一般都大于干扰背景的能量,反射波一般能以较强的振幅出现在干扰背景上。这种振幅显著增强的标志,表现在变面积时间剖面上,小梯形面积增大,两侧边线变陡。更细致地考虑,一个反射波振幅的强弱,还与界面的反射系数(界面两边岩性的差异)和界面形状等因素有关,如果沿界面无构造或岩性的突变,则波的振幅沿测线也应当是相对稳定的。

(3)波形特征。这是反射波的主要动力学特点,由于震源所激发的地震子波基本相同,同一界面反射波传播的路程相近,传播过程中所经受的地层吸收等因素的影响也相近,所以同一反射波在相邻地震道上的波形特征(包括主周期、相位数、振幅包络形状等)是相似的。

(4)时差变化规律。在地震剖面上一次反射波同相轴是直线的;绕射波和多次波同相轴是弯曲的;而折射波、直达波等其他原来在共炮点记录上是直线型的同相轴,动校正后就变成了曲线,这是在地震剖面上识别波的类型的重要依据。

上述四个特征中,前面两个特征是用来识别在地震剖面上是否有一个波出现,后面两个特征可以帮助我们进一步识别波的类型、特征，以及对产生这个波的界面的特点做出推断。

4. 时间剖面的特点

时间剖面由图头和记录两部分组成。

图头部分：位于剖面图的起始部位，用以说明剖面的工区、测线号、起止桩号、剖面性质、野外施工参数和处理方法与流程，其显示内容由处理人员提出。

记录部分：时间剖面的主要组成部分。横坐标代表共中心点叠加道的位置，一般用 CDP 点号和相应的测线号表示。纵坐标垂直向下，代表反射时间(S)。记录波形的最大振幅一般控制在 10mm。

时间剖面是经过动校正和水平叠加后得到的。由于共中心点的炮检距为零，所以水平时间剖面相当于每点自激自收的反射剖面。时间剖面由于消除了接收距离变化对记录时间的影响，与深度剖面相似。一般在地层倾角小、构造简单的情况下能直观地反映地下界面形态特征，同时也呈现出各种地震波的现象和特点。但是，时间剖面不是深度剖面，更不是沿测线铅垂向下的地质剖面。时间剖面与地质剖面有以下三点不同：①时间剖面上的反射层与测线上的反射层，以及根据钻井资料得到的地层分层界面常常不能一一对应；②在构造复杂或地层倾角较大时，由于偏移，反射点位置与记录点位置相差很远；③复杂地区时间剖面具有丰富的异常波等特点。

6.1.2　地震勘探的分辨率

影响地震记录分辨率的因素有很多，例如子波延续时、大地滤波因子、记录仪器等。理解地震勘探的分辨率在地震资料的解释工作中具有重要的实际意义。下面从子波的基本概念出发，论述地震资料垂向分辨率和横向分辨率。

1. 子波的概念

在信号分析领域中把具有确定的起始时间和有限能量的信号称为子波。在地震勘探领域中子波通常指的是 1～2 个周期组成的地震脉冲。由于大地滤波器的作用，尖脉冲变成了频率较低、具有一定延续时间的波形，称为地震子波 $b(t)$（图 6-3）。

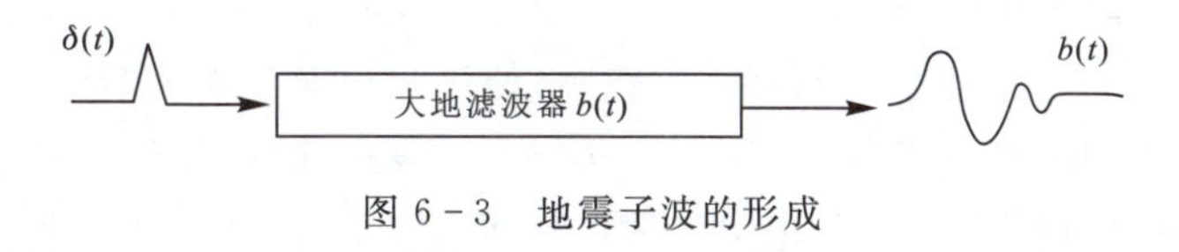

图 6-3　地震子波的形成

一般情况下，地震子波在地层中传播，随着传播距离的增加，其振幅和波形发生变化，但一般认为变化很小。实际工作中根据子波能量分布状况分为最小相位子波、最大相位子波、零相位子波等（图 6-4）。最小相位子波，有时称为前载子波，能量集中在前端。由于大多数脉冲地震震源产生的原始脉冲是接近最小相位的，因此，地震子波一般是最小相位（最小延

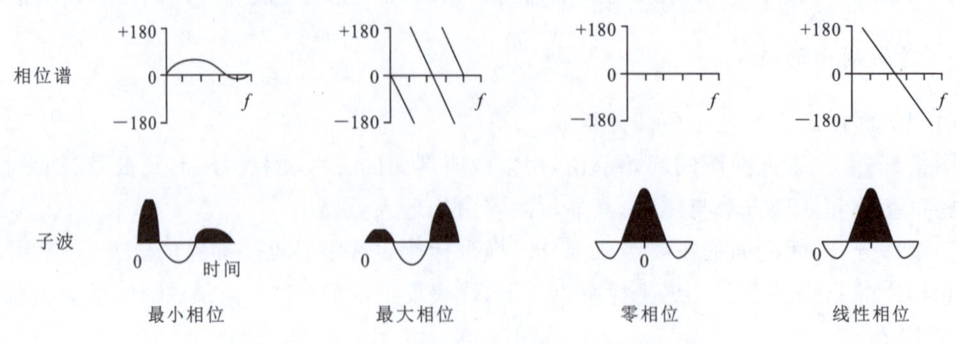

图 6-4　几种子波能量分布、波形和相位的关系

迟)子波。最大相位子波则能量主要集中在尾部。零相位子波能量主要集中在中间,且波形对称。

由于子波在反褶积、反滤波、正反演模型计算中直接影响地震勘探的分辨率和地层结构解释的正确性,因此,正确地求取子波是十分关键的工作。求取子波的方法很多,概括起来有:用声波测井资料求取地震子波、用地震记录的振幅谱求取最小相位子波、从地震记录上直接选择地震子波,或者选用某个频率的理论子波,如雷克子波。

2. 地震子波与分辨率的关系

前面已简单介绍地震子波的基本概念,下面讨论地震子波的频带宽度延续时间和子波形状与地震分辨率的关系。在地震资料岩性解释中常常要应用子波处理技术来改善地震剖面的质量,讨论频带宽度及子波形状对分辨率的影响有助于地震资料岩性解释。

(1)子波的分辨率主要取决于子波的频带宽度。当子波的相位数一定时,频率越高,子波的延续时间越短,分辨率越高。应当明确,脉冲的尖锐程度主要取决于频带宽度,而不只是频率成分的高低。图 6-5(a)所示是一个宽频带的零相位子波及其频谱示意图,其延续时间比较短。图 6-5(b)、图 6-5(c)是一个低频、窄频带的零相位子波,主频与图 6-5(a)相同,但频带窄,延续时间比图 6-5(a)长。比较图 6-5(b)、图 6-5(c)两个子波的频谱可以看出,虽然它们的频带宽度一样,但图 6-5(c)的子波主频较高,两者的延续时间是一样的。图 6-5(c)的子波主频虽然比图 6-5(a)的子波高,但因图 6-5(c)子波的频带比图 6-5(a)的窄,其子波的延续时间比图 6-5(a)的长。

(2)实践中总结出零相位子波的分辨率较高,便于相位对比和解释。零相位子波的优点主要表现在:①在相同的带宽条件下,零相位子波的旁瓣比最小相位子波的小,能量集中在较窄的时间范围内,分辨率高;②零相位子波的脉冲反射时间出现在零相位子波峰值处,最小相位子波的脉冲反射时间出现在子波起跳处,后者的计时不准确,在实际地震记录时,由于存在干扰背景,不可能准确读出初至时间;③试验分析表明,零相位子波比最小相位子波更具有分开薄层的能力,并且零相位子波在同相轴计时、明确鉴别反射极性方面也更优越。

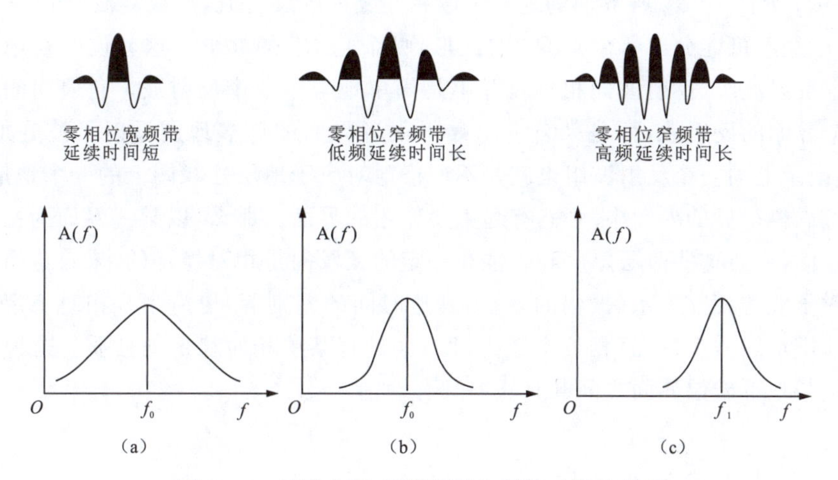

图 6 - 5　子波主频、频带宽度与延续时间的关系

3. 垂直分辨率

分辨率分为垂直分辨率和水平分辨率，垂直分辨率是指在纵向上能分辨岩层的最小厚度，横向分辨率是指在横向上确定地质体(如断层点、尖灭点)位置和边界的精确程度。下面考查地层厚度与地震子波之间的关系，即比较地震子波的延续时间与通过地层双程旅行的间隔时间来表示地震波的垂直分辨率。

从时间上考虑，假定地震脉冲或地震子波的延续时间为 Δt，通过地层顶、底界面的双程旅行间隔时间为 $\Delta\tau(\Delta\tau=2\Delta h/v)$，此时地面接收的反射波出现两种情况。

(1)当岩层较厚，地震子波的延续时小于穿越岩层的往返时，即 $\Delta\tau>\Delta t$ 时，同一点接收到来自界面 R_1 和 R_2 的两个反射波是可以分开的，形成两个保留各自波形特征的单波(图 6 - 6)。这种情况一般较少。

(2)当岩层较薄，地震子波的延续时大于穿越岩层的往返时(即 $\Delta\tau<\Delta t$ 时)，来自相距很近的各反射界面的地震子波传播到地面一个接收点时将不能分开。在接收点 S 上收到的

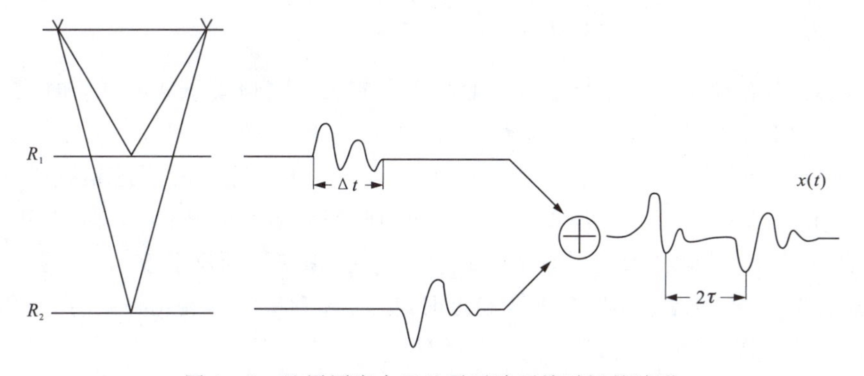

图 6 - 6　地层厚度大于地震子波延续时间的波形

是来自R_1、R_2、R_3、…、R_n各界面的地震子波相互叠加的反射波，形成复波（图6-7）。在这种情况下，已经不可能分出哪个是R_1的波形，哪个是R_2的波形。这就说明在地震记录上看到的一个反射波组（反射波同相轴），并不是简单地等于一个反射波。它表明的波组并不是来自一个界面的反射波，而是来自一组靠得很近界面的许多地震反射子波叠加的结果。因此，地震记录上的一个反射波组也就并不严格地对应于地层柱状图上的一个地层分界面。在这样一组靠得很近的界面中，必然有起主要作用的界面。那么，以某一界面为主的一组靠得很近的界面，只要这些薄层厚度和岩性在一定的区段内是相对稳定的，来自这组界面的许多地震反射子波的相互关系（振幅的差别、到达时间的差别等）也应当是相对稳定的，因而，其叠加的地震反射波组特征（相位个数、强度）也具有某些相对稳定的性质。这说明地震记录上的波组与地下岩层界面之间既有联系又有差别。

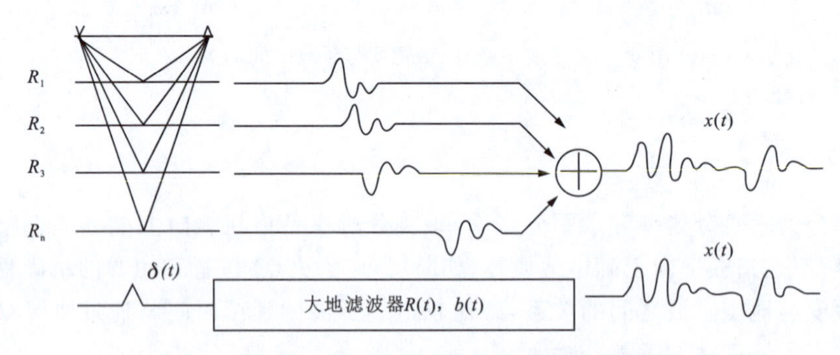

图6-7　地层厚度小于地震子波延续时间的波形

由上述分析可知，地震记录上的反射波，在大多数情况下并不是单一界面产生的单波，而是几十米间隔内许多反射波叠加的结果。如果用地震波的波长λ与地层厚度Δh来确定垂直分辨率，当地震子波的延续时间ΔT为n个周期时，则有：

$$\Delta\tau > \Delta T \text{ 或 } 2\,\frac{\Delta h}{v} > \frac{n\lambda}{v} \tag{6-1}$$

则

$$2\Delta h > n\lambda\left(n=1,\Delta h=\frac{\lambda}{2}\right) \tag{6-2}$$

由此可知，分辨地层的厚度与地震脉冲的周期有关。当地震子波的延续时间为一个周期时（$n=1$），可分辨的地层厚度为半个波长（$\Delta h=\lambda/2$）。

Widess(1973)设计了一个楔形地层的模型，用来研究反射波形随地层厚度的变化（图6-8）。由图可知，当地层的厚度大于$\lambda/2$时，顶、底界面是可识别的，即可根据两组反射波的时差来确定地层厚度；当地层厚度趋近于$\lambda/4$时，顶底界面反射波相长干涉，出现调谐现象，振幅变得最强；当地层厚度向$\lambda/8$趋近时，振幅减N_1，波形变化很微弱。随着地层的减薄，相消干涉增强，甚至消失。

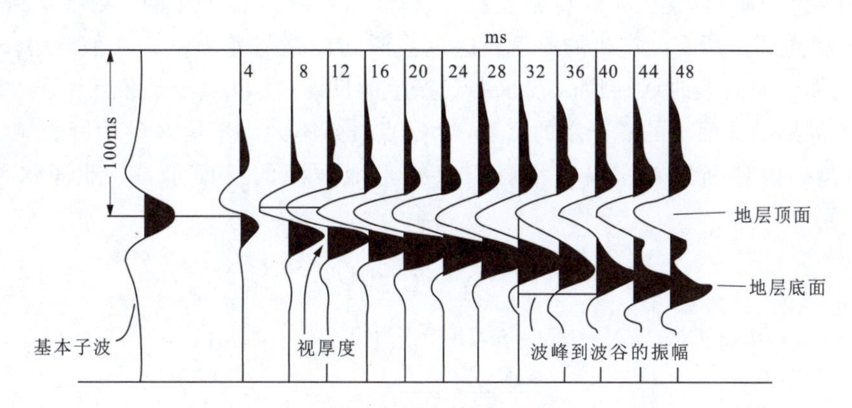

图 6-8　楔形地层的地震响应

由此可知，当地层减薄至 $\lambda/4$ 时，已不能用时差来确定地层厚度，只能利用振幅的信息来确定地层的厚度。由于用振幅信息来确定地层厚度也有限制，因此一般认为垂直分辨率在 $\lambda/8 \sim \lambda/4$ 之间。例如假定浅层的砂泥岩地层，速度为 1800m/s，频率为 60Hz 左右，可分辨地层在 3.7～7.5m 之间；如果是深反射层，速度增大到 4500m/s，主频降至 15Hz，则可分辨地层在 35～75m 之间。

4. 水平分辨率

水平分辨率也叫横向分辨率，是指地震在横向上能分辨地质体的最小宽度。按物理地震学的观点，地面观测点得到的地震反射不是地下界面某特定点的响应，而是反射“点”周围一个面积上多点源响应的总和。在三维空间，波前是一个面，随时间向前推移，当遇到反射界面时就会反射。当初至波的波前越过反射界面时，在初至波波前 $\lambda/4$ 处相应相位的波前和反射面相切，人们把这时初至波波前切割反射界面的宽度叫第一菲涅尔带(图 6-9)。

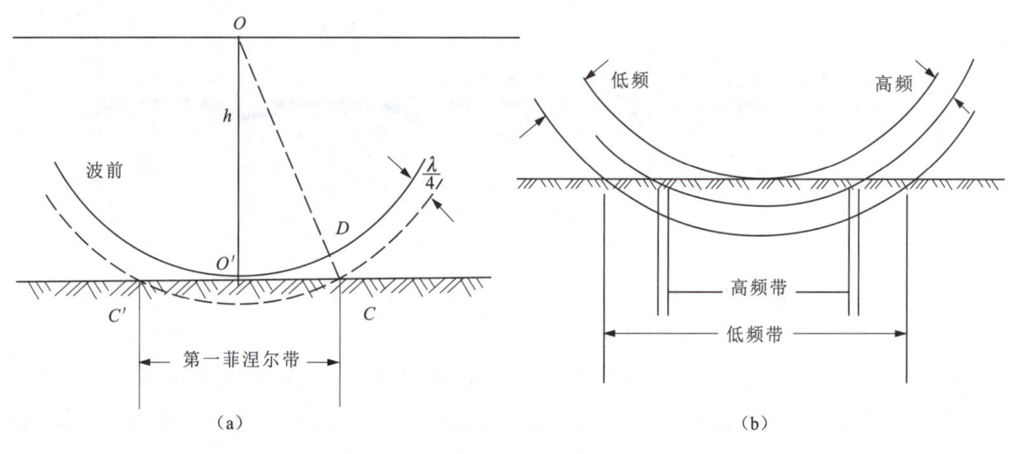

图 6-9　第一菲涅尔带示意图

如图 6-9(a)所示，设在界面 O 点自激自收，波在界面 O'点产生的反射最早到达地面 O 点，在界面 O'点两侧所有点产生的反射到达 O 点时间应分别晚于 O'。一般认为，双程时间小于半个周期的界面上的点(例如 C 和 C'点)产生的反射，在 O 点上是相互加强的。双程时间大于半个周期的界面上的点产生的反射，对 O 点贡献不大。于是以 O 为圆心，OC 为半径画圆，圆内包括的界面段 CC' 叫做相对于 O 点形成波源的菲涅尔带。菲涅尔带范围由图 6-9(a)可知：

$$\overline{O'C}=\sqrt{\overline{OC}^2-\overline{OO'}^2} \tag{6-3}$$

其中，$OC=OD+DC$，$OO'=OD=h$，$DC=\frac{v}{2}\left(\frac{T}{2}\right)=\frac{\lambda}{4}$，则有：

$$\overline{O'C}=\sqrt{\left(h+\frac{\lambda}{4}\right)^2-h^2}=\sqrt{\frac{\lambda h}{2}+\frac{\lambda^2}{16}} \tag{6-4}$$

如果 $h \geqslant \lambda$，略去 λ^2 次，可得：

$$\overline{O'C}=\sqrt{\frac{\lambda h}{2}} \tag{6-5}$$

由此可见，菲涅尔带的范围，随着深度的增加和频率的降低而增大[图 6-9(b)]。

为了说明菲涅尔带的效应，图 6-10 模型上面表示按菲涅尔带用垂线划分大小不同的四个反射段和砂岩体模型宽度，下面表示大小不同砂岩体模型的地震响应。四个反射段的最大振幅分别为 100%、87%、55%和 40%，对于大于菲涅尔带的反射段，显示的反射图形与反射段的形态一致，对于小于菲涅尔带的反射段，地震反射特征发生变化，呈现点绕射型响应，振幅随岩层横向宽度的减小而降低。

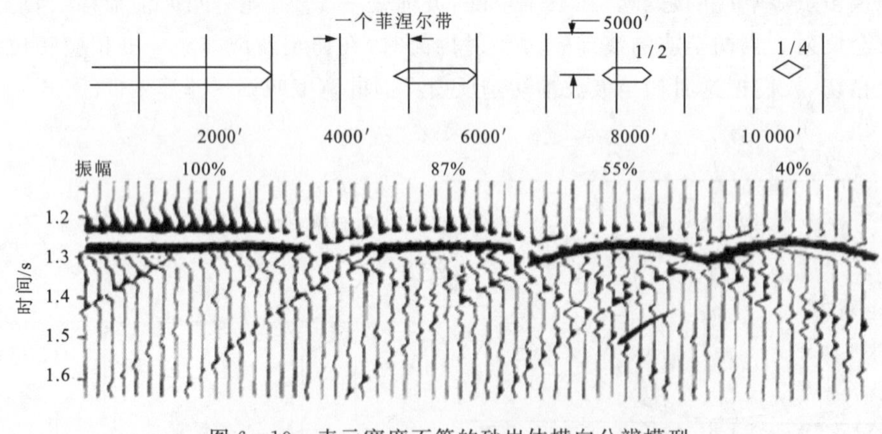

图 6-10　表示宽度不等的砂岩体横向分辨模型

最后需要指出，无论是垂直分辨率还是水平分辨率，都与子波的频率成分、频带宽度和相位特征等因素有关。子波的波长越短，分辨率越高，子波的频带宽度与子波的延续时间成反比，频带越宽，分辨率越高。在频谱相同的情况下，零相位子波具有较高的分辨率，这是因为零相位子波频带较宽，振动延续时间最短。

此外，水平分辨率还与偏移成像的精度有关，理论上偏移可以把菲涅尔带收敛成一个点，但由于观测点密度的限制，噪声以及介质的不均匀性，实际上是做不到的。因此，在条件允许的情况下提高偏移成像的精度可最大限度地提高地震水平分辨率。

由上述分析可知，影响 $\Delta\tau$ 的主要因素是地层波速和地层厚度，但在同一岩层中横波速度比纵波速度小，因此利用横波勘探可提高垂向分辨率。此外，深层速度大，频率明显降低，同样厚度的地层在浅层可以分辨，深层可能不能分辨。

6.1.3 三维数据体

三维地震勘探野外采集时使用了与二维地震不同的观测系统，因此采集的数据经过三维常规处理后得到的成果资料已不是孤立的二维水平叠加时间剖面和叠偏剖面，而是一个完整的、能反映地质体时空变化的三维数据体（图 6－11），由此数据可以输出全部的水平切片和垂直剖面图，供解释人员使用。

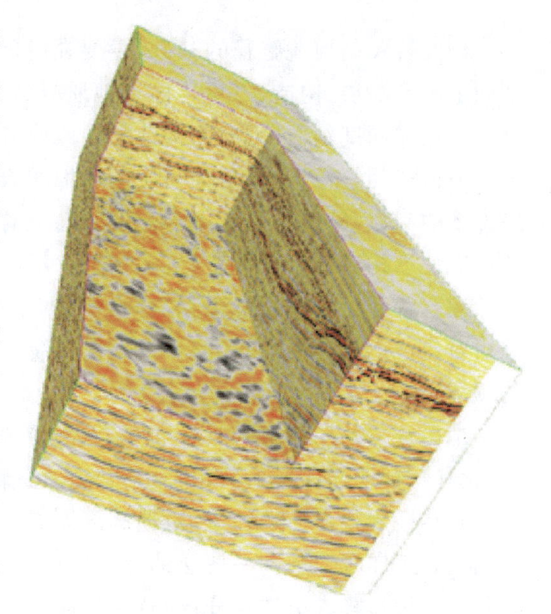

图 6－11　三维数据体

在交互处理系统或交互解释系统的工作站上，有多种多样的方式显示经数字处理后的三维数据体：①各种垂直剖面，如纵测线剖面、横测线剖面、任意斜交方向的剖面、不同方向的连井展开剖面等；②水平剖面（或称为时间振幅切片、水平切片）；③剖面与平面联合显示，如椅状显示、栅状显示；④立体动画显示；⑤三维可视化显示。

1）垂直剖面

垂直剖面是铅垂方向的剖面，显示方式大多为波形加变面积。一般垂直于构造走向的剖面为主测线。通常用 Inline 或 Subline 表示。为便于解释，显示的测线间隔一般为 50m。与主测线相垂直的为联络测线，通常用 Crossline 表示。显示的测线间隔可根据需要选择，一般为 20m、25m、50m 或 100m。为确定地质层位，实现地震与地质直接对比而连接部分钻井的测线，称联井测线。

2）水平切片

水平切片是三维地震资料特有的成果，通常用 Time Slice 表示。每一张切片是地下不同层的信息在同一时间内的反映，它相当于某一等时面的地质图，即同一张切片里显示了不同层位的信息。如反射振幅强弱、频率高低、信噪比变化、断裂分布、断距、构造、异常体等。同一层位的信息又连续清晰地反映到多张水平切片上。利用连续的水平切片进行三维作图，能大大提高构造图的精度，这是三维解释的一个突出优点。

6.2 煤田构造解释

6.2.1 构造解释的基本内容与流程

1. 基本内容

剖面解释是构造解释的基础，主要在时间剖面上进行。剖面解释的主要任务是在时间剖面上确定断层、构造、不整合面和地质异常体等地质现象。此外，剖面解释还包括把时间剖面转换成深度剖面，为局部构造和区域构造发展史研究提供基础性资料。

所谓空间解释，主要是指断层的平面组合、构造等值线的勾绘、等深度构造图和地层等厚度图的制作等，即要把各条剖面上所确定的地质现象在平面上统一起来，这样才能较全面地反映地下构造的真实形态，也是构造解释的最终成果。

综合解释是在剖面解释和空间解释的基础上，结合地质、其他地球物理资料，进行综合分析对比，对煤田的性质、沉积特征、构造展布规律、煤炭储存规律做出综合评价和有利区块的预测。

地震资料的构造解释具体步骤包括：①确定反射标准层，主要依据地震剖面的反射特征，选择特征明显的反射同相轴，结合地质解释赋予其明确的地质意义；②波的对比，运用地震波在传播规律方面的知识，对地震剖面进行去粗取精、去伪存真、由表及里的分析，把不同剖面间真正属于地下同一地层的反射波识别出来；③根据反射波在地震剖面上的特征，结合各种典型构造样式类比与分析，解释剖面上同相轴所反映的各种构造地质现象，以及其相关的地震响应与成因机理等；④根据工区内地震剖面解释，做出反映某一个地层起伏变化的构造图，并根据有关煤炭储量方面的地震地质信息，对其做出资源量评价。

2. 构造解释流程

地震资料构造解释的核心就是通过地震勘探提供的时间剖面和其他物探（重力、磁法）资料，以及钻井地质资料，结合构造地质学的基本规律，包括区域的、局部的各种构造地质模型，解决矿区内有关构造地质方面的问题。

地震构造解释的过程一般可分为：资料准备、剖面解释、空间解释和综合解释四个主要阶段（图 6 - 12）。

地震构造解释的具体任务是：确定反射标准层的构造-地层属性、接触关系、不整合面性质，并划分构造层；确定矿区内构造基本特征和构造样式、空间位置与形态，以及识别火成岩体、盐（泥）岩体、礁体等地质体；确定并分析矿区内断裂的活动历史、断层性质，识别断层产状，进行断层平面组合；分析矿区的演化历史、地层展布格架及其与构造的配置关系；确定矿区的基本地质类型，划分各级构造单元，绘编各种比例的区域和局部构造图件；最后结合其

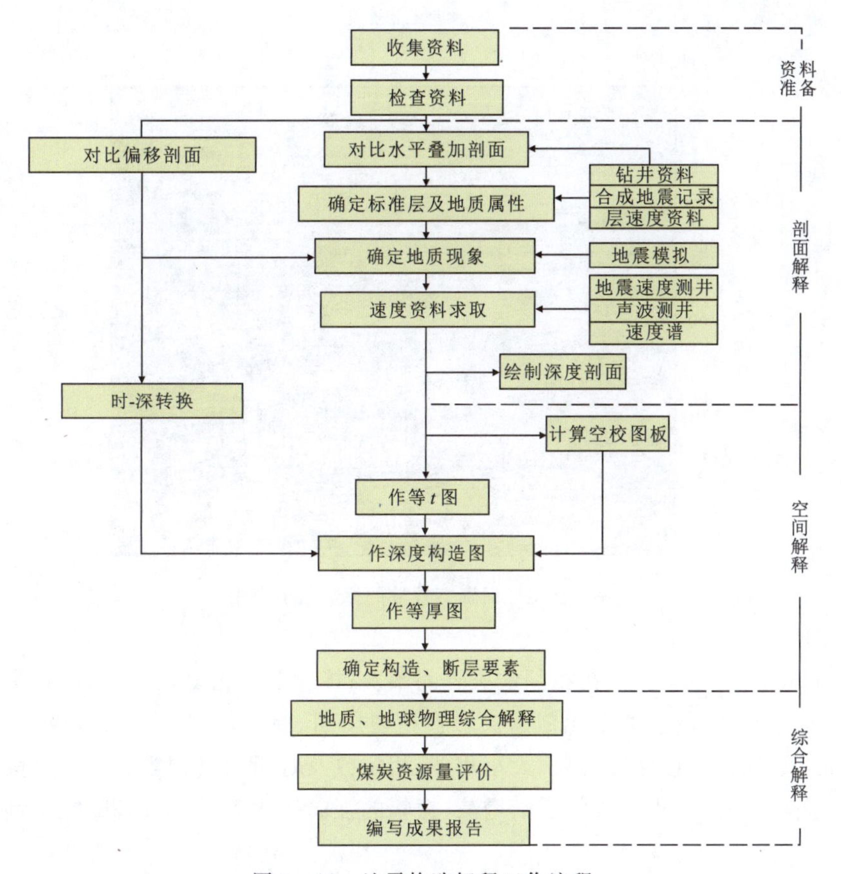

图 6-12　地震构造解释工作流程

他物探(重力、磁法)和地质资料,对矿区内区带和局部构造进行煤炭资源量综合评价,为勘探部署提供决策依据。

3. 时间剖面的对比

地震反射资料的地质解释是通过时间剖面的对比来实现的。标准层的确定工作完成之后,大量的基础性工作就是时间剖面对比。时间剖面的对比包括:收集并掌握地质资料,选择对比相位,研究反射波与波组特征,展开相位对比和相位闭合,识别各种波的类型,分析波与波之间的关系,推断时间剖面所反映的地质现象。本节首先讨论反射波对比的基本原则,然后介绍时间剖面对比的实际步骤。

1)反射波对比的基本原则

时间剖面的对比实际上是反射标准层的对比,就是在地震记录上利用有效波的动力学和运动学特点来识别和追踪同一界面反射波的过程。由于时间剖面上存在干扰背景,识别和追踪同一反射标准层必须考虑下列标志,也就是对比的基本原则。

(1)相位相同:来自地下同一物性界面的反射波,在相邻共反射点上的 t_0 时间相近,极性相同,相位一致,相邻地震道的波形为波峰套波峰,波谷套波谷,变面积的小梯形也首尾衔接为一串,为一条能延伸一定长度的平滑直线。地震记录上把波的这种相同相位的连线叫“同相轴”(图 6-13)。这种相位的相似性称为同相性,是识别和追踪同一层反射波的基本标志。

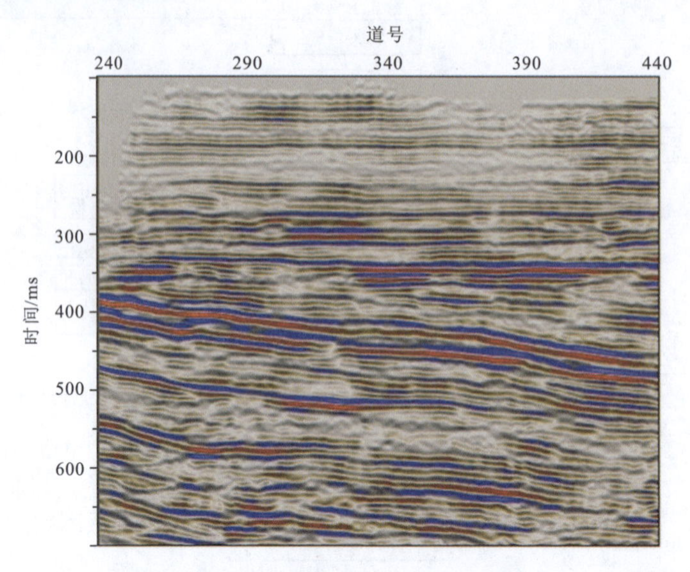

图 6-13　识别有效波的标志:同相轴

(2)波形相似:同一反射波在相邻地震道间激发、接收条件相近,当传播路径和穿过地层的性质差别较小时,波形也基本相似。波形包括视周期、相位数、包络线、各极值振幅比等。在时间剖面上表现为黑色梯形,面积大小相似,相位数及时间间隔相等。反射波的波形有时也会产生主周期的变化、相位数的逐渐增减、振幅的强弱变化等。另外,断裂、干涉也会使反射波波形突变(图 6-14)。

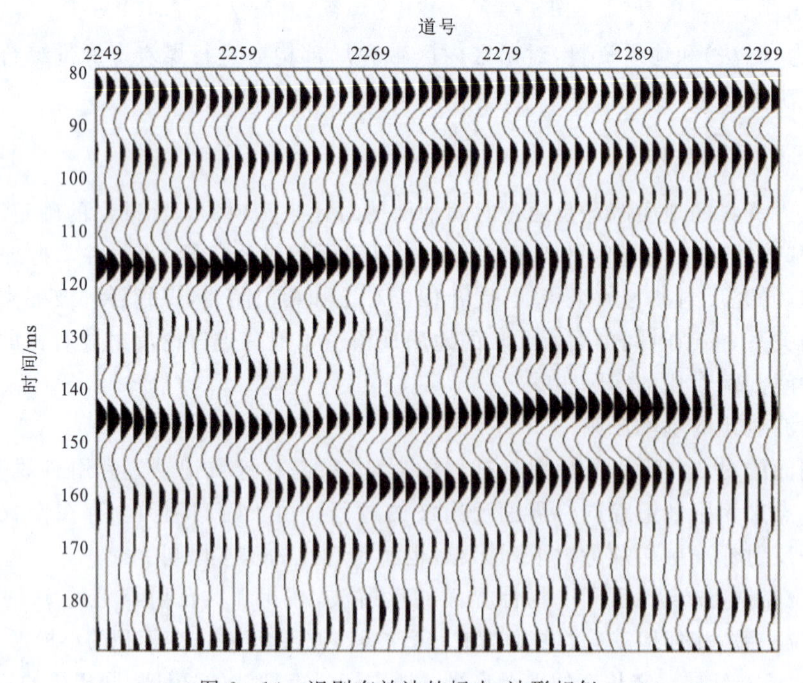

图 6-14　识别有效波的标志:波形相似

(3)振幅增强:时间剖面上的反射波能量一般比干扰背景能量强,在时间剖面上表现为振幅峰值突出,黑色梯形面积较大,边线变陡。如果反射波能量比干扰波能量弱,则无法识别反射波(图 6-15)。在时间剖面上的反射波振幅是比较敏感的,不仅是识别同一层反射波的重要标志,而且也是判断岩性、煤层等的重要依据之一。引起振幅横向变化的原因有很多,如岩性横向变化、构造与断层、波的干涉等。

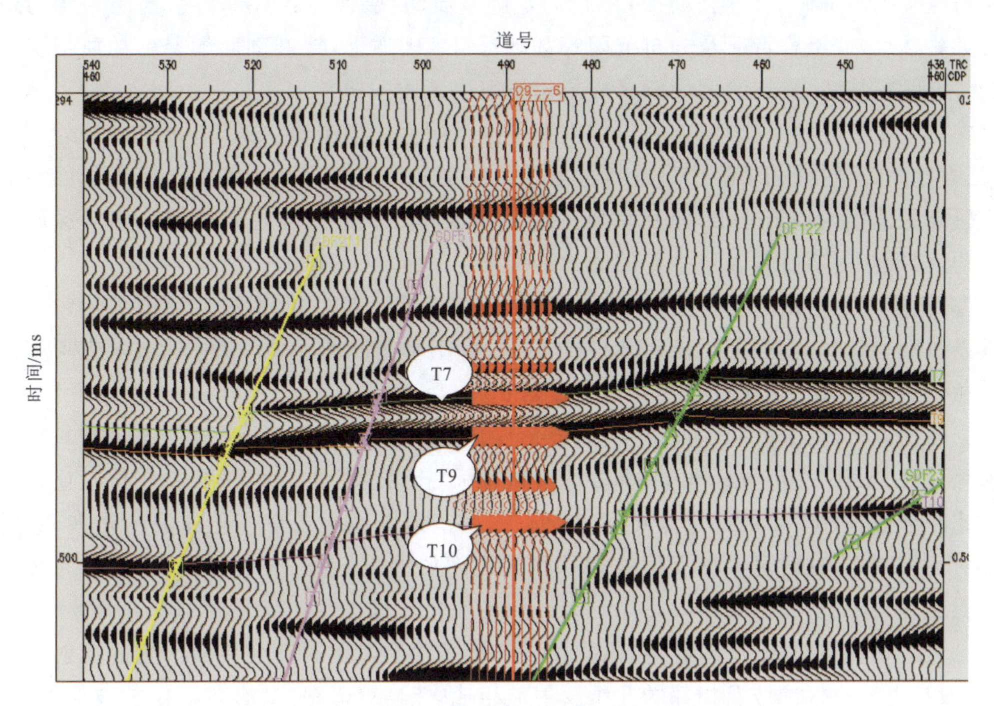

图 6-15　识别有效波的标志:振幅增强

(4)连续性:反射波在横向上的相位、波形和振幅保持一定的距离,并延续一定的长度,这种性质叫波的连续性。当界面水平时,表现为变面积小梯形首尾相接;当界面倾斜时,各梯形的腰会排列在同一直线上。反射波的连续性代表上下相邻两套地层的连续性,它是由这两套地层的岩性速度、密度、含流体性质等因素所决定的。在构造解释中,着重研究反射层外部形态,忽视反射层内部结构的一些不连续的反射。连续性可作为衡量反射波是否可靠的标志。

上述标志,从不同的方面反映同一层反射波的特征。它们彼此不是孤立的,而是互相联系的。一般情况下,这些标志不同程度地同时存在,对比时应综合考虑。某些波连续性较好,能量可能较弱;不整合面上的反射波能量一般很强,但波形通常不稳定;由于岩相和岩性的变化,波的特征必然也是逐步变化的。一般来说,与激发、接收等地表条件有关的影响,会导致同相轴从浅至深发生同样的畸变;而受地下地质条件变化有关的影响,往往会导致一个或几个同相轴发生畸变。在波的对比中,解释人员要善于识别各种波形的特征,弄清同相轴变化的原因,严格区分是地质因素还是剖面形成过程中的人为因素,这正是地震解释的主要工作。

2)实际对比方法

(1)收集并掌握地质资料。在剖面对比工作开始之前,解释人员必须收集工区和邻区地质资料,包括区域地质和矿区内地层、构造等方面的资料。在有条件的地区,解释人员在剖面解释前或解释过程中到矿区周缘地区考察野外露头剖面是十分必要的。解释人员在剖面解释前要基本了解矿区范围、勘探目的层、基底性质、表层性质、地层时代、地层结构与地层间接触关系、岩性组合特征及分布范围等基础资料。实质上,地震剖面解释＝地质情况＋地震资料＋解释技巧,最终的剖面解释成果用于解决地质问题。

在一个矿区开始对比时,首先应依次把工区范围内剖面浏览一遍,选出其中反射层次齐全、信噪比高、反射同相轴稳定且连续性好的一些剖面作为对比基干剖面。基干剖面一般要求在研究区范围内均匀分布,能反映典型地质现象和控制矿区内主要构造。如横穿矿区内主要构造带的一些剖面,以及主要的联井剖面等。

(2)相位对比。由于反射波是在干扰背景下被记录下来的,反射波的波前到达(初至)时间难以识别,在时间剖面上不能对比波的初至,只能对比波的相位,这种对比方法叫相位对比。相位对比可分为强相位对比和多相位对比。

①强相位对比:选择同一反射层位,波形变化稳定、能量强、特征明显的波进行对比和横向追踪。对于每一个反射标准层,都要选择振幅强、连续性好的相位进行单相位对比。强相位对比在地质条件简单的地区是可行的,但是,由于地下地质条件变化或波的干涉,有时单相位对比较困难,这时可根据反射波相邻相位之间的关系,进行多相位对比,又称为波组和波系对比。

②波组和波系对比:所谓波组,是指比较靠近的两个以上的反射界面产生的反射波的组合,一般是由某一标准波及相邻的几个反射波组成,能连续追踪,具有较稳定的波形特征,各波出现次序和时间间隔都有一定的规律。波系是指由两个以上的波组所组成的反射波系列,表现为波组之间特征明显,时间间隔稳定,并具一定的规律性(图 6 - 16)。

波组和波系往往产生在较为稳定的沉积地区,地层厚度和岩性横向变化相对稳定,反射波特征也较稳定。利用波组和波系进行对比,可以较全面地考虑层组间的关系,准确地识别和追踪反射波。一般情况下,在凹陷中心部位波组和波系的间隔是稳定的,向凹陷边缘波组和波系的间隔逐渐收敛于原始沉积底面。波组和波系的对比对于确定较大的断层十分有利,但往往会忽略掉一些小断层,有时可能造成串层现象。

③相位对比的分级与合理性检查:对比过程中应根据反射标准层同相轴的品质进行分级,一般分为可靠和不可靠两级。可靠同相轴振幅强、波形稳定、特征明显、连续性好,虽有错断但仍能识别清楚,着色时用实线表示;不可靠同相轴振幅变化大、波形不稳定、特征不明显、连续性差,着色时用虚线表示。

在对比过程中,要注意异常波和反射波特征变化,注意区别杂乱反射波与空白段反射波。一般情况下,异常波的出现往往与断层和特殊地质体有关,如杂乱反射和空白段反射可能是冲击扇体、滑塌岩体、火成岩体或泥底辟构造等的地震响应,应根据具体地质情况做出判断。

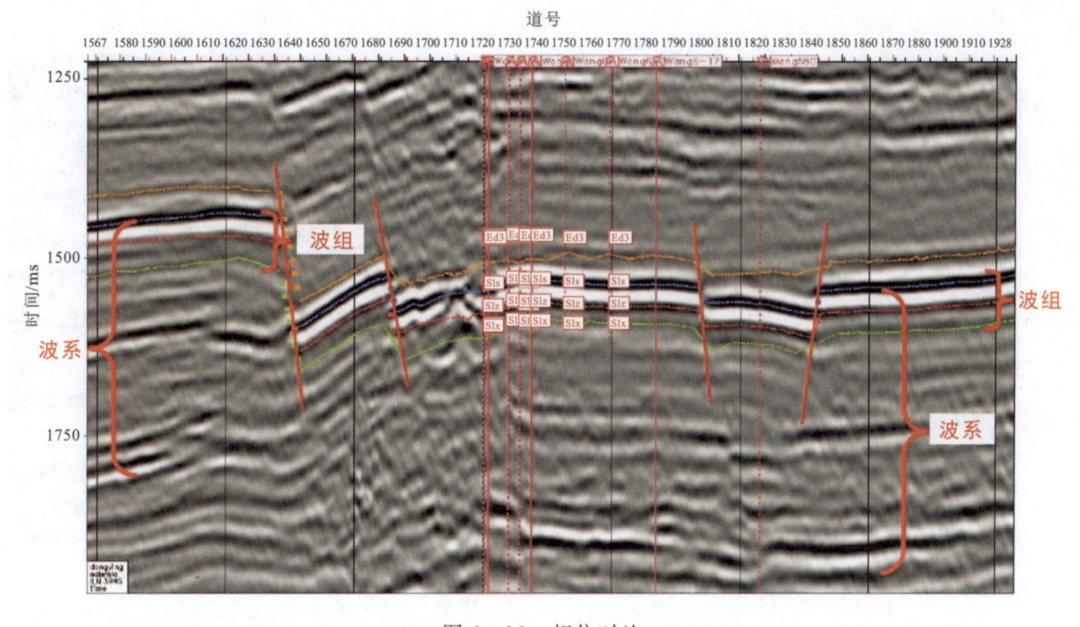

图 6－16　相位对比

(3)闭合对比。根据时间剖面同一层反射波相同相位 t_0 时间在剖面交点上相等的原则，确定其相同的部位叫相位闭合。相位闭合既可以统一解释层的作图相位，又可以检查标准层对比工作的质量。相位闭合不仅是剖面交点的闭合，而且是整个测线网的闭合。在剖面交点上，用相位闭合差来衡量相位是否闭合。相位闭合差是相交两条剖面同一层反射波的 t_0 时间差。在一般情况下，当闭合差小于或等于半个相位时，可认为两条相交剖面的相位闭合，否则为相位不闭合。

造成相位不闭合的原因有很多，既有解释方面的原因，又有采集和处理等方面的原因。在解释过程中，标准层的对比层串相位、断层两侧层位定错及相位关系的追踪不正确等都可以造成相位不闭合。在时间剖面上反射波分叉的现象是很普遍的，追踪对比时，必须对分叉的每一点都做出一致性的判断。如图 6－17 所示，在从右向左追踪反射界面时，需要判断上下两个反射层面中哪个界面是真正需要作图的地质界面，否则就把两个不同的反射界面连在一起，造成测线间的不闭合。这种波的分叉与合并现象，在大多数情况下是有地质意义的，如地层厚度变化、岩性横向变化和不整合面的截削与地层超覆等均能引起反射波的分叉。

①厚层分叉：变厚的地层，单个反射波常分叉为两个反射波，这种变化是均匀、缓慢的，地震剖面上没有任何不连续的迹象。在这种情况下，追踪反射界面一般沿顶面光滑同相轴的那一支连续地延伸下去，这样有可能保持追踪同一层位或接近同一层位。

②薄层分叉：在由厚砂泥岩地层相变为薄砂泥岩互层，或上覆在稳定砂层上的页岩相变为一系列薄的砂泥岩互层时，就会出现单一反射波逐渐变为一系列反射波的情况。在这种情况下，追踪反射界面一般沿底面光滑同相轴的那一支追踪下去。

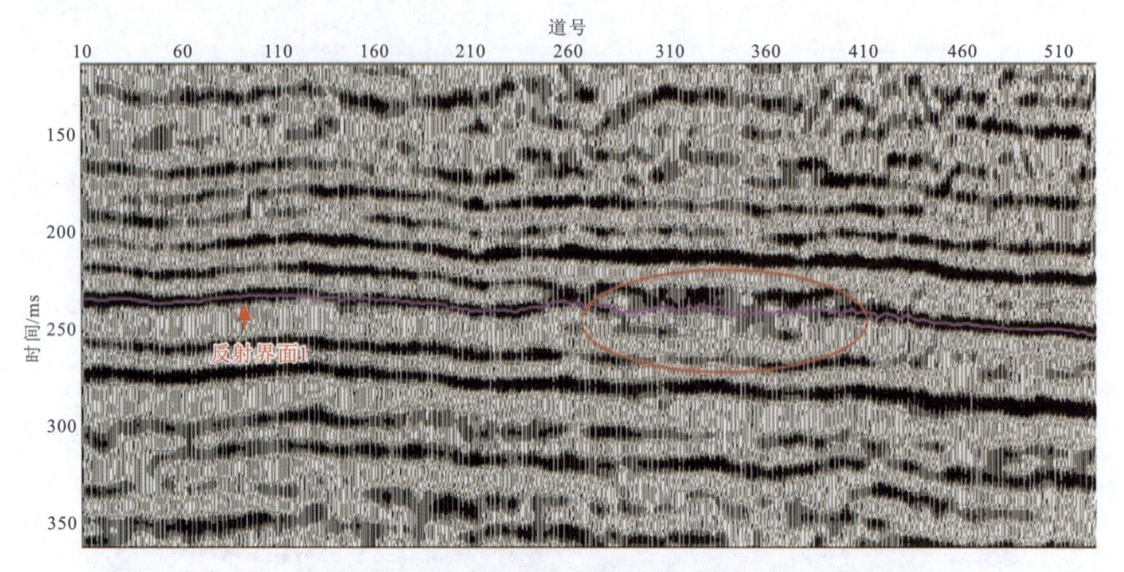

图 6-17　地震反射分叉追踪黑的波峰

此外，下列因素也能造成测线交点不闭合。

①速度差异：对于地下同一地质点，叠加速度方向的不同造成反射时间差异，即地震波沿同相轴向或地层走向到达的时间与地震波垂直同相轴向或地层倾向到达的时间是有差异的，因而造成闭合差。

②测量误差：陆地上的地形测量误差，如在林区看不到标志点，从其他控制点进行长距离测量会造成误差积累。

③记录误差：激发条件变化或两条测线使用的仪器参数或仪器型号不同，也会引起闭合差。即使是同一型号的仪器，仪器性能和参数的变化对脉冲形成与相位延时的影响也是很大的。

④处理误差：处理手段和方法不同等也会引起闭合差。

⑤噪声影响：有时也会造成测线交点不能闭合。

值得注意的是，有时在干扰现象复杂、反射波质量较差的剖面段，即使做到测线交点闭合也不能保证对比一定正确，原因是两次对比误差互相抵消也可以达到测线交点闭合。

(4)干涉带的对比。在时间剖面上，常可以看到波的相互干涉，如一次波与多次波的干涉，反射波之间的干涉，反射波与绕射波、断面波的干涉等。同相轴出现阶梯状分叉和扭曲段，则称为干涉带。例如，当两个振幅相等、波形相同的同相轴相交时，会出现阶梯状同相轴。图 6-18 所示为两个正弦波时间间隔 $\tau=0, T/6, T/3, T/2, 2/3T, 5/6T, T$ 合成的干涉波形。当 τ 是周期的整数倍时，合成波与每个单波相位重合，出现最大波峰；当 $\tau=T/2, 2/3T, \cdots$ 时合成波振幅为零。因此，把各级最大波峰连接起来，在 $\tau=T/2, 2/3T$ 处出现阶梯状同相轴[图 6-18(a)]。如果两个振幅不同的波干涉，在该处就出现扭曲状同相轴[图 6-18(b)]。干涉的产生可能有地质意义，也可能是其他方面因素引起的。

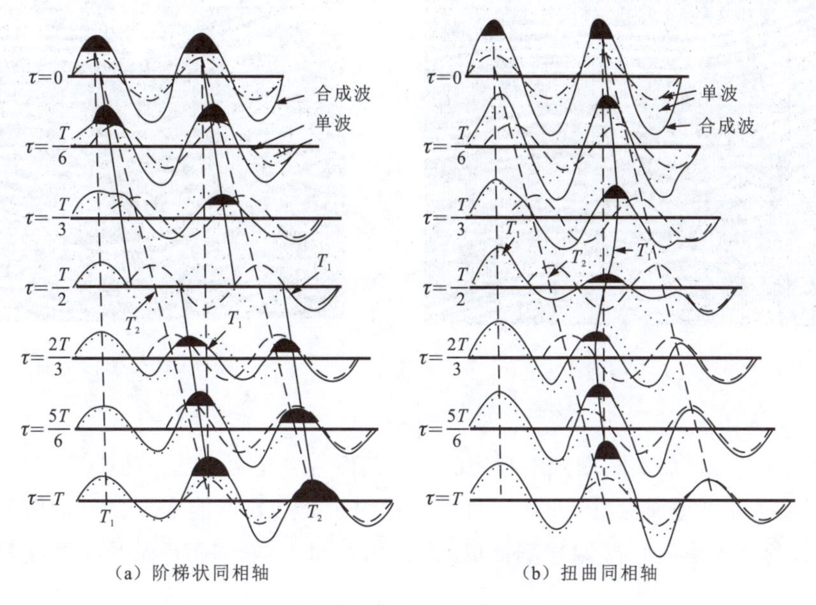

图 6-18　阶梯状同相轴与扭曲同相轴的形成

在干涉带中进行严格的相位对比是十分困难的。一般情况下，如果干涉带中存在优势波，即使优势波的相位被扭曲，通过对比干涉带内优势波主要相位的连续性，仍可以保证干涉带前后相位一致。有时可假定反射波的视速度在干涉带前后不变，从未受干涉段开始向干涉带内对比，把干涉带两边的相位连接起来。这种对比在地层变化较稳定地区是可行的，但在地层起伏较大、速度变化较大的地区易发生串相位。采用叠偏剖面与水平剖面的联合对比是消除干涉带影响的一种较好的方法，这是因为叠偏剖面上波的干涉已经分解，水平剖面上有干涉的地方在偏剖面上一般均消失了。

(5)联合对比。水平叠加剖面是地震地质解释的基础资料，能如实地反映地下的各种地质现象。但是，由于记录点与反射点的位置有偏移，波的干涉现象频繁出现，构造形态被歪曲，绕射波不收敛，给剖面的解释和对比带来困难。例如，在陡倾角地带和复杂地区，水平叠加剖面就会产生严重的畸变，出现复杂的干涉现象和各种地质假象，断层上的绕射波被误认为是大倾角反射波，或尖向斜的回转波被误认为是背斜的反射，从而导致错误解释。

图 6-19 中水平剖面的中部为一向斜，浅层有一低幅度褶皱，向下褶皱幅度增大，在 0.8s 处为良好的宽向斜，1.1s 处向斜变窄，1.2s 处向斜更窄了，在大约 1.4s 处，向斜变为一个点，并由此向下反射上凸。在图 6-20 的偏移剖面中，褶皱形态比较清楚，右边背斜顶部 1.3s 处的反射与左边向斜谷底 1.4s 处的反射为同一反射，还可看出右边背斜较复杂，深层见有断裂显示。可以看出，偏移剖面中绕射波收敛、反射波归位及干涉带分解，剖面上构造和地层形态清晰，断层特征明显，能真实反映地下地质特征。

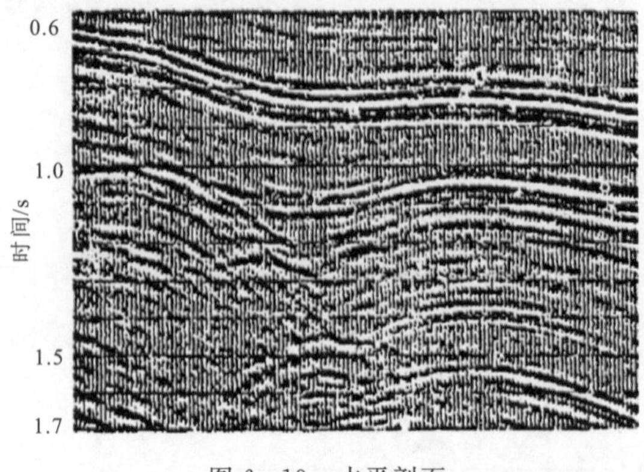

图 6-19　水平剖面

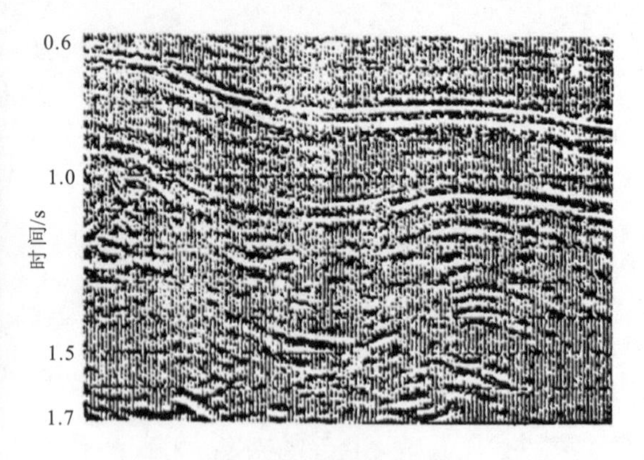

图 6-20　偏移剖面

需要指出的是：目前实际勘探中利用的偏移剖面主要是两步法三维偏移归位剖面，反射点的位置还不是地下地质点真正的空间位置，在剖面交点处不能实现偏移剖面与钻井时间一致。因此，利用水平剖面与偏移剖面联合对比，可以有效地确定水平剖面反射波对比终止点。

(6)剖面间的对比。在工区范围不大、地下地质情况较稳定的地区，相邻平行测线上各时间剖面所反映的地层层位、构造形态、断层尖灭等地质现象都应基本相似，可利用相邻剖面相互参照对比。

(7)对比次序。对比过程要遵循先简单、后复杂的对比原则。先从地层厚度变化不大、层系发育全的稳定地区开始对比，然后逐渐对比到复杂地区。先对比垂直和平行构造走向的主干剖面和联络剖面，后对比斜交构造剖面；先对比浅层反射波，由浅入深逐层向下展开对比；先对比反射波，后对比多次反射波和特殊波；先对比偏移剖面，后对比水平剖面。

总之，波的对比是一项十分重要的工作，它直接影响地震解释成果的可靠性，要求反复对比，并不断地检查、分析，确保追踪的反射层与地下地质界面一致。上述对比方法要综合运用，更重要的是应在实践中积累经验，逐步提高对比技巧。

6.2.2　层位标定

地震反射层位的地质解释主要是依据地震剖面的反射特征，选择特征明显的标准反射波，然后结合矿区地层层位关系确定反射波代表的地质层位。这种具有明显地震特征和明确地质意义的反射层通常称为反射标准层，反射标准层选取的正确与否直接影响剖面对比工作和最终解释成果。

1. 地震剖面与地质剖面的对应关系

地震剖面是地质剖面的地震响应，蕴藏大量的地质信息，地震反射所涉及的地质现象在地震剖面中都应有所反映。然而，在地震剖面中除了地质现象的响应之外，还包含着与地质现象无关的噪声，它们不具有任何地质意义。因此，在地震剖面与地质剖面之间，反射界面与地质界面、反射波形态与地下构造、反射层与地层之间有紧密的联系，但又存在一定的区别。

地震反射界面是波阻抗有差异的物性界面，地质上可构成物性差异的界面有层面、不整合面、剥蚀面、断层面、侵入体接触面、流体分界面，以及任何不同岩性的分界面，它们均可构成地震反射面。对于以上情况，反射面与地质分界面是一致的。在某些情况下，地震反射界面与地质界面是有差异的，不一定与地层或岩性界面具有对应关系。如相邻地层由于岩性和颗粒大小变化具有层面，但没有形成明显波阻抗差界面，不足以构成地震反射面；另外，同一岩性的地层，既无层面也无岩性界面，但由于岩层中所含流体成分不同(例如水层与灰岩的分界面、水层与气层的分界面)，而形成明显的波阻抗差界面，足以构成地震反射面，该地震反射面不一定代表地质界面。

在一般情况下，具有明显波阻抗差的地层层面是不整合面，不整合面具有明确的年代地层意义，因而相应地也赋予了地震反射界面明确的地层年代含义。确定地震反射界面的地质年代，是地震解释十分重要的基础性工作之一。

由地震垂向分辨率分析可知，在薄互层地区，地震记录上的一个反射波，并不是由单一界面产生的单波，而是几十米间隔内许多反射波叠加的结果。地震剖面上的反射界面不能严格地与某一确定的地质界面相对应，而是一组薄互层在地震剖面上的反映。特别是在陆相盆地中，主要为砂泥岩互层结构，垂向和横向变化大，非均一性十分明显，地震反射趋向于以一种微妙的波形变化"追踪"岩性—地层界面，随着地震分辨率的提高，地震反射的物性界面特征越来越明显，地震反射同相轴实质上是追踪反射系数而不是追踪砂岩的；在分辨率较低的情况下，这种薄互层的地震反射界面往往是穿时的。

图 6-21 说明了这种变化情况。这是一厚层页岩中夹几个薄层砂岩对简单正弦脉冲的地震响应，在 50Hz 反射剖面上，反射面与砂岩对应良好，两者严格保持平行；在 20Hz 的反射剖面上，因下部三层砂岩的厚度与间距均小于地震波波长，所以下部三层砂岩的反射相互干涉形成复合波，结果造成反射波与厚砂岩产状面不平行，形成穿时界面，只有上部距离较大的砂层形成平行于层面的反射。

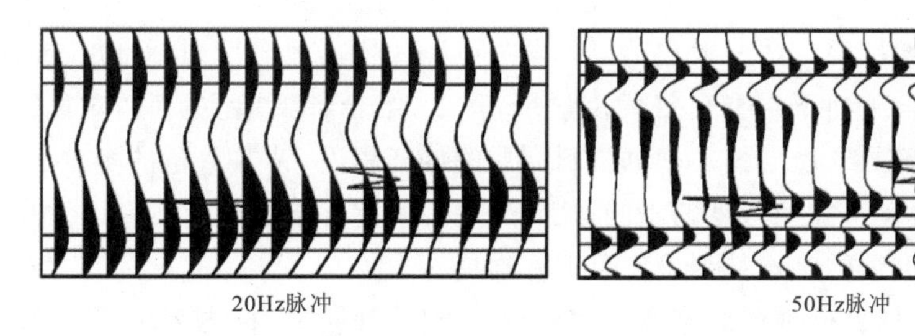

图 6-21　20Hz 和 50Hz 的地震响应

在有些地区，尽管地质界面的物性差异较大，构造形态明显，但由于界面过短或界面过于粗糙，在地震剖面上也并无明显的反射界面。例如，古地形风化剥蚀面、断层破碎带等地质界面，在地震剖面上只能得到一些零星的杂乱反射。

一个地震反射面，代表相邻的两个地质单元，其中任一单元岩性的变化均能引起反射波波形特征的变化。如一个稳定的地层之上覆盖着岩性变化较大的地层，则地震反射是不稳定的；而一个凹凸不平的侵蚀面之上覆盖稳定的地层，在侵蚀面上的反射也是不稳定的。

由上述分析可知，地震反射界面与地层界面并不具有一一对应的关系，在确定反射波所代表的地层层位和进行地震相分析和岩性预测时，常常不能直接利用地震反射剖面进行时间—地层单元划分，需结合地层、岩性、古生物和沉积旋回等地质信息进行综合分析，才能较好地确定地震反射界面所代表的地层界面。

2. 地震反射标准层具备的条件

时间剖面上存在大量的地震反射波，在能清楚地反映地下地质基本情况的前提下，一般只选择几个有特征的、与地质界面基本一致的反射界面确定为地震反射标准层，并进行对比。地震反射标准层所需具备的基本条件如下。

(1)反射标准层必须是分布范围广、标志突出、容易辨认、分布稳定、地层层位较明确的反射层。一般要选择连续性好、波形稳定、能够长距离追踪的反射波来确定反射标准层，以保证作图的准确性。如图 6-14 所示，在 140～150ms 之间一强反射为标准反射波，该反射波形稳定，标志突出，可连续追踪。

(2)反射标准层具有明显的地震特征。反射波的特征包括波形特征和波组特征。波形特征是指反射波的相位、视频率、振幅及其相互的关系；波组特征是指标准反射波与相邻反射波之间的关系。标准反射波必须波形特征明显、波组特征突出，在对比追踪过程中才容易被识别。

(3)反射标志层能反映盆地内构造—地层格架的基本特征。在选择地震反射标准层时，一般把时间地层分界面或构造地层分界面，如主要沉积间断面、不整合界面或基底面作为标准层，以便于全矿区范围内构造和地层的统一解释。在确定主要反射标准层后，再找出次要反射标准层，次要标准层是进一步开展构造、地层和沉积研究必不可少的。

3. 确定反射标准层的方法

确定地震反射标准层的方法一般包括以下两类：其一，依据地震反射标准层的基本条件在剖面上自下而上或自上而下选择良好的反射层；其二，结合各项地质资料，对比已选的反射波同相轴以确定准确的地质层位。根据资料品质的好坏程度、钻井数量的多少、解释要求的精度，以及其他相关资料准确程度的不同，通常采用的确定标准层的方法有以下几种。

1)根据剖面上标准波的基本特征确定反射标准层

从地震剖面出发，依据标准层的基本条件，选择波组特征明显、标志突出、易于识别和对比、波形稳定、在大部分测线上能连续追踪的反射波来确定反射标准层。在没有反射标准层的地区，或者反射标准层差的地区，可用换算层或平行辅助线(假层)代替标准层，做换算层或假想层时，要根据矿区地层的基本格架和邻近反射层的产状关系进行换算。

2)利用连井地震剖面确定反射标准层

工区内如有钻井，可做连井剖面，然后根据钻井提供的地质分层数据和平均速度参数进行深-时转换，把地质分层界面数据转换成时间并标定到剖面上，即可确定反射波同相轴所对应的地质层位。利用钻井资料进行地震剖面层位标定时要注意以下几点。

(1)在地层倾角较大时，钻井的地层深度与地震反射层深度不符，在进行层位标定时，应做偏移校正。当地层倾角较小时，地震法线方向反射时间与换算的地层深度时间如果一致，最好将时间剖面转换为深度剖面，再与钻井剖面进行对比。当地震测线不能过井时，可将井沿构造走向引到地震剖面上，但井位不能离测线太远，以免由于地层倾角或厚度的变化造成标定的层位差异较大。

(2)在进行时-深或深-时转换时，可能所用地震速度参数不当，造成换算后的时间、深度不符。当采用的平均速度值过大时，则地震反射时间偏小，界面偏浅；反之，地震反射时间偏大，界面偏深。对于陆相盆地，由于地层厚度和岩性横向变化大，速度在平面上的变化也较大。因此，在一个盆地一般不能用同一平均速度参数进行时-深或深-时转换，需要研究平均速度在平面上的变化，针对不同的地区采用不同的平均速度进行时-深或深-时转换，这样可减少误差。

此外，在井较少和地层横向变化大的地区，钻井分层有时也可能有误差，对这种情况须结合地震剖面的对比和闭合关系修改钻井分层，以免反射标准层错相位影响解释精度，特别是在钻遇断层和地层缺失的地区更应注意。

(3)时间剖面上的地震波是非零相位的，最大波峰并不代表波至时间，往往滞后一个相位左右，约 30ms，相当于 50m 左右。在薄互层地区，由于相邻层的反射时间间隔小于子波的延续时间，地震反射层是若干薄层的子波组合叠加的结果，这时记录上的反射波不能与地质分层吻合。

图 6-22 为一段岩性录井剖面与声阻抗剖面对应关系，每个声阻抗差都用一个简单的反射波形做标记。反射波的极性正负方向和振幅强弱指示声阻抗差的性质。模型显示单个反射波和所有单个反射波叠加的复合波组。

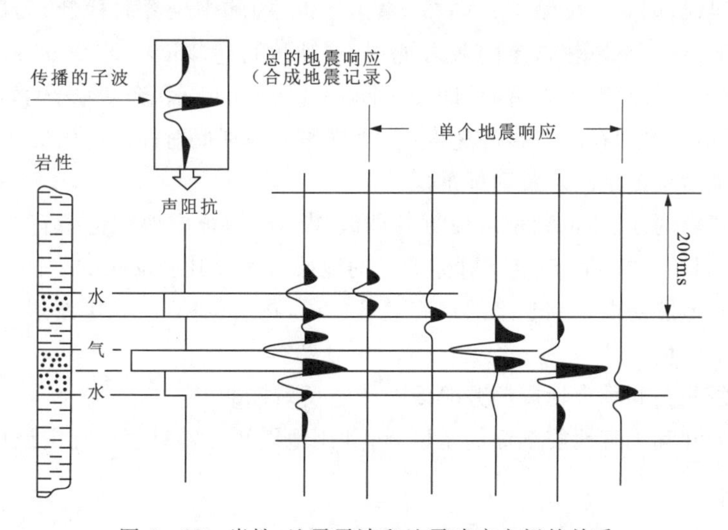

图 6-22　岩性、地震子波和地震响应之间的关系

(4)反射界面的定名,一般来说,总是把反射界面定名为某地质界面的顶面,这主要是为了保持地震反射时间与地层埋藏深度的一致性。如果反射界面以上地层稳定,其下伏地层不稳定,地震反射主要反映下伏地层的特性,这时应该以下伏地层命名,如果在稳定的地层之上覆盖的是不稳定的地层,反射特征主要反映的是上覆地层的特性,此时应以上覆地层的底界面命名。

3)利用区域地质资料确定反射标准层

在无钻井资料的地区,通过邻区的地质露头,利用画地质剖面的方法,可将地层层位推测到地震剖面上;或根据区域地质资料,利用特殊岩性和地层接触关系,例如砂泥岩与灰岩突变面、角度不整合面、风化剥蚀面和超覆接触关系等在地震剖面上的特殊响应,推测地质层位。此外,还可利用构造运动和构造—地层的概念推测地质层位,一般来说,受同一构造运动控制的地区发育的构造—地层格架基本是相似的,表现为同一构造—地层单元在成因上有联系,不同构造—地层单元在地层产状、波组特征和几何形态等方面存在差异性,它的顶底界面可能是不整合面、沉积间断面,利用这种差异性可推测相应的地质层位。

4)利用邻区的地震资料对比确定反射标准层

在邻区已做地震工作,且地震层位已确定时,可将工区的测线延伸到邻区做一段重复测线,通过反射波特征及其与相邻波组、波系的对比,确定相应的地层层位。值得注意的是,在区域地质背景差异较大的地区一般不能通过这种对比方法来确定地层层位,原因是地质背景不同,其控制的内部构造—地层单元差异较大,通过机械的对比来确定层位往往造成较大的错层现象。

5)利用层速度资料推断反射标准层

一般情况下,反射标准层是长期发育的沉积间断面、不整合面,或者是明显的岩性和岩相分界面等地质界面,由于岩性差异大,地层时代相隔较远,利用速度资料推断反射界面的地质年代也是有效的。例如,华北地区利用层速度资料确定上覆砂泥岩地层与下伏古老的灰岩地层的分界线,因为上覆第三系(古近系+新近系)和中生界时代新,为砂泥岩地层,层速度小于4000m/s,而下覆较古老的灰岩地层,层速度可达5500~6000m/s,上下地层层速度差异较大,确定层位较准确。有时,即使是同一时代,由于沉积条件、岩性岩相变化和压实程度不同,各反射层之间存在明显的速度差,也可作为判别反射标准层的标志。

6)利用合成地震记录确定反射标准层

在有钻井资料的地区,可利用声波测井曲线制作成的合成地震记录直接与井旁的时间剖面进行对比(图6-23),可确定反射标准层的地层时代及其所反映的岩性。合成地震记录是将地质模型和地震剖面联系起来的最有效的手段,在层位标定、确定波形与岩性的关系等方面具有较大的作用。

7)利用地震测井和垂直地震测井(VSP)确定反射标准层

在有地震测井和垂直地震剖面的地区,可利用地震测井资料直接标定地层层位。

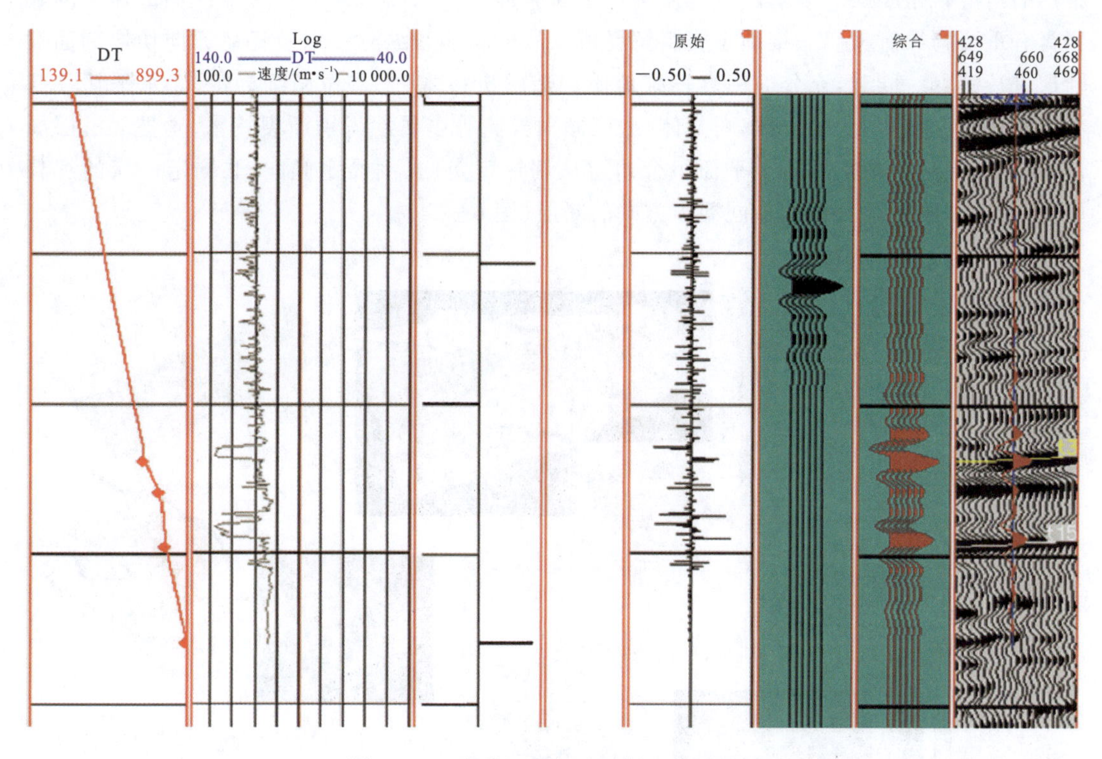

图 6-23　合成记录与地震剖面地层对比

4. 确定反射标准层的代号和对比标记

确定反射标准层，一般由浅至深依次编号，反射界面的代号通常用"T_x"表示，字母"T"代表反射波，下标"x"代表具体反射界面编号，用数字或字母表示，如 T_1，T_2，…，T_n；在地层时代明确的情况下，用地层时代的代号表示，如侏罗系、白垩系和古近系，分别用 T_J、T_k、T_E 表示。反射标准层的代号有时也可用"T_x^y"形式表示，这种编号一般用于次一级反射标准层，其中 x 代表某一层位，y 表示 T_x 层内部各反射界面的代号，$y=1,2,3,\cdots$，或者是地层组名。

对比时，一般在纸剖面上用彩色铅笔逐层分色标记，某一颜色表示特定的反射界面。通常在连续性好、易识别的反射标准层上面或下面用软彩色铅笔画线，连续性差的反射标准层留下一段空白或用虚线表示。一般选择波谷画线，但要注意避免使用很深很重的颜色，比如鲜红的颜色不易擦去，并往往会保留某些人为的错误。在工作站上，对不同的反射层设定不同的颜色即可。

6.2.3　断层解释

断层解释是地震资料解释的关键环节，也是构造模型建立的依据。根据区域构造特征，如某区经历了多期构造运动，既有燕山早期的张性断裂，也有燕山晚期的挤压褶皱和喜马拉雅期的走滑张扭断层。了解区域地质构造及断裂形成机制和走向分布对本区局部断层的解释具有重要指导意义。三维地震资料解释可以从横测线和纵测线以及任意方向切取剖面对断层进行解释。同时，充分应用真三维地质构造解析技术(①层位精细标定;②水平切片与剖面联合解释技术;③相干体、蚂蚁体、地层倾角检测等多属性识别断裂技术;④提取沿层属性，辅助断层解释并指导断裂平面组合)，遵从切片定走向、剖面定倾向、共同定产状的解释原则，精细刻画不同级别和不同展布方向的断层(图6-24)。

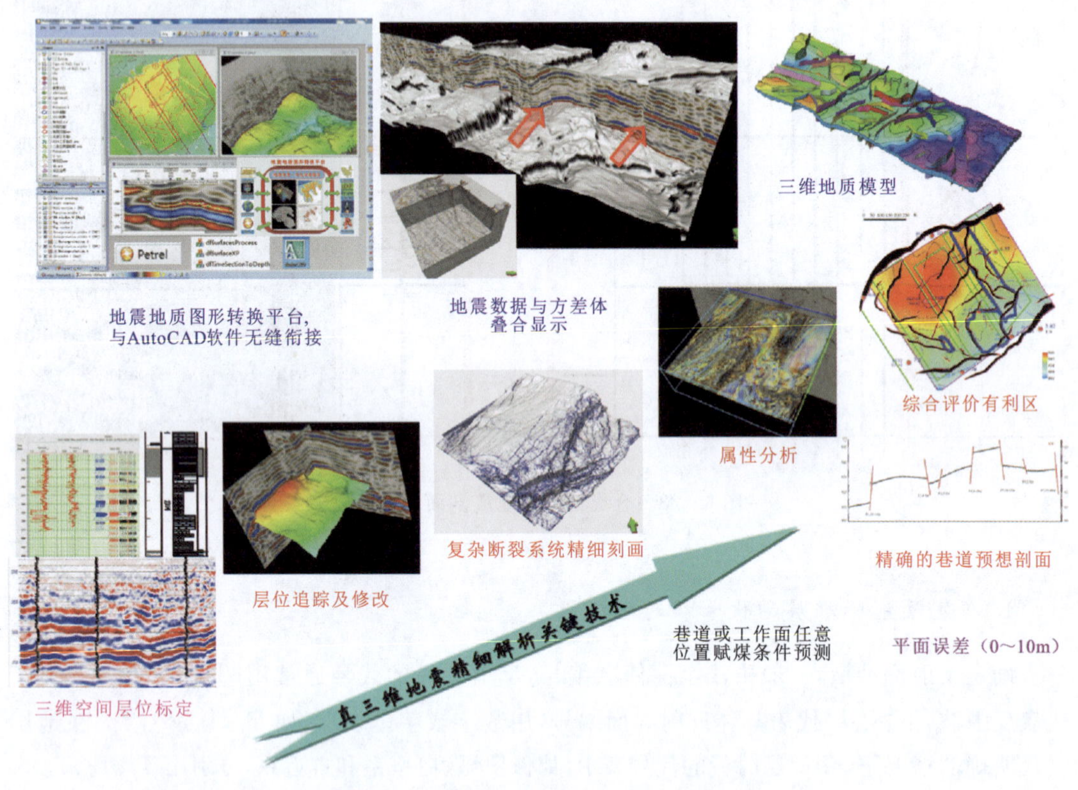

图6-24 真三维构造解析与地质导向技术

1. 断点的确定

1)钻探确定的断层带

可利用钻孔取芯见断层角砾岩和滑动面。本区钻孔断点或破碎带主要是张性破碎带，其主要特征是裂隙发育，多具角砾岩，角砾形状不规则、大小不一、棱角分明，具有明显的挤压揉皱或破碎特征。破碎带主要岩性为泥岩、粉砂岩，局部夹有碳质泥岩或煤层，岩性混杂，岩芯破碎。同时，在泥岩发育区，断裂带常导致泥岩破碎或形成光滑的断层滑动面。

2)测井解释断层带

岩石受到挤压作用后，往往会产生断裂和破碎现象。岩石破碎后，结构疏松，孔隙度增大，渗透性加强。测井曲线对破碎带的物性反映特征一般比较明显：视电阻率曲线幅值降低，伽马—伽马曲线幅值相对增高。砂岩破碎时，结合视电阻率曲线与自然伽马曲线进行判定，效果更佳。

3）三维地震识别断点

高精度地震资料是目前对断裂解释最准确、有效的方法，深受煤田、石油等行业重视。可采取动静结合、多种资料印证的方式，根据构造纲要图指示的构造走向，在垂直构造走向的时间剖面上解释断点，再在沿断层走向的剖面上进行断面闭合。

断层解释由大到小，需反复对比，先进行粗网格剖面解释，后进行细网格剖面解释，先解释落差较大的断裂，后解释落差较小的断层；然后充分运用工作站解释系统的放大功能以及多窗口动态显示的功能，利用垂直剖面与水平切片进行联合解释。本区较大断层断点常表现为煤层反射波同相轴突然错断、产状突变、反射零乱、分叉、强相位转换、振幅变弱等特征，因此，比较容易识别（图6-25）。

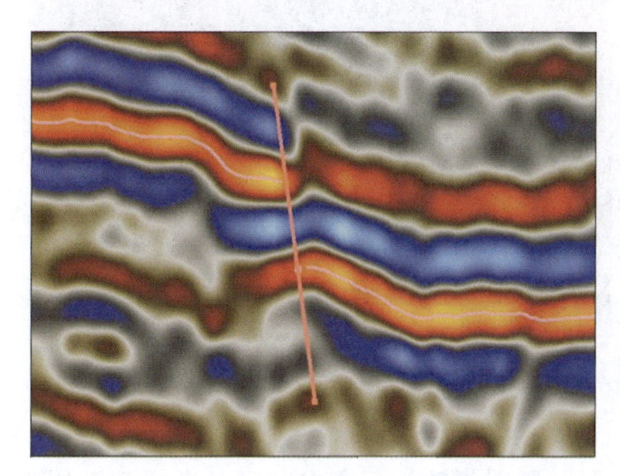
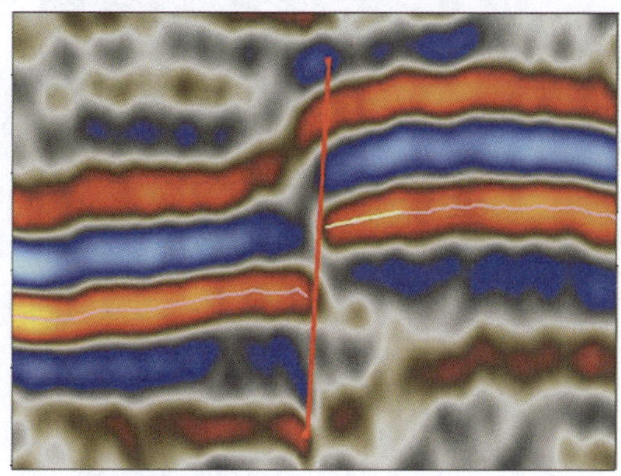

图6-25 某区DF1-5断层在时间剖面上的显示

落差小于5m的断层，其在时间剖面上的断点主要表现为反射波同相轴扭曲、振幅变弱、分叉合并等，识别比较困难。解释落差较小的断层时应充分结合时间剖面和水平切片以及蚂蚁体切片上的响应特征，反复进行比对，去伪存真（有时岩性体或倾角的变化可能导致分叉或振幅变弱），将同相轴真正扭曲的小断层进行刻画。小落差断层在普通时间剖面和彩色时间剖面及水平切片上的显示特征如图6-26所示。

2. 属性分析

断层识别常用的属性有水平时间切片或岩层均方根振幅及相干技术。水平时间切片能够反映某一时刻的地震信息，在了解地下构造形态和查明某些特殊地质现象方面有独特优点，可弥补传统断层解释方法的不足。由于断层附近往往存在同相轴明显错断、扭曲、变弱、分叉以及同相轴宽度突变、同相轴走向不一致等现象，振幅的强度也随之发生变化，可通过提取均方根振幅属性来识别区内断层，较好地刻画主要断层的位置及走向，辅助断层的解释。在等时间切片上识别断层还要考虑构造走向与断层走向之间的关系，水平时间切片上同相轴的线性排列指明了构造走向，如果构造走向与断层走向之间存在一个较大的角度，则

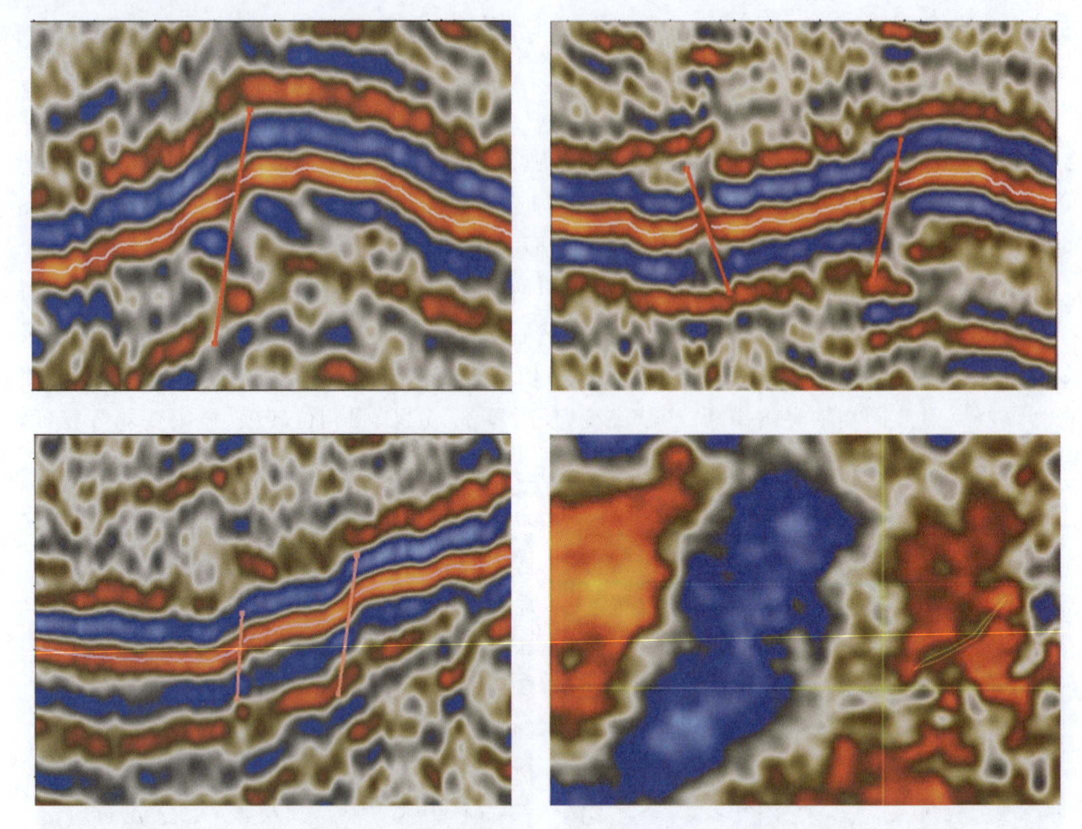

图 6-26　落差较小断层在剖面上的响应特征

同相轴就会中断；如构造走向和断层走向几乎平行，则同相轴就不会中断而会平行于断层排列。某研究区内主要发育背斜构造及北西西向、北东向和近东西向三组断裂(图 6-27)。

相干技术主要利用数学方法，计算相邻地震道之间的相干系数，将三维地震振幅数据体转换为三维相干性属性体。它主要突出相邻道之间地震信息的不连续性，尤其在解释小断层的空间分布上有较好的效果，也可以辅助检查解释的合理性。在地震剖面上不易显示的断层、岩性突变以及异常体，在相干体上可以直观地显示出来。从 250ms 相干体切片上可以看到，北部断裂清晰可见，小断层也解释得较为精确，可见北西向与北东东向两组断裂(图 6-28)。

3. 断层组合

地震资料解释中断点的平面组合，直接影响断裂的平面展布和延伸范围。断点的平面组合主要是依据性质、倾向、落差及断点平面分布等特征，并结合区域构造应力场将相邻剖面上的断点按其空间展布趋势组合起来。同一条断层的断点在相邻测线的倾向和走向上具有一定的规律性，把连续剖面上这些性质相同、落差相近的断点组合成断层，再在各个方向上闭合，检查断面与同相轴之间的关系，这些关系应在同一层位表现出统一性和连续性，并且符合地质构造规律。同时，参考平面属性，确定断层的平面走向，综合利用剖面解释结果，

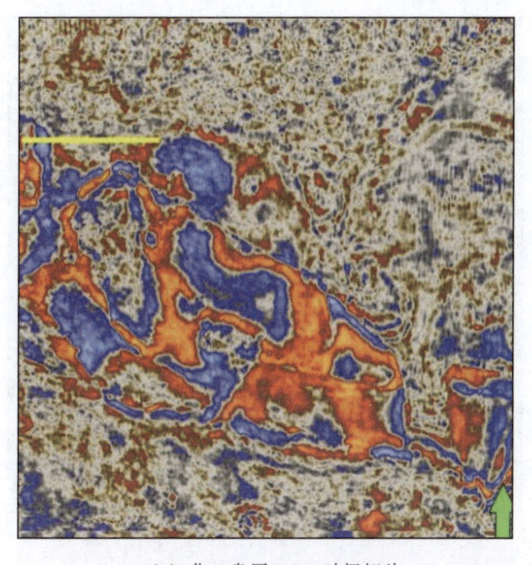

(a) 北一盘区380ms时间切片

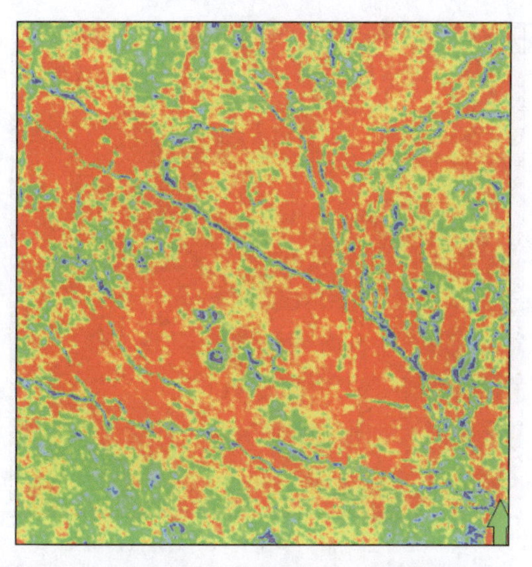

(b) 北一盘区沿5号煤底提取的RMS振幅属性

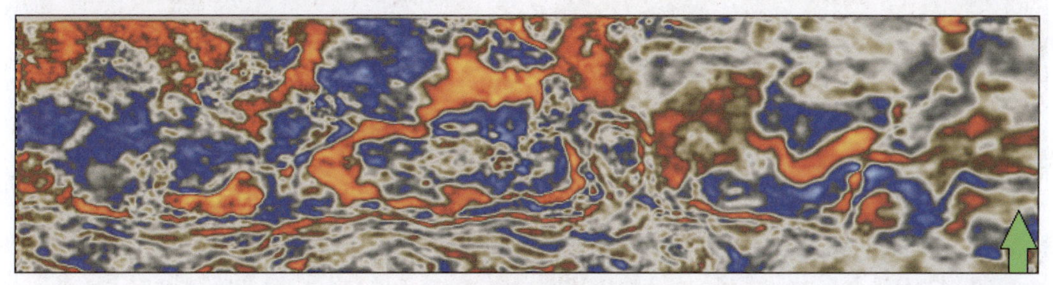

(c) 北二、北四盘区310ms时间切片

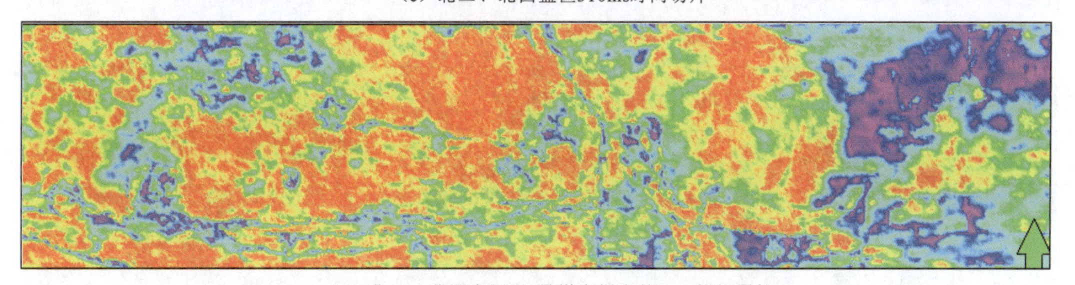

(d) 北二、北四盘区沿5号煤底提取的RMS振幅属性

图 6－27　某研究区 5 号煤水平时间切片和均方根振幅属性平面图

结合平面属性特征进行断点的平面组合(图 6－28)。

4. 断层产状的确定

从地震剖面上如何可靠地确定断层的位置，断层面的形态、产状，以及断层性质，对于提高解释精度具有十分重要的意义。

1)断层面的确定

将剖面上浅、中、深反射同相轴的中断点，即断层棱点连接起来就是断层面。在确定断层棱点处反射同相轴的中断点时，要与回转波、断面波干涉造成的假断点区别开。有时由于

(a) 北一盘区沿5号煤底提取蚂蚁体振幅属性

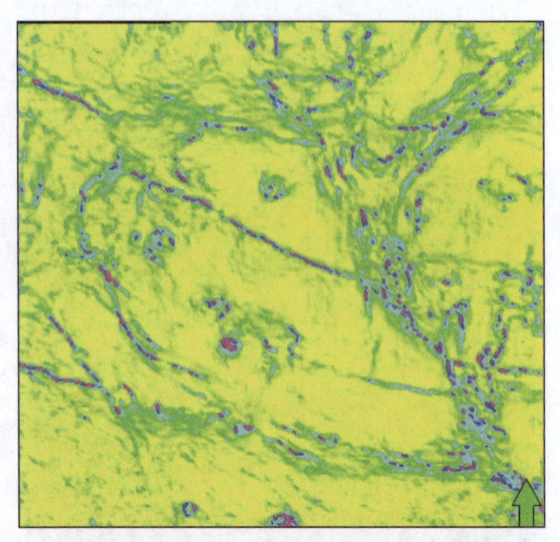

(b) 北一盘区沿5号煤底提取相干体振幅属性

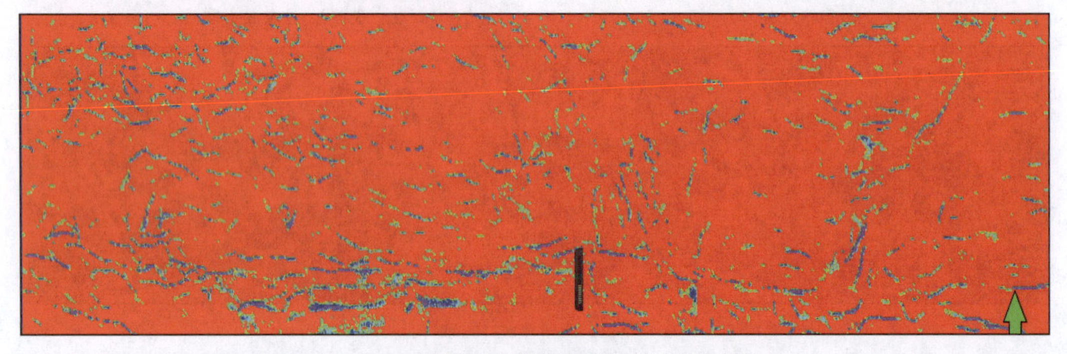

(c) 北二、北四盘区沿5号煤底提取蚂蚁体振幅属性

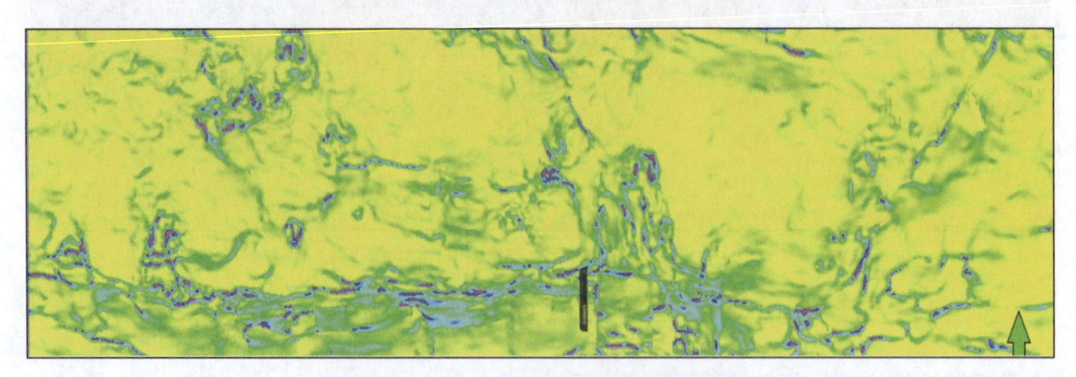

(d) 北二、北四盘区沿5号煤底提取相干体振幅属性

图 6-28　某研究区沿 5 号煤相干体和蚂蚁体属性平面图

受断层的屏蔽作用，在断层下盘往往出现产状畸变、反射杂乱带和三角形空白带等，断层下盘的反射层中断点或产状突变点位置不能准确地反映断层面位置。对于这种情况，不宜用下盘地层反射中断点来确定断层，而应用上盘地层反射中断点来确定断点位置，然后根据波组特征和断面倾斜度推测下盘地层断点。

利用与断层有关的特殊波确定断层面。当时间剖面上存在明显的绕射波时，可将上、下盘反射层断点处绕射波极小点连起来，为实际断面的位置。在偏移剖面上，如果处理参数适当，断面波即代表断层面。在确定断层面时要注意：①断层面不能穿过可靠的反射波同相轴；②断层造成牵引现象要与绕射"尾巴"的弯曲以及挠曲地层反射加以区别；③在相邻的平行剖面上，同一断层面的形态、倾角大小及断开层位和断层性质基本一致，对不同方向测线，同一断面倾角大小不同，与断层走向垂直的断面倾角最大。

2)断层要素的确定

断层面确定之后，断层上、下盘及落差应根据标准层在两盘的关系来确定。一般来说，断层两边反射层断点上相对应的时差(Δt)，就是断层的垂直落差(图6-29)。如果断层下盘由于屏蔽作用而引起反射剖面某段发生畸变，则不能利用畸变处的产状计算落差。断层面的倾角，当测线与断层面走向垂直时，剖面上断层的倾角为断层面的真倾角；当测线与断层面斜交时，剖面上断层面的倾角为视倾角。视倾角的大小可以从剖面上直接量取。断层走向、延伸长度要在断点平面组合后才能确定。

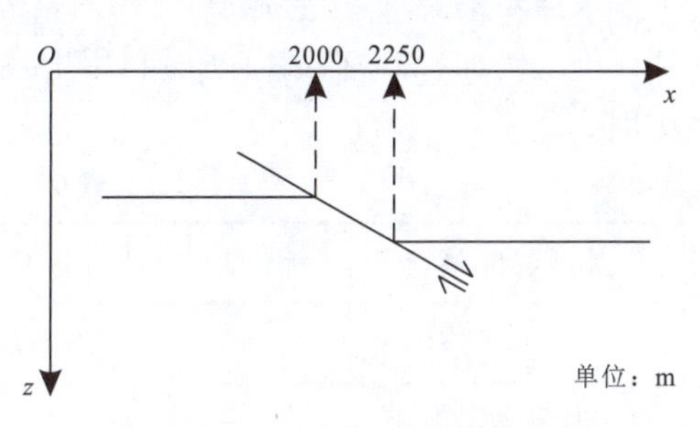

图6-29 断点位置确定

从地震剖面上判别断层位置，既要考虑测线方向与断层走向之间的空间几何关系，同时又要注意时间剖面偏移对断层位置和断层面产状所造成的影响。简要概括为以下几个方面。

(1)当地层倾斜，时间剖面上的断点都向地层下倾方向偏移时，偏移距和倾角大小与埋藏深度成正比。

(2)当断层两侧地层倾向一致，倾角相近时，其断点间距变化较小；但当两侧倾角相差较大时，断点间距可能变大，也可能变小。

(3)当断层两侧地层倾向相背时，时间剖面上断点间的水平距离明显变大；当两侧地层倾向相向时，断点间水平距离变小。

(4)当地层倾角大于20°时，偏移距较大，应进行空间校正后才能确定真实的断点位置。

5. 断层可靠性评价

断层解释的可靠程度是由断点级别及控制断层的断点个数决定的。可依据《煤炭煤层气地震勘探规范》(MT/T 897—2000)及勘探地质任务要求，采用以下评定原则。

1)断点级别评价

断点分为A、B、C三级。

A级断点：反射波对比可靠，断点清晰，能可靠地确定断层上、下盘。

B级断点：达不到A级又不是C级断点者。

C级断点：两盘反射波连续性较差，有断点显示，但标志不够清晰，能基本确定断层的一盘或升降关系。

2)断层控制程度级别评价

(1)可靠断层:断层由多条相邻测线控制,A 级断点不低于 50%,A+B 级断点不低于 75%;断面产状、性质明确,落差变化符合地质规律。

(2)较可靠断层:断层由多条相邻测线控制,A+B 级断点不低于 60%,断面产状、性质较明确。

(3)控制程度较差断层:达不到上述要求者。

根据规范要求,结合地质任务,对落差小于 5m 的断层或单个孤立断点不作断层可靠程度评价。例如,某勘探区内断层利用上述标准评价的结果见表 6-1 及图 6-30 断点评级实例。

表 6-1　断点评级统计表

错断层位/个	断点数/个	A 级断点/个	B 级断点/个	C 级断点/个	A+B 级断点/个
2~10 号煤	267	134	78	55	212
占总断点数百分比	—	50.19%	29.21%	20.6%	79.4%

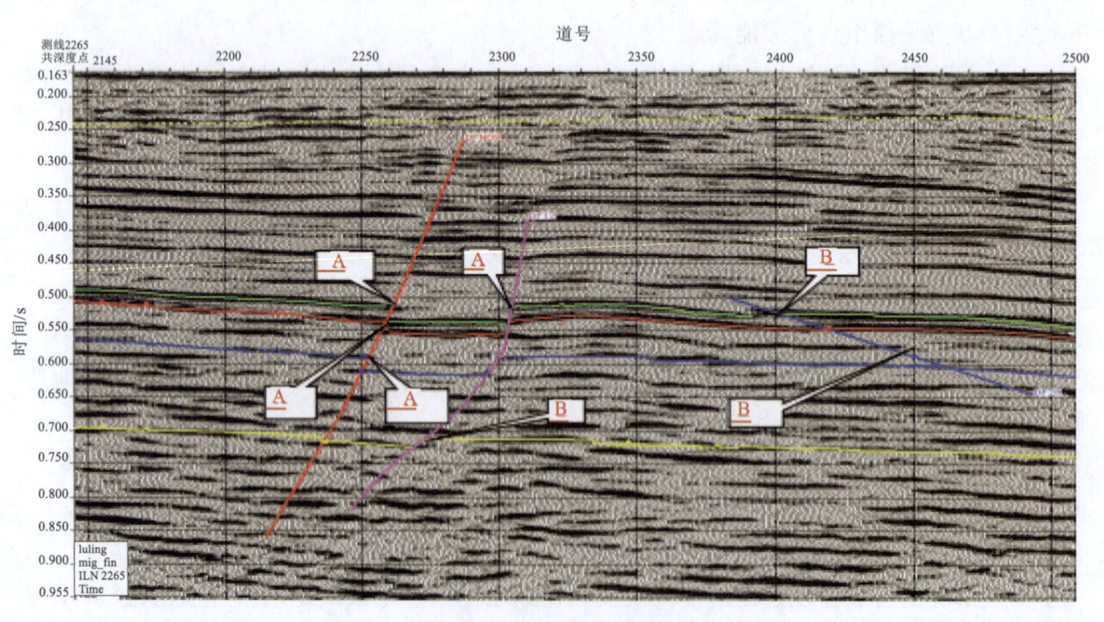

图 6-30　断点评级实例

3)断层命名的说明

为了便于使用,且与之前三维地震解释的断层进行联系与区分,故与之前解释的断层位置重叠或相近的断层名称保留原名称;新增加的解释断层命名为“DF”。

6.3　构造图的绘制

6.3.1　构造图的基本概念

地震构造图是一种以地震资料为依据,用等深线(或等时线)及其他地质符号(断层、尖灭等)显示地下某地层面起伏形态的平面图件。它反映了某一地质时代的地质构造特征,是地震勘探最终的成果图件,也是为钻探提供井位依据的主要参考图件,因此,编制构造图是地震解释中一项十分重要的工作。

1. 构造图的分类

根据等值线参数不同,地震构造图分为等 t_0 构造图和等深度构造图。等 t_0 构造图是由时间剖面上的时间数据直接绘制的,在构造比较简单的情况下可以反映构造的基本形态,但其位置有偏移。由于地震勘探中界面的深度有法线深度、视深度和真深度,深度构造图也相应有三种,通常采用的是真深度构造图。三维地震资料构造图,主要利用地震解释成图软件直接生成等 t_0 构造图和等深度构造图。目前,二维地震勘探普遍采用的编制构造图方法,是以地震时间剖面为原始资料,作等 t_0 构造图,再进行空间校正,得到真深度构造图。

2. 绘制构造图的几种方法

(1)以地震时间剖面为原始资料,经过对比出反射层后,用人工方法绘制深度剖面,读出深度剖面上的数据,绘制等深度构造图。这种方法得到的构造图构造形态和位置都比较准确,但人工绘制深度剖面工作量大,没进行三维偏移校正,在构造复杂地区精度较差。

(2)以时间剖面为原始资料,直接读出某一层的 t_0 值,作等 t_0 构造图。这种作图方法很简便,能基本反映构造形态;但由于是等 t_0 构造图,不便于与钻井深度对比,且构造位置、形态有畸变和偏移。

(3)以时间剖面为原始资料,先作等 t_0 构造图,再进行空间校正,得到构造图。这是现阶段广泛采用的、较好的方法。特别是在矿区勘探初期资料较少或复杂构造地区,没有三维地震施工的地区,用二维地震剖面作图是必须采用的方法。

(4)以经过三维偏移的三维数据体为基本资料,利用水平切片,可以方便快速地作等 t_0 构造图,由等 t_0 构造图进行时深转换,不需要空间校正。

6.3.2　绘制构造图的过程与步骤

1. 绘制构造图的准备过程

绘制构造图的准备工作包括构造图层位、比例尺和等值线距的选择,检查剖面对比质量以及确定构造图的规格和要求。

1)构造图层位的选择

一幅构造图只能反映地下某一地质层位的构造特征。地震剖面上的反射界面很多,不可能也没有必要将所有的地震反射界面都绘出构造图,因此,必须根据勘探目的对作图层位进行选择。选择作图层位的基本原则:①能代表某一地质时代和层位主要构造特征;②能严格控制构造目标层位;③能在全区连续追踪且反射特征明显的标准层。

绘制构造图的层位数目,应根据地质分层、地震界面分层和勘探任务而定。一般只要选取对勘探工作最有意义的层位编制一层构造图便可。如有不整合层位,则在不整合面上、下都要选取层位各编制一张构造图。如果探区缺少能连续追踪的标准层,或者煤炭赋存部位没有标准层,则只能根据断续反射假想层制作构造图。

2)构造图比例尺和等值线距的选择

作图的比例尺和等值线距反映了构造图的精度,而构造图的精度又取决于测网密度、资料质量和地质构造的复杂程度。比例尺越大,构造图反映得越精细,因此,在作图时选择比例尺,应考虑测线疏密、地质任务的要求、地质情况的复杂程度和资料质量好坏等因素。在构造复杂、资料较好的情况下,应选用较大的比例尺;在构造简单,且资料较差的情况下,应选用较小的比例尺。

不同的勘探阶段,对构造图的比例尺和等值线距有不同的要求。对于地震普查阶段构造作图,一般采用小比例尺和大间距的等值线作图。为落实煤炭储量,勘探阶段需提供准确的构造图,一般须做地震细测工作;对于低幅度、缓倾角的构造,应用大比例尺小线距的等值线作图,以免漏失构造细节和造成高点位置不准。

等值线距是指构造图中相邻等值线间的差值,对等深线来说,就是每隔多少米画一条等深线;对等 t_0 线来说,就是每隔多少秒画一条等时线。选择等值线距的原则是最大限度地反映构造的详细程度,线距过大,会掩盖构造细节,构造顶部位置反映不准确;线距过小,又会使图面复杂化,增加不必要的工作量。一般情况下,选择等值线距要考虑资料的好坏程度和地层倾角的陡缓。当剖面好时,线距选小些;剖面差时,线距选大些;当地层倾角较陡时,线距选大些;倾角较平缓时,线距选小些。

3)检查剖面对比质量

绘制构造图的全部数据都是从时间剖面或深度剖面上读取的,剖面解释的可靠程度直接关系构造图的质量,因此在绘制构造图之前,应对所有解释过的剖面进行检查。主要检查内容包括:标准层的地质属性是否准确;剖面数量是否满足地质任务的要求;断点是否落实;断层、尖灭、超覆等地质现象确定是否合理;上下反射层之间和相邻剖面间的解释有无矛盾;各剖面交点闭合误差是否在小于等值线距一半的范围之内。

4)确定构造图的规格和要求

为了看图方便,构造图必须有统一的规格和要求。必须注意以下几点:①图名、比例尺、图例、说明、制图单位、制图时间等要求齐全;②图的四角经纬度或平面坐标、井位,重要地物要注全;③测线号、测线端点、交点、转折点的桩号要齐全,新老测线要用不同的颜色或符号区别开来;④测线上的数据点应按要求标记齐全,换算层的数据用括号括起来。另外,方向、断点落差、尖灭、超覆点的位置均应标注齐全，断点一般用红色表示。

构造图上常用的符号如图6-31所示。

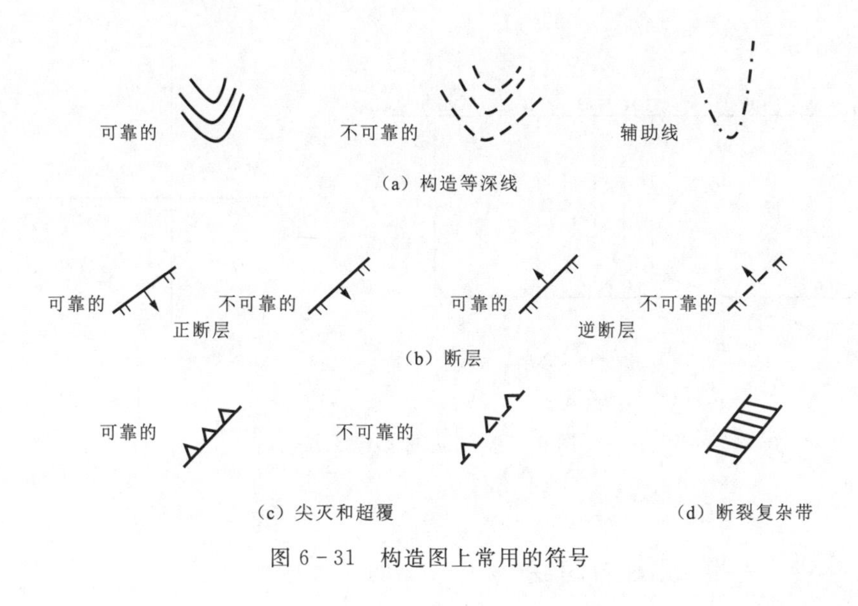

图6-31　构造图上常用的符号

2. 构造图的绘制步骤

等深度构造图和等 t_0 构造图绘制的基本步骤是相同的，包括绘制测线平面位置图、取数据等几个大的步骤。

1)绘制测线平面位置图

目前一般用计算机绘制平面位置图，首先要收集测线号、测线的起始桩号、拐点桩号、测线交点桩号，已钻井的井位，以及重要的地名、地物等的经纬度或平面坐标参数，输入计算机，利用相应的绘图软件即可绘制出测线平面位置图。这样作图的好处是作图比例尺可以随工作的要求随时调整。平面位置图要求标记清楚以往地震工作中的测线。

2)取数据

对同一张构造图来说，所谓取数据，就是取同一标准层的有关数据。具体做法如下。

(1)确定取数据点的间隔距离。在时间剖面或深度剖面上，依照构造图的比例尺来确定取数据点的距离，原则是所取数据点要分布均匀、有足够的数量，以能控制住该层构造形态为宜。若点数太多，将增加工作量。一般在平面图上1cm一个数据，如1∶5万的构造图上深度点的间隔为500m左右。

(2)读取数据。在经过解释的时间剖面或深度剖面上，对所选定的作图层位按一定距离读取 t_0 值或深度值，同时将断点位置、落差、尖灭点等数据标注在测线位置上，剖面上的特征点(如褶皱的枢纽处)应加密取点。断层点按规定的符号用红色表示。

(3)标数据。把所取的数据标注在平面图相应的位置上，在测线交点处，各条测线的数据都应写上。在实际工作中标注断点数据，一般在断距不大的情况下只标注断层上盘位置

(但在断距较大时,上、下盘位置都标注),此外,还须标注断层落差大小,标注的符号按图 6-31 规定。标注方法如图 6-32 所示。

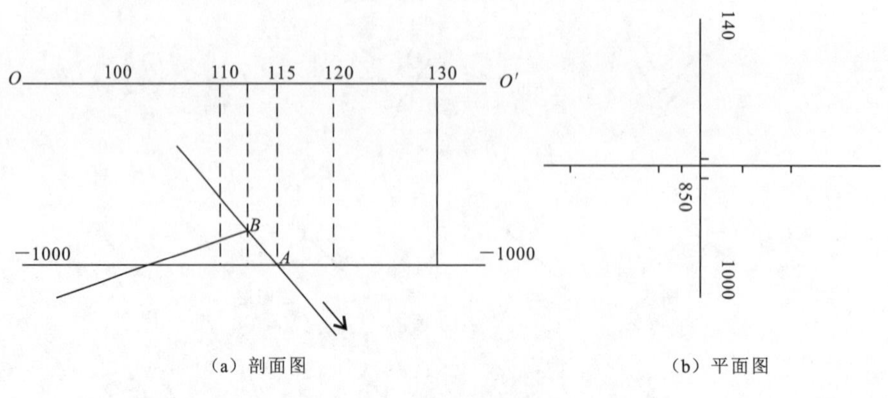

(a) 剖面图　(b) 平面图

图 6-32　断点数据标注方式

6.3.3　等值线图的勾绘

等值线图的勾绘工作是在断裂系统已组合好后开始进行的。勾绘等值线的一般原则是由简单到复杂,先勾出大致轮廓,如构造高点和低点、构造轴线等,然后考虑构造的细节,逐渐使其丰富、完整。在复杂断块地区,应以断块为单位进行勾绘,即先把剖面上的高点或低点标注到平面图上,然后将相同的高点和低点连接起来,组成背斜和向斜的轴线,利用轴线和主要的断层线空间位置控制等值线勾绘。勾绘等值线应注意下述规律。

(1)勾绘的平面图与剖面图,构造形态、高点位置、构造隆起幅度和范围都应基本一致;构造间的相互关系和基本特征也应一致。

(2)勾绘构造等值线应符合构造地质制图的一般规律。

①在单斜层上,反射层的深度(或时间)向一个方向逐渐增大或减小,等值线应近似平行排列,等值线间隔应均匀变化,不允许出现多线或缺线现象[图 6-33(a)、(b)]。

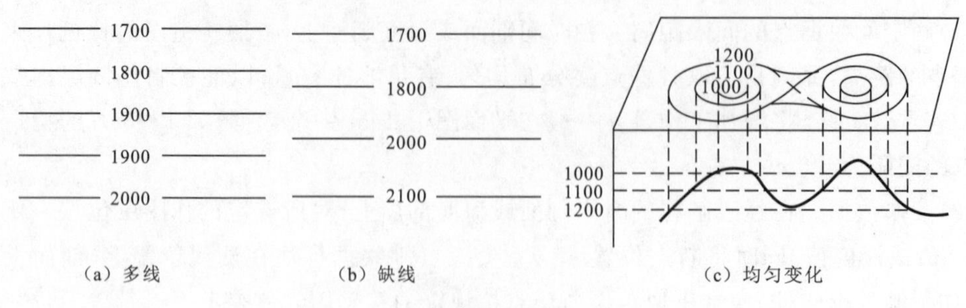

(a) 多线　(b) 缺线　(c) 均匀变化

图 6-33　等值线的勾绘(单位:m)

②两个正向(或负向)构造之间的鞍部或脊部不能走单线,而应有两条数值相等的等值线并列出现在轴线两侧。这是因为任何两个同向构造被相同间距的水平面切割时,最外圈的等值线数值都应该相等。图 6－33(c)中的虚线是错误的。

③在无断层影响时,正负向构造应相间出现,构造轴向大体一致;正负向构造过渡带的等值线是渐变的,构造轴线走向截然变化的勾法是不合理的。

④勾绘断层两侧的等值线,应考虑断开前构造形态上的联系,图 6－34(a)的勾法是错误的,图 6－34(b)的勾法是正确的。此外,断层上升盘某点等值线的数值加上该点的落差应等于该点下降盘等值线的数值,如图 6－34(c)所示。

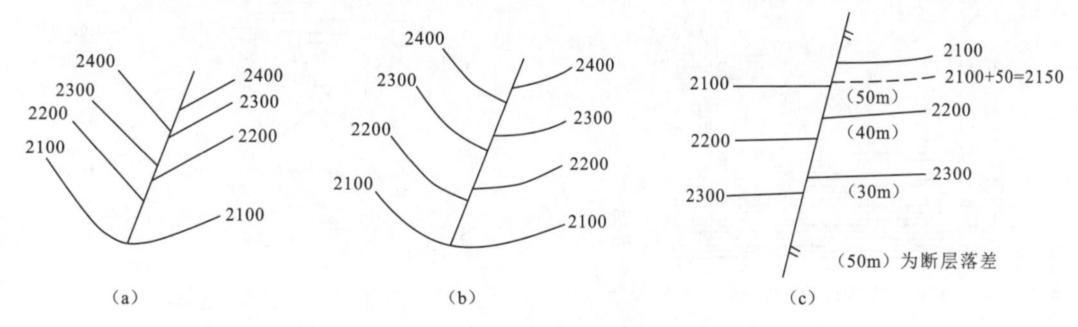

图 6－34　与断层有关的等值线勾绘(单位:m)

⑤背斜构造断开后,下降盘等值线的范围比同深度上升盘的小。对于正断层,上、下盘断点投影到地面上的水平位置错开[图 6－35(a)];对于逆断层,上、下盘断点投影到地面上的水平位置重叠[图 6－35(b)]。

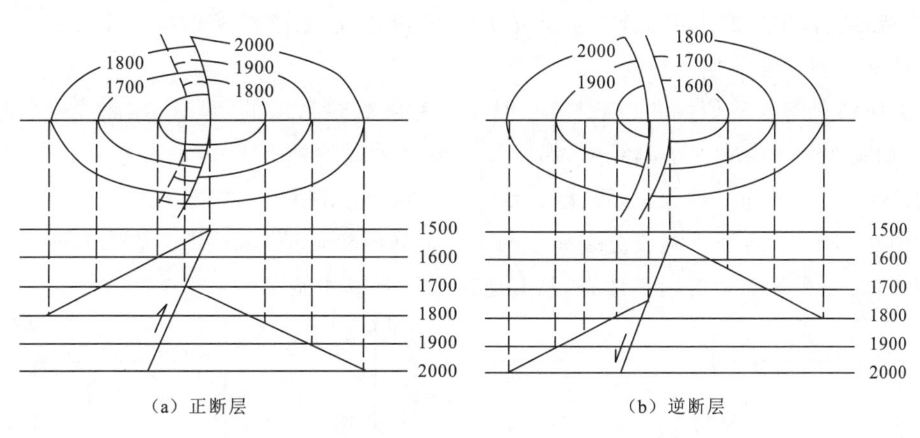

图 6－35　正、逆断层与等值线的关系(单位:m)

⑥作多层构造图时,应处理好上下构造层间的关系,应将各层构造图按深度顺序叠合检查,同一断层穿过多层构造图时,断层线不能相交。当断面直立时,深浅层构造图的断层位置应当重合;当断层倾斜时,同一断层在各层构造图上应彼此平行,且深部断层较浅部断层往断层下倾方向偏移。

⑦等深线间相对的疏密程度标志着界面倾角的大小。相邻等深线距较密，反映出界面真倾角较大；反之，相邻等深线距较稀，则说明界面真倾角较小。例如，图 6－36 所示为一背斜构造图，东北翼构造等深线密而西翼稀疏，反映了东北翼倾角陡而西翼平缓。完整的背斜或向斜表现为环状圈闭的等深线。每条等深线都应有“来龙去脉”，在无断层的情况下，能自成回路或延伸到工区以外；在有断层情况下则与断层相遇形成回路（图 6－37）。

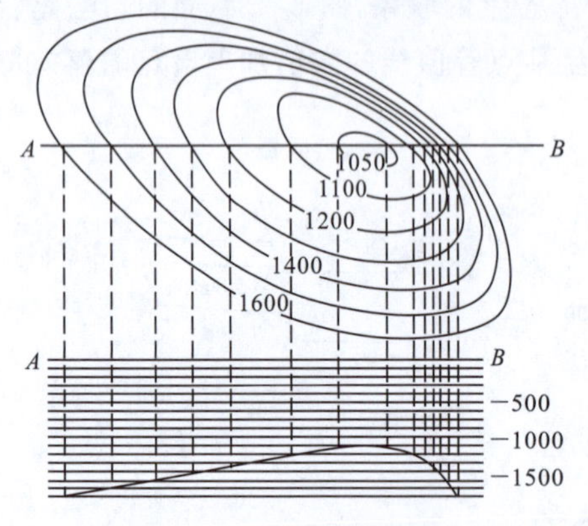

图 6－36　等深线疏密与界面倾角的关系（单位：m）

图 6－37　几种主要构造等深线特点（单位：m）

⑧在构造图上，应标注图名、比例尺、经纬度或测线号、井位、主要地名、地物和责任表。

由上述分析可知，勾绘等值线构造图的过程，不只是图面上简单的数据处理过程，还是一个地质解释过程。那种不顾数据，只从预想的构造出发，任意主观臆测勾绘等值线，或者是拘泥于个别数据而不顾构造规律，死板地从数据出发脱离地质实际，都是片面的，勾绘的构造图可能存在较大问题。正确的做法是既从数据出发，又要考虑地质构造的一般规律，把数据、构造、物探和地质密切结合起来反复认识，不断深化，最终绘制的构造图才能比较客观地反映地下地质构造的实际形态。

以上所述是勾绘等值线的一般规律，但还应考虑测线密度的问题。在测线密度较稀的情况下，如间距为 10km 一条测线网，那么就可能至少漏失掉 $64km^2$ 的构造。此外，在测线较稀的情况下，对于同一种数据，可能有几种不同的勾绘等值线的方案。

如图 6－38 所示，四条测线分别显示两个高值和两个低值，就可能存在有两种勾绘等值线的方法，要证实其确切的构造形态，只有通过加密测线才能实现。

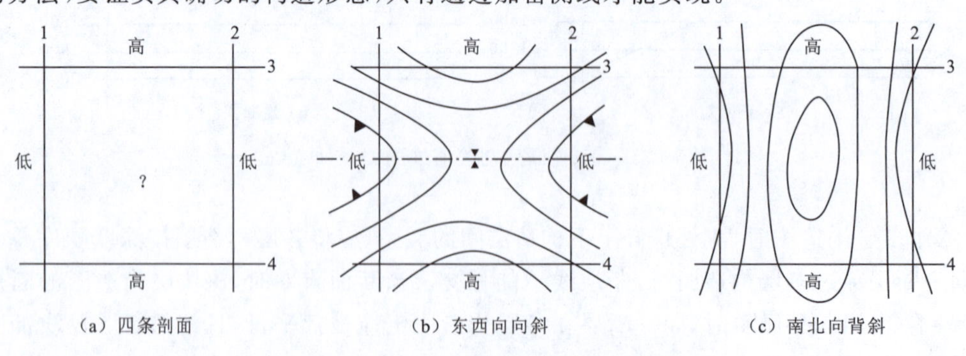

（a）四条剖面　（b）东西向向斜　（c）南北向背斜

图 6－38　两种不同的等值线勾绘方案

有时，即使在测网达到一定密度的地区，由于构造起伏较小，缺乏较大的断层、褶皱和挠曲等较明显的线状构造，这时等值线的勾绘也可能存在较大的争议。相同的数据，但勾绘的等值线走向线完全不同，产生这种现象的原因除测网密度不够外，还有其地质因素的影响。

6.3.4　由等 t_0 构造图空校绘制构造图

先从均匀介质的简单情况来说明它的原理。如图 6－39 所示，当测线垂直界面走向时，在测线上的 O 点自激自收，记录到来自界面上 A 点的反射，时间为 t_0，但在时间剖面上却把这个反射显示在 O 点正下方，在绘制等 t_0 构造图时，在 O 点标上 t_0。若不进行校正做时-深转换，则会造成来自界面上 A 点的反射为 O 点正下方反射点深度，使其真正的深度发生偏移。

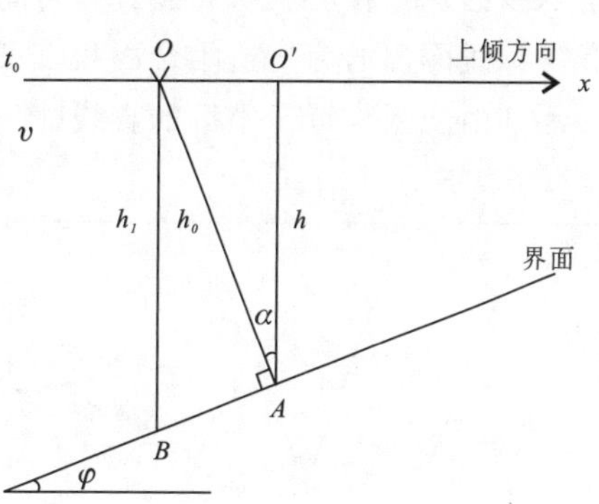

图 6－39　深度偏移示意

根据 O 点的位置（x 坐标），t_0 时间，介质波速 v 以及界面倾角 φ 就可以换算出产生这个反射的反射点 A 的位置，即 $\overline{OO'}$ 和 h_0。现在的问题是界面倾角 φ 的求取，如果只知道在点 O 的 t_0 是无法求出 φ 的，但知道了相距 Δx 的两点的 t_0 之差，就有可能求出 φ。

从图 6－39 可以看出几个量之间有如下关系：

$$h = h_0 \cos\varphi \tag{6-6}$$

$$\overline{OO'} = h_0 \sin\varphi \tag{6-7}$$

$$\sin\varphi = \frac{v\Delta t_0}{2\Delta x} \tag{6-8}$$

式中：Δx 为测线上两点之间的距离；Δt_0 为这两点接收到同一个反射波 t_0 之差；v 为均匀覆盖层的波速。由式(6－8)求出 φ，再由式(6－6)、式(6－7)就可以进行空间校正的换算。

对覆盖层是速度随深度线性增加的连续介质的情况，原理是一样的，但换算公式稍微复杂一些，这时求真反射点 A 在地面的投影 O' 和真深度 $O'A = h$ 的公式是：

$$h = Z_0 + R_0 \cos\varphi \tag{6-9}$$

$$\overline{OO'} = R_0 \sin\varphi \tag{6-10}$$

式中：R_0 为反射点 A 到 $\overline{OO'}$ 投影与反射点 A 垂直界面射线交点的距离；Z_0 为 O 点到 $\overline{OO'}$ 投影与反射点 A 垂直界面射线交点的距离。

由于求 φ 角的公式比较麻烦，在此不做推导，即给出：

$$\cos\varphi = \frac{\Delta x\sqrt{(\Delta Z_0)^2 - (\Delta R_0)^2 + (\Delta x)^2} - (\Delta Z_0)(\Delta R_0)}{(\Delta Z_0)^2 + (\Delta x)^2} \tag{6-11}$$

式中：ΔR_0 为测线上两点的 R_0 值之差；ΔZ_0 为测线上两点的 Z_0 值之差。

6.3.5 构造图的解释

绘好构造图之后，应对构造图上的煤层赋存状态、断层要素以及断裂带的划分做进一步解释，而且要对褶曲及断层等级进行评价。下面仅介绍构造、断层要素方面的一般解释工作。

构造图上等深线的延伸方向就是界面的走向，垂直走向由浅至深的方向则是界面倾向。等深线的疏密程度反映界面真倾角的大小。背斜构造中心的深度较小，向斜则相反，最外一条等深线圈出的为构造闭合面积。三面下倾一面敞开的等深线为鼻状构造；单斜则表现为一系列由浅入深近于平行的直线(图 6-40)。

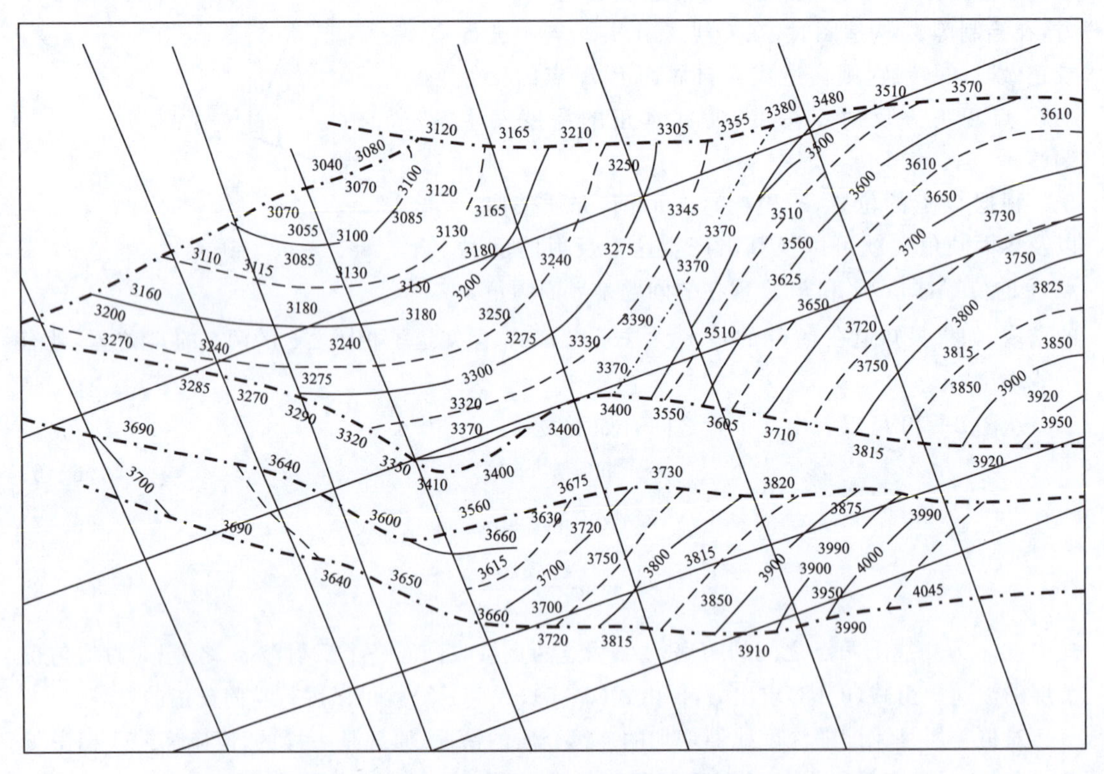

图 6-40 经过空间校正的等深度构造图(单位：m)

制作构造图时，应对各级断层进行分类、编号，统计断层要素，并做出断层要素表。此外，还要描述断层出现的构造部位、走向和断距的变化，根据断开层位和断层的切割关系，结合其他有关地质资料，分析断层产生的地质时代、最大活动时期等。

为了便于统计和发现局部构造的规律，要进行局部构造分析，并对局部构造要素进行统计，并划分次一级构造带。一些走向一致、彼此相邻的局部构造，往往呈条带状延伸，称为构造带。通过局部构造带的划分，可以进一步分析区域构造与局部构造和断裂带之间的关系。

6.3.6 利用构造图绘制地层等厚图

1. 地层等厚图绘制

表示两个地震层位之间沉积厚度的平面图称为等厚图。一般绘制等厚图只绘视厚度图，视厚度是指两个地震标准层之间的铅直深度 Δh[图 6-41(a)]，它不等于真厚度 ΔH。因此，利用地震构造图很容易绘制地层等厚图，即把画在透明纸上的两个标准层的真深度构造图，按测线位置精确地重合在一起，在这两张图的一系列等值线的交点上，计算它们的深度差值，然后把这些差值写在另一张平面图的相应位置上，绘出厚度等值线，便得到等厚图[图 6-40(b)]。

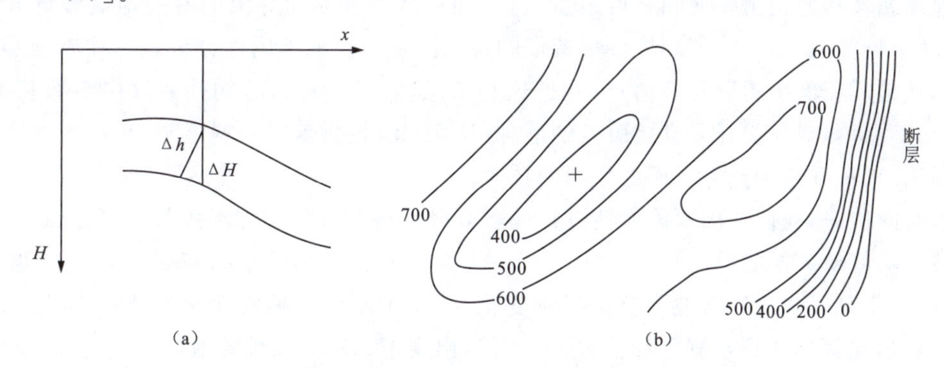

图 6-41　地层厚度的取值与等厚图绘制(单位:m)

在大断层和地层尖灭点处，厚度可为零[图 6-42(a)、(b)]；对于中、小断层，一般不出现厚度为零的情况，可不考虑断层的存在，量取视厚度即可[图 6-42(c)]。利用地震构造图绘制地层等厚图，在层位标定准确的前提下，比仅利用钻井资料更能客观地反映地下地层展布特征。

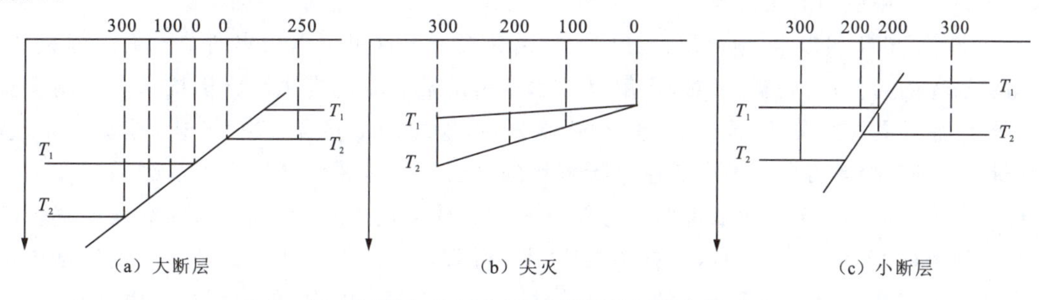

图 6-42　大断层、地层尖灭、小断层处厚度取值(单位:m)

2. 等厚图的解释

等厚图是研究构造发育史十分有用的资料。分析等厚图上地层厚度的变化，可以判断沉积物来源方向、沉积历史、构造的发育历史等。例如，低幅度的同生构造表现为地层顶薄翼厚，且自下而上差异趋小。对于塑性流动构造，则构造核部地层厚度明显增大。

在断裂发育的地区，由于差异升降运动，上升盘常遭受剥蚀，地层厚度变小。特别是在边界大断层附近，地层迅速减薄至消失，表现为密集的厚度等值线。根据从浅到深各层等厚图，可分析不同时期地层展布特征、厚度变化与沉降、沉积中心的变化规律。

6.4 地震属性分析技术

地震属性分析技术是三维地震数据体解释自动化技术，近年得到迅速发展，并广泛应用于煤田地震勘探。

地震属性指的是由叠前和叠后地震数据，经过数学变换而导出的有关地震波的几何形态、运动学特征、动力学特征和统计学特征的特殊测量值。地震属性分析是一项以地震属性为载体从地震资料中提取隐蔽信息，并把这些信息转换成与岩性、物性或煤层参数相关的，可以为地质解释或煤炭开采直接服务的信息，从而充分挖掘地震资料潜力，提高地震资料在储层预测、表征和检测能力方面的作用的技术。

长时间以来，我们使用地震属性进行地震解释。自20世纪60年代起，我们知道了薄层反射波的振幅对薄层的厚度较为灵敏，利用薄层调谐厚度的概念进行薄层解释。20世纪70年代以来，发现了含气砂岩波阻抗的异常变化，使用了反射波振幅变化特征——亮点、暗点对含气砂岩储集体进行预测。20世纪80年代，出现了AVO(振幅随炮检距变化或振幅和炮检距关系)分析技术，改进了含气砂岩和岩石孔隙中饱和液成分的预测；给出了岩石泊松比对比度增大的标志，以鉴别岩性和岩石孔隙度。在这个时期，用于石油地质勘探的地震属性多半是基于振幅测量的瞬时属性。

20世纪70年代后期至80年代，地震地层学解释迅速发展并得到广泛应用。根据不整合面划分地震相，分析地震反射特征确定地震相类型并做岩相转换是地震地层学分析的基本方法。分析中使用的三瞬剖面处理分析技术，在过去的20年间使用很广泛。

20世纪90年代以来，地震属性分析技术迅速发展。这里可以指出两个方面的因素：一是储层描述的需要；二是全三维地震解释技术发展的需要。地震属性分析技术广泛用于流体、岩性、储层孔隙度分析，河流、三角洲砂体分析，地层的不整合、尖灭分析，地层层序、裂缝、断层识别分析等方面。地震属性分析解释的必要性及重要性已在许多油藏描述实例中显现。由于地震属性分析所取得的高分辨率和引人注意的信息量，且已为标准地震解释和测井解释所证实，它在三维地震解释中的应用不可替代。地震属性分析是从地震数据中拾取隐藏在这些数据中的信息，从而加强地震数据在油气勘探领域中的应用和使用价值。

而在三维煤炭勘探方面，以往，地震属性分析解释仅局限在煤矿采区煤层厚度分析、断层解释等方面。近几年来，我国在引进油、气地震勘探属性分析技术的同时，在煤炭地震勘探方面展开了地震属性计算、提取、精细分析等工作，形成了一套地震属性分析、成像技术，并运用到煤矿采区陷落柱分析、断裂构造高精度分析、岩浆岩侵入通道的分析、煤层厚度的分析、煤层气富集带的分析等方面，其目的是充分运用三维地震数据体中包含的丰富地质信息，揭示这些地震信息的地震地质含义，更好地为煤矿采区建设服务。

6.4.1　地震属性分析的基本内容

1. 地震属性的分类

近年来，三维地震资料解释系统中拾取和显示的地震属性数量剧增。在常用的地震属性基础上，不断增添新的属性。到目前为止，还没有一个公认的地震属性分类。Chen 等(1997)以波的运动学和动力学特征将地震属性分为振幅、频率、相位、能量、波形、衰减、相关和比率等八大类，每一大类包含几类至二十几类不等。从地震属性的基本定义看，它是表征地震波几何形态、运动学特征、动力学特征和统计特征的物理量，有着明确的物理意义，因而该分类是较为合理的。有时为方便地震属性算法研制，也可按属性拾取方法分类，即将地震属性分为界面属性和体积属性两大类。

三瞬属性为基本的地震属性，它与沉积地层间存在如下关系。

(1)瞬时频率与提取信息部位的地层固有频率相关，地层固有频率又和沉积物颗粒粗细(密度)相关。从共振角度分析，沉积物颗粒粗时共振频率低，沉积物颗粒细时共振频率高。此外，瞬时频率也与薄层厚度的调谐作用有关。

(2)瞬时相位(地震波主频相位)与提取信息部位的地层对地震主频的黏滞性有关，即当地震波穿越不同岩性地层时会引起地震波相位的变化，因此用它的这一特性检测岩性边界比较灵敏。

(3)瞬时振幅与提取信息部位地层的反射系数相关，即它与地层的速度、密度、孔隙流体性质以及界面两侧岩石的品质因子差异有关，因此，它与 AVO、储层物性以及直接预测煤层有着直接的关系。

2. 地震属性的提取

地震属性的提取通常有两种，即沿单道同相轴提取界面属性，以及由地震数据体导出属性体得到体积属性。

1)界面属性的提取

界面属性是在三维数据体内沿三维层面求取的与分界面有关的地震属性，它提供了沿分界面或在两个分界面之间的变化信息。提取的方法有瞬时属性提取、单道时窗属性提取和多道时窗属性提取。瞬时属性是根据复地震道分析，在地震波到达位置上提取的属性。单道时窗属性是沿着一个可变的时窗提取的。提取过程中，时窗在道间滑动，其位置和长度都是可变的。可变的时窗上下界，由解释的地震层位确定。也可以使地震属性提取时窗沿一个解释层位滑动，在层位上、层位上方或下方，取一个固定的时窗长度。作为一个特例，时间切片可以被看作是一个无通常意义的地震解释的平界面，以确定属性提取时窗的位置。属性提取结果一般赋于时窗中点。当属性提取时窗在道间滑动而改变长度时，要注意对地震属性使用平均、归一化，把计算结果归算到一个固定的时窗长度上，以保证可以在道间做有意义的比较。多道时窗地震属性提取时，可以使用如同单道时窗提取时使用的固定尺度或可变长度时窗。某些多道时窗属性提取时，除要求一个上下界定义以形成时窗外，还要求定义一个道数和道模式界限。

2)体积属性的提取

三维地震数据较二维地震数据的最大优势，就是可以沿着使用不同的空间道模式格架定义的滑动时窗，产生一个多道三维地震波到达位置上的属性提取。地震体积属性是由三维地震数据体导出的完整的属性立方体，是地震数据的另一类图像。这种图像，可以用来揭示其他剖面图像难以识别的地震特征，如河道砂体、礁块、各类地层学沉积单元沉积特征等，具有重要的使用价值。

体积属性的提取方法同前，即分为瞬时属性提取、单道时窗属性提取、多道时窗属性提取。产生属性立方体的瞬时属性，是根据复地震道分析，在地震波到达位置上提取的属性。单道时窗属性对数据体而言，是在两个时间切片间产生的一个属性平面，只是这时的时窗位置和长度是固定的。重复使用固定时窗做属性提取，并按一定的步长在时间上重叠，可以产生一个新的属性体。对多道时窗属性提取也是使用固定时窗提取，使用不同的空间道模式定义，提取的多道时窗属性，可以用来研究储层各向异性特征，以识别储层裂隙或断层分布模式。

相干数据体是一个多道时窗属性提取的体积属性数据体。相干性是在两个纵测线和两个横测线方向上呈现的一个时窗内，波形相似性或不相似的量度。在这种格架定义下，共有8个点。相关性的标准值是1。较少的数值，表示间断性或不相关性的程度。常用的算法是Karhunen - Loeve变换，采用8个点的多道时窗属性提取道模式。多道第一主元素分量表征地震记录的主要特征，而第二主元素分量给出的则是数据中剩余量的第二特征，初看图像相似，但数值范围不同，第三主元素表示的是数据中第三剩余特征指标。相干性计算，或者是对一定的时窗生成体积属性，时窗中心在一个特定的层位上；或者使用上下重叠的滑动时窗，生成一个新的数据立方体，称为相干数据体。相干体积属性或相干数据体，用于检测地震波的间断性，如断层、不整合等效果较好。

3. 地震属性分析的基本流程

地震属性研究储层特征的基础是地震与测井数据之间存在一定的内在关系，利用测井资料解释储层物性参数，并建立与井旁地震道地震属性之间的相关性，将地震属性转换成储层物性，并推算到井间或无井区。基本流程见图6-43。

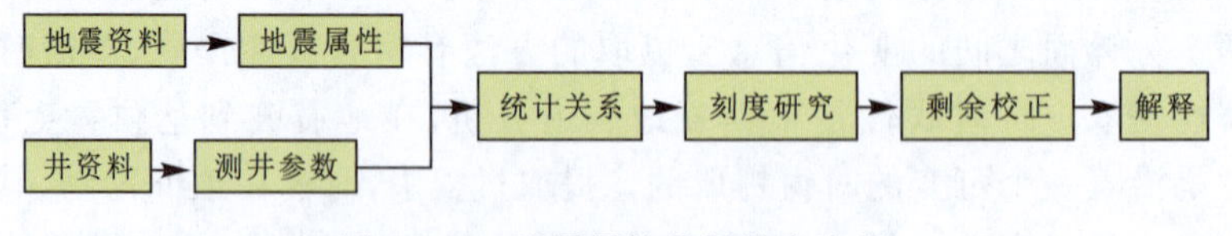

图6-43 地震属性分析基本流程

由地震资料获取地震属性包括属性的提取，属性的归一化及属性的优化。统计关系是建立测井数据与地震数据的相关性。刻度研究是采用某种地质统计学方法，实现地震属性与测井参数的线性或非线性转换。由地震属性转换的储层特征与测井特性往往有一定的误差，需要进行剩余校正。现代地震属性多采用地震数据空间自动映射到储层空间，即采用如克里金法的地质统计法，将两种数据模拟地输入一个可进行空间自动校正和交叉校正并隐含一个非线性刻度函数的估算器中，进行储层特征的估算。由地震属性推导的储层特征应结合地质资料进行综合分析，合理应用。

4. 地震属性与储层物性相关性的建立方法

地震属性既可用于定性解释，也可用于定量解释。由地震数据定性或定量预测储层特征均需建立地震属性与储层物性的相关关系。由于地震属性的物理意义不同，其中的一些属性可能较另外一些属性对特定的储层环境更为灵敏，某些地震属性可能对某些地下异常较敏感，而另一些地震属性则可以用作烃类直接显示指标。越是有地质解释意义和价值的属性，越是难以做出合适的选择。

从以下两方面理解地震属性与储层物性的关系。

(1)地震属性的物理意义和地质意义十分明确，可直接使用。如地层反射波振幅在正常的情况下，与储层段的岩性孔隙度或者产能有关。一般都是首先从岩石物性原理出发，通过地震传播理论，研究岩石物性对地震波的影响和畸变作用，从而建立地震属性与岩石物性之间的关系。根据地震属性与岩石物性之间的关系，或者对地震资料做出岩性解释，或者将地震属性定量转换为储层岩石物性参数。已知一些由理论直接导出的，或由理论近似公式导出的这类关系，例如，亮点与含气砂岩的关系，薄层反射振幅与薄层厚度的关系，地震波阻抗与孔隙度的关系，AVO属性与含气砂岩、孔隙度及饱和液成分的关系等。

(2)地震属性定义明确，但其数值变化的物理解释较为模糊，且地震属性与岩石物性的关系不明显，也没有理论公式或近似公式直接导出的定量关系，在有三维地震数据和测井数据之后，采用实验数据导出法，可以建立地震属性与储层岩石物性的一些定量关系。通常使用的是地质统计方法，也就是利用测井解释储层岩石物性对地震属性进行标定的方法和统计分析的方法。由于它是一种数据导出方法，其结果与数据质量关系很大。前期的数据整理工作很重要。进行这项工作之前，首先要确认所比较的每类数据都必须来自同一地质目标，或同一个研究地层区段，甚至要规范测井解释储层岩石物性和地震属性，必须保持两者的独立性，否则所寻求的关系将是可疑的。为了保证两类数据研究目标是同一个地质层段，要求测井解释储层岩石物性参数平均区间与地震属性提取时窗层位一致。

5. 地震属性技术应用的陷阱分析

认清应用地震属性技术可能出现的陷阱，有助于我们有效地应用此项技术。地震属性技术的应用应在以下几个方面注意可能出现的陷阱。

(1)地震属性获取。通常在井筒与地震层位交会处，选取地震属性样本。但由于导管误差、地震偏移误差、井轨迹扭曲及其他因素影响，井位可能定位不准确。

由于地质因素，如相变、断层、地质间断等，井位不准，降低了地震属性与测井解释储层物性的相关性。如果有多井资料，对地震属性取平均，可消除随机误差；若井数少，则造成的数据偏差不可弥补。若平滑过渡，有可能使本无相关性的两类数据出现相关性。

(2)地震属性与储层岩石物性的相关性。一般来说，若地震属性与储层岩石物性直接相关，则这个属性是进行地质统计分析的可靠目标。当地震属性与井中储层岩石物性存在较好的相关性，但却不能说明是具有物理意义的，还是一个巧合时，地震属性预测储层岩石物性有很大风险。地震属性与测井解释储层岩石物性相关性的可靠性与两类数据的彼此独立测量的数目有关。只有那些物理意义与储藏目标特征有合理关系的地震属性才能用于预测。

(3)测井与地震数据相关性分析。当地震属性标定所取属性个数增多，在分析它们独自与储层岩石物性的关系时，在彼此独立的地震属性中，至少找到一个与储层岩石物性的假相关性的概率随之增大，而实际上，它们是彼此无关的。因为用于实验的属性数量多，观测到较大的相关系数的概率自然会增大。特别是测井资料少时，使用多地震属性进行储层预测风险更大。

6.4.2 地震属性解释方法

地震波在地层中的传播是一个较为复杂的过程，是对地下地层结构的综合反映。地层中岩石物理性质的改变必然导致地震信号特征的变化，进而也会影响从地震数据中提取的地震属性。我们认为地震属性携带与地层的结构特征等有关的地层信息，反映与构造有关的异常的地震属性信息主要包括以下几类。

(1)振幅类信息。地震反射波振幅是地震波动力学的重要地震属性之一，最初的“亮点”技术即是振幅类地震属性的一个很成功的应用。在地层中含有煤或煤层气的情况下，在地震剖面上都会引起地震振幅的突然增强或减弱。利用反射振幅可以提取与它相关的多种信息，如均方根振幅、绝对振幅、总振幅、总能量、累计能量差等地震属性，这些信息都从不同的方面反映储层的特性。地震振幅类信息主要可以反映地层中上下界面的波阻抗差异、地层的厚度，同样也可以反映孔隙度及流体成分的变化。

(2)频率类信息。地震波的频率是反映煤炭储层的一个重要指标，其频率成分主要由震源脉冲的带宽与地层中介质的吸收特性共同决定。因此，很多因素都会引起频率的变化，如地层含流体、地层厚度变化或者横向上发生变化等。地震波的频率属性可以反映地层厚度、岩性以及流体成分的变化，也常被用于识别地层的特征、岩相的改变等。

(3)相位类信息。地震波的相位是对地震剖面上同相轴连续性的度量，能够反映地层层序及其特征，使断层、尖灭点、河道更容易被发现，同时也可以表征气体的存在。

(4)曲率类信息。曲率属性常用来识别断层，在描述地层时，不同的曲率属性从不同的角度描述了被研究的层面。曲率包含额外的形态信息，能定义断层、断层方位和断层的几何形态，还能区分断层和其他线性层面特征。在构造解释中，如果根据层位的解释线数据计算其曲率，自然就可以定量描述其构造特征。其中，背斜的曲率为正，向斜的曲率为负，而且褶皱越厉害曲率值越大；平层和单斜层的曲率为零；断层在平滑后可近似认为其曲率由正到负或由负到正的变化。

地震属性的提取是进行属性解释的基础，地震属性的提取是指应用“三高”地震资料，采用多种数学方法，如傅里叶变换、复数道分析、自相关函数和自回归分析等，提取出反映地震波几何形态、运动学、动力学和统计学特征的属性参数。

目前主要应用层属性、体属性、频谱分解进行构造、岩性解释。

1. 层属性地震解释方法

目的层中构造的存在，势必造成目的层与围岩的物性差异，这种差异可能体现在地震波的时间和地震波的频率、振幅、相位差异上。故计算、研究包含目的层在内的一定厚度（时间剖面上显示为时间）“层”的各种层地震属性，可能有助于发现小的构造与地质异常体。常用的层属性包含振幅和能量属性、频率类属性、相位属性、波形属性以及其他属性。

断层在振幅类属性平面上表现为线状的不一致性，饼状能量低值与较低值之间的范围代表的是小断层密度。

断层在频率类属性平面上表现为线状的不一致性，小断层密集带表现为饼状能量高值与较高值之间的范围，煤层反射波瞬时频率属性如图6-44所示。

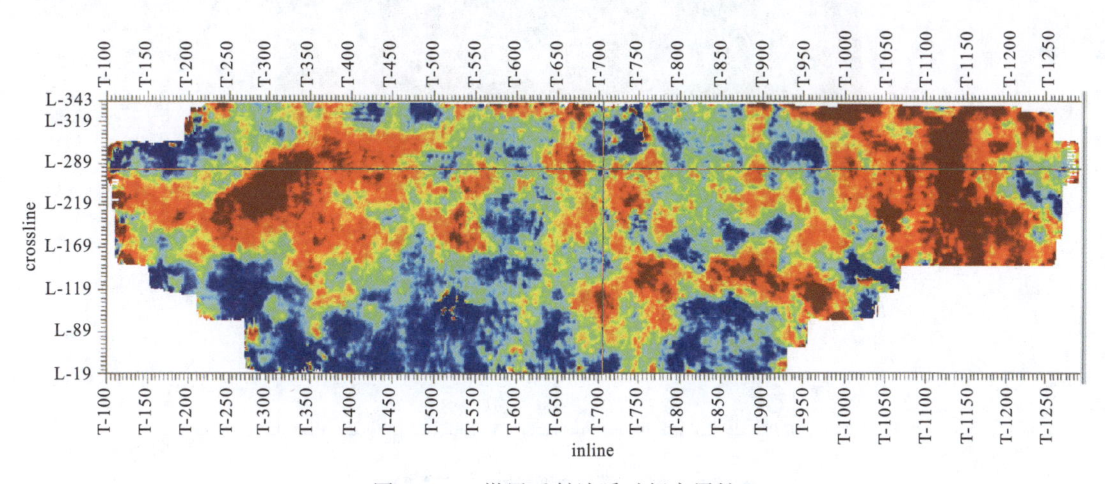

图6-44 煤层反射波瞬时频率属性

断层在相位类属性平面上表现为线状的不一致性，小断层密集带表现为饼状能量高值与较高值之间的范围，煤层反射波瞬时相位属性如图6-45所示。

2. 体属性地震解释方法

地震相干是对因构造、地层、岩性、煤层显示等因素的变化引起地震响应横向变化的一个量度。相干值反映的是一定时窗范围内波形的相似程度。根据波形的相似性，将三维反射数据体从其连续性转换到三维相干数据体的不连续性，突出波形的不连续特征。在地层横向连续或地层岩性变化较小的区域，波形变化不大，相干性强；在地层发生断裂或岩性边界附近，波形差异明显，相干性变差。因此，相干体实际上弱化了横向一致的地层构造的反映，突出了断层或岩性边界，即使在平行构造的情况下，也能识别出断层。利用不同层位或反射时间切片的叠合，可以根据不相干区域的立体分布，方便地解释出断层的空间产状。图6-46所示为煤层反射波相干属性。

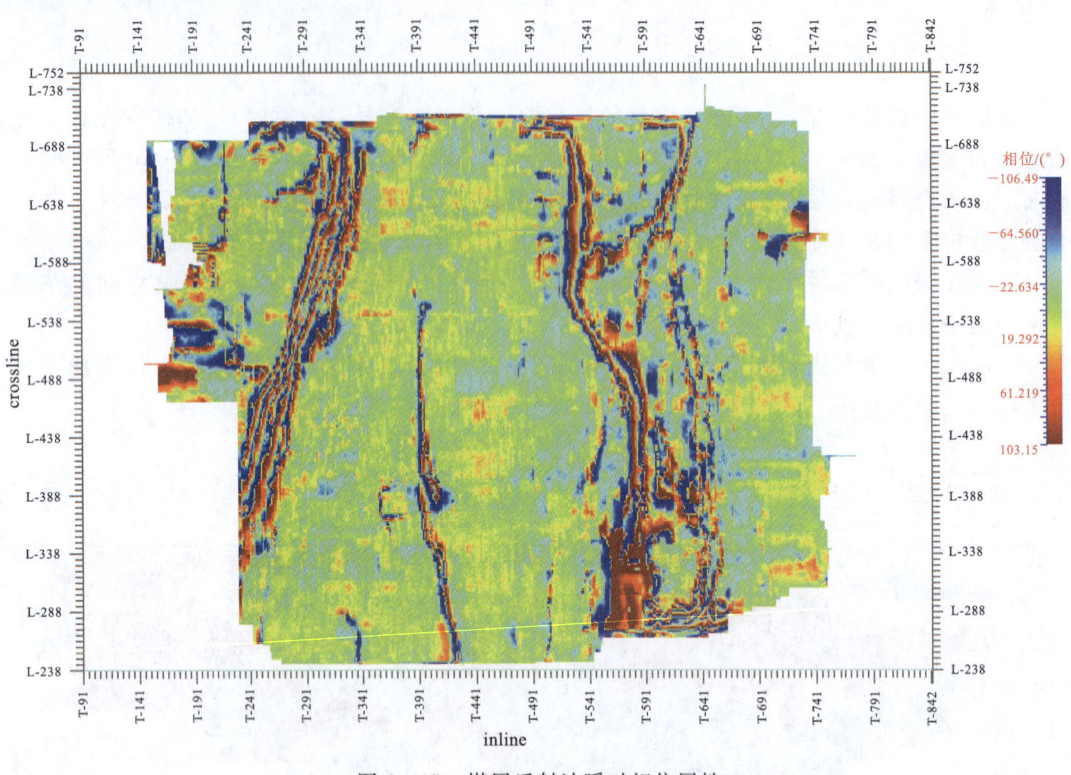

图 6-45　煤层反射波瞬时相位属性

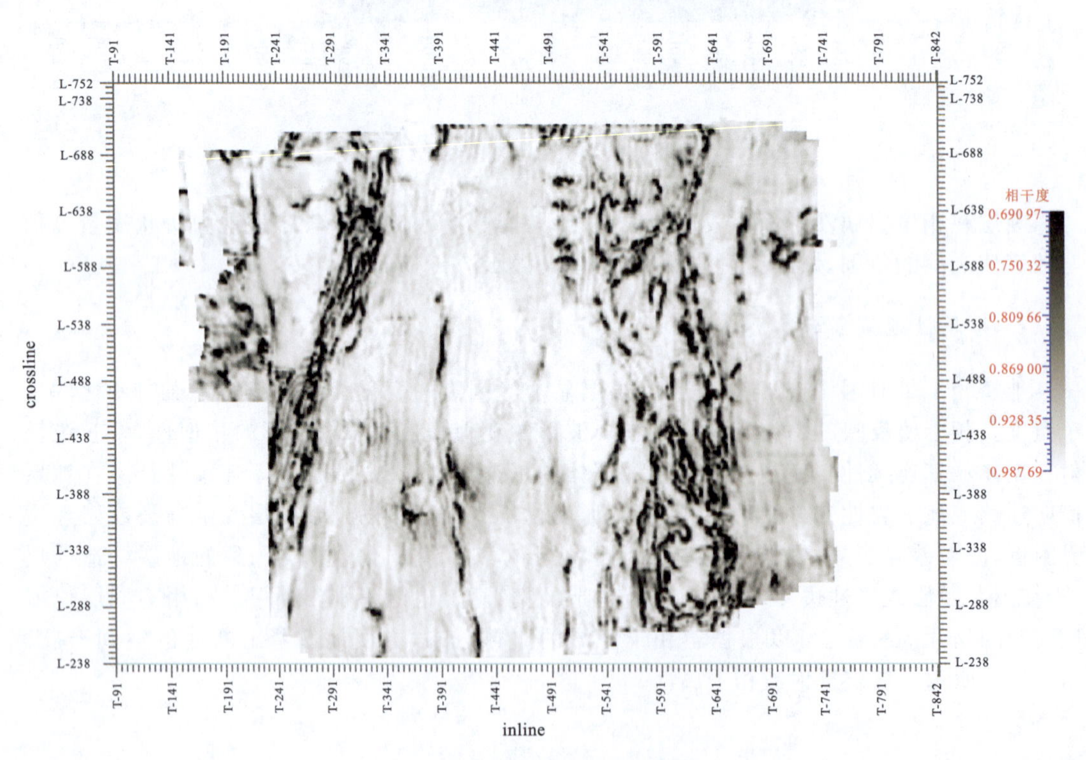

图 6-46　煤层反射波相干属性

曲率属性是对曲线弯曲程度的一种度量，因其具有明确的物理意义，近年来受到很多学者的关注。Lisle 在 1994 年详细介绍了高斯曲率与实际测量得到的张开裂缝之间的相互关系。Roberts 在 *Curvature attributes and their application to 3D interpreted horizons* 中详细介绍了曲率属性的分类情况，并给出了各种曲率的详细计算公式。*The Leading Edge* 2008 年的地震属性专刊，有多篇关于曲率属性文章的介绍。近两年的 SEG（国际勘探地球物理学家学会）和 EAGE（欧洲地球科学家和工程师协会）年会上也有不少关于地震曲率属性的文章，曲率属性有可能成为继相干体技术之后的新的解释亮点。图 6－47 为煤层反射波平均曲率属性。

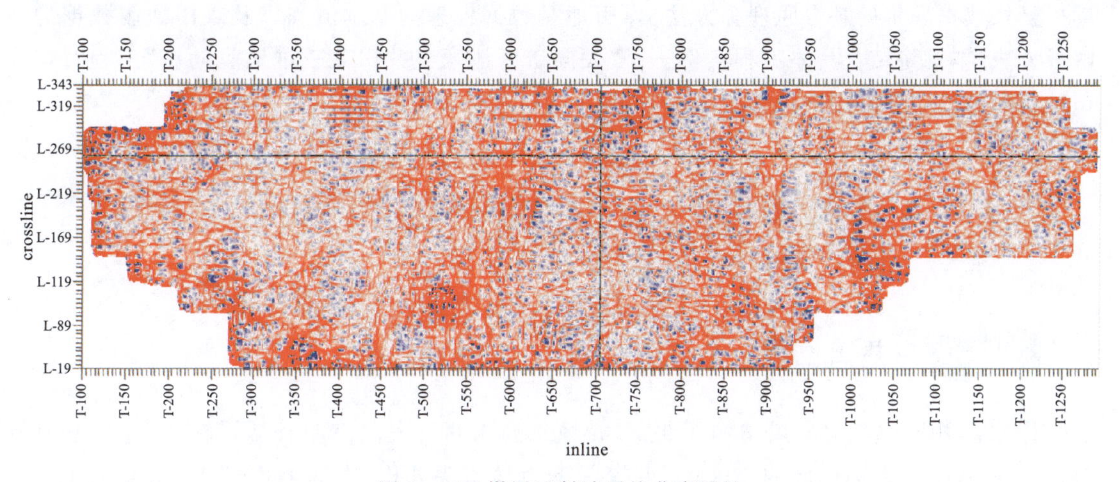

图 6－47　煤层反射波平均曲率属性

第7章　煤田地震勘探应用举例

前面几章介绍了煤田地质特征与地震勘探基础、反射波地震勘探的基本原理、煤田地震勘探野外数据采集的基本原理和方法、煤田地震数据处理的基本流程以及煤田地震数据的解释方法，本章将结合具体工程实例——“大同矿区潘家窑井田某三维地震勘探”工程对煤田地震勘探的实际应用进行介绍。

7.1　工区概况

7.1.1　井田位置

潘家窑井田位于大同煤田的西北部，行政隶属山西省大同市左云县管辖，距左云县县城约10km，东距大同市区约50km。勘探区南为马道头井田，东为塔山井田，东北为东周窑井田，西北为刘家窑井田、大西庄井田，详见四邻关系图（图7-1）。潘家窑井田地理坐

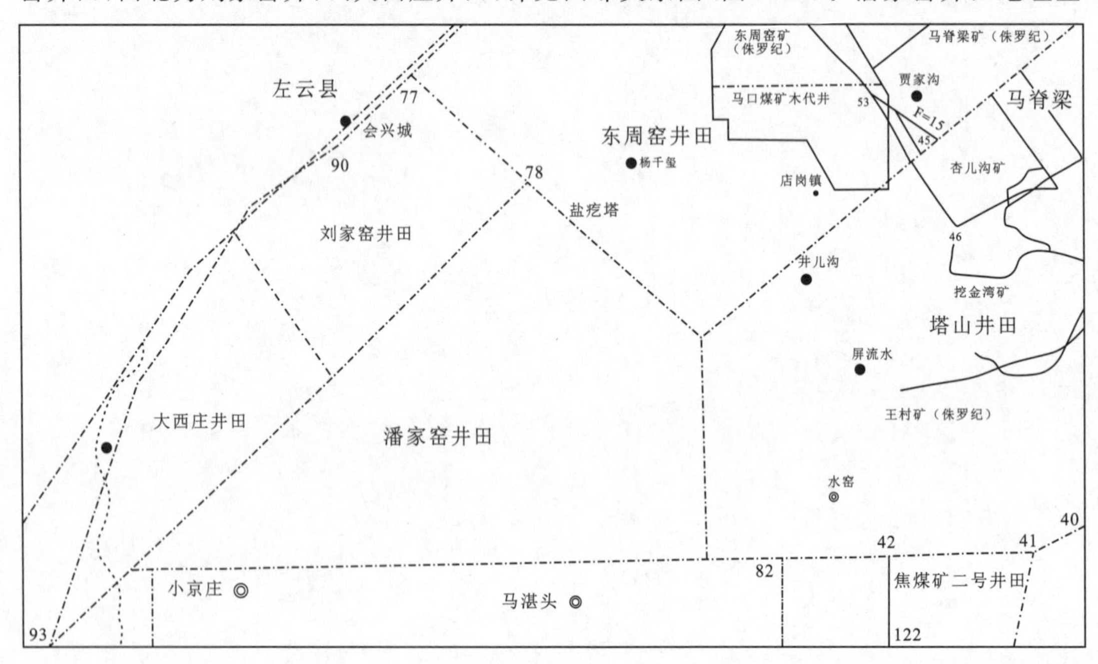

图7-1　四邻关系图

标为东经 112°37′00″—112°46′00″；北纬 39°53′30″—39°59′18″。呈似直角三角形，面积约为 117.107 8km^2。

7.1.2 勘探范围及地质任务

1. 勘探范围

勘探区位于潘家窑井田首采区东部，块段东西长 2.0km，南北长 4.0km，面积为 8km^2。

2. 地质任务

(1)探明井田勘探区的浅层地震地质条件和深层地震地质条件，查明井田勘探区的地质构造形态和特征，地层产状及其变化情况。

(2)查明勘探区内落差大于 5m 的断层。

(3)查明勘探区内直径大于 20m 的陷落柱。

(4)查明勘探区内规模大于 20m 的煤层中的火成岩侵入体。

(5)提交勘探区主要可采煤层底板等高线图，深度标高误差不大于 1.5%。

(6)详细查明可采煤层层位及厚度变化，确定可采煤层的连续性，控制先期开采地段内各可采煤层的可采范围。确定煤层层位，尤其是主要可采煤层的对比要可靠；解释先期采区内主要可采煤层厚度的变化趋势。

7.1.3 地震地质条件

勘探区表层、浅层地震地质条件极其复杂，在施工前进行了详细的踏勘，总结如下。

1. 表、浅层地震地质条件

1)地形地貌

井田为低山丘陵地形，地势东南部高，西北部低，黄土梁及"V"字形沟谷发育。属于黄土半掩盖区，基岩仅出露于沟谷两侧。勘探区最高点标高 1556m，位于勘探区东南部，最低点位于勘探区西北部，标高 1391m，相对高差 165m。

2)出露地层

(1)新生界第四系(Q)。

①中、上更新统(Q_{2+3})。上部为亚砂土，浅黄色，土状，垂直节理发育，下部为卵砾石层，主要分布于低山丘陵之上和沟谷两侧，厚 0～25.2m，一般为 10.00m(图 7-2)。

②全新统(Qh)。为现代河流沉积物，由亚砂土、砂及砾石组成，厚为 0～15m，一般为 5m(图 7-3)。

图 7-2　第四系黄土在测区的出露

图 7-3　第四系河流沉积物在测区的出露

(2)白垩系左云组(K_1z)。岩性为紫色黏土及紫色砂质泥岩夹薄层杂色铝土泥岩、杂色砾岩。砾石成分复杂,主要为变质岩、砂岩、玄武岩、石灰岩,分选差,易风化,上部成岩作用差,胶结松散,底部胶结坚硬(图 7-4)。

3)地面村庄、建筑

勘探区内村庄不多。三维测区南部有国家电网施工项目,其挖土机和搅拌机的运行对地震资料采集造成较大干扰;另有一条运煤专线公路于测区南部近东西向和西侧近南北向穿过三维测区,对地震资料采集造成较大干扰。这些地表条件给地震勘探及野外施工测量、布线、成孔造成较大困难;同时村内的机电活动、人文活动、各种家畜活动等也会给数据采集造成干扰。勘探区表层地震地质条件较差。

图7-4　左云组地层在测区的出露

4)河流

勘探区属海河流域，永定河水系，桑干河北岸支系。十里河位于勘探区西部及北部界外，区内所有地表冲沟之流水均由南向北汇入十里河及其支流，河水较小，但河床内卵砾石发育，不易成孔(图7-5)。

图7-5　三维测区内河床砾石发育情况

综上所述，勘探区内地表情况表现为地形变化大、出露地层多种多样。浅层地质情况复杂，此外，区内黄土、卵砾石层覆盖，第四系黄土层表层结构松散，对地震波高频成分吸收强烈，使资料分辨率降低，同时由于表层岩性结构均一性比较差，降低了资料的一致性，不利于地下小断层、小褶曲、陷落柱的分辨和构造解释。勘探区浅层地震地质条件极其复杂。

2. 深层地震地质条件

勘探区主采煤层(5 号煤层、8 号煤层)发育稳定，煤层与围岩之间有较大的波阻抗差异，其顶、底板是良好的反射界面，可形成较强的反射波。根据合成地震记录及勘探区所获得的实际资料，勘探区主要反射波有以下几种。

(1)T_5 反射波：T_5 反射波为 5 号煤层形成的反射波，位于太原组中部，距山西组底界砂岩一般 50m 左右，煤层厚 3.5～18.63m，煤层埋深 630～730m。局部被煌斑岩侵入破坏，区内皆赋存且可采。5 号煤层为勘探区主要可采煤层，沉积稳定，煤层厚度大，该煤层与围岩岩性差异大，波阻抗差异明显，能形成能量强，同相轴光滑、连续，信噪比高，全区连续追踪的反射波。

(2)T_8 反射波：T_8 反射波为 8 号煤层形成的反射波，位于 5 号煤层下 20m 左右，一般距太原组底界 K_2 砂岩 15m 左右，煤层埋深为 650～750m。煤层层位稳定，基本全区赋存，厚为 0～10.2m，平均为 4.39m，夹矸一般 0～3 层，局部被煌斑岩侵入破坏，是勘探区主要可采煤层。8 号煤层属稳定型煤层，相对 5 号煤层厚度较小，受上覆盖层的屏蔽作用较大，T_8 反射波较 T_5 反射波的品质稍差。T_5、T_8 波组是研究勘探区煤系地层起伏形态及断裂构造的重要依据。

图 7-6 为 PZK808 孔合成地震记录，5 号煤层厚度为 14.32m，8 号煤层厚度为 5.42m。从合成记录上可以看到 5 号煤层、8 号煤层都能产生地震反射复合波。

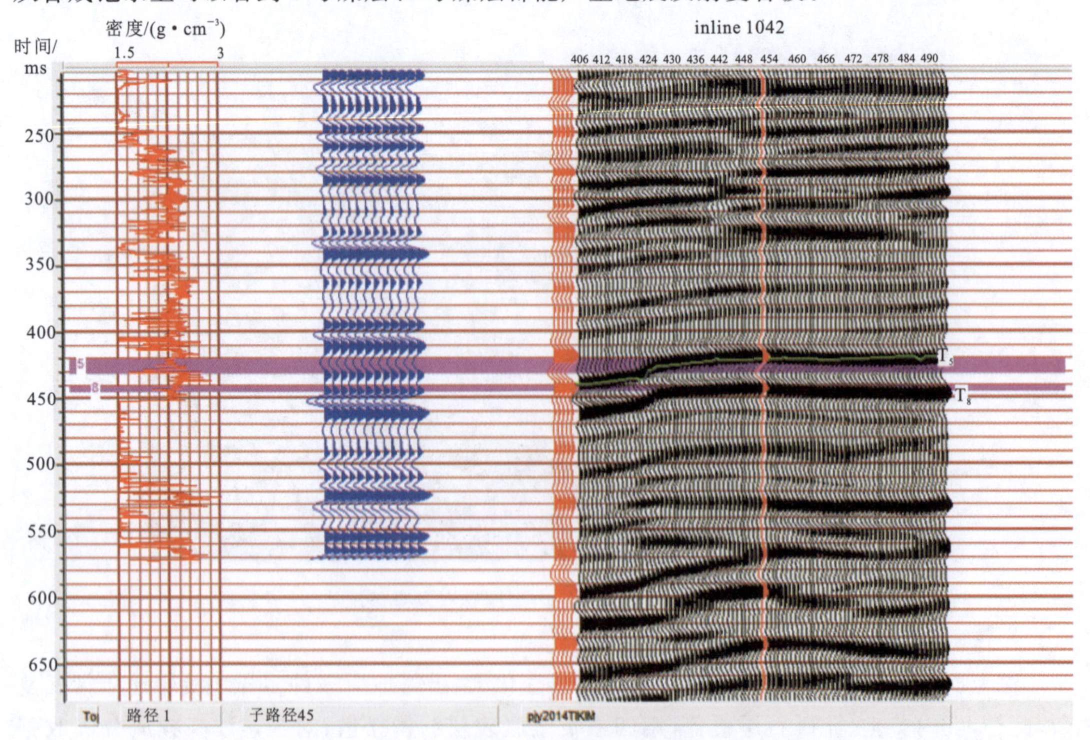

图 7-6　PZK808 孔合成地震记录

综上所述，测区内深层地震地质条件一般，而表层、浅层地震地质条件极其复杂。

7.2　野外数据采集

7.2.1　试验工作及结论

为了给数据采集提供合适的采集方法及采集参数，在线束生产前进行了充分的点试验工作。试验工作的重点以激发因素(井深、药量)为主，同时进行仪器因素、接收因素试验。此外，在线束生产过程中，根据地震地质条件以及监视记录质量的变化情况，随时对井深、药量等进行试验，保证获得质量最佳的野外原始资料。

首先，通过对激发井深、激发药量等的试验，选取激发地震波的最佳激发因素。其次，通过对炮井组合接收形式、观测系统参数和仪器因素的试验，选择接收和记录地震波的最佳参数。整个试验工作以激发因素试验为重点，严格按照单一因素变化的原则进行试验。

1. 试验工作要求

(1)试验前经过详细的现场踏勘，收集资料，并依据《煤炭煤层气地震勘探规范》(MT/T 897—2000)，编制施工组织设计及试验方案。

(2)试验因素单一变化，目标明确。

(3)在试验过程中，认真地按照设计要求取全、取准试验资料。

(4)试验后，及时整理试验资料，并编写勘探区的详细试验总结报告。

2. 试验目的

通过试验，确定适合勘探区的最佳采集因素，选择最佳的激发和接收参数，确定合理的施工因素，确保完成地质任务。

3. 试验内容

根据施工设计及生产前地震方法试验技术方案，分别在试验点处进行野外资料采集试验工作，试验点分别位于三维勘探区的中北部、东北部，地表激发岩性分别为白垩纪砾岩区和厚黄土层覆盖区。主要进行井深、药量等激发参数试验以及检波器组合试验，并进行干扰波场调查，选择最佳的野外采集参数。

成孔方法：人工钻、沙陀钻机(图 7－7)。

炸药采用高爆速成型炸药(地震勘探专用)。

在勘探区共完成试验点位 2 个，共计试验物理点 36 个。

图 7-7　沙陀钻机

1. 激发参数试验

1)试验点 1(白垩纪砾岩区)

试验点 1 附近出露白垩纪砾岩层(图 7-8)。

图 7-8　试验点 1 附近出露的白垩纪砾岩层

成孔设备:沙陀钻。

(1)井深试验。井深 5m、6m、7m、8m(单井,药量 3kg)。从原始资料情况来看,井深 5m 的有效反射波频率较低,面波、声波干扰较大;井深 6m、7m、8m 的有效反射波频率较高,面波、声波干扰较小。6m、7m、8m 三种井深资料相差不大。

(2)药量试验。井深 8m,药量 0.5kg、1kg、1.5kg、2kg、3kg。从原始资料情况来看,药量 0.5kg、1kg、1.5kg 单炮能量相对较弱(图 7-9),有效波连续性较差;药量 2kg、3kg 单炮能量较强(图 7-10),有效波连续性较好。2kg、3kg 两种药量试验资料相差不大。

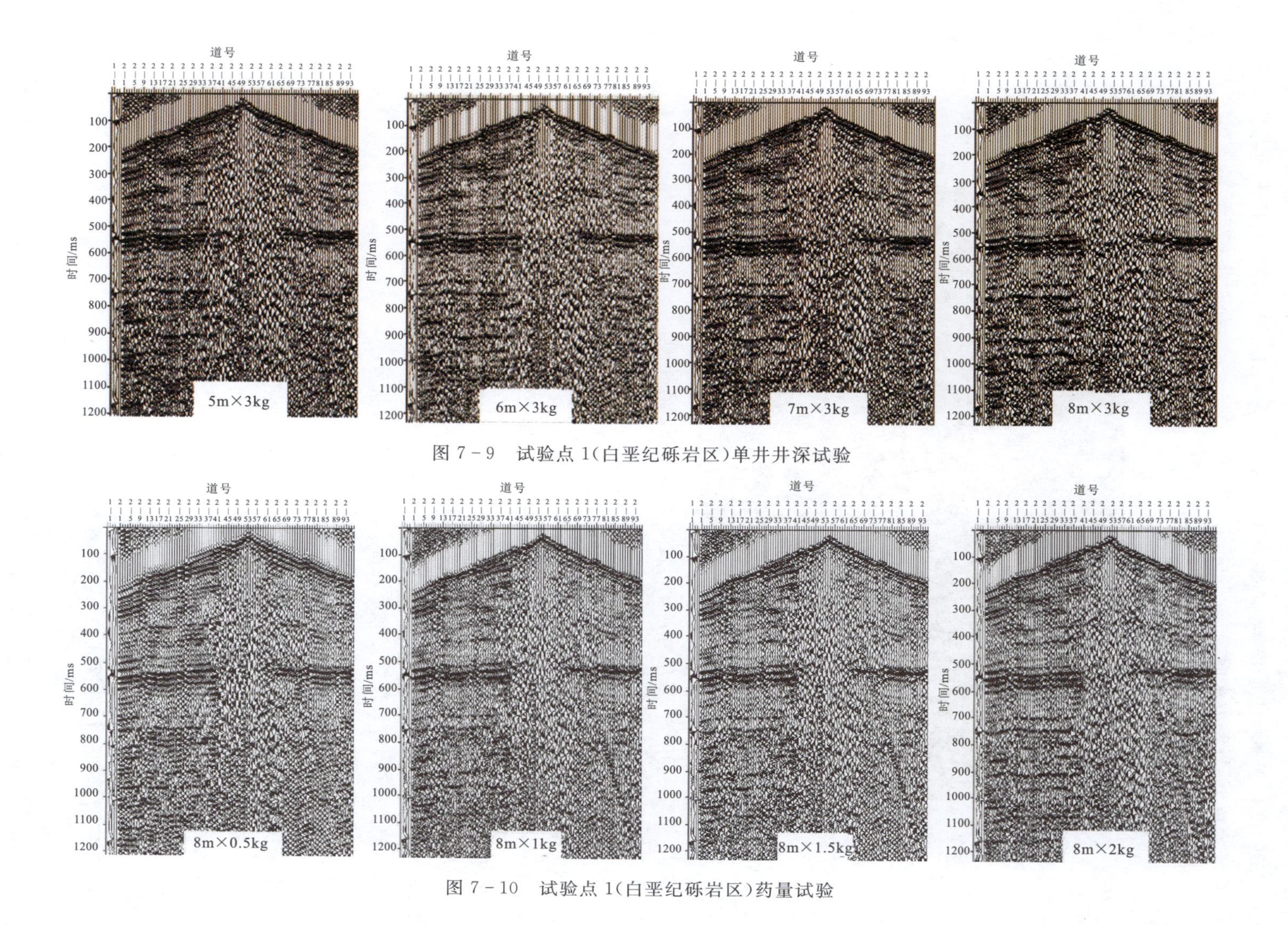

图 7－9　试验点 1（白垩纪砾岩区）单井井深试验

图 7－10　试验点 1（白垩纪砾岩区）药量试验

2)试验点 2

试验点 2 位于厚黄土层覆盖区(图 7-11),黄土层厚约 10.5m,10.5～12m 为红黏土层,13～14m 为黄土层;无潜水面。

成孔设备:人工钻。

图 7-11　试验点 2 附近出露的黄土层

(1)井深试验。井深 7m、8m、9m、10m、10.5m、11m、11.5m、12m、12.5m、13m、14m(单井,药量 3kg)。从原始资料情况来看,井深 7m、8m、9m、10m、10.5m、11m、11.5m、12.5m、13m、14m 目的层有效反射波不明显且频率较低;井深 12m 目的层有效反射波较好且频率较高(图 7-12)。

(2)药量试验。井深 12m,药量 2kg、3kg、4kg、5kg。从原始资料情况来看(图 7-13),药量 2kg 单炮能量较弱;药量 4kg、5kg 目的层有效反射波频率较低,面波、声波干扰较大;药量 3kg 单炮能力较强,有效反射波频率较高,面波、声波干扰较小。

2.接收因素试验

接收因素主要是检波器组合试验(图 7-14)。黄土覆盖区进行检波器组合方式试验,组合基距分别为 0m 组合、1m 面积组合以及 1m 线性组合。从原始资料情况来看,0m 组合有效反射波频率较高,面波、声波干扰较小;1m 面积组合以及 1m 线性组合有效反射波频率较低,面波、声波干扰较大(图 7-15)。

3)干扰波调查

用丁字形排列进行勘探区的干扰波调查(图 7-16)。

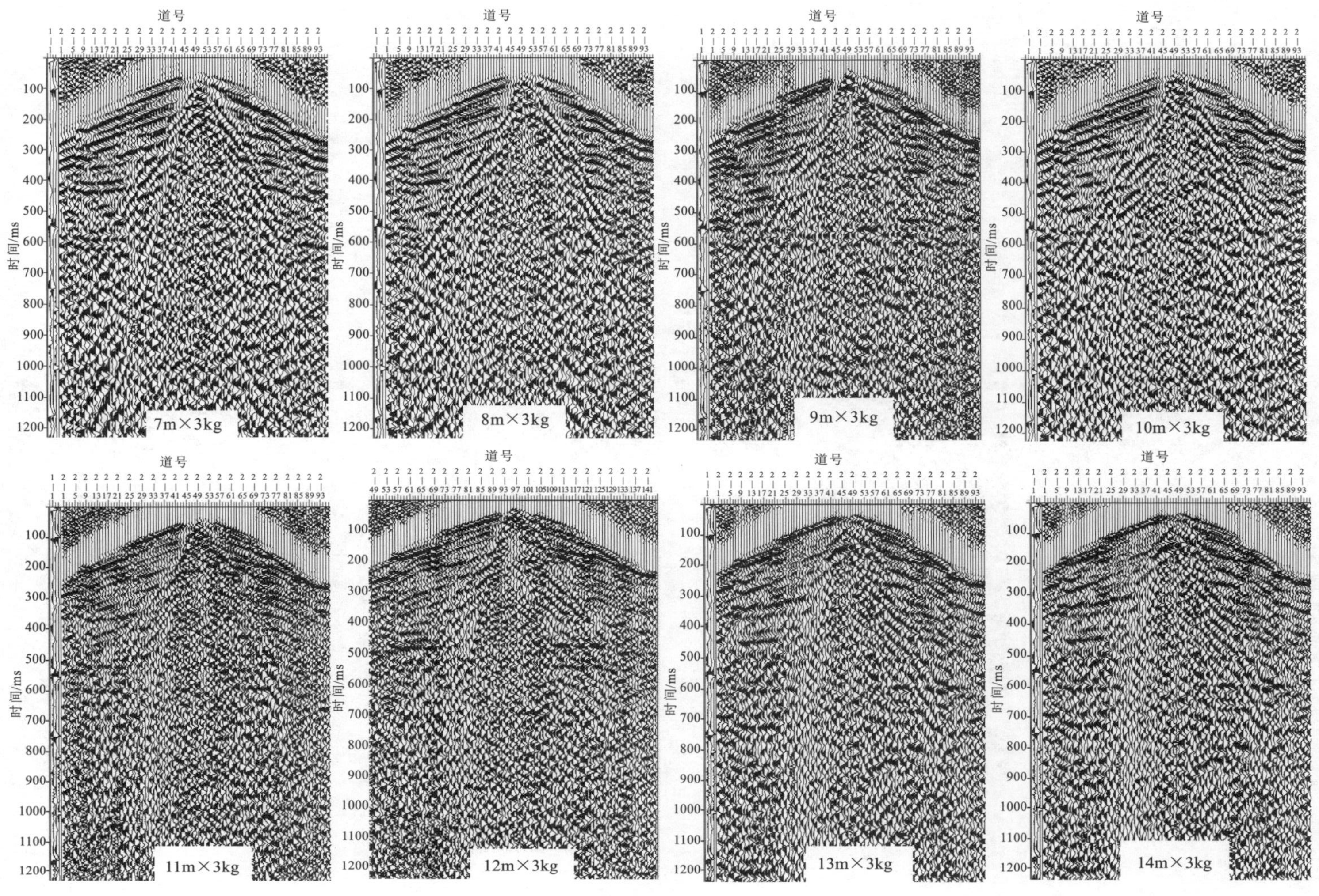

图7－12　试验点2黄土层单井井深试验

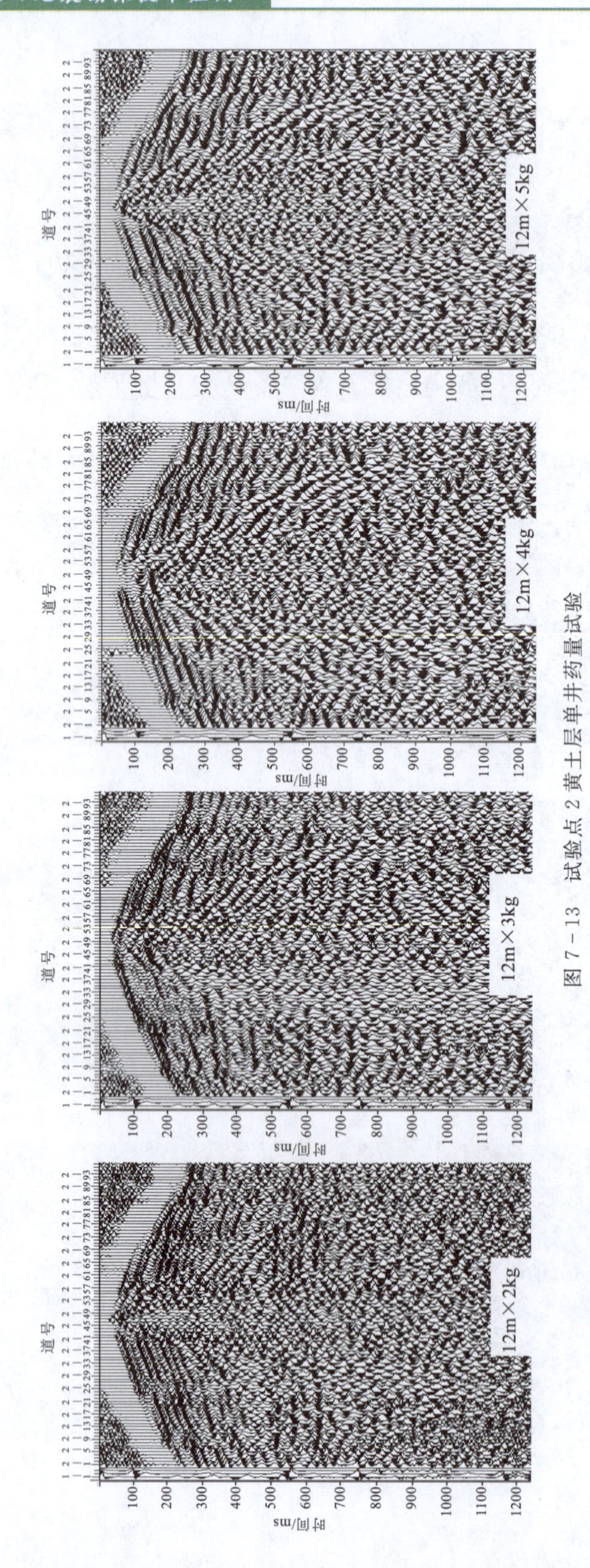

图7－13 试验点2黄土层单井药量试验

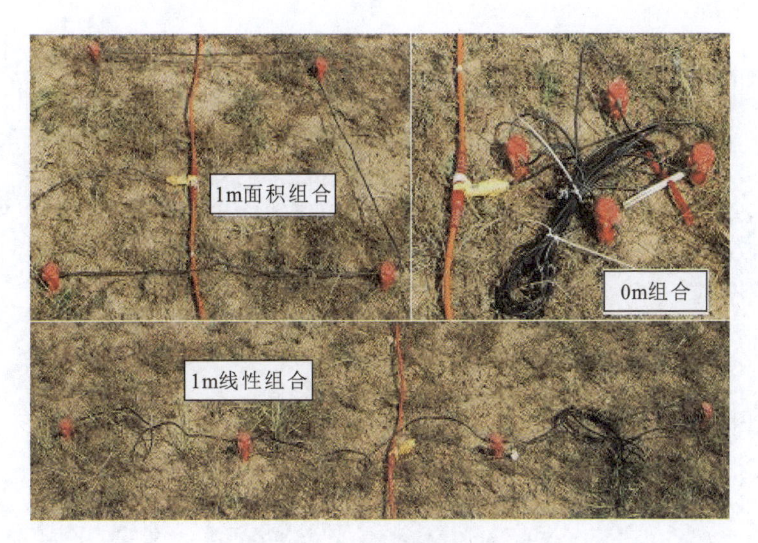

图 7-14　检波器组合试验

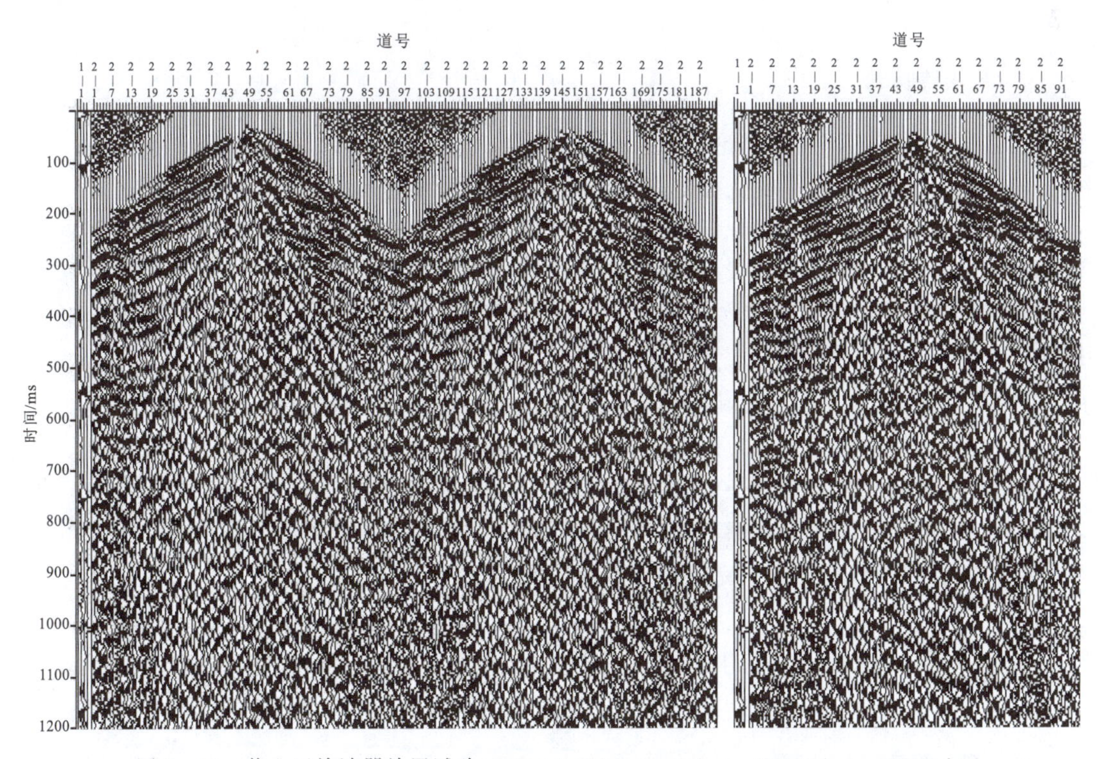

图 7-15　黄土区检波器放置试验(从左到右依次是 0m 组合、1m 线性组合、1m 面积组合)

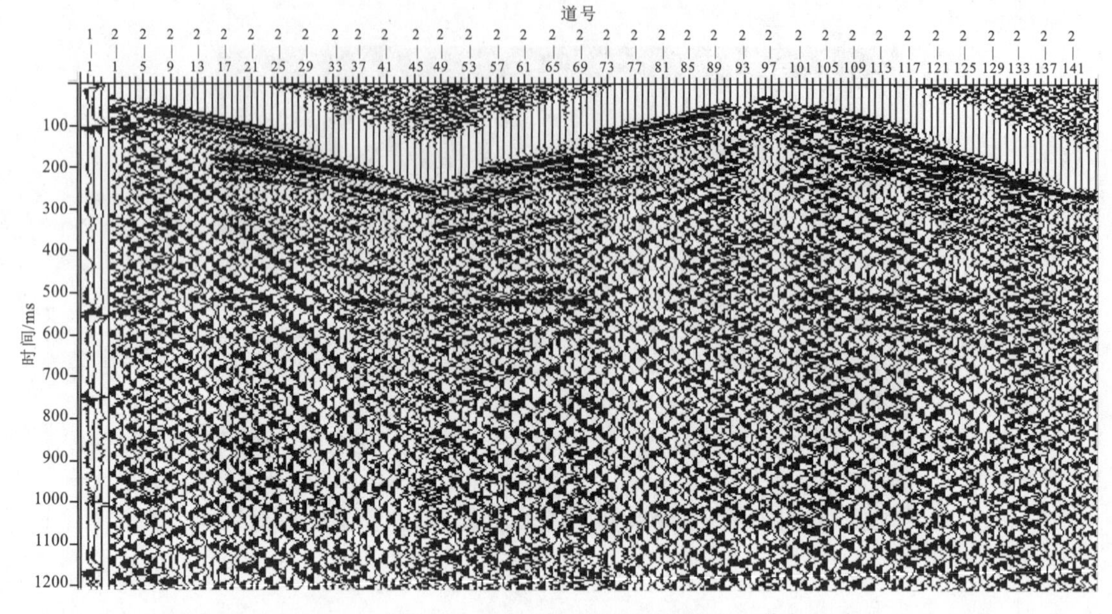

图 7-16　黄土区干扰波调查试验

4. 点试验结论

通过试验,经认真分析,结论如下。

(1)勘探区煤层埋藏深度变化范围为 600～900m,因而药量应≥1kg。

(2)勘探区井深。①白垩纪砾岩区:单井井深不低于 6m,药量为 2～3kg,成井工艺选择沙陀钻机;②厚黄土区:选择在红土层中激发,如井深达到 18m 仍没有达到红土层,选择在 18m 处激发,药量为 3kg,成井工艺选择沙陀钻机;③薄黄土覆盖区:单井井深必须穿过黄土层达到砾岩层 3m 以下,药量为 2～3kg,成井工艺选择沙陀钻机。

(3)结果显示,检波器埋置和非埋置,采集资料的信噪比无明显变化。

(4)勘探区的主要干扰波为面波和声波,经分析,其频率分别为 15～25Hz 和 160Hz。

(5)勘探区的 5 煤层在黏土中激发,其主频约为 50Hz。

总之,勘探区三维地震勘探试验工作达到了试验目的,为线束生产施工提供了可靠的激发、接收和仪器参数,为高质量完成野外数据采集工作打下了很好的基础。

7.2.2 观测系统的选择

1. 观测系统类型的选择

三维地震采集是一种面积接收技术,其特点是利用炮点和检波点的灵活组合获得分布均匀的地下反射点网格及所要求的覆盖次数。陆上三维地震勘探多采用束状观测系统,观测系统形式的选择要考虑勘探区地形条件，目的层赋存深度，构造复杂程度、反射波发育情况及仪器设备状况等。勘探区地形复杂，主要目的层埋深700m左右，选择束状规则观测系统进行施工，它在每个CDP点上各叠加道方向特性和炮检距分布均匀，有利于提高信噪比。

2. 观测系统主要参数的理论计算及设计

1）三维覆盖次数的选择

保证覆盖次数是提高信噪比的有效手段，特别是对于干扰波比较发育的地区。但是，水平叠加也对高频有效波具有频率滤波压制的作用，使有效波的高频成分受到损害。而就提高信噪比的功能来说，水平叠加也不能提高所有频率成分的信噪比，高频成分的信噪比可能提高甚微，甚至可能降低，信噪比的受益者主要是中低频成分。经过理论分析，16次覆盖即可达到解决地质问题的目的。

此外，为了保证地震数据在地层走向与倾向方向获得最佳的叠加效果，横向覆盖次数为4次，纵向覆盖次数（沿倾向）为5次（或10次）。勘探区CMP网格选为5m×10m时，覆盖次数为20次，对探测小构造及提高解释精度较有利；同时，在资料处理中针对8号煤把CMP网格选为10m×10m，覆盖次数为40次。

2）最大炮检距的选择

最大炮检距的选择对能否获得高信噪比、高分辨率的野外资料影响很大，其直接影响反射波能量的稳定性、动校正的拉伸程度等。对于前者，一般选择最大炮检距不大于目的层埋深来满足反射系数稳定这一要求。对于后者，由于水平叠加受到动校正拉伸的影响，非零炮检距道动校正前的较高频率成分变成较低频成分，炮检距越大频率变化越大。随着炮检距的增大，动校正拉伸也越严重。因此，高分辨率工作要求采用小炮检距。

沿接收线方向的炮检距称作纵向炮检距（x），沿垂直接收线方向的炮检距称作横向炮检距（y）。炮检距L为

$$L=\sqrt{x^2+y^2} \tag{7-1}$$

炮检距的设计重点考虑了如下因素：①满足速度分析的要求；②动校正拉伸畸变的影响；③反射系数稳定；④对多次波有一定的压制能力，避开面波干扰；⑤最浅目的层有一定的覆盖次数；⑥CDP道集上炮检距分布均匀，道集形式简单；⑦视波长的值合理。

此外，在满足地质任务的前提下，应最大限度地利用仪器的采集能力，综合各方面因素确定最大炮检距为不大于最深目的层的埋深，勘探区地层倾角为4°左右，为了增加有效接收窗口，宜选择的最小炮检距为10m，最大炮检距为698.14m。

3）面元边长

根据面元边长的计算公式，并结合地质任务，综合考虑设计CDP网格大小为5m×10m。

4）空间采样间隔（ΔX道距）的选择

道间距应为面元边长的2倍，所以，道间距为10m。经计算，该道距满足空间采样定理，不会产生空间假频，采集到的数据能真实地反映地震波场的分布和特征。

5)镶边宽度

考虑倾斜地层的偏移归位,为了获取勘探范围内地下目的层的地震数据,必须向地层下倾方向做偏移镶边。本测区的南部边界处于目的层的下倾方向,因此在测区南侧需要扩大施工范围。扩大范围宽度计算公式为

$$M = H \times \tan\alpha \tag{7-2}$$

式中:H 为目的层埋深;α 为地层倾角。

测区内目的层最大埋深在700m左右,倾角在4°左右,地表工区深部镶边向外延伸50～100m。

6)时间采样率的确定

在理论上采样间隔应满足采样定理的要求:

$$\Delta t \leqslant \frac{1}{4f_{\max}} \tag{7-2}$$

式中:Δt 为采样间隔;$f_{\max}$ 为信号的最高频率。

采用1ms的采样间隔可保证有效波在413Hz以内都不会产生假频,满足高分辨率地震数据采集、处理及解释的要求。

根据经验,记录长度选取2s可满足目的层或沉积基底顶部绕射在偏移中的正确成像。

3. 三维观测系统参数的确定

根据以上计算结果,设计多种观测系统,综合以往三维地震勘探的经验,经多个方案对比,同时考虑设备情况及施工效率,选择8线16炮制的束状观测系统。试验结果表明,所选的观测系统基本正确合理(图7-17、图7-18)。

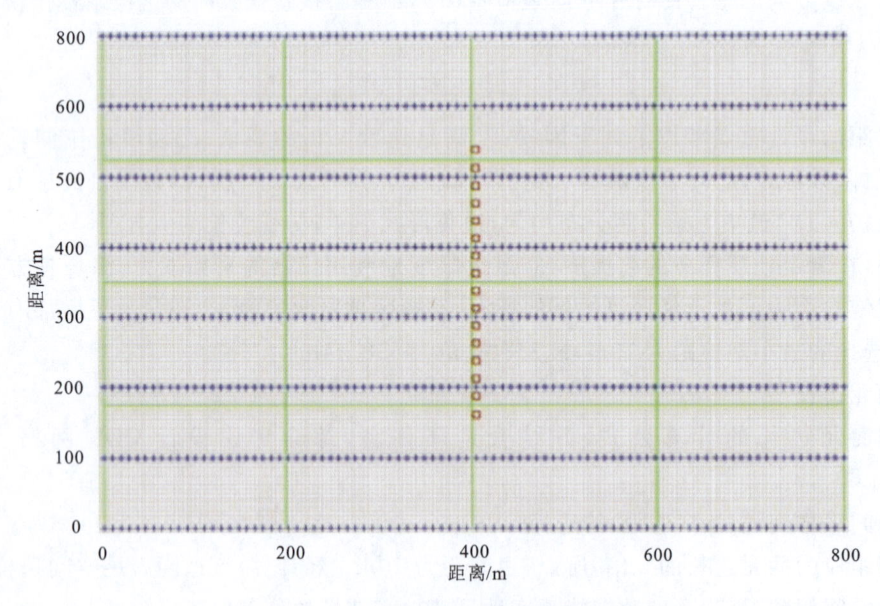

图7-17 三维地震观测系统示意图

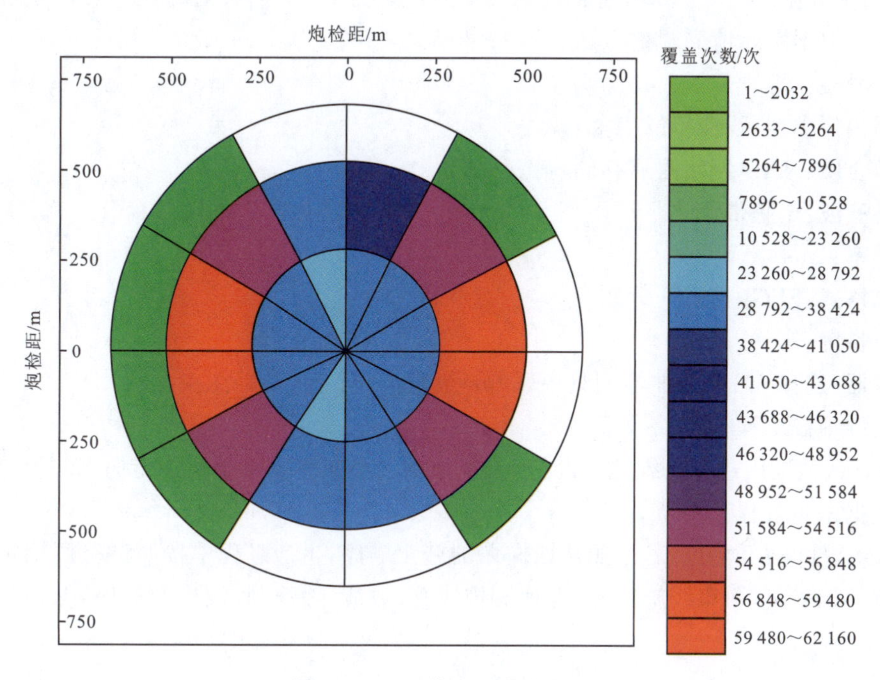

图7-18 三维观测玫瑰花图

施工观测系统的具体参数如下所示。

接收线距:80m;接收道距:10m;炮线距:20m;炮排距:110m;最小炮检距:10m;最大炮检距:698.14m;激发方式:中间放炮;CDP网格:5m×10m;接收线数:8条;激发线数:16条;接收道数:110×8=880(道);覆盖次数:CDP网格为5m×10m时,叠加次数为20次(横向覆盖次数4次,纵向覆盖次数5次);CDP网格为10m×10m时,叠加次数为40次。

7.2.3 地震采集参数选择及工程布置

1)三维地震采集参数确定

根据野外试验结果,确定地震采集的基本参数如下。

仪器:SERCEL428XL数字地震仪,880道接收。

激发井深:由于勘探区地震地质条件极其复杂且变化较大,单一井深不能满足全区生产需要。因此,施工参数的制定以选择激发岩性和层位为主要原则,尽量保持炸药在高速层激发。根据生产需要分区分块确定不同的施工参数,试验结论如下。①白垩纪砾岩区:单井井深不低于6m,药量为2～3kg,成井工艺选择沙陀钻机;②薄黄土覆盖区:单井井深必须穿过黄土层达到砾岩层3m以下,药量为2～3kg,成井工艺选择沙陀钻机;③在三轮钻机和潜孔钻机无法进入的林区可采用人工钻;④村庄内用三轮钻机成孔,深井激发,井深至少大于8m,药量为0.25～0.5kg;⑤在特殊情况下(资料变差),由技术组指导,边试验,边生产。

震源:TNT(ZY45-1-G)。

药量：单井激发为2～3kg，组合井激发单井药量为1～2kg，靠近村庄、建筑物、桥梁等地面障碍物时根据实际情况调整为0.25～1.0kg。

前放增益：G1。

录制相位类型：线性相位。

记录介质：NAS(网络附属存储)盘。

低切滤波：全频带接收。

采样率：1ms。

记录格式：SEG-D。

记录长度：2s。

检波器：选择60Hz检波器四只串联0m组合接收。

2)三维地震工程布置

在8km^{2}范围内进行三维地震勘探，三维地震线束布置垂直于构造走向，布置线束6束。

3)数据采集过程

采取SW11线开始施工，按照从西向东的施工顺序，生产过程中按照试验所确定的采集因素进行数据采集，每束线施工时，合理安排成孔、放线、爆炸、收线生产顺序，保证生产有条不紊进行。

7.2.4 低速带调查

在黄土盖层较厚的区域采用微地震测井方法进行低速带调查，进一步了解和掌握勘探区内低速带厚度、速度的变化规律，为建立近地表速度模型提供可靠的资料，在整个三维测区的2个点位处进行微测井。微测井采用单个雷管井中激发，地面4道接收的施工方法，观测点距为0.5～1m，共获得微测井记录48张，全部合格，折合物理点8个。

7.2.5 测量工作

为满足潘家窑井田三维地震勘探施工要求，须在潘家窑井田范围内建立1个GPS点(按E级网建立)。

1. 作业依据及采用系统

1)作业依据

(1)《全球定位系统(GPS)测量规范》(GB/T 18314—2001)。

(2)《煤炭煤层气地震勘探规范》(MT/T 897—2000)。

(3)本测区勘探工程设计书。

(4)本测区1∶5000工程布置图。

2)采用系统

(1)平面坐标采用北京54坐标系,中央子午线111°(高程投影面为1200m)。

(2)高程系统采用1956黄海高程。

(3)采用高斯正形投影6°投影带。

2. 已有成果资料及检查

本工区内现有已知控制点0个,本工区附近现有已知控制点7个,其中控制点曹家堡为国家控制点,经过实地踏勘检验,7个控制点均保存完好并且精度满足测量施工的要求。已知控制点成果详见表7-1。

表7-1 已知控制点成果表

点名	纵坐标 x	横坐标 y	高程 H/m
主近1	632 735.661	327 561.349	1 520.892
主近2	633 045.790	327 877.213	1 501.717
主近3	632 667.882	328 472.688	1 525.790
风近1	633 987.091	327 954.637	1 510.014
风近2	633 683.572	328 698.247	1 540.662
风近3	633 234.041	328 657.674	1 516.461
曹家堡	630 024.183	328 292.754	1 598.169

注:数据已加密。

3. 测量仪器

(1)仪器型号:美国Trimble公司生产的5700双频GPS RTK接收机4台(一拖三)、Trimble R8 GPS接收机4台,Trimmark3中继站电台3部、PDL电台4部,联想笔记本微机1台、对讲机6部、汽车1辆,手持GPS 2部以及其他相应设备。

(2)测量仪器的精度。

静态测量:水平方向:5mm+1ppm×D。

垂直方向:10mm+1ppm×D。

实时测量:水平方向,10mm+2ppm×D;垂直方向,20mm+2ppm×D。

经检测,仪器各项指标符合规范要求,能满足勘探区GPS实时相位差分(RTK)的施测需要。

4. 测量作业过程

1)建网

为保证潘家窑井田控制网的系统统一和满足工程测量的精度,勘探区将鹊儿岭作为控制点,采用全面插网的方法建立并观测该井田 E 级平面控制网。

2)选、埋点

选、埋点按照国家规范要求采用图上设计和野外实地勘察相结合的方法完成,埋点方案采用部分利用满足国家规范要求的旧点位和现场浇注的方法完成。现场浇注埋点挖基坑深 0.6～0.8m,采用混凝土浇筑标芯;部分基岩标石按基岩标石规定埋设。

3)观测方法

GPS 控制网观测严格按照《全球定位系统(GPS)测量规范》要求进行观测,仪器设备使用 Trimble 5700 接收机,以边连接的方式组成 GPS 同步环进行观测,整网按 E 级网精度要求观测。

5. GPS 参考站的布设

为了更好地进行勘探区的定线测量工作,利用提供的主近点 3 作为参考站,采用 GPS 实时相位差分测量的方法向测区内发展下一级 GPS 控制点,施工加密 GPS 控制点 1 个,为鹊儿岭。并利用风近 2 对鹊儿岭点进行检核,经检测,该点测量精度较高,满足测量规范要求。以测区控制点鹊儿岭为参考站,采用 GPS 实时相位差分(RTK)方法进行控制测线布设工作。

6. GPS 实时相位差分作业方法及要求

1)作业方法

勘探区定线测量方法采用 GPS 实时相位差分测量,又称 RTK 测量。它是将参考站 GPS 接收机采集的数据通过数据通信设备实时地传送给流动站 GPS 数据处理器,从而实时地解算出流动站与参考站之间相对位置的一种测量方法。其中,参考站是指在 GPS 测量或数据处理中,以该站坐标作为已知参考与其他测站进行差分计算的测站。流动站是指在 GPS 测量或数据处理中,以该站数据与参考站数据进行差分计算的测站。在作业过程中,流动站须初始化,这是为解算初始整周未知数所必须的数据采集和计算过程。

此外,还要对勘探区高程数据进行高程拟合,以得到测线各物理点的高程。高程拟合是一种通过若干已知点高程解算其他点高程的数学方法。常用的方式有多项式拟合、样条函数拟合等。

施工过程中,流动站的 GPS 高程转换正常高程(或海拔高程)采用的方法是:通过参考站的高程异常值对流动站的大地高程进行改正。

2)作业流程

(1)已知控制点检核。由于测区内没有已知控制点,为了保证本测区测量成果的精确性,更好地进行定线测量工作,勘探区首先对点主近 1、点主近 2、点主近 3 三个已知点进行了检核，其方法为动态实时相位差分测量。即在其中主近点3架设基准站，然后用RTK的方法测量主近1点、主近2点。经检核，3个已知控制点的坐标准确，可以作为首级控制点。然后利用控制点主近3作为基准点，采用RTK的方法向测区内发展下一级GPS控制点，施工发展GPS控制点1个，为鹊儿岭。

(2)仪器一致性检验。为了保证所使用仪器性能的稳定性及可靠性，对仪器进行一致性检验。

(3)GPS参考站的布设。为了更好地进行勘探区的定线测量工作，利用主近点3作为参考站，采用GPS实时相位差分测量的方法向测区内发展下一级GPS控制点，施工加密GPS控制点1个，为鹊儿岭。并利用风近2对鹊儿岭点进行检核。

(4)三维测线布设。采用GPS实时相位差分方法进行控制测线布设，测线点位进行点点实测。

(5)内业测量资料的处理。勘探区GPS测量数据采用Trimble公司提供的Trimble Business Center(TBC)以及Compass静态处理软件进行处理。

测量内业资料整理主要内容包括外业数据下载及检核、数据处理、精度统计、打印资料，提交测量技术总结报告。

3)定线测量

(1)定线测量工作。由于勘探区内大功率无线电发射源(如电视台、微波站等)、高压输电线、大面积水域等强烈干扰卫星信号接收的物体较少，对GPS动态测量的影响程度不大，使勘探区RTK测量成为可能。部分测线因冲积沟较深，沟底部卫星信号被遮挡，接收不到足够的卫星信号，无法采用GPS动态测量作业时，可以实时相位差分布设的物理点(经检验已符合规程要求)为起、闭点，用自制测绳(测绳采用军用钢制电话线制作)将该测线检波点和炮点内插于实地，高程采用偏测或内插的方法求得，个别危险地形无法测量时，采用空道处理。

在RTK作业过程中，按规范要求对物理点进行复测。

激发点、接收点标志明显可靠，测线桩号以10m为单位，必要时在测线端点设置永久性标志。勘探区采用夹有红布条、红塑料袋的筷子作为检波点、炮点的地面标志，个别困难地区用测旗作为明显标记，以方便寻找和施工。

(2)定线测量的精度要求。物理点测量的精度要求，相对于工区最近控制点平面，高程位置中误差要求如下：①地震勘探的检波点、炮点的平面位置中误差控制在±2.0m以内，相邻点、线间的距离误差均不得大于5%，高程中误差限差为0.5m；②测量点的设计位置与实际位置的互差限差不大于点间距的5%。

(3)技术措施。为保证测量成果质量和精度，测量资料可靠、准确，采用如下措施：①施工投入Trimble GPS测量仪器5台、Trimmark3中继站电台两部，采用“一拖四”工作方式，即两台仪器架设基准站，其他仪器流动布设测线，若遇到困难的地形则顺架设中继站，以保证电台的信号传送；②每条测线施工前，仪器均到附近已知测线和未测测线上进行检核，采用“邻线上溯”复测法检核，检查接收卫星数的多少、参数以及相对误差(position dilution of precision，PDOP)、几何精度因子(geometric dilution of precision，GDOP)的大小，保证接收数据的质量；③同一测线次日施工时都要复测前一日最后的3个物理点；④如信号中断经初始化完成后，在不同时段任意3个已测点上检核，收工时在最后3个点上打木桩，以便次日复测；⑤为了保证成果质量，实测过程中，必须合理增加复测点；⑥两台仪器同测一条测线时，交接点重复三点互检仪器；⑦施工过程中，经常遇到村庄、树林等地表障碍物，部分物理点不能按设计要求放样到实地，应按规范要求进行偏移，并实测偏移点坐标和高程。在地表障碍物附近的测点要求树立明显而牢固的标志，并利用地物、地貌、石粉进行标示。

7.2.6 施工技术措施

为保证野外数据采集的质量，施工中主要采取了以下技术措施。

1. 质量要求

1)质量标准

整个施工过程严格执行下列规范：《煤炭煤层气地震勘探规范》(MT/T 897—2000)，《全球定位系统(GPS)测量规范》(GB/T 18314—2001)，《大同煤矿集团有限责任公司潘家窑首采区东部补勘三维地震勘探施工设计》。

2)质量目标

(1)保证野外地震数据采集甲级记录率不低于50%，合格记录点率不低于98%。

(2)测量合格率要求达100%，优良级率不低于95%。

2. 关键岗位的技术措施

野外数据采集是系统工程，每个技术岗位均是系统链条上的重要一环，测区内表、浅层地震地质条件极为复杂，为保证数据采集质量，施工中还采取了以下质量保证措施。

(1)仪器必须按规范要求取得合格的年、月、日检记录。日检必须每日施工前在现场录制。

(2)保证炮点、检波点的位置及高程准确。检波器要求插置于测量桩号上不得偏移，少量炮点或检波点遇障碍物无法布置时，如有偏移必须通知仪器管理者在班报上注明，并通知测量班及时补测。过村镇街道的检波点要求有明显的桩号标记。

(3)严格按照试验确定的成孔原则施工，对成孔班进行培训，要求成孔班成员针对不同地层情况及时调配钻机。激发井深以炸药沉放深度为准，用爆炸杆实测，并由专人负责记录。药包深度应准确沉放在要求层位、深度处，不得以任何理由变更井深。

(4)检波器埋置在硬草地上时要铲掉表层杂草，并将检波器插正、插实；在耕地上及松土上时，确保检波器与大地耦合良好；大线过树林时，大线、小线放在实地上，避免干扰。

(5)仪器操作员及时监控地震记录质量，质量变差时马上查明原因，如出现废炮，则立即补炮，确保原始记录高质量。

(6)内业人员及时对各种试验资料、生产资料进行分析，当日收工后仔细检查、核对仪器班报、成孔、爆炸班报和地震单炮记录以及测量资料，核实各种班报与单炮记录的对应关系。

(7)建立现场处理工作站，处理人员对现场获取的原始数据进行初步处理和分析，以便项目负责人及时掌握资料质量，指导野外施工。将炮点及检波点桩号、坐标、高程、野外静校正值等数据以一定格式及时输入计算机，完成当日的电子班报，保证快速、准确地建立空间属性。

(8)做好班报、磁带记录和监视记录检查、整理工作，并做好磁带、仪器班报、单炮记录等野外原始资料的保管工作。

(9)测量组提前定出地震测线，计算无误后供施工使用，提供测线示意图，标明障碍物。现场施工人员根据示意图编制观测系统。

(10)加强野外施工培训和管理工作，施工前对各班组人员进行培训，并建立、下发任务书和资料交接签收制度，层层落实，责任到人。

(11)同时建立沟通机制，项目部和监理方、甲方，项目部和各施工队，各施工队项目组和各班组间及时沟通，安全和质量并行管理，加强排列警戒，杜绝人为、机械干扰及安全事故发生。

(12)加强野外施工质量监控，严格按照《煤炭资源勘查工程测量规程》(NB/T 51025—2014)、《全球定位系统(GPS)测量规范》(GB/T 18314—2001)、《煤炭煤层气地震勘探规范》(MT/T 897—2000)和勘探区勘探工程设计书要求施工。及时建立三维属性文件，确保施工质量。

7.2.7　完成工作量及质量评述

三维地震勘探野外数据采集共完成三维线束6束，微地震测井2口。总计完成物理点4170个，包括线上物理点4126个，试验物理点36个，微地震测井折合物理点8个。从整体情况来看，测区东北部卵砾石发育区和防护林附近，野外采集数据质量略受影响，单炮记录面貌有所变化，其他区域单炮资料整体来说比较好。原始记录按照《煤炭煤层气地震勘探规范》(MT/T 897—2000)的有关标准，由仪器操作员，项目组和生产技术部依次进行质量评级，评级结果三维地震线上物理点甲级记录2481个，占60.13%；乙级物理点为1627个，占39.43%；废品为18个，占0.44%；物理点成品率为99.44%。试验物理点和低速带调查物理点全部合格，满足规范和设计要求。

图7-19是三维区典型单炮记录显示。最终控制满覆盖面积约为8.28km^2，一次覆盖面积约为9.26km^2，施工面积约为10.20km^2。

7.3　地震数据处理

7.3.1　资料处理的目的与任务

数据采集仅仅是地震勘探的第一步，获得的野外资料中既包含着丰富的地质构造和岩性信息，又叠加着干扰背景，且被一些外界因素所扭曲，因此不能直接利用资料进行地质解释，而必须通过计算机进行数据处理，消除干扰，还原扭曲，为最终的地质解释提供可靠的资

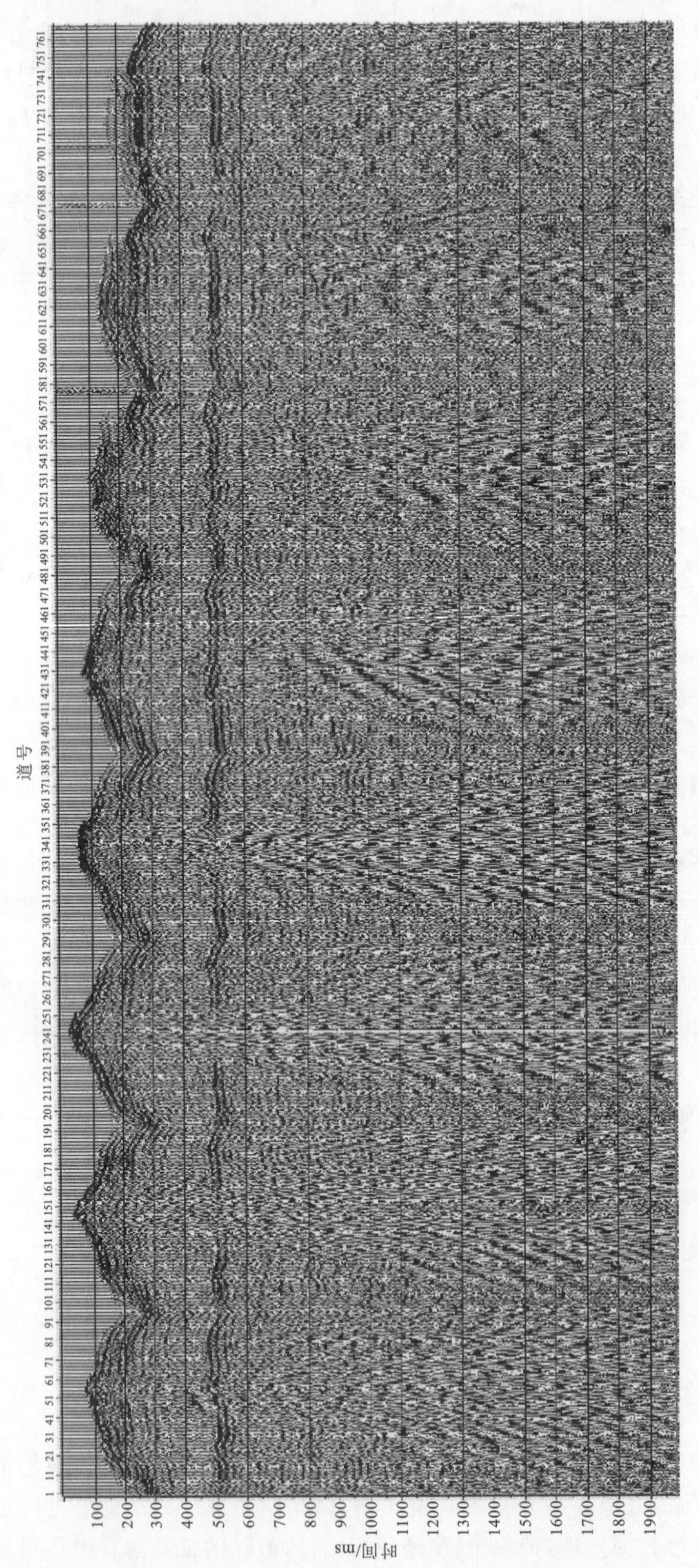

图7－19　三维区典型单炮记录显示

料。采用法国 CGG 公司的 Geocluster2.1 和绿山静校正软件进行地震数据处理。

根据勘探区地质任务要求及资料特点，确定了地震数据处理的目标任务。

(1)提高资料信噪比：通过对原始资料进行滤波、速度分析、动校正、自动剩余静校正、DMO 叠加、三维去噪等模块的处理，全力压制各种噪声干扰，得到有利于主要目的层反射波识别与追踪的具高信噪比的三维叠加和三维偏移数据体。

(2)提高资料分辨率：在保证主要目的层反射波具有一定信噪比的基础上，通过叠前反褶积等手段，拓宽有效频带带宽，提升主要目的层反射波勘探主频，提高主要目的层小构造的分辨率。

(3)保证资料保真度：地震数据的保真度是岩性解释的基础，保持地震信号的相对振幅和反映地层界面特性的动力学特征，以利于煤层厚度变化的研究和小构造的解释。既不能因片面强调资料的信噪比和分辨率而牺牲保真度，也不能为保真而不加区分地存留冗余信息，那样会干扰有效信息，适得其反。

7.3.2　原始资料分析

勘探区原始资料整体上能量较强，信噪比较高。但由于勘探区面积较大，大部分地区为黄土和卵砾石层覆盖，表、浅层地层变化多样，从而使得原始单炮记录面貌有一定差异。图 7-20 为勘探区的典型单炮记录显示，从图上可以看出目的层反射波能量较强。

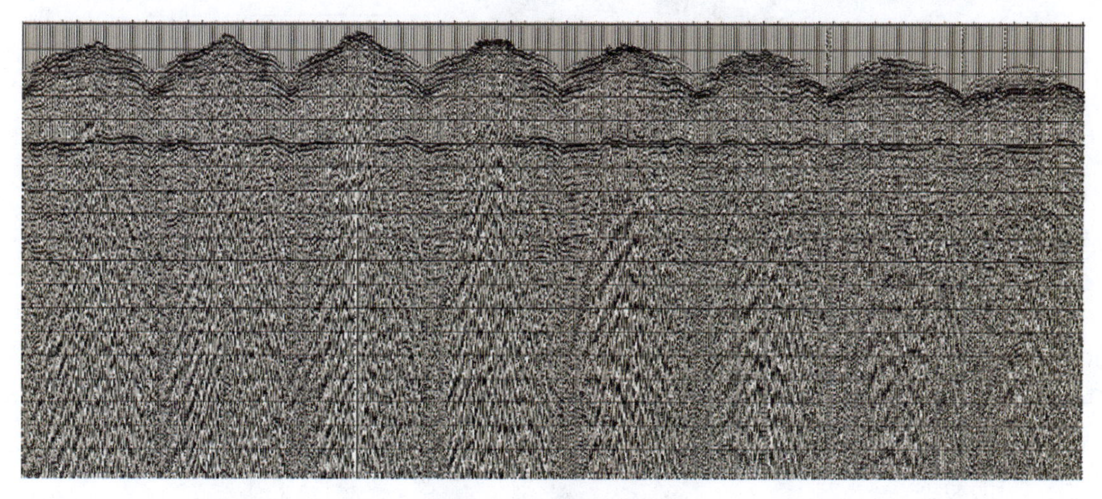

图 7-20　单炮记录显示

从原始资料分析可知勘探区资料有以下特点。

(1)首先，干扰波主要表现为面波(30Hz 以下)、折射波、声波，其发育情况与激发条件有关，激发条件好，面波、折射波干扰减弱，干扰得到有效压制，有效窗口增大，否则有效窗口减小。其次是一些微震，主要表现在人文和气象方面(如行人、车辆以及大风吹动等随机干扰)及 50Hz 高压电干扰(图 7-21)。

(2)激发岩性层位变化大导致能量变化大,地震子波不一致。

(3)三维勘探区地表高程在 1 454.94～1 653.24m 之间(图 7－22),地形起伏较大,处理时静校正的难度较大。

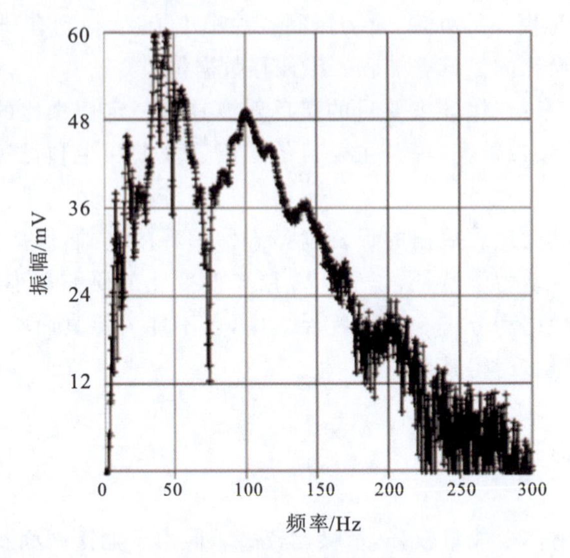

图 7－21　频谱分析

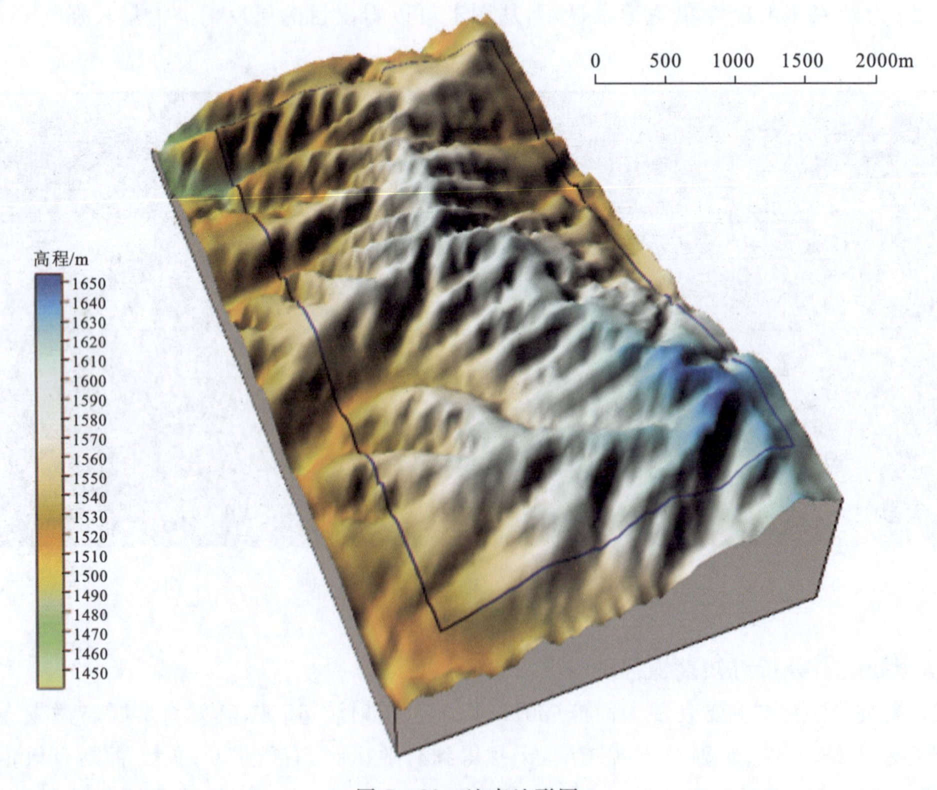

图 7－22　地表地形图

7.3.3 资料处理流程与参数

基于上述处理目标任务，针对勘探区的实际特点确定了处理思路：①在认真分析原始资料的基础上，扎实而精细地做好各项基础工作；②做好模块测试工作；③重点做好静校正工作；④做好保真保幅和提高分辨率的处理工作，为地质解释提供可靠的处理成果；⑤做好速度分析，以利于地震资料的精确成像，提高成像质量。

勘探区基准面选择1500m，替代速度为2200m/s，通过试验确定的数据处理流程如图7-23所示。

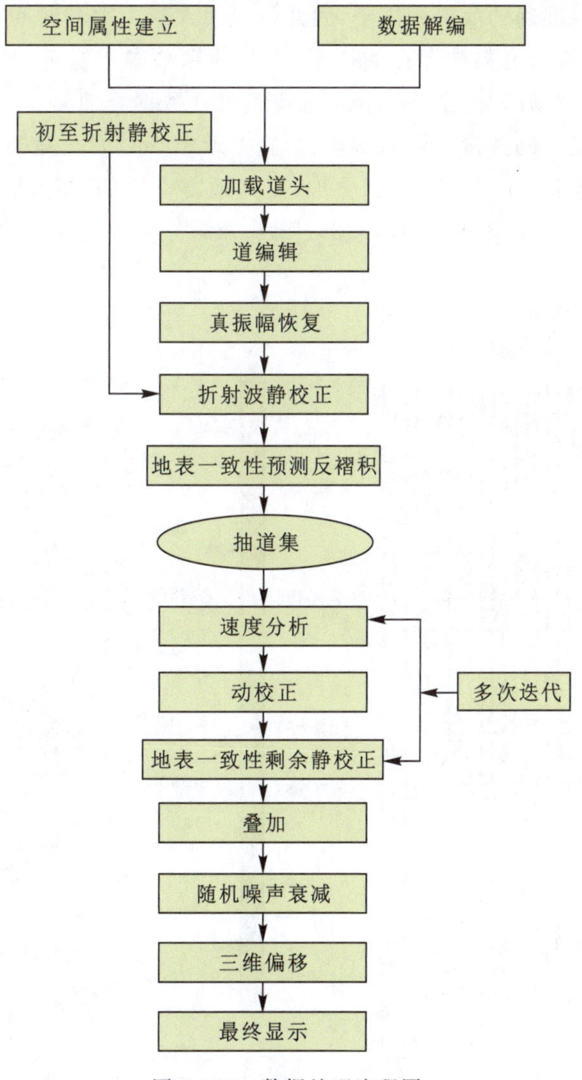

图7-23 数据处理流程图

在处理过程中抓住以下关键步骤。

(1)建立正确的空间属性，定义观测系统。勘探区观测系统的定义采用了实测的绝对坐标，工区内村庄及地表障碍造成了一定数量的变观和炮点偏移，除采用常规的观测系统检查方法(如绘制炮检分布图、CDP面元分布图、覆盖次数图、线性动校等)外，还利用交互初至波逐炮检查初至时间，同时利用软件自动检查与单炮逐一对比，对于检查出的炮位置和检波点位置不准的进行位置校正，使其归于真正的炮点和检波点位置，从而消除野外施工带来的误差(图7-24)。

利用低降速带调查资料建立浅层速度结构模型；同时利用井深资料做井深校正，为后续处理工作打下基础。

(2)预处理。勘探区原始单炮记录中存在大量的随机野值，它们对后续处理效果影响很大，特别是会影响求取准确的反褶积因子，因此投入了大量人力和时间，细致地进行了废炮、废道剔除工作。对于原始资料中存在的初至、声波分别采取了初至切除、人工道编辑、人工切除等去噪措施进行波场净化，防止不合格地震道进入数据叠加。

(3)折射波静校正。勘探区地形起伏较大，高差近200m，因此静校正问题是处理的难点和重点，只有做好静校正，才能实现同相叠加，提高地震资料的成像精度。利用绿山静校正软件进行折射波静校正，效果很好(图7-25、图7-26)。

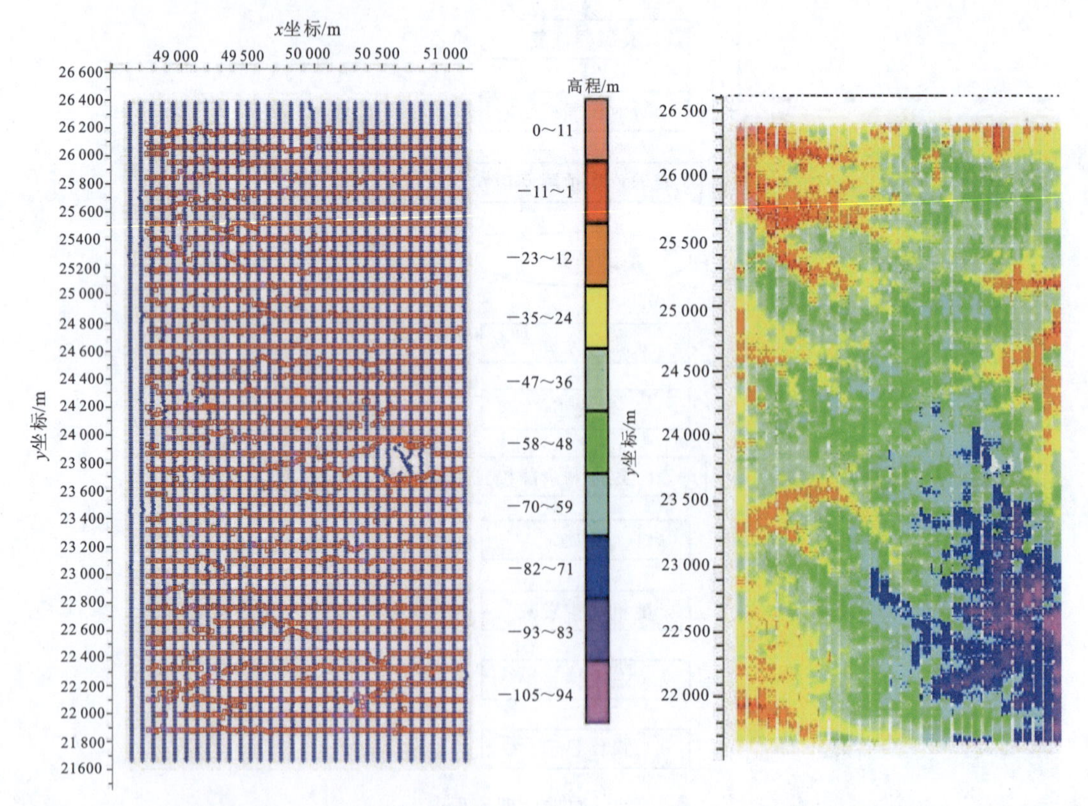

图7-24　三维地震勘探全区炮检点位置图

图7-25　全区校正量分布

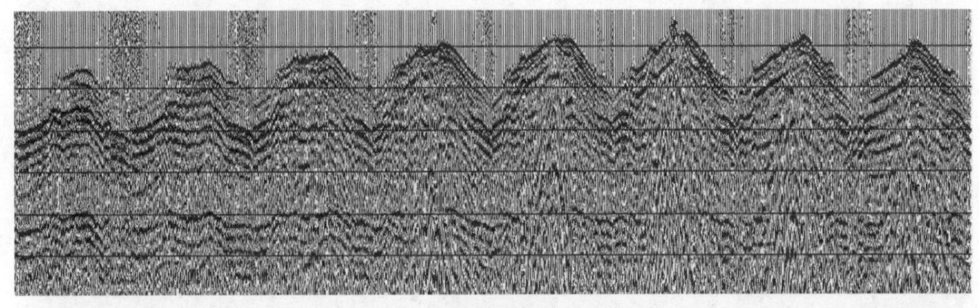

(a) 静校正前

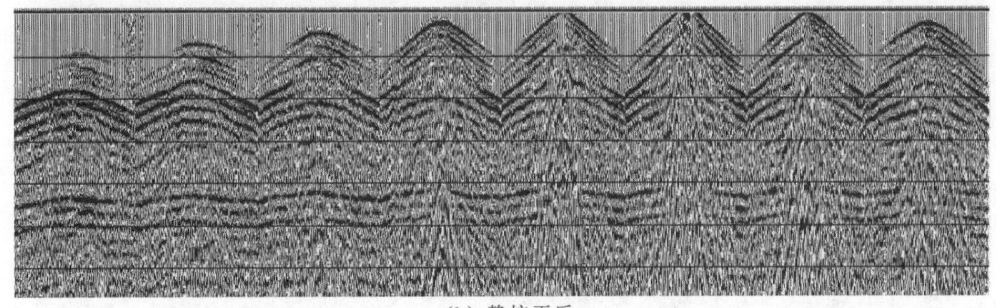

(b) 静校正后

图 7－26　绿山静校正软件静校正前、后的单炮对比

(4)叠前去噪。提高信噪比是地震数据处理中最主要的环节之一,要获得优质的地震剖面,必须有效地对各种干扰波进行压制,增强有效信号的能量,在不损害有效信号的前提下,全力压制各种噪声,提高信噪比。通过分析,勘探区主要有面波、声波、线性干扰、50Hz 工业电干扰、随机噪声等,在处理过程中,利用内切滤波、数字滤波、陷波等技术去除以上干扰。对于高频干扰、随机干扰等采用中值滤波、随机噪声衰减等去噪措施来提高信噪比。图 7－27 为去除声波前、后的对比图。

(5)真振幅恢复和补偿。在处理过程中,通过真振幅恢复、球面扩散补偿、地表一致性振幅补偿等振幅处理方法,来保持地震信号的相对振幅。

(6)地表一致性预测反褶积。在原始地震记录上,通过求取地震子波,并利用该子波对原始地震记录进行反滤波,其目的主要是子波整形、校正子波的振幅谱与相位谱、展宽频谱、提高分辨率、衰减多次波。处理过程中进行了多种反褶积测试,通过试验,最后采用地表一致性预测反褶积(图 7－28)。反褶积处理后,由于地表因素变化而造成的子波振幅、相位的不一致性得到了较好的调整,剖面波组特征明显改善,分辨率得到了一定程度的提高(图 7－29)。

(7)精细的速度分析。速度拾取得准确与否直接关系叠加效果的好坏。速度分析贯穿于地震资料处理的始终,速度分析的精度直接影响叠加成像质量,为了确保速度解释的准确性,充分利用处理系统速度分析的交互能力,同时结合速度扫描和剩余静校正,多次迭代进行速度分析,确保速度分析的精度和准确性,提高地震资料的成像质量,速度分析主要有以下过程:①首先在大范围内进行速度扫描,以初步控制速度在平面和空间上的变化规律;②进行 100m×100m 密网度的谱点速度分析,局部加密到 50m×50m,分析过程中注意速度

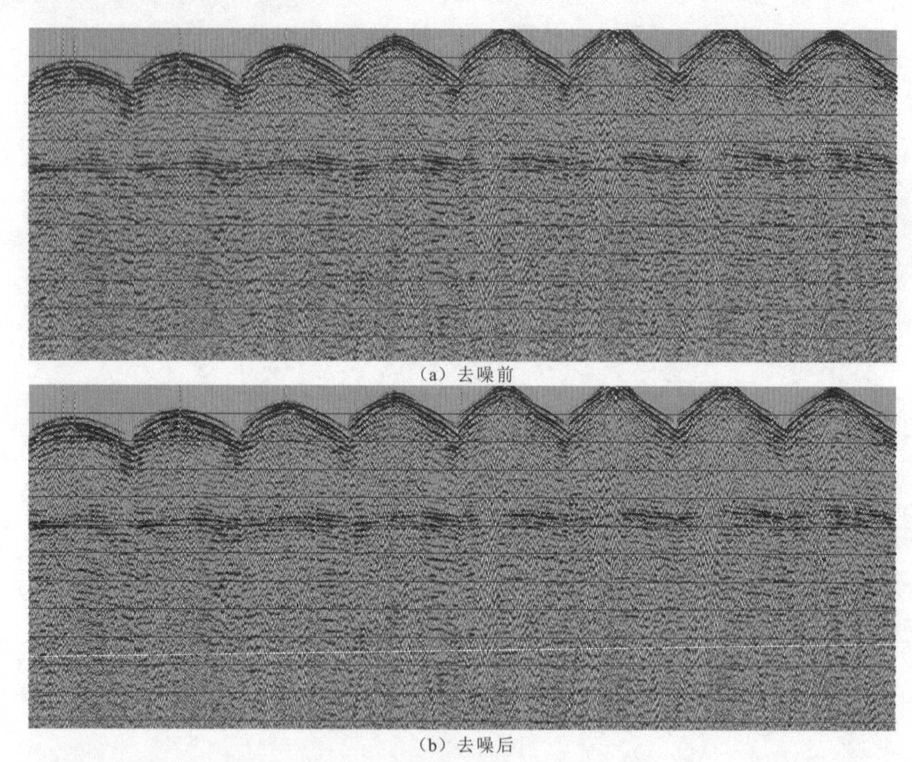

（a）去噪前

（b）去噪后

图 7－27　去噪前、后的原始单炮对比

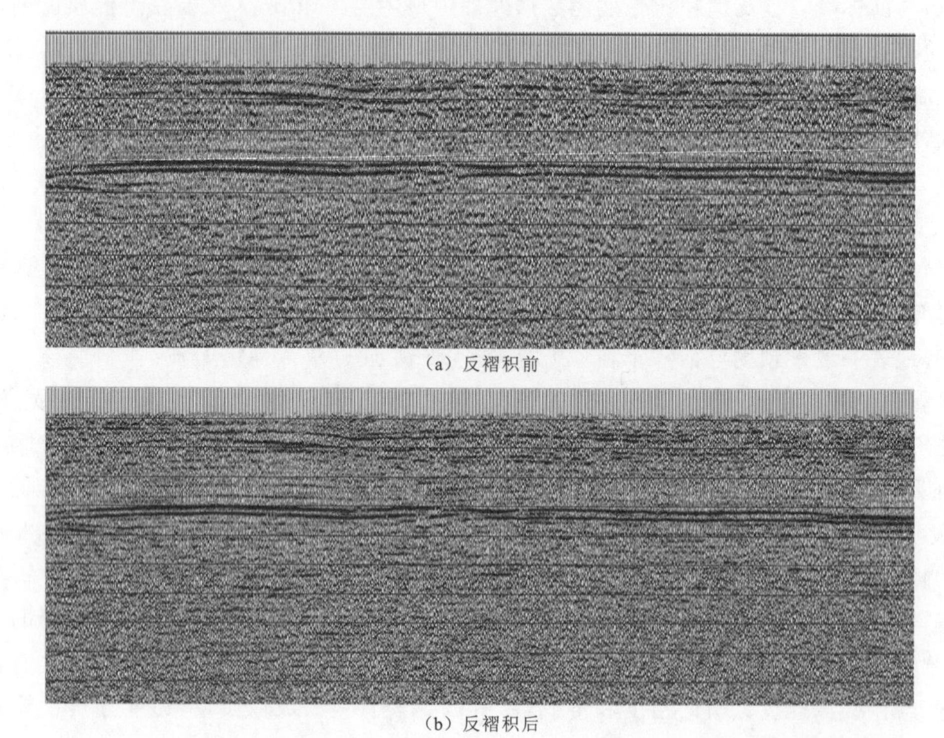

（a）反褶积前

（b）反褶积后

图 7－28　反褶积前、后的叠加剖面

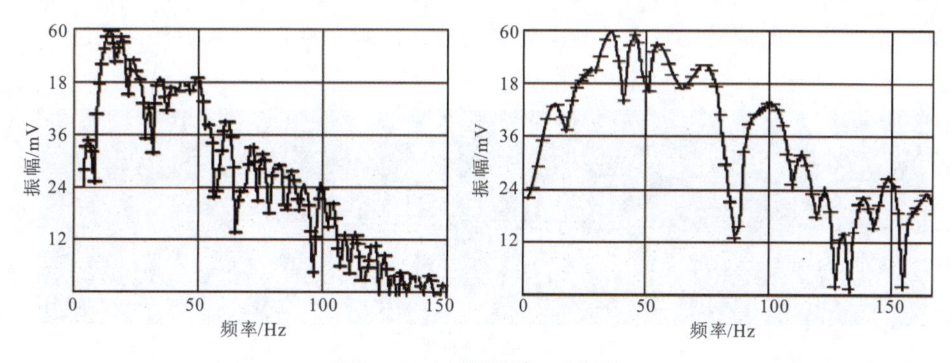

图 7-29　反褶积前、后频谱

在平面和空间上的变化连续性；初至折射静校正后进行第一次速度分析，确定初始速度；其后采用剩余静校正多次迭代进行精细速度分析；最后做 DMO 速度分析，完成不同倾角的成像，也为偏移提供了精确的速度场。图 7-30 为速度谱交互拾取。

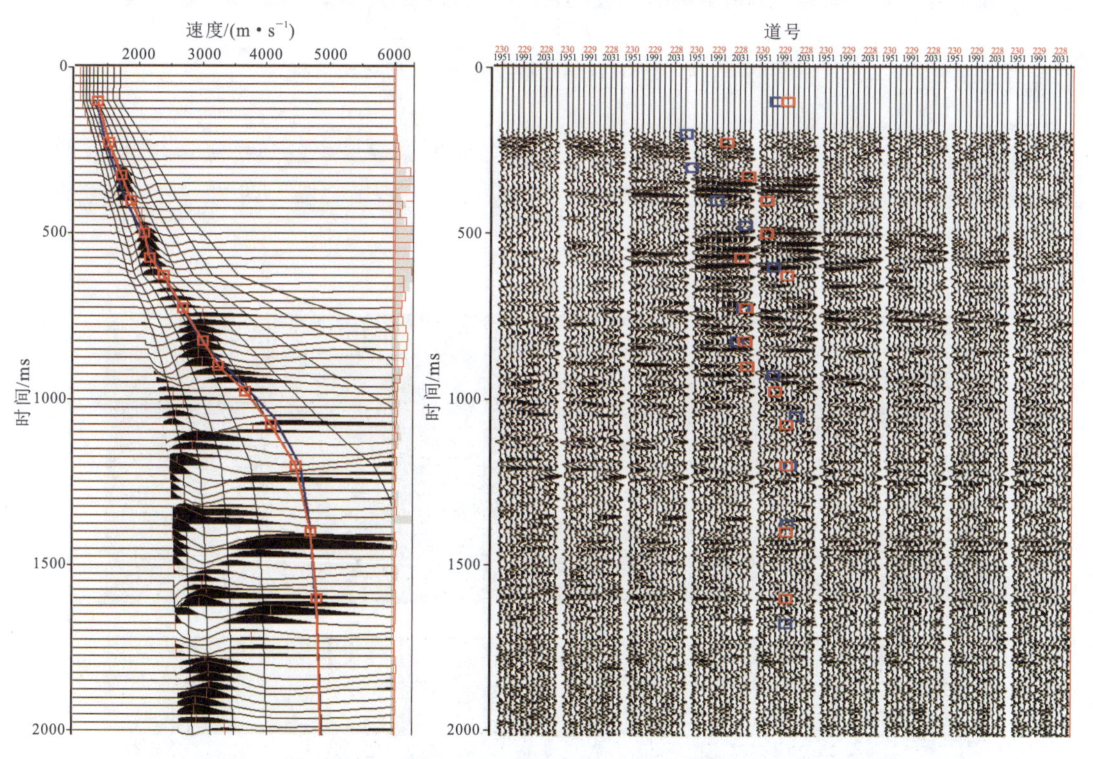

图 7-30　速度谱交互拾取

(8)地表一致性自动剩余静校正。地表一致性剩余静校正技术是将各炮点、检波点的每一道与其对应的 CDP 道集的叠加模型道相关，以模型道为期望输出，利用统计的方法分别求取各炮点、检波点的静校正量，将所计算的静校正量运用到二次动校叠加后，求取更为精确的模型道做二次迭代，以便得到更为精确的结果。处理过程中采用多次迭代自动剩余静校正，提高地震记录的信噪比。图 7 - 31 为地表一致性剩余静校正前、后的对比剖面。

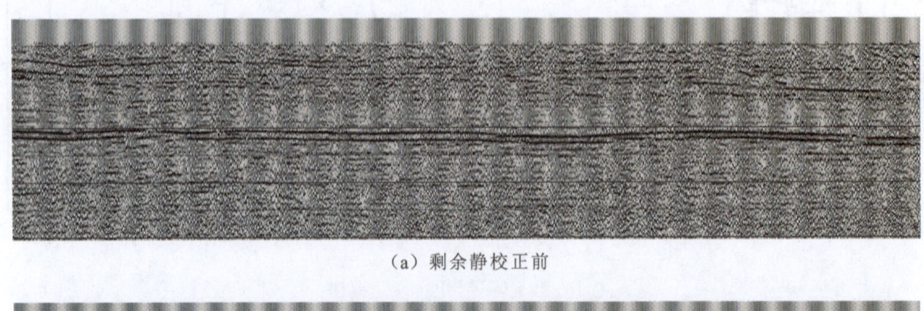

(a) 剩余静校正前

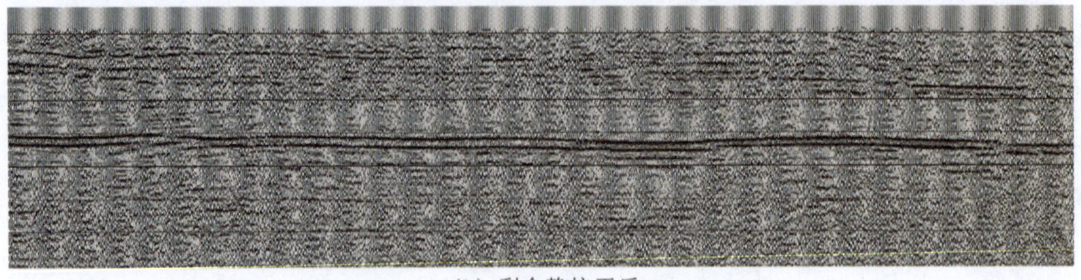

(b) 剩余静校正后

图 7 - 31　地表一致性剩余静校正前、后的对比剖面

(9)叠后随机噪声衰减。在做偏移处理之前，必须去除背景中的随机噪声干扰，同时不能损害有效成分，采用 F — XY 域去噪模块，对数据体进行轻微去噪。图 7 - 32 为随机噪声衰减前、后的对比剖面。

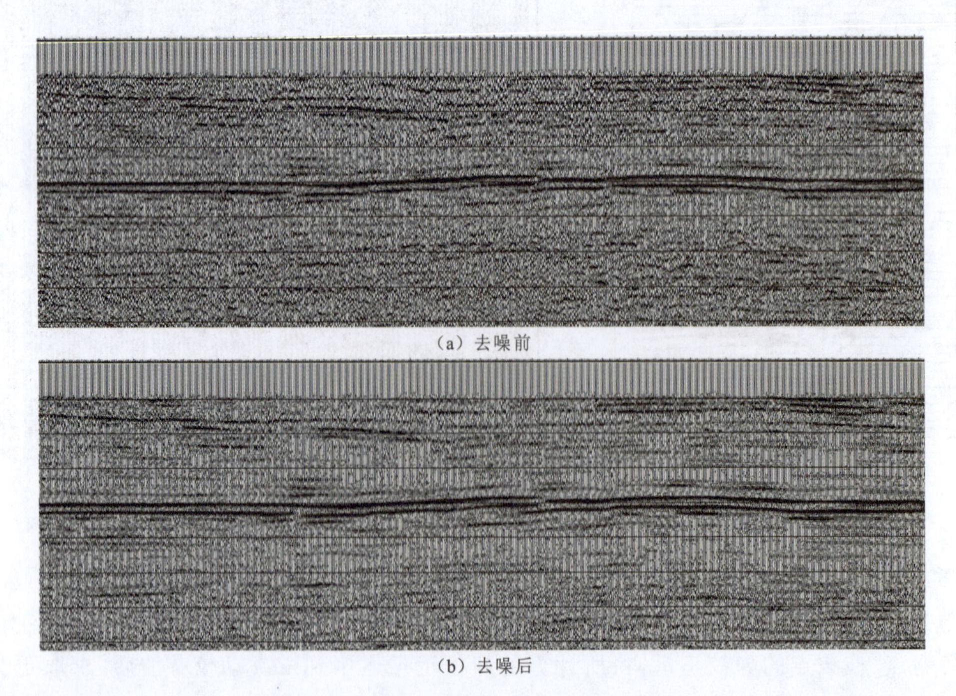

(a) 去噪前

(b) 去噪后

图 7 - 32　随机噪声衰减前、后的对比剖面

(10)时间偏移。受地层倾角的影响,叠加后的地震剖面并不是地震反射界面的真实反映,要对剖面上的地震同相轴进行归位,使地震剖面反映地下反射界面的真实位置,这个过程就是叠后时间偏移,如图7-33—图7-35所示。

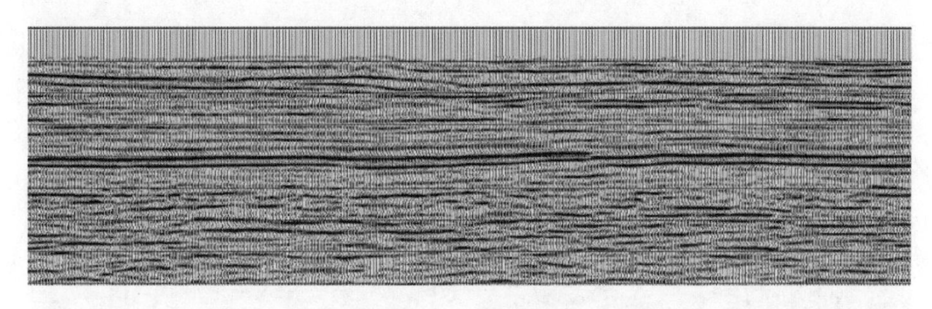

图7-33 偏移剖面1

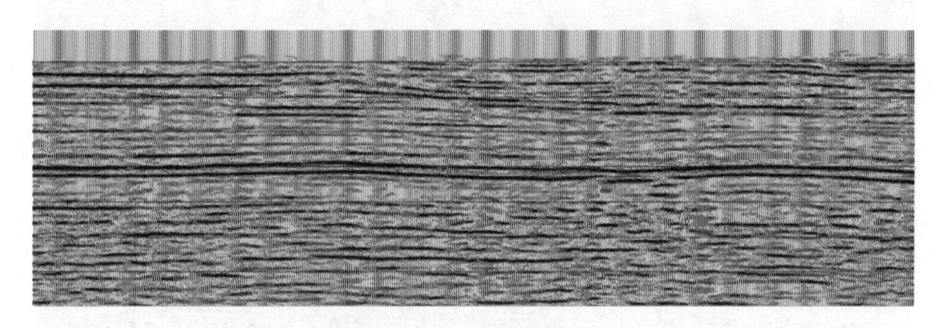

图7-34 偏移剖面2

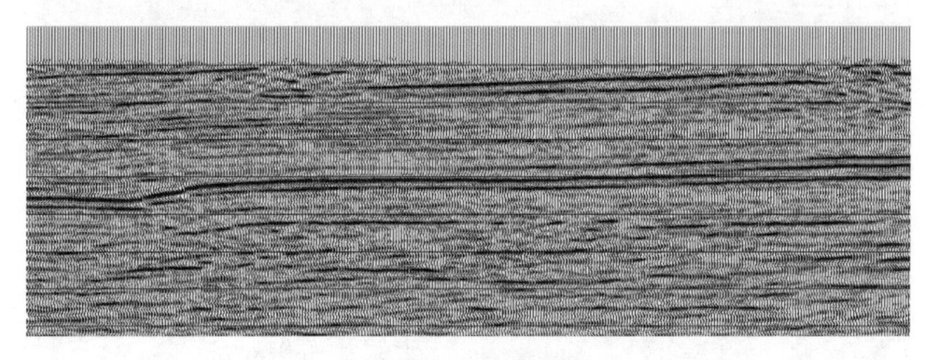

图7-35 偏移剖面3

(11)叠前三维时间偏移。速度场是直接影响偏移结果的关键,合理的、接近地质真实的、高精度的速度模型是叠前时间偏移获得高质量效果的前提。叠前时间偏移除了其算法本身外,剩下的工作主要就是建立速度模型。建立速度模型是一个复杂而费时的迭代过程。

叠前偏移可以消除构造倾角和其他横向速度变化的影响,得到的CRP道集反映同一反射点的信息,借助叠前偏移的循环可以准确地求取均方根速度,使其符合地质构造情况。

勘探区地层倾角约为4°,目的层埋藏最大深度为730m,最大偏移距为698.14m,主要偏移距分布范围在5～698.14m之间。勘探区采用迭前时间偏移方法，保证了三维归位的准确度，断层及各种地质现象明显，大断层清楚，角度不整合关系明确，细小地质异常成像清晰，勘探区获得了较好的三维偏移效果，如图7-36—图7-38所示。

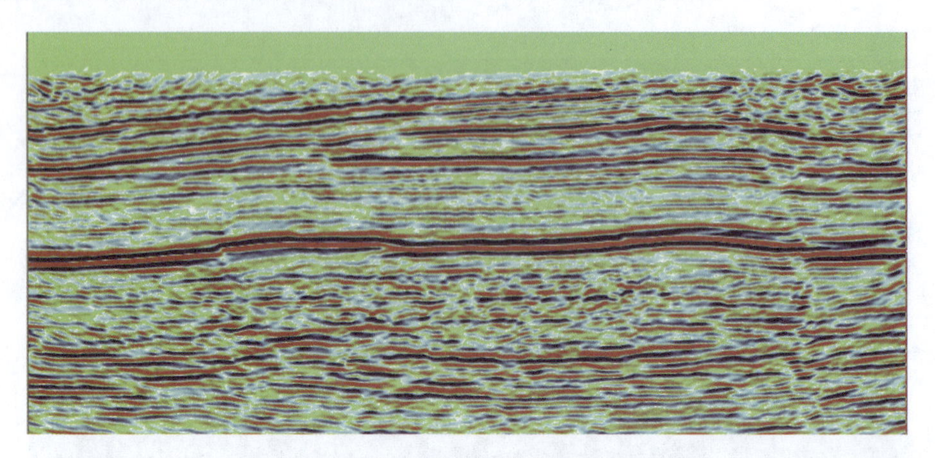

图7-36　三维叠前偏移彩色剖面(横测线948)

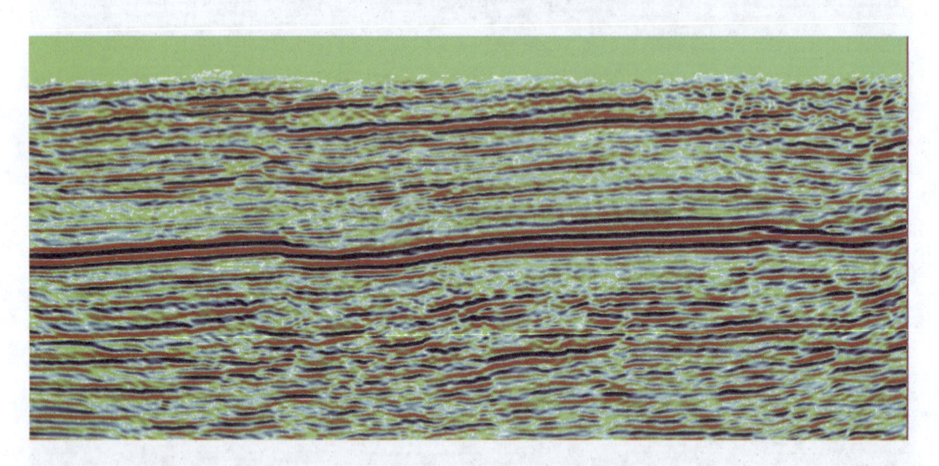

图7-37　三维叠前偏移彩色剖面(横测线450)

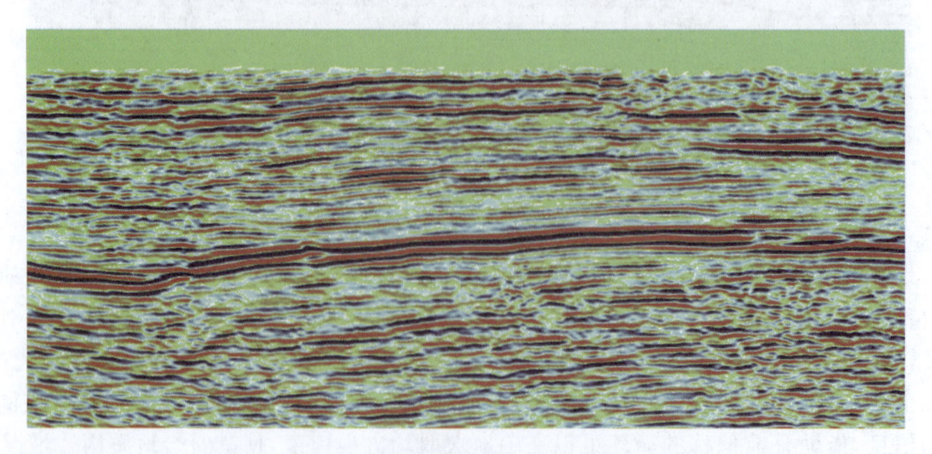

图7-38　三维叠前偏移彩色剖面(纵测线1000)

处理过程中须特别注意加强静校正、反褶积、速度分析、剩余静校正、DMO 处理和偏移处理工作，在保证资料信噪比的前提下，实现提高资料分辨率的目的。对区内资料进行了 5m×10m 网格 20 次叠加处理，获得大小为 2520m×4520m×1.5s 的三维叠加数据体及偏移数据体。多个数据体的综合利用为下一步解释工作提供了较多的地质资料。

7.3.4 三维地震资料处理质量评述

根据《煤炭煤层气地震勘探规范》(MT/T 897—2000)的要求，按照 40m×80m 的网格间距，对三维地震时间剖面主要可采煤层反射波进行质量评级。

系列典型时间剖面清晰地反映出：T_5、T_8 两个主要煤层反射波波组关系明确；波形特征明显，能量强，构造特征反映清晰，全区能连续追踪、对比；比较 8 号煤层厚度较薄，且变化较大，且受上覆 3 号煤层、5 号煤层的屏蔽作用，T_8 波局部地段能量较弱、连续性稍差。

图 7-39、图 7-40 为各主要煤层沿层瞬时振幅属性切片图，从各图中可见各煤层反射波强振幅分布区域。

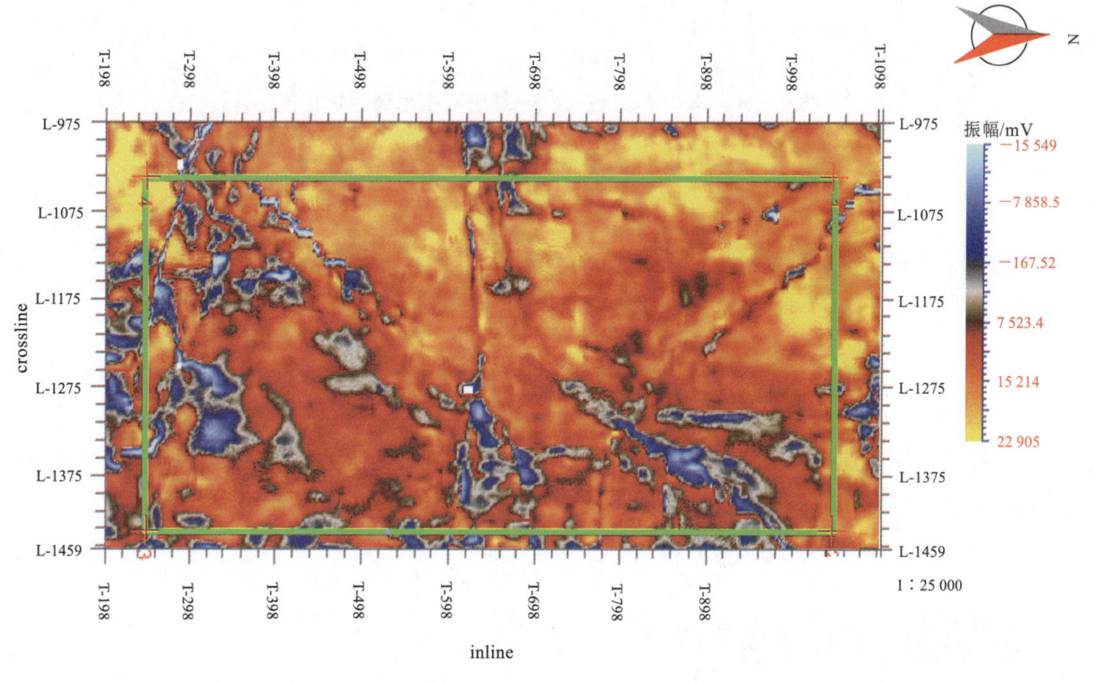

图 7-39　5 号煤层反射波 T_5 波瞬时振幅属性切片图

从评级结果可以看出：①T_5、T_8 波 Ⅰ+Ⅱ类剖面均达到 80%以上，符合规范要求；②T_5 波剖面质量较高，Ⅰ+Ⅱ类剖面连续性达到 100%，T_8 波连续性稍差，这与 5 号煤层以上地层的屏蔽有关，也与8号煤层的煤层结构、煤层厚度以及岩浆岩侵入情况有关；③处理后的时间剖面地震波主频较高，频带较宽，煤层反射波主频达50～70Hz，频宽达130Hz，这为精细构造解释打下了良好的基础。

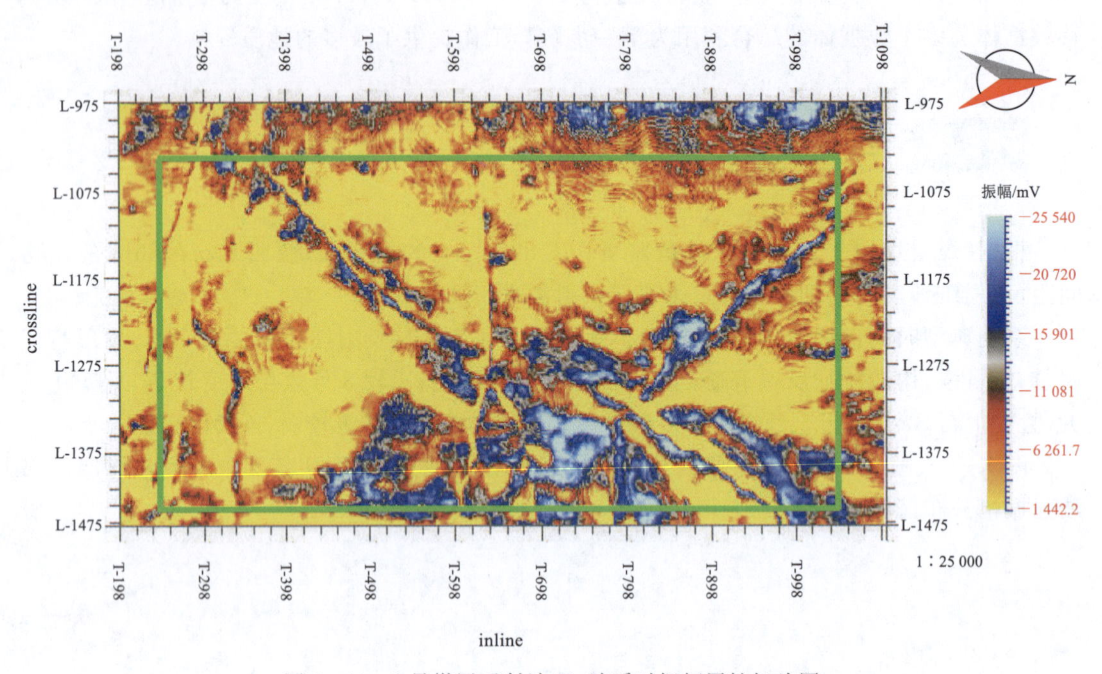

图7-40　8号煤层反射波T_8波瞬时振幅属性切片图

7.4 地质解释

三维野外采集的原始资料经过全三维处理后，得到一个三维数据体，其大小为2520m×4520m×1.5s(图7-41、图7-42)。三维数据体中包含着勘探区内丰富的地质信息，资料解释工作就是利用相应的技术方法对数据体内的地质信息进行提炼，将数据信息转换成地质信息。在这个过程中，必须把技术人员对井田构造规律的认识及解释经验与解释软件的智能功能相结合，对地震资料反复认识，不断深化研究。

7.4.1 解释方法与流程

1. 解释方法

(1)充分利用已有的地质信息资料，了解区内地质条件的变化规律，将宏观的区域地质

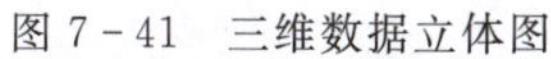

图 7-41　三维数据立体图

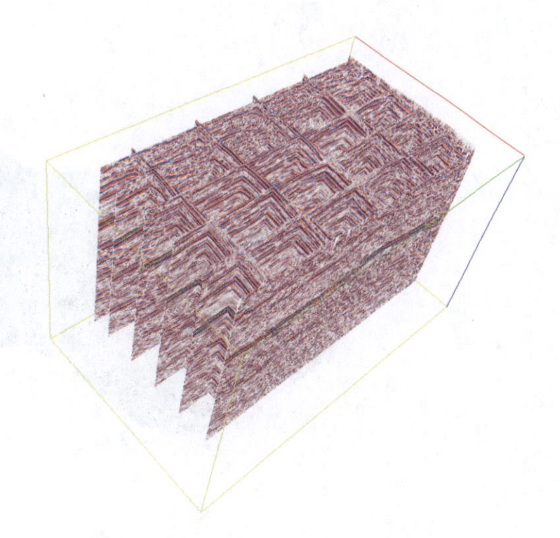

图 7-42　三维数据篱笆显示图

构造规律和本矿区的地质构造特点结合起来，对区内钻孔资料和井巷揭露资料进行深入研究，力求对地层赋存形态，尤其是煤系地层的赋存形态、构造发育特征建立起完整的概念模型。

（2）本着从整体到局部、由粗到细、由简单到复杂的解释原则，先进行 40m×40m 粗网格控制解释，建立起大的构造轮廓，然后加密到 20m×20m，形成全区构造骨架，确定较大断层。最后利用解释软件自动追踪功能对层位和构造加密到 5m×5m 的细网格，解释小断层，确定最终解释方案。

（3）解释过程中，纵向、横向和任意时间剖面相结合，时间剖面和水平切片、顺层切片相结合，全方位反复对比、反复检查、反复修改确认，确保解释结果的正确、可靠。

（4）将三维可视化技术贯穿于解释全过程中，将解释结果层位与断层展示于空间，并旋转显示。解释结果的三维可视化是随时随地的，解释一点，显示一点，使解释过程与三维可视化密切而有机地结合起来，充分发挥可视化的作用。图 7-43—图 7-44 是各主要煤层空间赋存形态的立体显示，这种视觉效果使地质人员可以宏观地观察地质解释的合理性，指导解释方案。

（5）地震多属性数据体的融合综合解释。利用解释软件的叠后处理功能和地震属性提取功能，生成多种属性数据体参与解释，综合判定解释成果。地震属性分析成果，对分析目的层的赋存形态、断裂构造的发育、异常体质体的解释起着关键性的作用。

（6）三维可视化技术的应用：将三维数据体中的任意细小构造识别出来并快速显示，层位、断层的拾取，井的数据直接置入三维数据体，时间剖面嵌入“子三维体”中，这样既可检查层位解释成果的正确性，又可判定断层解释成果的合理性。全三维可视化解释对断裂平面组合方案的确定起着重要的作用。

图 7-43　5 号煤层鸟瞰图

图 7-44　8 号煤层鸟瞰图

2. 解释流程

根据上述解释方法，解释过程中实施以下流程(图 7-45)。

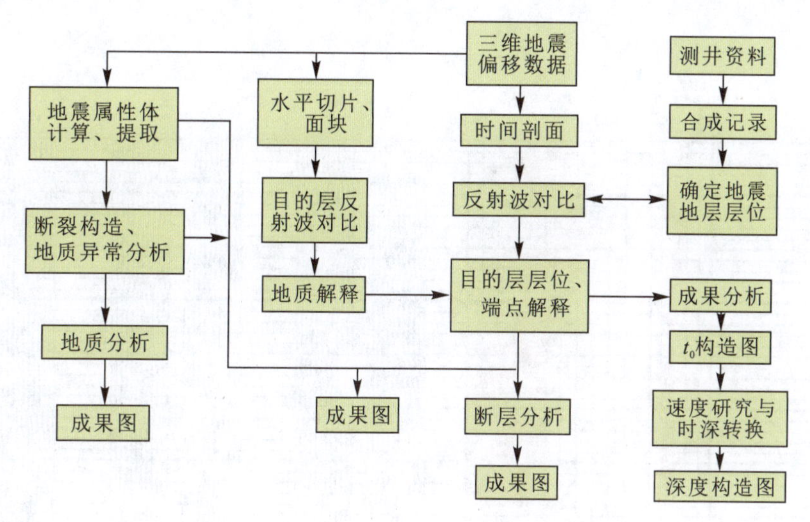

图 7-45　解释流程图

7.4.2　解释过程

1. 层位解释

1)地震地质层位的确定

地震地质层位的标定是地震资料解释的基础，勘探区根据地震资料特征、合成地震记录、钻孔资料与邻区经验地层速度换算目的波 t_0 时间三种方法结合来完成标定工作。

(1)人工合成地震记录标定法。选取资料齐全的钻孔做合成记录，和过钻孔的主要反射波特征明显的地震时间剖面对比，勘探区选用 PZK1106 孔等分别制作人工合成地震记录，将它和过钻孔的时间剖面进行对比来确定反射波的地质属性(图 7-46)。

合成记录上 5 号煤、8 号煤等反射界面形成的反射波与时间剖面上的波组对应较好，两者波形特征基本一致，时间深度匹配。由此可标定钻孔附近区域地震反射波的地质属性。

(2)钻孔资料标定方法。人工合成记录标定地震地质层位后，可根据该钻孔类推全区对应的地震地质层位的时深关系，从而得出全区的速度趋势范围，然后对其他钻孔进行时间和深度关系的测算，从而实现对全区主要反射波的标定。

2)标准反射波的选择

如图 7-47 所示，将时间剖面上能量强、信噪比高、连续性好、地震地质层位明确的反射波定为标准反射波，它是地震地质解释的主要依据。根据勘探区情况选取 T_5 波(5 号煤层形成的反射波)、T_8 波(8 号煤层形成的反射波)作为标准反射波。

(1)T_5 波为 5 号煤层形成的反射波。5 号煤层为勘探区发育的稳定煤层，煤层厚度较大，结构复杂，位于勘探目的层的最上面，该煤层与围岩岩性差异大，波阻抗差异明显，能形成能量强，同相轴光滑、连续，信噪比高、全区连续追踪的反射波，作为主要标准反射波，是研

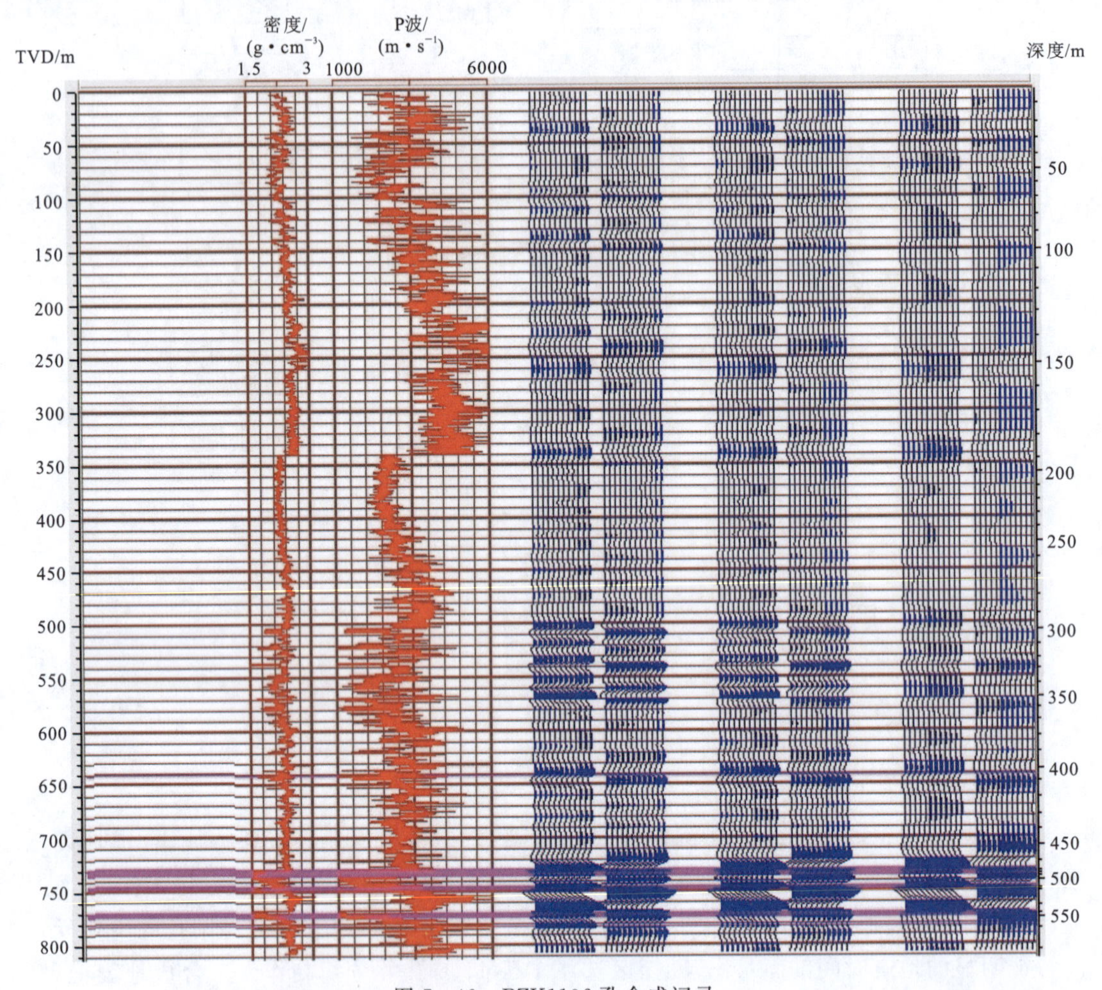

图 7-46　PZK1106 孔合成记录

究勘探区煤系地层起伏形态及断裂构造的重要依据。

(2)T_8 波为 8 号煤层形成的反射波。8 号煤层位于 5 号煤层下方，亦为勘探区主要可采煤层，但煤层厚度相对较小，一般在 0～3m 之间，8 号煤层形成的地震反射波能量稍弱，同相轴连续，全区可以连续追踪，可作为研究煤系地层起伏形态及断裂构造的标准反射波。勘探区由于中部构造较复杂，使得煤层反射波品质局部地段变差。

具体层位追踪时，由联井时间剖面开始，根据前述层位标定的结果，进行井与井之间的连续追踪，然后根据反射波的波组特征外推，形成 40m×40m 的粗网格数据。这个过程充分利用解释工作站多种多样、灵活方便的显示功能，可从纵向、横向、任意方向实现完全闭合，形成平面图，将平面图与沿层切片和不同时间的水平切片进行对比，检查时间形态的合理性，运用三维可视化技术使之立体显示并旋转，检查其空间展布形态是否正确。完成粗网格控制后再进行加密解释，以更精确地控制地层产状的变化。

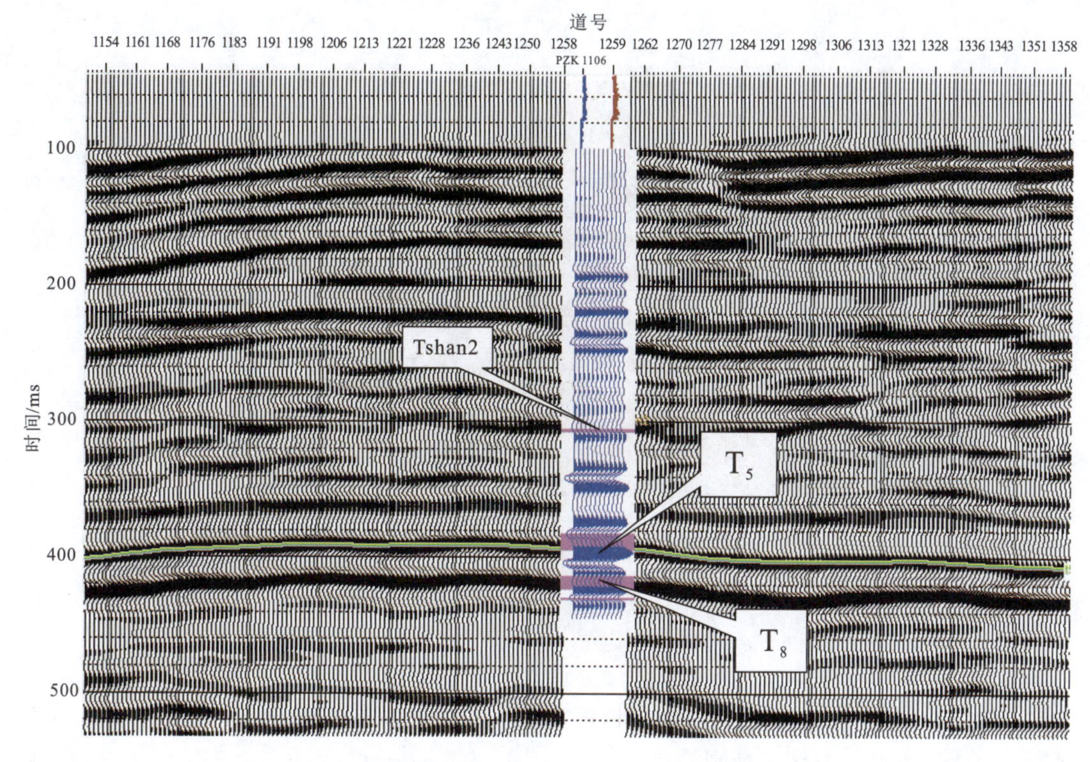

图 7-47　三维地震联井时间剖面 PZK1106 孔合成地震记录

2. 构造解释

本构造解释包括褶曲和断层两个方面的内容。

1)褶曲的解释

处理成果中的时间剖面 T_5 波和 T_8 波的起伏形态基本上反映了煤系地层的构造形态。同相轴拱起反映背斜构造，下凹则反映向斜构造。三维数据体可切出任意时间的等时切片，切片上背斜、向斜特征与底板等高线反映的构造形态基本一致，不同时间切片可以反映地层的形态变化(图 7-48)。

2)断裂构造解释

断裂构造解释除采用波形变面积时间剖面断裂构造解释、水平切片判断和识别断裂构造解释等常规解释技术外，还充分运用先进的地震属性图形分析技术与人工解释相结合的方法，精细刻画区内断裂构造的平面发育特征及空间分布形态。

(1)三维地震属性分析技术。

地震属性指的是那些由叠前或叠后地震数据经过数学变换而导出的有关地震波的几何形态、运动学特征、动力学特征和统计学特征，其中没有任何其他类型数据的介入。

通过多属性数据体分析、比较，在勘探区采用以下 3 种属性分析技术，进行断裂构造精细分析。

①DIP(倾角)属性断裂构造解释技术(倾角分析断裂构造检测)。

DIP 属性表征目的层的平面构造特征，其基本原理：在一单元时窗内计算地震主测线 x

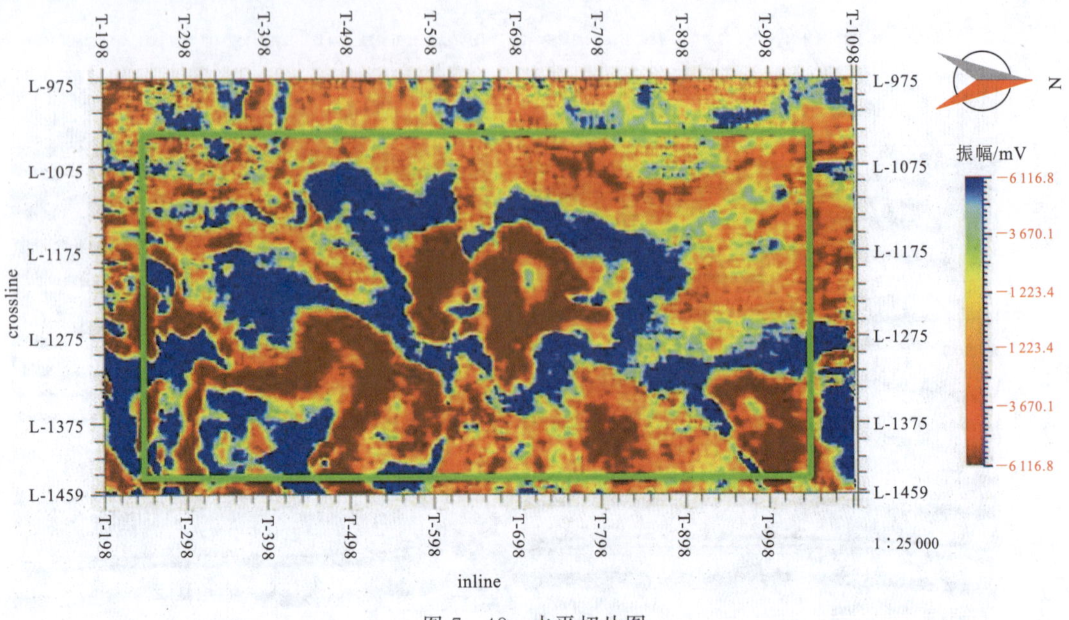

图 7－48　水平切片图

方向与联络线 y 方向在时间域的变化梯度，然后获得计算出的倾角值，其数学表达式为式(7－3)。该属性主要用于断裂构造检测。

$$\mathrm{DIP}=\sqrt{\left(\frac{\Delta t_x}{\Delta x}\right)^2+\left(\frac{\Delta t_y}{\Delta y}\right)^2} \tag{7-3}$$

式中：Δt_x、Δt_y 为在主测线 x 方向、联络线 y 方向的时间窗；Δx、Δy 为在主测线 x 方向、联络线 y 方向的计算窗口。图 7－49、图 7－50 为各主要煤层反射波倾角属性断裂构造分布图。

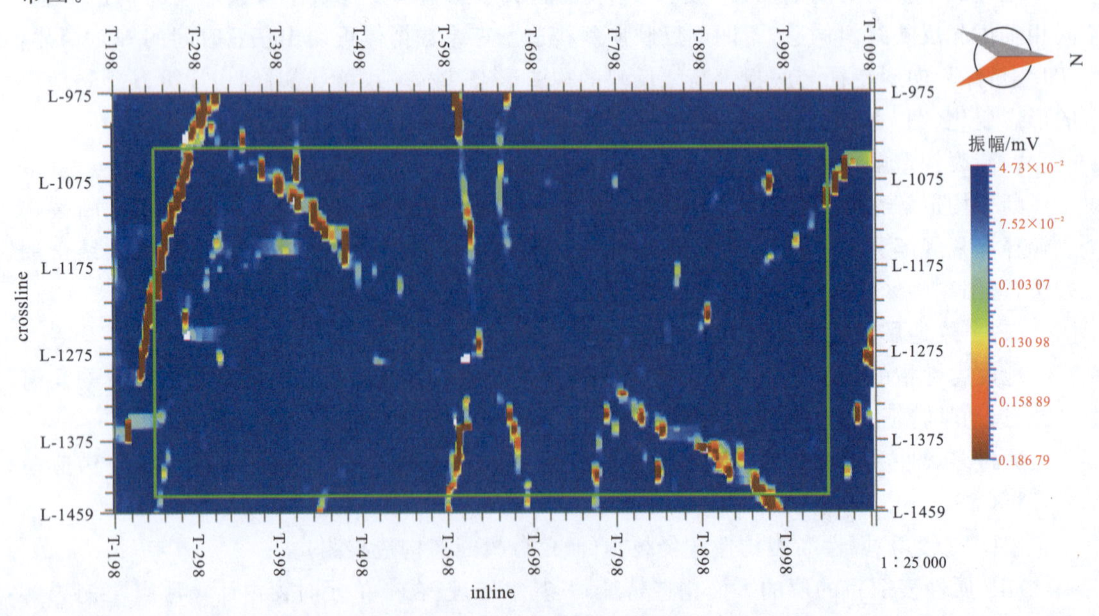

图 7－49　5 号煤层反射波倾角属性断裂构造分布图

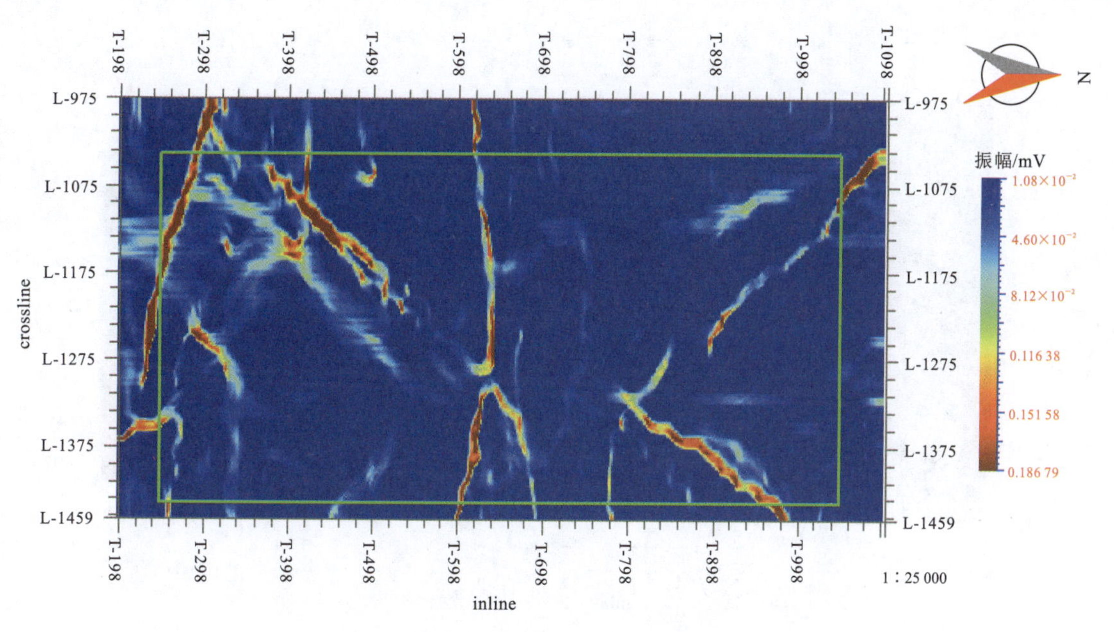

图 7－50　8 号煤层反射波倾角属性断裂构造分布图

②时差属性。

众所周知，在三维地震时间剖面上经目的层自动追踪后，在目的层反射波异常部位将会出现时差异常反应，基于这个原理，通过时差属性提取，对难以人工识别的小断层进行刻画。图 7－51、图 7－52 为各主要煤层反射波时差属性断裂构造分布图。

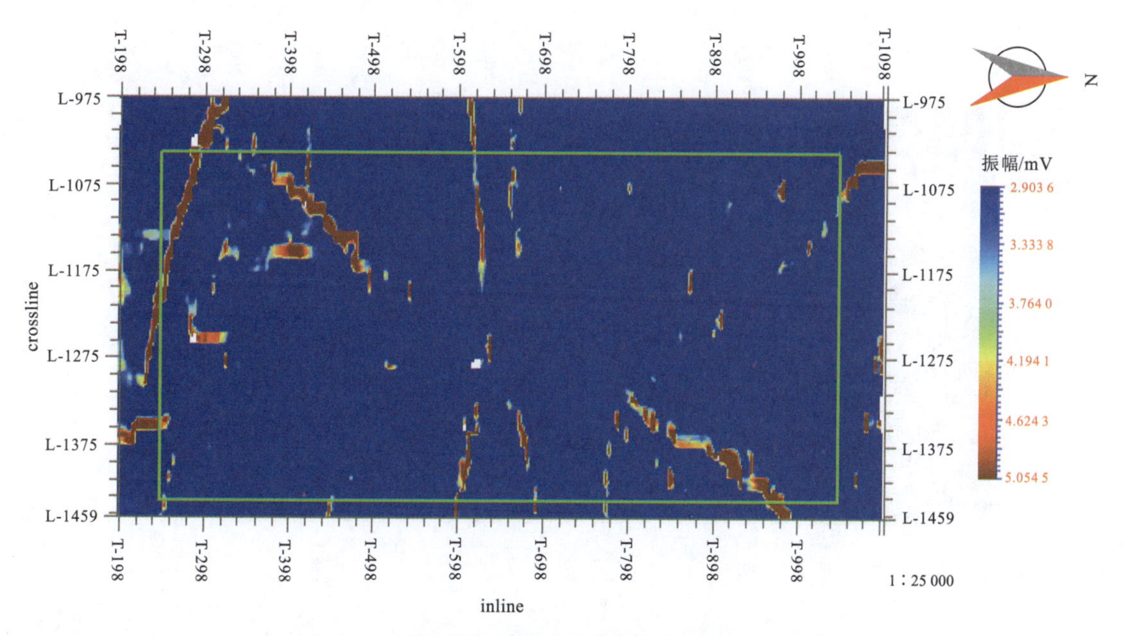

图 7－51　5 号煤层反射波时差属性断裂构造分布图

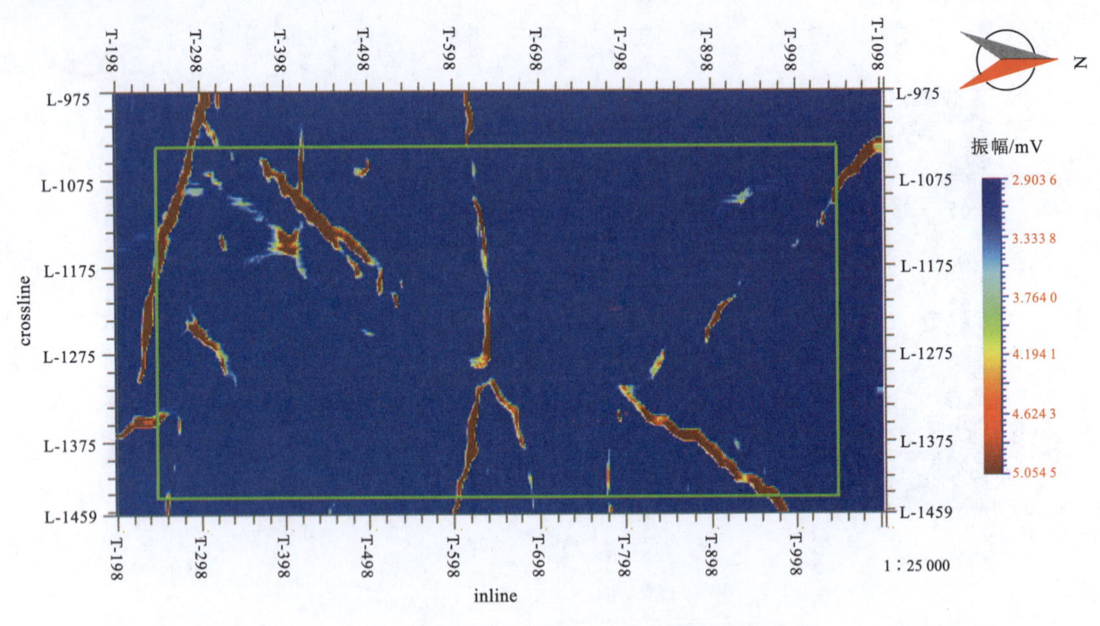

图 7-52　8 号煤层反射波时差属性断裂构造分布图

③局部变换率属性提取。

实践表明，通过对目的层自动追踪后的三维数据体进行局部变化率提取，同样对小断层异常具有放大、刻画好等优点。图 7-53、图 7-54 为各主要煤层反射波局部变换率属性断裂构造分布图。

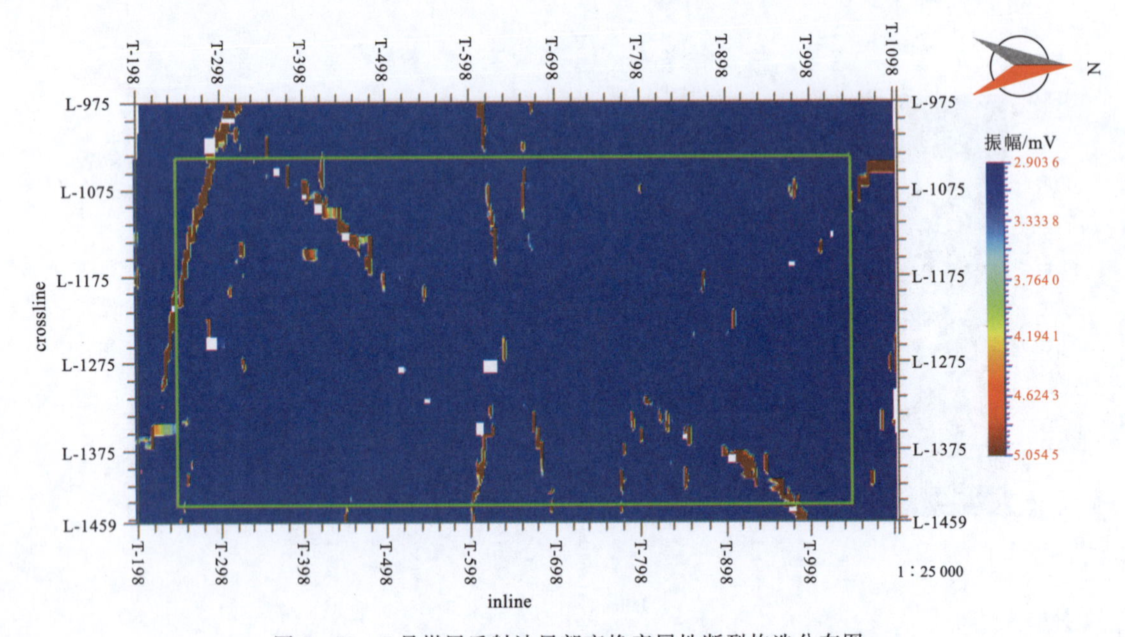

图 7-53　5 号煤层反射波局部变换率属性断裂构造分布图

通过上述三维地震属性地质信息自动提取，识别断裂及地层不连续变化；该技术的特点是：解释断裂及地质异常体时不受人为因素影响，客观真实地反映实际情况，降低多解性。图 7－51—图 7－54 中已清晰地展示出区内断裂的分布形态和变化趋势，再进行人机连作交互解释，即可达到精细断裂构造的解释目的。

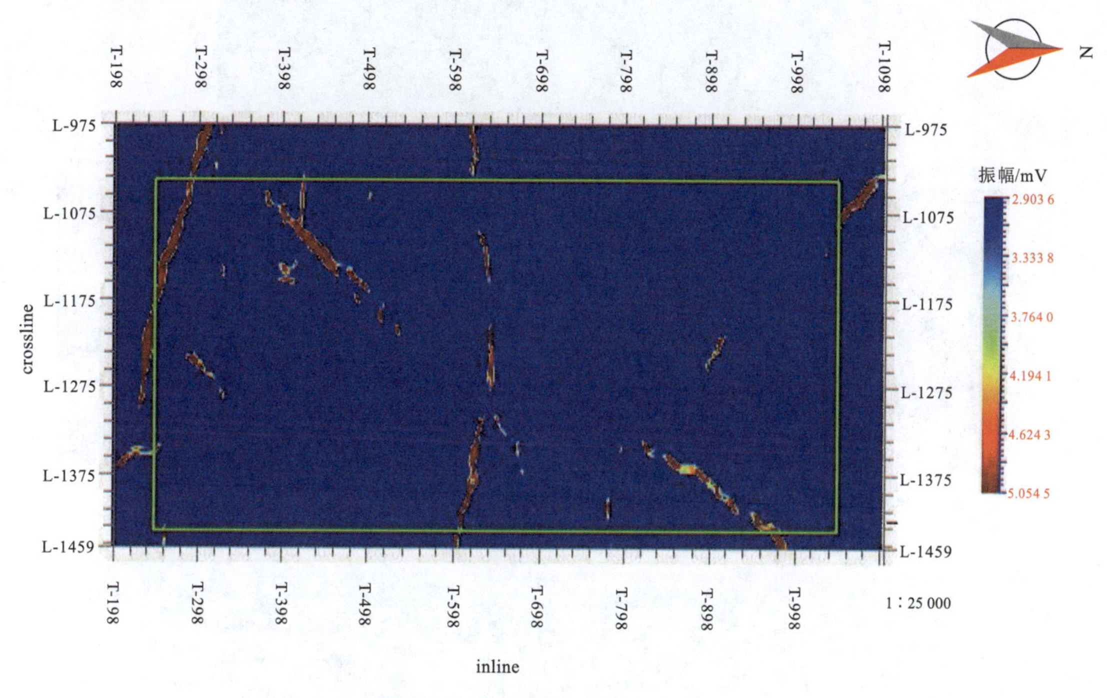

图 7－54　8 号煤层反射波局部变换率属性断裂构造分布图

(2)水平切片断裂构造解释技术。

水平切片反映了地质构造在不同时间深度上的空间形态，相当于某一等时面的地质图，反映了同一时间内地下不同层位的信息特征。在水平切片上，同相轴水平错开是断层的反映；理论证明，水平切片比垂直剖面对小断层具有更高的分辨能力。图 7－55 为一张典型的三维地震水平切片局部放大图，清晰地反映了测区内断层的断点位置。

(3)人机连作断点的解释技术。

断点解释则根据构造纲要图上指示的构造走向在时间剖面上以波形变面积显示的时间剖面为主，结合彩色剖面显示及各种切片显示识别断点。落差较大断层的断点主要标志为反射波同相轴错断或突然消失；落差小断层的断点表现为反射波同相轴扭曲、地层倾角突变，同相轴连续性、光滑程度及振幅强弱变化(图 7－56)。在解释小断层或断点时，则充分利用解释系统对时间剖面的局部放大、水平切片振幅的强弱变化、同相轴错断宽窄及沿层切片上的振幅变化及地震属性分析成果等多种显示特征反复确认小断层或断点的存在。图 7－56 为小断层在水平切片及时间剖面上(ILN/XLN)的显示。

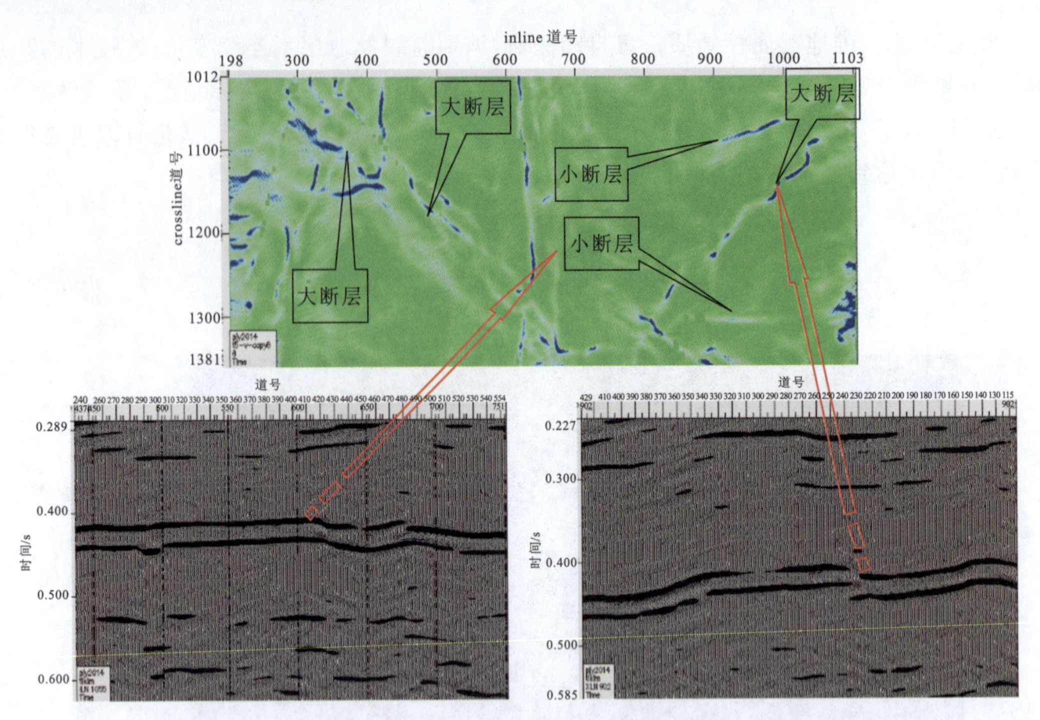

图 7-55　三维地震水平切片局部放大图(小断层显示分辨率高,易于识别)

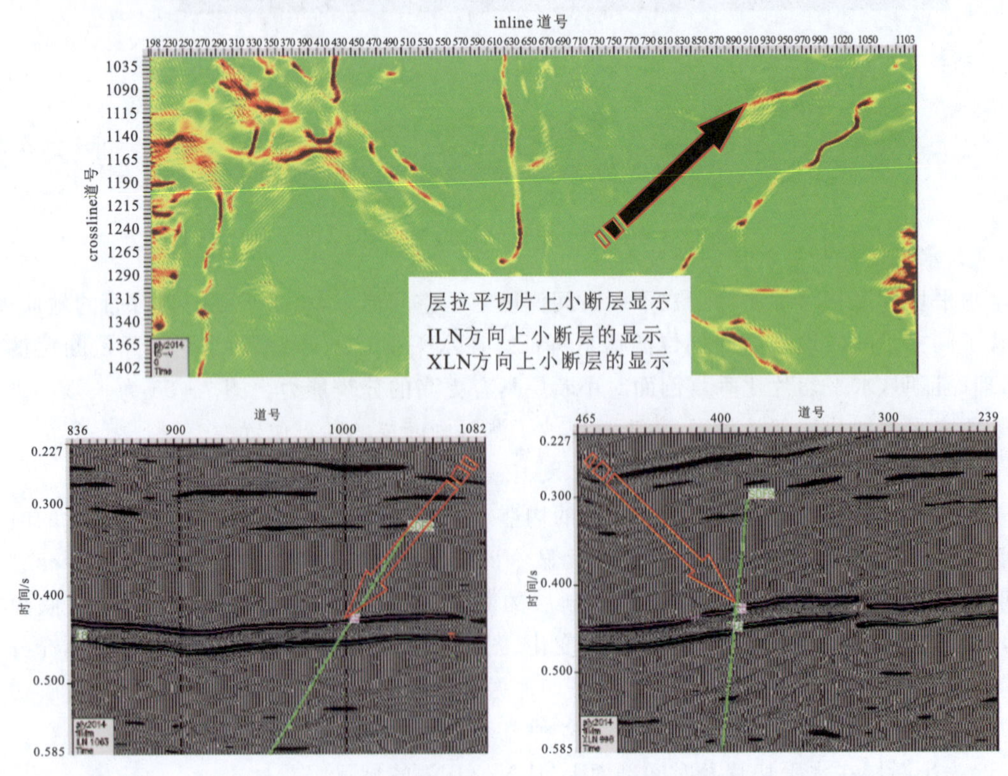

图 7-56　同一小断层在水平切片及时间剖面上的显示特征

(4)断层组合。

三维资料解释中断点组合与二维相同,把性质相同、落差相近的相邻剖面上的断点按一定展布规律组合起来,同一断层的断点在相邻倾向和走向上的性质有一定的规律。根据这些规律,将相邻剖面的断点进行组合后,反过来再在各个方向上闭合,检查断面与同相轴之间的关系。这些关系应在同一层位上表现出统一性和连续性,并且符合地质构造规律。另外,属性分析成果在断点组合上具有重要地位。

(5)断层产状的确定。

剖面上断层与煤层的交点(即断点)在平面上的投影连线(即断煤交线)延展方向为断层的走向。按一定间距垂直断层走向切剖面,剖面上的断层线即反映出断层倾向、倾角和落差。

3. 蚂蚁体自动追踪预测小断层

三维地震资料中含有丰富的地质信息,对大于 10m 的断层用常规解释技术即可满足要求,但这样的结果还不能满足现代煤矿机械化开采对精细构造的需求,矿方经常要求尽量多地解释识别出 0～5m 落差的小断层,但是由于人力、物力限制,不可能每条线每个点都肉眼手工识别,即使不惜代价坚持这样做,利用现有的常规方差体技术、相干体技术会有一定效果,但也存在主观性较强、精度低、可靠性差、效率不高的问题。因此,我们会试用一种智能仿生技术——蚁群追踪技术自动识别出目的层的不连续线性影像,这些不连续线性影像可以代表小断层或其他异常体。

1)原理

该技术利用三维地震数据体,首先经过预处理,增强边界特征,使断层轮廓更加清楚地显示;然后利用智能搜索功能和三维可视化技术,自动提取断层面,以更宽的视野完成断层解释,提高构造解释的客观性、准确性及可重复性;最后沿解释的目的层提取属性,结合断层实际揭露情况对蚂蚁体辨识的断层进行筛选、校验。具体流程如图 7 - 57 所示。

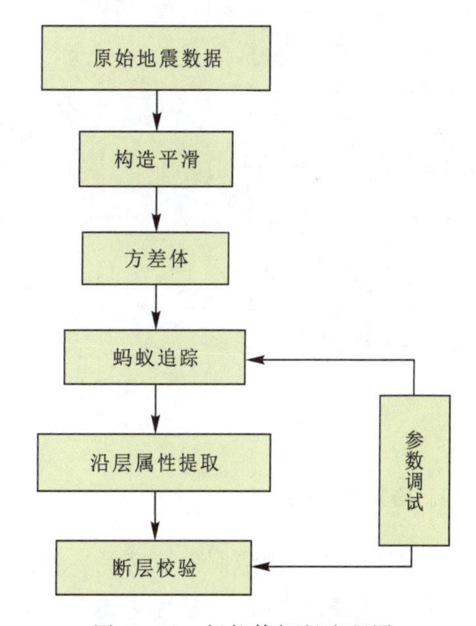

图 7 - 57　蚂蚁体解释流程图

2)蚂蚁体追踪应用成果

由于是新技术初次试用,效果还需矿方生产验证。沿煤层提取蚂蚁体属性,将异常线性体单独成图。图上自动突出显示一些线性体,但这些线性体是否都是断层有待进一步验证,仅供矿方参考使用。

采区经蚁群自动追踪技术得到 5 号煤层和 8 号煤层蚂蚁体属性图(图 7 - 58、图 7 - 59)。

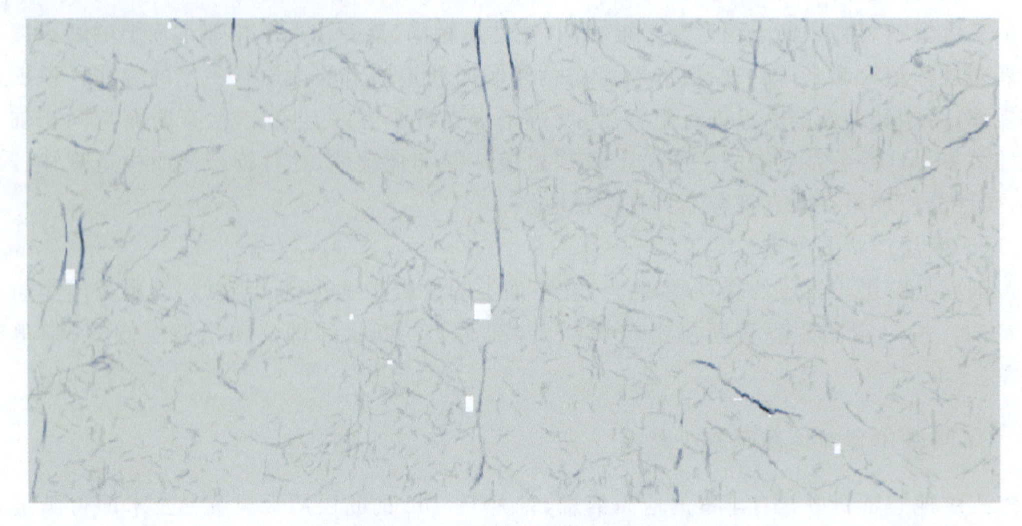

图 7-58　5 号煤层蚂蚁体属性图

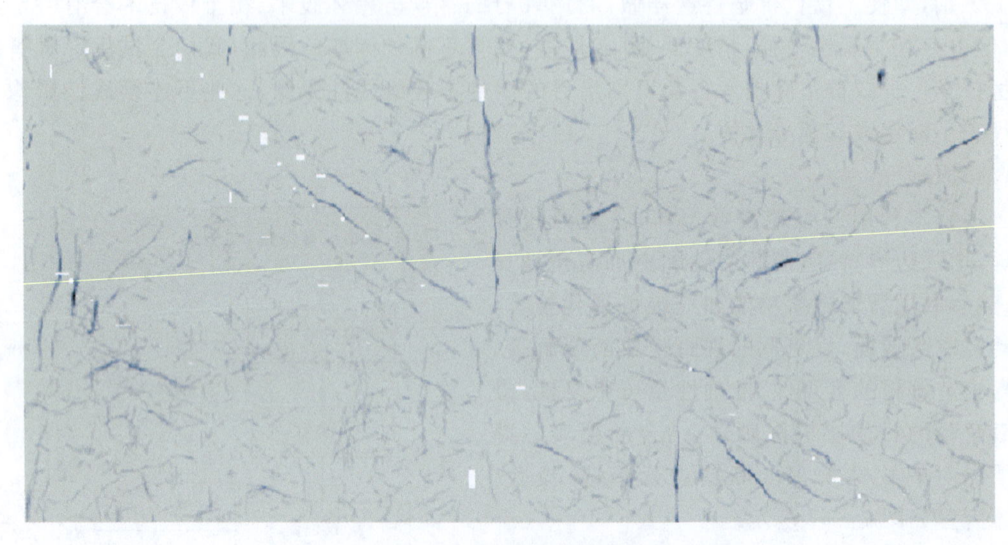

图 7-59　8 号煤层蚂蚁体属性图

4. 陷落柱解释

陷落柱是灰岩内溶洞发育区的一种地质现象，是一种灾害地质异常体，是奥灰岩溶水的导水通道。陷落柱的形成是因为奥灰岩溶发育和不断扩大，其上覆地层由蚀变逐渐发展到受重力作用而塌落下沉，随后陷落柱内被松散物所填充，填充物成分复杂且比较松散，并且与煤层的接触边界两侧存在着明显的密度及速度差异，这就为利用地震勘探技术探测陷落柱提供了物性前提。陷落柱在时间剖面上有如下特征：①反射波组中断或能量变弱。中断点或能量变化位置即为边界的反映。②反射波同相轴扭曲，产状突变。一系列反射波同相轴向陷落柱体内侧扭曲，其扭曲起始点的连线即为陷落柱的边界反映。由于陷落柱塌落，常使其周围的地层产生向陷落柱中心方向下倾的现象。③反射波同相轴产生分叉、合并和圈闭现象。分叉、合并点即为陷落柱的边界反映。④叠加剖面上出现绕射波、延迟绕射波等。⑤陷落柱在方差体、水平切片和顺层切片上的反映为异常圈闭（图 7-60、图 7-61）。

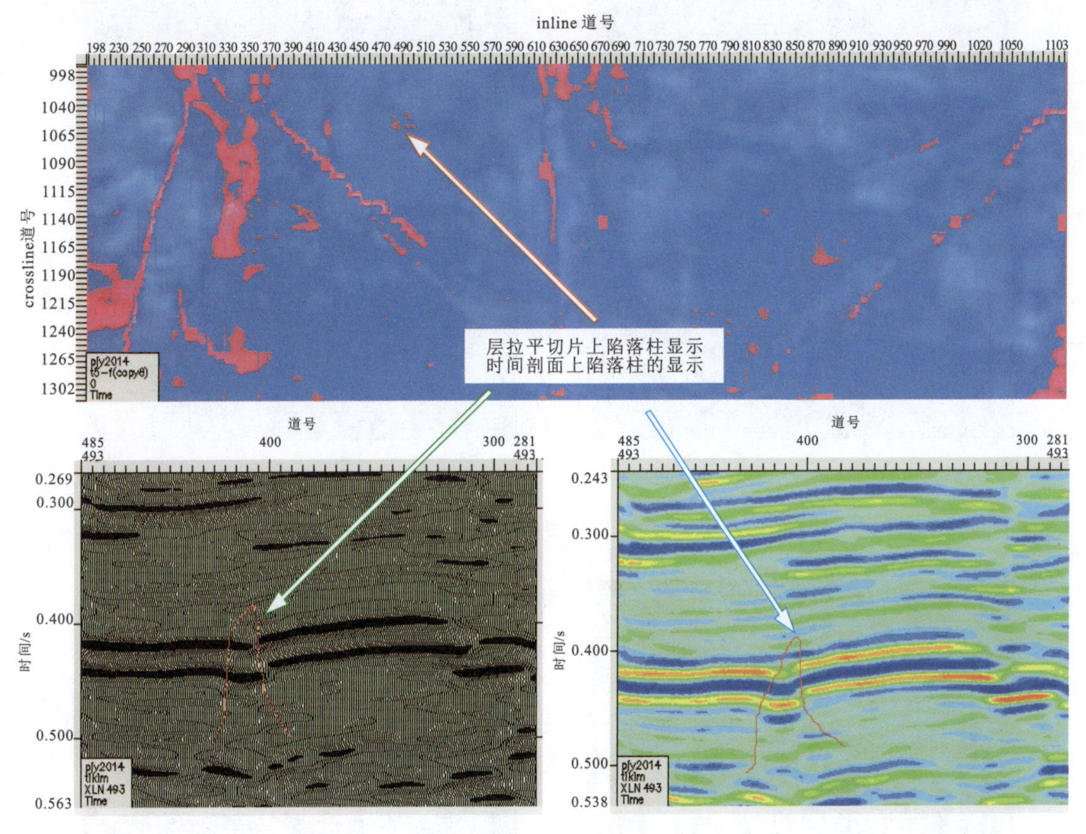

图 7-60　陷落柱解释

对煤层反射波同相轴表现异常的地段采用较密的网格对时间剖面进行分析，同时结合属性的各种切片，对地震资料进行综合分析研究。煤层反射波振幅异常带（XLZ18）属性剖面图与时间剖面图见图 7-62。

7.4.3　煤层厚度变化趋势分析

煤层厚度解释属于岩性地震勘探的范畴。地震记录可以认为是一个平稳的随机过程，因为它的平均值不随时间而变化，其统计特性与时间无关。记录的相关函数取决于时间的位移。因此能够把地震记录道分成若干个子波组进行统计分析。在子波组中，每个子波均可视为一个稳定的随机过程。从地震反射记录中选择和编排反映煤层特征的波形和波组，

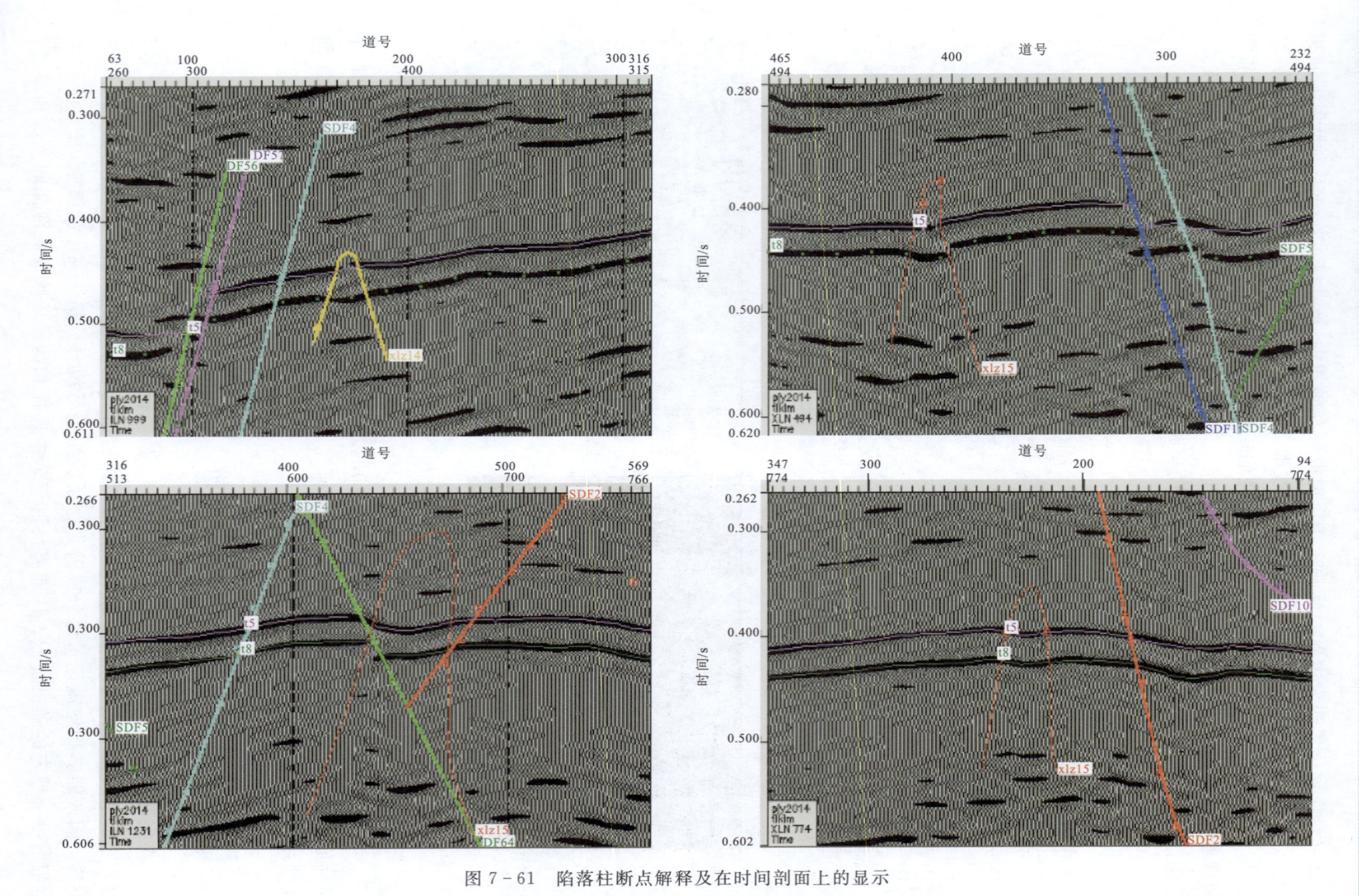

图 7-61 陷落柱断点解释及在时间剖面上的显示

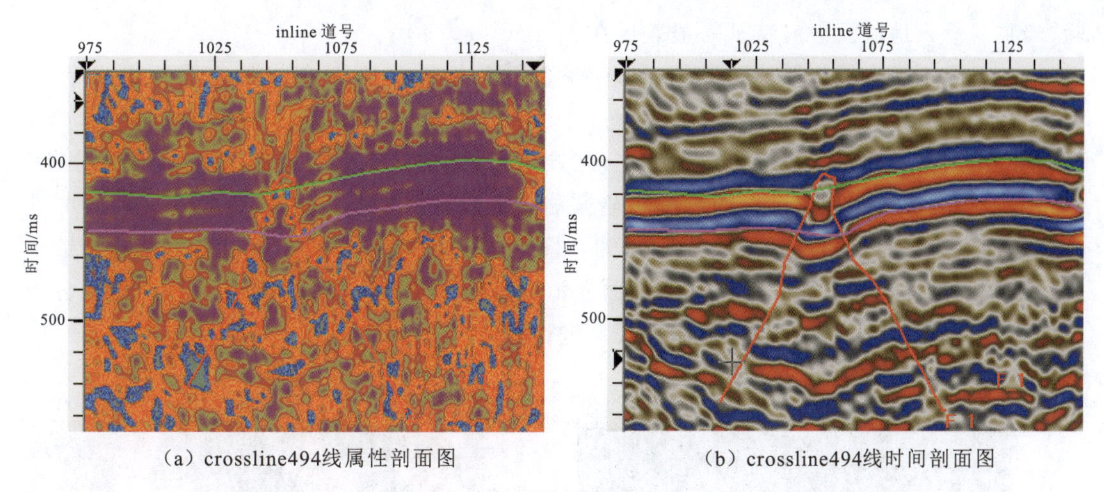

（a）crossline494线属性剖面图　　（b）crossline494线时间剖面图

图 7－62　XLZ18 crossline 线属性剖面图和 $x$line494 线时间剖面图

对其相关函数和反射波形的位置参数进行估算，尽可能消除“纯子波”外的噪声，以便用来检测地震波的动态信号异常，确定这些异常与煤层厚度的相关系数。通过三维地震标定的各煤层反射波的地震地质层位，计算相关的煤层反射波属性，同时利用区内钻孔提取各属性进行标定，得到与钻孔相关的属性非线性相关关系，计算出全区的各煤层厚度值，从而绘制其厚度变化趋势图。具体如图 7－63 所示。

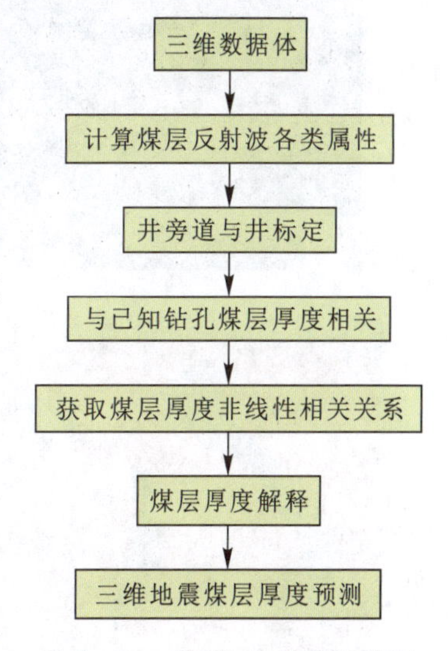

图 7－63　煤层厚度估算流程图

7.4.4　岩浆岩侵入分析

1. 勘探区岩浆岩侵入情况分析

勘探区活动分为两期，第一期为印支期的煌斑岩，以岩床的形式沿层侵入煤系地层，使勘探区煤层局部替换或变质破坏。第二期为燕山期的玄武岩喷发，在煤系地层中主要以岩墙形式出现，对煤层的影响不大。

2. 岩浆岩解释

岩浆岩的侵入不但对煤层有较大的破坏作用，同时给勘探区断裂构造解释也带来了较大困难，增添了一些断层构造假象，使地震时间剖面品质变差，往往在地震时间剖面上岩浆岩对煤层反射波的影响范围要大于实际钻孔揭露的岩浆岩范围，这主要是因为地震反射波受地层动力学因素影响较大，与地层的反射系数（密度）有关。岩浆岩的侵入伴随着煤系地层岩浆热变质作用，使近岩体处的煤变质为天然焦，而远离岩体处的煤层和地层虽受其影响相对较小，但也发生蚀变，这是一个渐变的关系，因此，使煤与围岩间的波阻抗差异减小，从而导致地震时间剖面品质变差，时间剖面上的范围要大于岩浆岩侵入范围。据其他地区经验，岩浆岩侵入地段反射波特征一般表现在：

(1)时间剖面上振幅及能量减弱、同相轴变模糊、相位增多、反射波的连续性变差等，其在彩色时间剖面上显示较清楚。

(2)沿层切片图上弱振幅带成片存在，在方差体切片图上显示方差值增大，且成片分布。

潘家窑井田三维勘探区时间剖面上岩浆岩侵入现象不明显，于 LN89X362、ZKP809 孔位置附近发现似岩浆岩侵入现象(图 7－64)，图 7－65 是 PZK1206 孔附近似岩浆岩侵蚀煤层地震时间剖面显示。根据上述地震剖面显示特征，依次类推，对三维勘探区进行全区分析研究，对主要可采煤层上似岩浆岩侵入现象进行解释。

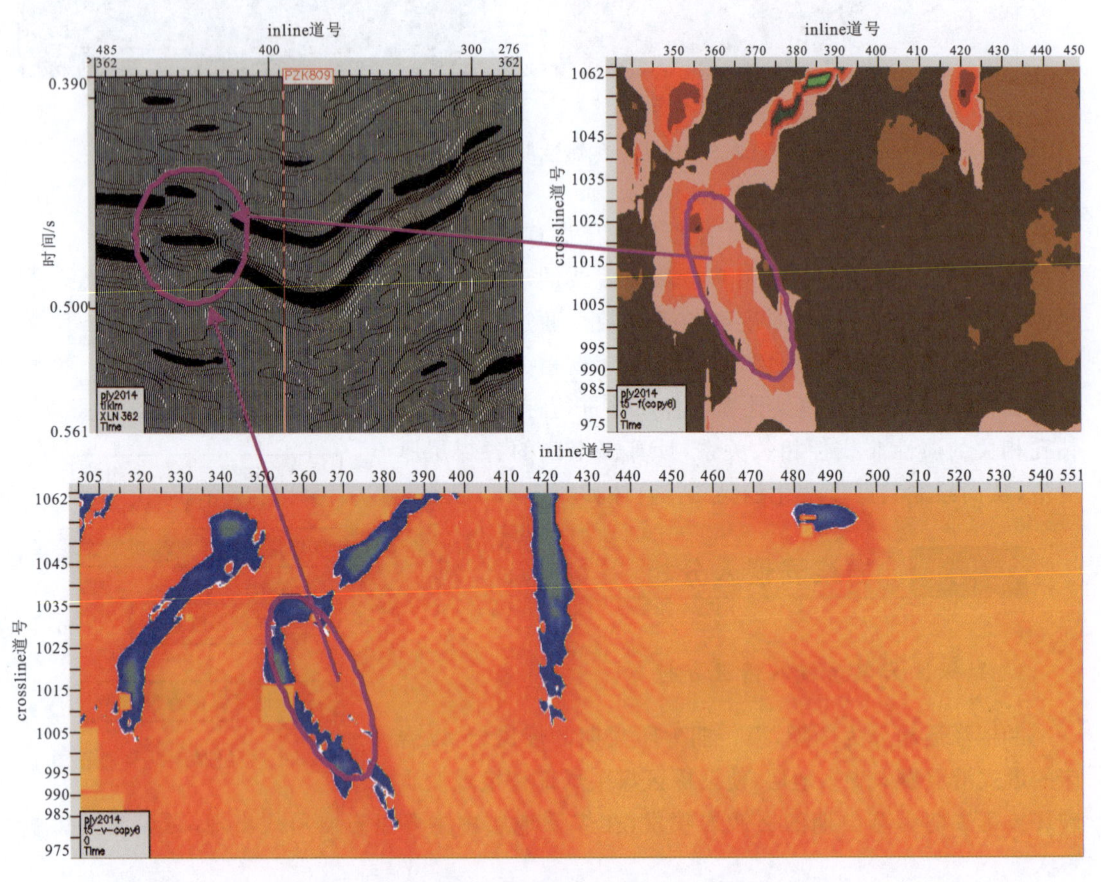

图 7－64　似岩浆岩侵蚀煤层地震时间剖面显示 1

7.4.5　成果平面图的绘制

1. 时间等值线平面图的绘制

目的层 t_0 时间拾取是在对反射波对比解释过程中进行的，在 5m 间隔网度的时间剖面上对 T_5 波、T_8 波进行追踪解释，确定构造方案，建立时间域的构造体系。

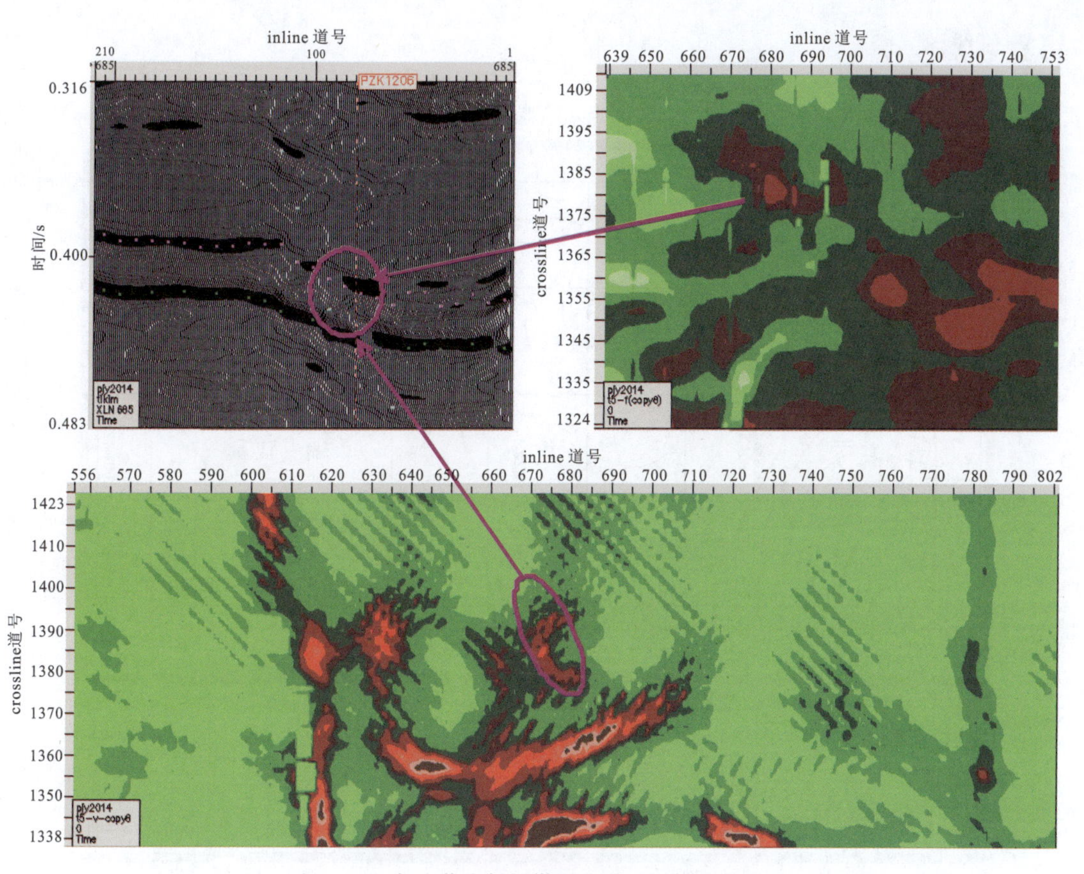

图 7 - 65　似岩浆岩侵蚀煤层地震时间剖面显示 2

2. 时深转换及深度构造图的绘制

以上的解释结果仍是时间域的，最后需要将其转化为深度域的结果，在这一转化过程中，速度的求取最为关键。

(1)速度的研究：速度是联系时间域和深度域的纽带，因此，速度的求取和成图方法的选择对提高成图精度至关重要。目前，在解释工作站上主要使用“钻孔反算求取平均速度进行时深转换”的方法，这一方法在区内钻孔多且分布均匀，目的层上覆地层横向速度变化不大时是适用的。我们采用等效平均速度时深转换消除了第四系厚度变化的影响，具体做法如下。

根据 5 号煤层反射波时间 t_5 及用钻孔约束后的 DMO 速度求得时深转换速度 V_5，求出 5 号煤层底板深度 H_5。

根据用钻孔约束后的 DMO 速度求得等效平均速度场 V，则 5 号煤层的底板深度为

$$H=\frac{1}{2}\Delta T\times V \tag{7-4}$$

这种时深转换方法有两个特点：①用于时深转换的速度实际上是经过钻孔约束的，精度可得到保证；②可消除速度横向变化的影响。

图 7 - 66、图 7 - 67 分别是三维勘探区经过以上处理得到的 5 号煤层、8 号煤层上覆地层

V_0 等值线图。

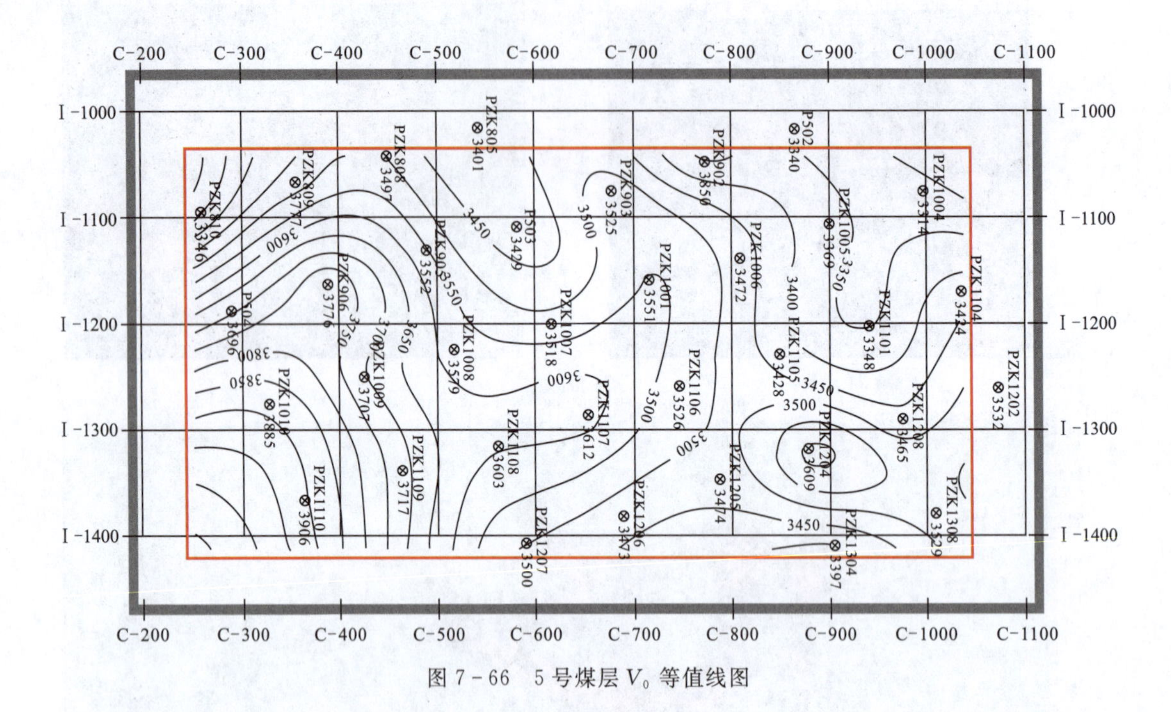

图 7-66　5 号煤层 V_0 等值线图

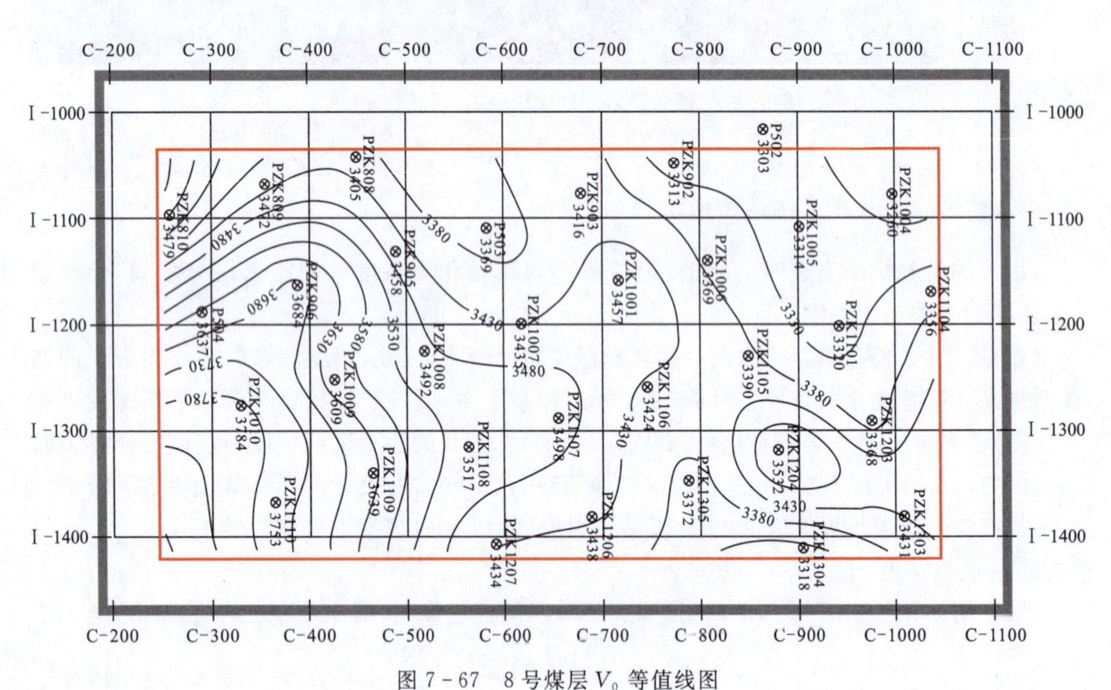

图 7-67　8 号煤层 V_0 等值线图

主要参考文献

布朗 A R,1996.三维地震资料解释[M].张孚善,译.北京:石油工业出版社.

柴登榜,1986.矿井地质工作手册:上册[M].北京:煤炭工业出版社.

陈信平,霍全明,林建东,等,2014.煤层气 AVO 技术[M].北京:石油工业出版社.

董守华,张凤威,王连元,2012.煤田测井方法和原理[M].徐州:中国矿业大学出版社.

傅雪海,秦勇,韦重韬,2007.煤层气地质学[M].徐州:中国矿业大学出版社.

何樵登,1986.地震勘探原理和方法[M].北京:地质出版社.

何樵登,熊维纲,1991.应用地球物理教程:地震勘探[M].北京:地质出版社.

贺振华,王才经,李建朝,等,1989.反射地震资料偏移处理与反演方法[M].重庆:重庆大学出版社.

李辉峰,徐峰,2009.地震勘探新技术[M].北京:石油工业出版社.

李增学,2009.煤田地质[M].北京:地质出版社.

李振春,张军华,2004.地震数据处理方法[M].东营:中国石油大学出版社.

凌云,2007.地震数据采集·处理·解释一体化实践与探索[M].北京:石油工业出版社.

刘盛东,张平松,2008.地下工程震波探测技术[M].徐州:中国矿业大学出版社.

龙荣生,1991.矿井地质学[M].北京:煤炭工业出版社.

陆基孟,王永刚,2009.地震勘探原理[M].3 版.东营:中国石油大学出版社.

马希远,董忠,1989.矿井地质[M].徐州:中国矿业大学出版社.

马在田,1989.地震成像技术有限差分法偏移[M].北京:石油工业出版社.

马在田,2002.论反射地震偏移成像[J].勘探地球物理进展,25(3):1-5.

牟永光,1996.储层地球物理学[M].北京:石油工业出版社.

牟永光,陈小宏,李国发,2007.地震数据处理方法[M].北京:石油工业出版社.

苏现波,陈江峰,孙俊民,等,2001.煤层气地质学与勘探开发[M].北京:科学出版社.

王永刚,乐友喜,刘伟,等,2004.地震属性与储层特征的相关性研究[J].中国石油大学学报(自然科学版),28(1):26-30.

王永刚,乐友喜,张军华,2007.地震属性分析技术[M].东营:中国石油大学出版社.

王永刚,谢东,乐友喜,等,2003.地震属性分析技术在储层预测中的应用[J].中国石油大学学报(自然科学版),27(3):30-32.

谢里夫 R E,吉尔达特 L P,1999.勘探地震学[M].初英,等,译.北京:石油工业出版社.

杨起,韩德馨,1979.中国煤田地质学:上册:煤田地质基础理论[M].北京:煤炭工业出版社.

姚姚，詹正彬，钱绍湖，1991. 地震勘探新技术与新方法[M]. 武汉：中国地质大学出版社.

易远元，2011. 地震勘探野外生产实习教程[M]. 北京：石油工业出版社.

张白林，潘树林，尹成，2011. 地震资料数字处理方法[M]. 2 版. 北京：石油工业出版社.

CHEN Q，SIDNEY S，1997. Seismic attribute technology for reservoir forecasting and monitoring[J]. The Leading Edge，16(5)：445 - 456.

LISLE R J，1994. Detection of zones of abnormal strains in structures using gaussian curvature analysis[J]. AAPG Bulletin，78(12)：1811 - 1819.

ROBERTS A，2001. Curvature attributes and their application to 3D interpreted horizons[J]. First Break，19(2)：85 - 100.

WIDESS M B，1973. How thin is a thin bed? [J]. Society of Exploration Geophysicists，38(6)：1176 - 1180.

YILMAZ O，1987. Seismic data processing[M]. Tulsa：Society of Exploration Geophysicists.

YILMAZ O，2008. Seismic data analysis：processing，inversion，and interpretation of seismic data[M]. Tulsa：Society of Exploration Geophysicists.